普通高等教育"十三五"规划教材

半导体材料

贺格平　魏　剑　金　丹　主编

北　京
冶金工业出版社
2022

内 容 提 要

本书围绕第一代到第四代半导体材料和功能半导体材料，较系统地介绍了半导体材料的基本概念、基本理论、性能、制备方法、检测与测试、设计及应用。全书共 7 章，包括绪论、半导体材料的物理基础与效应、半导体材料的分类与性质、半导体材料的制备、半导体材料检测与测试、半导体材料设计和半导体材料的应用。

本书可作为高等院校功能材料、材料科学与工程、材料物理、材料化学、无机非金属材料、电子信息和微电子专业的本科教材，也可供相关专业研究生、教师、科研与技术人员参考。

图书在版编目（CIP）数据

半导体材料／贺格平，魏剑，金丹主编. —北京：冶金工业出版社，2018.8（2022.2 重印）

普通高等教育"十三五"规划教材

ISBN 978-7-5024-7913-8

Ⅰ.①半…　Ⅱ.①贺…　②魏…　③金…　Ⅲ.①半导体材料—高等学校—教材　Ⅳ.①TN304

中国版本图书馆 CIP 数据核字（2018）第 205322 号

半导体材料

出版发行 冶金工业出版社　　　　　　　　　**电　话** (010)64027926
地　址 北京市东城区嵩祝院北巷 39 号　　**邮　编** 100009
网　址 www.mip1953.com　　　　　　　　**电子信箱** service@ mip1953.com

责任编辑　高　娜　美术编辑　彭子赫　版式设计　禹　蕊
责任校对　李　娜　责任印制　禹　蕊
北京虎彩文化传播有限公司印刷
2018 年 8 月第 1 版，2022 年 2 月第 3 次印刷
787mm×1092mm　1/16；16.25 印张；391 千字；248 页
定价 **39.00** 元

投稿电话　(010)64027932　投稿信箱　tougao@cnmip.com.cn
营销中心电话　(010)64044283
冶金工业出版社天猫旗舰店　yjgycbs.tmall.com
（本书如有印装质量问题，本社营销中心负责退换）

前　言

半导体科学在现代科学技术中占有极为重要的地位，它广泛应用于国民经济各领域，它的发展推动着人类社会的进步和物质文化生活水平的提高。半导体材料是半导体科学发展的基础，在推动半导体科学的发展中起到重要作用，其地位不可小视。半导体材料在功能材料、材料科学、电子信息等学科或专业中发挥着不可替代的作用。

在与半导体学科相关专业的教学中，设置"半导体材料"课程，掌握半导体材料的知识是十分必要的。目前，关于半导体材料或器件等方面的教材或参考书较多，有的比较陈旧，不含现代科技关于半导体材料新成果的内容。即使含有新成果的图书，也都只侧重半导体性质或性能的某一方面、制备或测试、某一种或一类半导体材料，内容都比较单一或太专一。而从半导体材料的发展史、半导体材料的物理基础、半导体材料的制备、性能测试以及设计，再到半导体材料的应用等方面，由理论到应用，由浅入深、系统全面介绍半导体材料的图书不多，而适用于不同专业和层次的读者，且内容全面而系统的"半导体材料"方面的教材非常少，所以编写一本系统全面的"半导体材料"教材很有必要。

本教材将"固体物理""材料科学基础"中的"晶体学"和半导体或微电子专业"半导体物理""半导体材料特性测试与分析"以及"磁性半导体材料""光伏半导体材料""半导体材料的研究成果"等内容进行优化整合。首先，在选材方面既注意到广度也考虑了深度，既包含经典内容也介绍最新的成果，做到深入浅出，重构了适用面宽又能体现功能材料专业所需要的"半导体材料"知识体系，突显半导体在磁性、光催化以及太阳能电池等方向的应用。其次，围绕着第一代到第四代半导体材料，从理论基础、制备、测试、设计及应用等方面进行系统全面的介绍。本教材在概述半导体材料的基础上，首先将半导体材料共性的基本理论总结归纳，形成第1章内容——半导体材料物理基础，然后在半导体材料基础理论的指导下进一步介绍半导体材料的制备理论基础和方法、基本性能、半导体材料性能测试、半导体材料设计，最后介绍半导体材料的应用。各章内容联系紧密，理论联系实际，层次分明，系统性强。

本教材由贺格平、魏剑、金丹共同完成。其中贺格平编写第 1 章绪论、第 2 章半导体材料的物理基础与效应、第 4 章半导体材料的制备和第 7 章半导体材料的应用；魏剑编写第 3 章半导体材料的分类与性质和第 6 章半导体材料的设计；金丹编写第 5 章半导体材料的检测与测试。全书由贺格平负责统稿。

作者希望本教材的出版能成为功能材料、材料科学与工程、电子信息、微电子等专业的大学生的良师益友，满足他们对半导体知识的基本需求，同时也希望对从事半导体工作的科研人员和相关专业研究生有所裨益。

作者衷心感谢书中所列参考文献的作者，同时向为本书编写提供帮助和协助插图的李雪婷、张梦杰等同学表示感谢。

由于编者水平有限，书中不妥之处在所难免，希望读者批评指正。

编　者

2018 年 7 月 15 日

目　　录

1 绪 论

1.1 半导体材料的特征

1.1.1 半导体材料的定义

目前对半导体材料的定义还是定性的，即导电性能介于金属和绝缘体之间的一大类固体材料谓之半导体材料。定量划分它的电阻率范围则很不一致：贝格尔把半导体材料的电阻率范围固定在 $10^{-5} \sim 10^{11} \Omega \cdot cm$；林英兰、万群等提出电阻率在 $10^{-3} \sim 10^{9} \Omega \cdot cm$ 的固体材料是半导体；而师昌绪主编的《材料大辞典》中定义半导体材料的电阻率范围是 $10^{-3} \sim 10^{7} \Omega \cdot cm$。对绝大多数半导体材料，电阻率在这些范围之内。考虑到常用的半导体单晶材料 GaAs 的电阻率可达 $10^{9} \Omega \cdot cm$，有的甚至更低。因此，可考虑把电阻率为 $10^{-4} \sim 10^{10} \Omega \cdot cm$ 的固体材料作为半导体材料的基本定义。当然，如果把半导体材料的一些主要特征与电阻率范围结合起来定义半导体材料可能更严密、准确一些。

As、Sb、Bi 等少量固体材料，其电阻率比一般金属高 $10^{2} \sim 10^{3}$ 倍，却不具备本征半导体材料的电学性质，但因具有对光、热辐射的高敏感性等性质中的某些基本特征，而将它们称为半金属。金属的电阻率随温度下降而下降，到达某一临界温度时，许多金属可成为超导体。半导体和绝缘体都是非金属固体，其电阻率都随温度上升而下降。但多数半导体在室温下都有一定的电导率；而绝缘体必须加热到相当高的温度才可具有一定的热增强电导率。绝缘体具有热增强的电导率所需的温度越高，绝缘体的绝缘性能越好。理想的绝缘材料是在其熔点以下的任何温度，只要外加电压小于其击穿电压，就没有电流通过的材料。因此，所有固体材料按其在常温下的导电能力可分为金属、半金属、半导体、绝缘体四类。其实，半导体与金属、绝缘体之间的界限也不是绝对的。重掺杂半导体材料的导电性能与具有正电阻温度系数的金属类似，在低于 1K 温度下，有些半导体材料（如 GeTe、SnTe、$SrTiO_3$）等可成为超导体。纯净半导体材料在低于其本征激发温度下就是绝缘体。半导体材料并不仅限于固体，也有液态半导体，只是由于液体中原子扩散使不同掺杂区很容易混合，不能做出稳定的器件而没有研究价值。

半导体材料的特性参数：半导体材料有一些固有的特性，称为半导体材料的特性参数。这些特性参数不仅能反映半导体材料与其他非半导体材料之间的差别，更重要的是能反映各种半导体材料之间甚至同一种半导体材料在不同情况下在特性上量的差别。常用的半导体材料的特性参数有：禁带宽度、电阻率、载流子迁移率、非平衡载流子寿命、位错密度。禁带宽度由半导体的电子态、原子组态决定，反映组成这种材料的原子中价电子从束缚状态激发到自由状态所需的能量。电阻率、载流子迁移率反映材料的导电能力。非平衡载流子寿命反映半导体材料在光或电场等外界作用下内部载流子由非平衡状态向平衡状态过渡的弛豫特性。位错是晶体中最常见的一类晶体缺陷，位错密度可用来衡量半导体单晶材料晶格的完整程度。非晶态半导体没有反映晶格完整性的特性参数。

1.1.2 半导体材料的基本特性

（1）较完整、纯净的半导体材料电阻率随温度上升而呈指数下降（电导率呈指数上升）。这是英国科学家巴拉迪发现的半导体材料的第一个特性。半导体材料纯度较高时，其电导率的温度系数为正值；而金属导体则相反，其电导率的温度系数为负值。光照、掺入某些杂质等外界刺激很容易改变半导体材料的电阻率。在杂质半导体中，其电阻率主要取决于杂质浓度。同一种半导体材料，因其掺入杂质量不同，可使其电导率在几个到十几个数量级的范围内变化，也可因光照或射线辐照显著改变其电导率；而金属的导电性受杂质的影响很小，一般只在百分之几十的范围内变化，不受光照的影响。半导体材料中有可参与导电的电子和空穴两种载流子，半导体有三种导电类型：以电子为主要载流子的 n 型导电；以空穴为多数载流子的 p 型导电；数量相等的电子和空穴都参与导电的本征导电。同一种半导体材料，既可形成以电子为主的导电，也可形成以空穴为主的导电。在金属中是仅靠电子导电，而在电解质中，则靠正离子和负离子同时导电。（2）半导体材料的第二个特性是由法国科学家贝克莱尔发现的，他发现电解质和半导体接触后形成的结合在施加光照条件下产生一个电压，这是后来人们熟知的光生伏特效应的前身，即半导体材料的第二个特性。（3）半导体材料的第三个特性是由德国科学家布劳恩发现的，他发现一些硫化物的电导和所加电场的方向有着紧密的联系，也就是说某些硫化物的导电是有方向性的，如果在两端同时施加正向的电压，就能够互相导通，如果极性倒置就不能互相导通，这也就是我们现在知道的整流效应，也是半导体材料的第三个特性。（4）半导体材料的第四个特性是由英国的史密斯提出的，硒晶体材料在光照环境下电导会增加，这被称作光电导效应，也是半导体材料早期被发现的第四个特性。

1.2 半导体材料发展简史

首先发现半导体性质的是巴拉第。1833 年，巴拉第发现：当具有负电阻温度系数的 $\alpha\text{-}Ag_2S$ 加热时，它的电阻率急剧下降，这和金属的性质完全相反；而且他还预言会有更多的物质具有这种性质。史密斯于 1873 年发现硒光电导现象，1874 年布朗发现了硫化铅与硫化铁具有整流现象。后来发现金属的硫化物、氧化物以及金属硅等一些材料也有这种性质。随后人们开始了光电导器件的制备与应用。1906 年邓伍迪发明了碳化硅检波器，从而开始了半导体在无线电方面的应用。接着发现硅、方铅矿、黄铜矿、蹄铅矿等都可作检波器。但这些材料在检波方面的应用很快被电子管取代了，因为电子管既可作成二极管用于检波，也可作成三极管用于放大与振荡。

硒整流器和氧化亚铜整流器先后于 19 世纪 20 年代开始用于生产，部分地取代了水银整流器或电动机-发电机整流器，从此半导体材料在工业上得到初步应用。不论是作光导二极管、检波器，还是作整流器，在这个阶段，所用的半导体材料都是从自然界直接采集的，或者取自工业上的通用产品，均未经专门的提纯与晶体制备过程。受到 20 世纪 20～30 年代期间材料制备、提纯技术的限制，对包括 Ag_2S 在内的一些材料的研究结果的一致性、重复性较差，引起了物理学家对半导体的怀疑与偏见，其中包括伟大的量子物理学家泡利。1931 年他给他的学生写信说："不要从事半导体研究，那简直是一团糟。"物理学家古登 1930 年提出，只有不纯的材料才是半导体，否认存在本征半导体的可能性。布施在研究 SiC 半导体性质时，他的朋友与同事劝告说："从事半导体研究意味着科学自杀"，"半导体没有任何用处，它们是反复无常的"。然而，几乎就在泡利等人对半导体持怀疑态度时，剑桥的理论物理学家威尔逊发表了关于半导体能带理论的经典论文，首次区分了杂质半导体和本征半导体，并指出存在施主和受主。威尔逊的论文开创了半导体理论研究的先河。

第二次世界大战期间，英美曾联合研制雷达以抵御德国的空袭。由于雷达朝高频率方向发展，其检波方面的要求已超当时电子管的极限，暴露出以电子管为基础的电子设备的一系列诸如其重量大、耗电高、启动慢、怕震动等缺点，于是研究者想到了原来在无线电中所使用的晶体检波器。开始他们用工业硅作出的检波器可以在雷达的频率下正常工作，但是研究结果一致性与可靠性不满足要求。改进的第一步是用提纯过的硅粉经熔化掺杂后铸锭，用它作出的检波器性能得到了改善，从而激励了研究提纯硅技术的积极性，其中杜邦公司的四氯化硅锌还原法得到了发展。为了研制半导体晶体管这种器件，开始用氧化亚铜作半导体材料制作整流器，没有获得成功，后来改用锗的多晶锭，主要是用锗烷热分解法或用偏析法进行提纯，它的纯度约为 99.9999%。研究者于 1947 年制出了第一个晶体管，揭开了电子学的新篇章。随着锗检波器的发展，研究者又制得了具有耐高压的晶体二极管。正是由于上述的雷达发展所引起的半导体材料的进步，给晶体管发明提供了前提条件。为了提高晶体管的性能及改善其生产的稳定性，在半导体材料的制备方面实现了两个突破：1950 年蒂尔等用乔赫拉斯基法（直拉法）首先拉制出锗单晶；1952 年由蒲凡发明了区熔提纯法，使锗能提纯到本征纯度。这两项成果的应用满足了晶体管工业化生产的要求，也使半导体锗材料的制造能够实现产业化。同时，这两项突破构成了半导体材料制备工艺的基础，即超提纯与晶体制备。

半导体材料单晶生长。在研究硅、锗材料的同时，人们还努力寻找别的半导体材料。1952 年，德国人威克尔就系统研究了 Ⅲ-Ⅴ族化合物半导体的性质。在 50 年代后期加强了对砷化镓等材料的研究。这时用于合成化合物的组成元素都已能提纯到很高的纯度。但是，针对大多数化合物半导体在其熔点下都有一定的分解压这一特点，多使用水平布里奇曼法生长单晶，后来又开发了几种改进的直拉法，如液封直拉法等。微波器件以及光电子器件等方面的发展进一步推动了化合物半导体晶体材料朝着高纯度、高完整性、大直径等方向发展，得到应用的化合物半导体的品种也随之增多。

薄膜在半导体材料中占有重要的地位。在熔体生长单晶法出现不久，就开始了气相生长薄膜的工作。但直到硅晶体管的平面工艺出现以后，才开始硅的外延生长，因为这种器件要求在有一定厚度的低电阻率硅片上生长一较高电阻率单晶薄层。外延技术给化合物半导体解决了一系列晶体制备的难题，包括提高纯度、降低缺陷、改善化学配比、制作固溶体或异质结等。化学气相外延法至今仍旧是生产硅外延片的主要方法。一些微波二极管、激光管、发光管、探测器等都是在外延片上做成的。除采用化学气相外延法外，1963 年又成功开发了液相外延法，随后又出现了金属有机化学气相外延法等。1969 年在美国工作的江崎玲于奈和朱肇祥首先提出了超晶格的概念，因为超晶格材料有原子级的精度，用当时的晶体生长与外延技术是生长不出这种超晶格材料的。为此，人们研究出分子束外延法，并用此方法于1972年生长出超晶格材料，从此半导体的性能可在微观尺度上剪裁。

非晶及纳米晶半导体材料得到应用。1975年英国人斯皮尔在硅烷气体中进行辉光放电，所得非晶硅薄膜可进行掺杂，现在这种方法已成为生产非晶硅薄膜的主要工艺。用上述辉光放电化学气相沉积法以及微波激励化学气相沉积、磁控溅射等方法，可获得纳米级的微晶半导体材料。这种非晶及纳米晶半导体材料已初步显示出它们的应用前景。

随着材料提纯技术、单晶生长技术和各种薄膜材料制备技术的发展，集成电路和各种半导体器件得以发展，使半导体技术融入社会生活的各个方面。半导体材料及其应用已成为现代社会各个领域的核心和基础。现已在工业上得到应用并能批量供应的半导体晶体材料有硅、锗、砷化镓、磷化镓、锑化铟、磷化铟、锑化镓、碲化镉等。批量供应的外延片除硅、砷化镓和磷化镓的同质外延片外，还有Ⅲ－Ⅴ族和Ⅱ－Ⅵ族固溶体半导体材料。正在研发Ⅲ－Ⅴ族、Ⅱ－Ⅵ族的量子阱超晶格材料和难制备的金刚石、碳化硅、硒化锌等薄膜材料。非晶硅薄膜材料已大批量生产。目前产量最大的半导体硅材料，每年生产约1万吨多晶硅用它制成约4000余吨单晶硅，半导体锗材料在100t左右，化合物半导体材料为几十吨。半导体已应用到社会生活的各个方面，改变着人类生活的面貌，以半导体为基础的信息技术产业是世界上最庞大的产业之一。现在半导体已在世界文明三大支柱的信息、能源、材料领域发挥着重要作用。

1.3　半导体材料的分类

对半导体材料可从不同的角度进行分类。根据其性能可分为高温半导体、磁性半导体、热电半导体；根据其晶体结构可分为金刚石型、闪锌矿型、纤锌矿型、黄铜矿型半导体；根据其结晶程度可分为晶体半导体、非晶半导体、微晶半导体。但比较通用且覆盖面较全的则是按其化学组成分类，依此可分为：元素半导体、化合物半导体和固溶体半导体三大类。在化合物半导体中，有机化合物半导体虽然种类不少，但至今仍处于研究探索阶段。按照应用方式的不同，又分为薄膜材料和体材料。其中，体材料容易出现固熔体偏析等问题，而薄膜材料的纯度和晶体完整性较好，适用于三维电路的制造。目前，在一般相关文献中采用以化学组分分类为主、溶入其他分类法的混合分类法将半导体材料分为：元素半导体，化合物半导体，固溶体半导体，非晶及微晶半导体，微结构半导体，有机半导体，稀磁半导体等（见表1-1）。本书在叙述半导体材料类别时将其化学组成的分类与其发展过程的分类结合起来。

表 1-1　半导体材料分类

类　别	主 要 材 料
元素半导体	Si，Ge，金刚石等
化合物半导体	GaAs，GaP，InP，GaN，SiC，ZnS，ZnSe，CdTe，PbS，CuInSe$_2$等
固溶体半导体	GaAlAs，GaInAs，HgCdTe，SiGe，GaAlInN，InGaAsP 等
非晶及微晶（μc）	α-Si：H，α-GaAs，Ge-Te-Se
半导体	As$_2$Se$_3$-As$_2$Te$_3$，μc-Si：H，μc-Ge：H，μc-SiC 等

类 别	主 要 材 料
微结构半导体	纳米 Si，GaAlAs/GaAs，InGaAs（P）/InP 等超晶格及量子（阱，线，点）微结构材料
有机半导体	C_{60}，萘，蒽，聚苯硫醚，聚乙炔等
稀磁半导体	$Cd_{1-x}Mn_xTe$，$Ga_{1-x}Mn_xAs$，MnAs/NiAs/GaAs 等
半导体陶瓷	$BaTiO_3$，$SrTiO_3$，$TiO_2-MgCr_2O_4$ 等

新型半导体材料的研究和突破，常常导致新的技术革命和新兴产业的发展。以氮化镓为代表的第三代半导体材料，是继以硅基半导体为代表的第一代半导体材料和以砷化镓、磷化铟为代表的第二代半导体材料之后，在近 10 年来发展起来的新型宽带半导体材料。作为第一代半导体材料，硅基半导体材料及其集成电路的发展导致了微型计算机的出现和整个计算机产业的飞跃，并广泛应用于信息处理、自动控制等领域，对人类社会的发展起了极大的促进作用。尽管硅基半导体材料在微电子领域得到广泛应用，可是硅材料间接能带结构的特点限制了其在光电子领域的应用。随着以光通信为基础的信息高速公路的崛起和社会信息化的发展，第二代半导体材料崭露头角，砷化镓和磷化铟半导体激光器成为光通信系统中的关键元器件。同时砷化镓高速器件也开拓了移动通信的新产业。第三代半导体材料的兴起，是以氮化镓 p 型掺杂突破为起点，以高效率蓝绿光发光二极管和蓝光半导体激光器的研制成功为标志的。第三代半导体材料将在光显示、光存储、光照明等领域有广阔的应用前景。继经典半导体的同质结、异质结之后，基于量子阱、量子线、量子点的信息材料将在元器件中占据主导地位。超晶格、量子（阱、点、线）微结构的第四代半导体材料就应运而生。

1.4　半导体中的杂质和缺陷

1.4.1　杂质

绝大多数实用的半导体材料都是在背景纯度很高（也就是要求材料中非故意掺入的杂质或剩余杂质含量尽可能低）的材料中掺入适当杂质形成 n 型或 p 型杂质半导体材料。影响半导体材料性质的杂质种类很多，按杂质在禁带中所形成能级的位置（即杂质电离能的大小），可分为浅能级杂质和深能级杂质。前者的能级一般位于导带底附近（浅施主杂质）或价带顶附近（浅受主杂质），后者的能级则往往在禁带中部附近。按杂质对半导体导电性能的影响，可分为电活性（施主和受主）杂质和电中性杂质（既非受主亦非施主）；按杂质原子在半导体晶格中所处位置又可有替位式杂质（在格点上）和间隙原子（位于格点间隙）杂质。在电活性杂质中还有一类既可起施主作用又可成为受主的两性杂质。如 GaAs 中掺入 Si，在一定条件下，Si 在 GaAs 晶格中占 Ga 位成为施主，有时 Si 可能占 As 位成为受主。向熔体 GaAs 掺入 Si 生长 GaAs 单晶时 Si 一般是施主杂质。作为器件应用的半导体材料，一般用浅能级杂质来控制所要求的载流子浓度和电阻率。有时为了得到高电阻率甚至半绝缘电阻率材料，则需要掺入某种深能级杂质以补偿某种在生长单晶时难以避免的杂质。如用石英坩埚从熔体中生长 GaAs 单晶时，Si 的沾污很难避免，就可掺入适量的深受主 Cr 以补偿 Si 的电活性而制备半绝缘 GaAs 单晶。

1.4.2　缺陷

半导体材料中缺陷种类多，行为也相当复杂。一般来讲半导体中的缺陷是指结构缺陷或物理缺陷。从空间尺度上划分，缺陷一般可分为四类：（1）点缺陷，如空位、自间隙原子，反位原子（如 GaAs 中 As 占 Ga 格点或反之）等；（2）线缺陷，如位错；（3）面缺陷，如晶界、堆垛层错等；（4）体缺陷，如孔洞、杂质、沉淀等。除此以外，还有一类微缺陷，是指以择优化学腐蚀后表现出来以高密度浅坑、小坑或小丘腐蚀特征的缺陷。微缺陷有生长微缺陷、热诱生微缺陷、雾缺陷等。在工程上缺陷又分为原生缺陷和二次缺陷。原生缺陷是指晶体生长过程中所形成的缺陷，如硅单晶中的生长微缺陷（漩涡缺陷）、GaAs 单晶中的位错和微缺陷等。二次缺陷，是指在器件加工过程中形成的如诱生位错、氧化感生层错等缺陷。杂质也是一种缺陷，称为化学缺陷。

1.4.3　半导体缺陷工程

自半导体技术诞生起就伴随着晶格缺陷的研究。缺陷的控制与利用研究导致一个新型材料工程即缺陷工程。缺陷工程的基本思想是：在深入理解缺陷的基础上，既要努力减少缺陷，也可利用某些缺陷去控制或抵消另外一些由缺陷引起的难以消除的有害影响，以提高器件的成品率和可靠性。这方面至少有三个成功的实例：硅片中利用氧沉淀作为吸杂中心以耗尽有源区内的有害金属杂质，GaAs 单晶中通过深能级 EL₂ 补偿浅受主碳而得到（准）非掺杂半绝缘单晶材料以及 GaP 发光二极管中等电子陷阱的利用。有的学者提出把"缺陷"这个词改为"结晶态变体"可能更恰当些，因为有缺陷的材料并非一定导致有缺陷的器件。化学和结构都绝对完整的半导体材料只在学术理论上有意义。控制、减少甚至消除缺陷，弄清缺陷形成机理、缺陷与缺陷之间及缺陷与杂质之间的相互作用，有效利用某些缺陷都不失为提高材料的可利用性，提高其所制器件的性能和成品率的有效途径。

1.5　半导体材料的性能检测

半导体材料的研究、开发和生产的发展与对其各项性能的检测紧密相关。20 世纪 50 年代前后，主要是利用传统的电学（如霍尔测量），光学（如光电导、光吸收），金相（化学腐蚀）及 X 射线等方法检测半导体材料的一些基本性能参数。20 世纪 70 年代以来，先后利用各种先进的外延技术，如金属有机化合物化学气相沉积 MOCVD，金属有机化合物气相外延 MOVPE，分子束外延 MBE 等不断研制出各种新型结构薄层、多层（异质结）材料及超晶格 SL、量子阱 QW 等微结构材料，从而发展了多种有关异质结界面/表面各项性质的检测分析技术，促进了人工裁剪半导体材料的光学、电学性质的能带工程，在研制高性能半导体器件中发挥了重要作用。

影响半导体材料性能的因素很多，相应的检测方法也多种多样。表 1-2 按检测类型列出了一些主要的物理检测方法及其应用。还有多种化学分析方法（中子活化分析、质子活化分析、α 粒子活化分析、火花源质谱分析，挥发-原子发射光谱、原子吸收光谱、气相色谱、极谱、化学光谱、化学腐蚀法等）用来检测半导体材料中的痕量杂质或缺陷。

表 1-2 半导体材料性能检测方法

检测类型	检 测 方 法	主要应用（检测对象）
电学测量	霍尔测量	载流子浓度，霍尔迁移率，带隙，补偿度，杂质电离能等
	光电导衰减、表面光压法	少子寿命
	电容电压法	载流子浓度及其分布
	深能级瞬态谱	深中心浓度，俘获截面，能级位置，微结构材料结晶质量
	光电容技术	能带结构、深能级缺陷位置、类型及其浓度等
光学测量	光致发光（PL）	固溶体组分，杂质，缺陷，补偿度；均匀性，少子寿命，界面质量评估，异质结能带偏移，微结构中的电子态等
	红外吸收（傅里叶变换光谱）	杂质和缺陷
	光热电离谱	浅能级杂质浓度、种类及其能级等
	光电导	带隙、响应波长等
	椭圆光谱	基本光学性能，如折射率、吸收系数、消光系数；薄层厚度、损伤层、表面吸附、表面和界面分析
	调制光谱	能带结构等
	拉曼光谱	组分、晶体结构等
微区检测	电子探针显微分析	微区组分定量分析
	离子探针质谱分析	痕量杂质，表面组分及其分布，纵剖面组分（杂质浓度分布），立体逐层逐点分析
	激光探针	微区成分，光谱测量
	电子束诱导电流	pn 结性质，缺陷观察，微区特性参数（扩散长度、少子寿命、深能级）等
结构检测	X 射线双晶衍射	体材料及外延材料结晶质量，晶格常数、表面加工损伤，异质结晶格失配应变，SL 和 QW 的微结构（晶格周期，阱宽、组分、应变等），缺陷观察
	黄散射	晶体微结构、缺陷等
	电子回旋共振	能带结构，有效质量
	电子衍射	物性分析、晶体结构，非晶薄膜中的无序结构
	中子衍射	结构分析
	正电子湮没谱	缺陷（位错、空位团等），相变、电子结构
表面和界面检测	俄歇电子能谱	组分，化学态
	扫描俄歇探针	组分，表面形貌
	电离损失谱	组分
	X 射线光电子谱	组分，化学态
	二次电子质谱	组分
	卢瑟福背散射	组分，结构
	离子散射谱	组分，结构
	电子能量损失谱	原子及电子态
	角分辨光电子谱	原子及电子态
	紫外光电子谱	分子及电子态
	红外吸收谱	原子态
	拉曼散射谱	原子态

续表 1-2

检测类型	检测方法	主要应用（检测对象）
表面和界面检测	扫描电子显微镜	表面形貌
	透射电子显微镜	表面形貌
	扫描隧道电子显微镜	表面形貌
	原子力显微镜	表面形貌
	低能电子衍射	结构
	反射高能电子衍射	结构
	场电子显微镜	结构
	场离子显微镜	结构
	表面灵敏扩展 X 射线吸收精细结构	结构

1.6　半导体材料的发展趋势

1.6.1　半导体材料的发展趋势

　　20 世纪中叶以来，晶体管和集成电路的发明诞生了以半导体 Si 单晶材料为基础的半导体工业。半导体工业的快速发展促进了世界电子工业的快速发展。Si 仍是目前半导体工业中的主导材料。以 GaAs 为代表的化合物半导体材料以及它们所形成的各种固体、异质结材料等由于其性能的多样性，在光电应用、超高速器件和电路方面，弥补了 Si 器件的不足，也得到了快速的发展。微电子技术发展的主要途径是通过不断缩小器件的特征尺寸，增加芯片面积以提高集成度和信息处理速度，由单片集成向系统集成发展随着电子学向光电子学、光子学迈进，半导体微电子材料在未来 5~10 年仍是最基本的信息材料。电子、光电子功能单晶将向着大尺寸、高均匀性、晶格高完整性以及元器件向薄膜化、多功能化、片式化、超高集成度和低能耗方向发展。半导体微电子材料由单片集成向系统集成发展。半导体材料的总体发展趋势是向着大尺寸、高均匀性、高完整性、以及薄膜化、多功能化和集成化方向发展。当前的研究热点和技术前沿包括柔性晶体管、光子晶体、第三代半导体材料 SiC、GaN、ZnSe 等宽禁带半导体材料、有机显示材料以及各种纳米电子材料等。半导体材料的发展趋势如下：

　　（1）Si、GaAs、InP 等半导体单晶材料向着大尺寸、高均质、晶格高完整性方向发展。8 英寸（200mm）硅芯片是目前国际的主流产品，12 英寸（300mm）芯片已上市。4 英寸（100mm）GaAs 芯片已进入大批量生产阶段，并且正在向 6 英寸（150mm）生产线过渡；对单晶电阻率的均匀性、杂质含量、微缺陷、位错密度、芯片平整度、表面洁净度等都提出了更加苛刻的要求。对大尺寸晶片的几何尺寸精度和晶片表面质量要求越来越高，从而促进超精细晶片加工技术的发展。

　　（2）在以 Si、GaAs 为代表的第一代、第二代半导体材料继续发展的同时，加速发展第三代半导体材料——宽禁带半导体材料 SiC、GaN、ZnSe、金刚石材料和用 SiGe/Si、绝缘体上的硅 SOI 等新型硅基材料大幅度提高原有硅集成电路的性能是未来半导体材料的重要发展方向。SiC、GaN、金刚石等宽带隙材料，是研制更高性能电力半导体器件和短波长光电器件的重要材料。这些材料制备工艺的成熟，将有力促进半导体工业的发展；也将促进大功率、抗辐射、耐高温电子器件的研制、开发和应用。

（3）GaAs、InP 等化合物半导体材料，和 Si 材料相比，它们具有超高速、好的光电性能等，但受自然资源、环境协调性等因素的影响和限制，不大可能像 Si 那样得到大规模的应用。但是 InP、GaP 等化合物半导体材料随着生产规模的扩大，成本下降及应用范围将不断扩大。

（4）继经典半导体的同质结、异质结之后，基于量子阱、量子线、量子点的器件设计制造和集成技术在未来 5~15 年间，将在信息材料和元器件制造中占据主导地位。量子（阱、线、点）结构半导体材料的研制向实用化发展，使能带工程用于生产实践。通过对半导体材料和相应器件设计的人工裁剪，必将研制出更多、更高性能的新颖的电子、光电子等功能器件。

（5）分子束外延 MBE 和金属有机化合物化学汽相外延 MOCVD 技术将得到进一步发展和更加广泛的应用。大直径 Si 外延材料、SiGe/Si 材料、绝缘体上的硅 SOI 材料、GaAs/Si 等异质外延材料的发展以及 Si 微结构、材料的发展，将延长 Si 作为主导半导体材料的使用寿命和扩展其应用领域。

1.6.2 半导体材料性能检测技术趋势

半导体材料各项性能的检测会促进相关半导体材料的研究、开发和生产。在以下几方面关注半导体材料性能检测技术趋势。

（1）材料生产过程中的原位检测技术。如分子束外延 MBE、化学束外延 CBE 等超高真空环境中进行材料生长，配备必要的仪器，对生长动力学过程，材料质量进行原位监控。如在 MBE 系统中配置四极质谱仪、高能电子衍射仪、俄歇电子谱仪、X 射线光电子谱仪等用以原位检测衬底表面洁净度、外延层厚度、表面形貌、互扩散等。在半导体材料生产中，发展无损、无接触自动化在线检测技术是保证产品质量、提高成品率、降低生产成本的有效途径。

（2）极低温、强磁场、超高压等极端条件下半导体材料检测技术。半导体材料的某些性质在通常实验条件下不易被检测，如 GaAs 中浅施主杂质态具有几乎相同的电子能态，即使用灵敏度和分辨率都很高的光致发电技术也难以区分。但在低温、强磁场（约 6T）条件下，GaAs 中各种浅施主杂质激发态的分裂就不相同，而可通过高光谱分辨率的光热电离谱 PTIS 技术加以识别。根据不同压力（流体静压力和单轴应力）下的低温光致发光谱线分裂和谱线相对能带边的位移分析可获得有关缺陷对称性和电子态的有用信息。类似技术还有光探测磁共振 ODMR，电子-核子双磁共振 EDNMR 等。

（3）高分辨率的快速、无损、自动化测试技术。现代半导体材料检测技术发展的一个显著特点是许多检测对象的尺度越来越小，要深入研究微结构半导体材料，就要求相关检测系统具有高的空间分辨率，又有快速取样，快速进行数据存储和处理；这实际上是集微弱信号检测和处理，微探针与微动技术及微机技术为一体的综合性高技术。扫描隧道显微镜 STM 和原子力显微镜 AFM 在这方面有重要应用。如 AFM 可获得固体表面的原子图像。高分辨率发射电子显微术的横向分辨率可达 1nm，很适合于多量子阱材料的研究。

1.7 半导体材料研究的新进展

20 世纪中叶，单晶硅和半导体晶体管的发明及其硅集成电路的研制成功，导致了电子工业革命；20 世纪 70 年代初石英光导纤维材料和 GaAs 激光器的发明，促进了光纤通信技术迅速发展并逐步形成了高新技术产业，使人类进入了信息时代。超晶格概念的提出及其半导体超晶格、量子阱材料的研制成功，彻底改变了光电器件的设计思想，使半导体器件的设计与制造从"杂质工程"发展到"能带工程"。纳米科学技术的发展和应用，将使人类能从原子、分子或纳米尺度水平上控制、操纵和制造功能强大的新型器件与电路，深刻地影响着世界的政治、经济格局和军事对抗的形式，彻底改变人们的生活方式。

1.7.1 几种主要半导体材料的发展现状与趋势

1.7.1.1 硅材料

从提高硅集成电路成品率，降低成本看，增大直拉硅（CZ-Si）单晶的直径和减小微缺陷的密度仍是今后 CZ-Si 发展的总趋势。目前直径为 8 英寸（200mm）的 Si 单晶已实现大规模工业生产，基于直径为 12 英寸（300mm）硅片的集成电路技术正处在由实验室向工业生产转变中。目前，300mm、0.18μm 工艺的硅 ULSI 生产线已经投入生产，300mm、0.13μm 工艺生产线也在 2003 年完成评估。18 英寸（457mm）重达 414 公斤的硅单晶和 18 英寸（457mm）的硅圆片已在实验室研制成功，直径 27 英寸（685mm）硅单晶研制也正在积极筹划中。从进一步提高硅的速度和集成度看，研制适合于硅深亚微米乃至纳米工艺所需的大直径硅外延片会成为硅材料发展的主流。另外，SOI 材料，包括智能剥离和 SIMOX 材料等也发展很快。目前，直径 8 英寸（200mm）的硅外延片和 SOI 材料已研制成功，更大尺寸的片材也在开发中。

理论分析指出 30nm 左右将是硅 MOS 集成电路线宽的"极限"尺寸。这不仅是指量子尺寸效应对现有器件特性影响所带来的物理限制和光刻技术的限制问题，更重要的是将受硅、SiO_2 自身性质的限制。尽管人们正在积极寻找高 K 介电绝缘材料（如用 Si_3N_4 等来替代 SiO_2），低 K 介电互连材料，用 Cu 代替 Al 引线以及采用系统集成芯片技术等方法来提高 ULSI 的集成度、运算速度和功能，但硅将最终难以满足人类不断地对更大信息量的需求。为此，人们除寻求基于全新原理的量子计算和 DNA 生物计算等之外，还把目光放在以 GaAs、InP 为基的化合物半导体材料，特别是二维超晶格、量子阱，一维量子线与零维量子点材料和可与硅平面工艺兼容的 GeSi 合金材料等，这也是目前半导体材料研发的重点。

1.7.1.2 GaAs 和 InP 单晶材料

GaAs 和 InP 与硅不同，它们都是直接带隙半导体材料，具有高的电子饱和漂移速度，具有耐高温、抗辐照等特点；在超高速、超高频、低功耗、低噪音器件和电路，特别在光电子器件和光电集成方面占有独特的优势。目前，世界 GaAs 单晶的总年产量已超过 200t，其中以低位错密度的垂直梯度凝固法 VGF 和水平 HB 方法生长的 2~3 英寸（50~76mm）导电 GaAs 衬底材料为主；近年来，为满足高速移动通信的迫切需求，大直径（4、6 和 8 英寸）（100、150 和 200mm）的 Si-GaAs 发展很快。美国摩托罗拉公司正在筹建6英寸（150mm）的Si-GaAs集成电路生产线。InP具有比GaAs更优越的高频性能，发展的速度更快，但研制直径3英寸（76mm）以上大直径的InP单晶的关键技术尚未完全突破，价格居高不下。

GaAs和InP单晶的发展趋势：（1）增大晶体直径，目前4英寸（100mm）的Si-GaAs已用于生产，直径为6英寸（150mm）的Si-GaAs也将投入工业应用；（2）提高材料的电学和光学微区均匀性；（3）降低单晶的缺陷密度，特别是位错密度；（4）GaAs和InP单晶的VGF生长技术发展很快，很有可能成为主流技术。

1.7.1.3 半导体超晶格、量子阱材料

半导体超薄层微结构材料是基于先进生长技术MBE、MOCVD的新一代人工构造材料。它以全新的概念改变着光电子和微电子器件的设计思想，出现了以"电学和光学特性可剪裁"为特征的新范畴，是新一代固态量子器件的基础材料。

（1）Ⅲ-Ⅴ族超晶格、量子阱材料。GaAlAs/GaAs，GaInAs/GaAs，AlGaInP/GaAs，GaInAs/InP，AlInAs/InP，InGaAsP/InP等GaAs、InP基晶格匹配和应变补偿材料体系已发展得相当成熟，并已成功地用来制造超高速、超高频微电子器件和单片集成电路。高电子迁移率晶体管HEMT，赝配高电子迁移率晶体管P-HEMT器件最好水平已达$f_{max} = 600GHz$，输出功率58mW，功率增益6.4dB；双异质结双极晶体管HBT的最高频率f_{max}也已高达500GHz，HEMT逻辑电路研制也发展很快。基于上述材料体系的光通信用$1.3\mu m$和$1.5\mu m$的量子阱激光器和探测器，红、黄、橙光发光二极管和红光激光器以及大功率半导体量子阱激光器已商品化；表面光发射器件和光双稳器件等也已达到或接近达到实用化水平。目前，研制高质量的$1.5\mu m$分布反馈DFB激光器和电吸收EA调制器单片集成InP基多量子阱材料和超高速驱动电路所需的低维结构材料是解决光纤通信瓶颈问题的关键，在实验室西门子公司已完成了$80\times40Gbps$传输40km的实验。另外，用于制造准连续兆瓦级大功率激光阵列的高质量量子阱材料也受到人们的重视。

虽然常规量子阱结构端面发射激光器是目前光电子领域占统治地位的有源器件，但由于其有源区极薄（$\sim0.01\mu m$），端面光电灾变损伤，大电流电热烧毁和光束质量差一直是此类激光器的性能改善和功率提高的难题。采用多有源区量子级联耦合是解决此难题的有效途径之一。我国早在1999年，就研制成功980nm InGaAs带间量子级联激光器，输出功率达5W以上；2000年初，法国汤姆逊公司又报道了单个激光器准连续输出功率超过10W。最近，我国的科研工作者又提出并开展了多有源区纵向光耦合垂直腔面发射激光器研究，这是一种具有高增益、极低阈值、高功率和高光束质量的新型激光器，在未来光通信、光互联与光电信息处理方面有着良好的应用前景。

为克服pn结半导体激光器的能隙对激光器波长范围的限制，1994年美国贝尔实验室发明了基于量子阱内子带跃迁和阱间共振隧穿的量子级联激光器，突破了半导体能隙对波长的限制。自从1994年InGaAs/InAlAs/InP量子级联激光器QCLs发明以来，Bell实验室等的科学家将在大功率、高温和单膜工作的QCLs等的研究方面取得了显著进展。2001年瑞士Neuchatel大学的科学家采用双声子共振和三量子阱有源区结构，使波长为$9.1\mu m$的QCLs的工作温度高达312K，连续输出功率3mW。量子级联激光器的工作波长已覆盖近红外到远红外波段（$3\sim87\mu m$），并在光通信、超高分辨光谱、超高灵敏气体传感器、高速调制器和无线光学连接等方面显示出重要的应用前景。中科院上海微系统和信息技术研

究所于 1999 年研制成功 120K 5μm 和 250K 8μm 的量子级联激光器；中科院半导体研究所于 2000 年又研制成功 3.7μm 室温准连续应变补偿量子级联激光器，使我国成为能研制这类高质量激光器材料为数不多的几个国家之一。

目前，Ⅲ-Ⅴ族超晶格、量子阱材料作为超薄层微结构材料发展的主流方向，正从直径 3 英寸（76mm）向 4 英寸（100mm）过渡；生产型的 MBE 和 MOCVD 设备已研制成功并投入使用，每台年生产能力可高达 3.75×10^4 片 4 英寸（100mm）或 1.5×10^4 片 6 英寸（150mm）。英国卡迪夫的 MOCVD 中心，法国的 PicogigaMBE 基地，美国的 QED 公司、Motorola 公司，日本的富士通、NTT、索尼等都出售这种外延材料。MBE 和 MOCVD 生产设备的成熟与应用，必然促进衬底材料设备和材料评价技术的发展。

（2）硅基应变异质结构材料。硅基光、电器件集成一直是人们所追求的目标。但因硅是间接带隙，硅基材料发光效率低，如何提高硅基材料发光效率就成为一个亟待解决的问题。虽经多年研究，但进展缓慢。人们目前正致力于探索硅基纳米材料（纳米 Si/SiO$_2$），硅基 SiGeC 体系的 $Si_{1-y}C_y/Si_{1-x}Ge_x$ 低维结构，Ge/Si 量子点和量子点超晶格材料，Si/SiC 量子点材料，GaN/BP/Si 以及 GaN/Si 材料。最近，在 GaN/Si 上成功地研制出 LED 发光器件和有关纳米硅受激放大现象的报道，使人们看到了一线希望。

另一方面，GeSi/Si 应变层超晶格材料，因其在新一代移动通信上的重要应用前景，而成为目前硅基材料研究的主流。Si/GeSi MODFET 和 MOSFET 的最高截止频率已达 200GHz，HBT 最高振荡频率为 160GHz，噪声在 10GHz 下为 0.9dB，其性能可与 GaAs 器件相媲美。尽管 GaAs/Si 和 InP/Si 是实现光电子集成理想的材料体系，但由于晶格失配和热膨胀系数等不同造成的高密度失配位错而导致器件性能退化和失效，限制了它的使用。最近，Motolora 等公司在 12 英寸（300mm）的硅衬底上，用钛酸锶作协变层（柔性层），成功生长了器件级的 GaAs 外延薄膜，取得了突破性进展。

1.7.1.4 一维量子线、零维量子点半导体微结构材料

基于量子尺寸效应、量子干涉效应，量子隧穿效应和库仑阻塞效应以及非线性光学效应等的低维半导体材料是一种通过能带工程实施的人工构造的新型半导体材料，是新一代微电子、光电子器件和电路的基础。它的发展与应用，极有可能触发新的技术革命。低维半导体结构制备的方法主要有：微结构材料生长和精细加工工艺相结合的方法，应变自组装量子线、量子点材料生长技术，图形化衬底和不同取向晶面选择生长技术，单原子操纵和加工技术，纳米结构的辐照制备技术，及其在沸石的笼子中、纳米碳管和溶液中等通过物理或化学方法制备量子点和量子线的技术等。目前发展的主要趋势是寻找原子级无损伤加工方法和纳米结构的应变自组装可控生长技术，以求获得大小、形状均匀、密度可控的无缺陷纳米结构。

目前低维半导体材料生长与制备主要集中在几个比较成熟的材料体系上，如 GaAlAs/GaAs，In(Ga)As/GaAs，InGaAs/InAlAs/GaAs，InGaAs/InP，In(Ga)As/InAlAs/InP，InGaAsP/InAlAs/InP 以及 GeSi/Si 等，并在纳米微电子和光电子研制方面取得了重大进展。俄罗斯约飞技术物理所 MBE 小组，柏林的俄德联合研制小组和中科院半导体所半导体材料科学重点实验室的 MBE 小组等研制成功的 In(Ga)As/GaAs 高功率量子点激光器，工作波长 1μm 左右，单管室温连续输出功率高达 3.6~4W。特别指出我国的 MBE 小组，2001 年通过在高功率量子点激光器的有源区材料结构中引入应力缓解层，抑制了缺陷和位错的

产生，提高了量子点激光器的工作寿命，室温下连续输出功率为 1W 时工作寿命超过 5000h，这是大功率激光器的一个关键参数。在单电子晶体管和单电子存储器及其电路的研制方面也获得了重大进展，1994 年日本 NTT 就成功研制沟道长度为 30nm 的纳米单电子晶体管，并在 150K 观察到栅控源-漏电流振荡；1997 年美国又报道了可在室温工作的单电子开关器件，1998 年 Yauo 等人采用 0.25μm 工艺技术实现了 128Mb 的单电子存储器原型样机的制造，这是单电子器件在高密度存储电路的应用方面迈出的关键一步。目前，基于量子点的自适应网络计算机，单光子源和应用于量子计算的量子比特的构建等方面的研究也正在进行中。

与半导体超晶格和量子点结构的生长制备相比，高度有序的半导体量子线的制备技术难度较大。中科院半导体所半导体材料科学重点实验室的 MBE 小组，在利用 MBE 技术和 SK 生长模式成功地制备了高空间有序的 InAs/InAl(Ga)As/InP 的量子线和量子线超晶格结构的基础上，对 InAs/InAlAs 量子线超晶格的空间自对准（垂直或斜对准）的物理起因和生长控制进行了研究，取得了较大进展。

王中林教授领导的佐治亚理工大学的研究小组，基于无催化剂、控制生长条件的氧化物粉末的热蒸发技术，成功地合成了诸如 ZnO、SnO_2、In_2O_3 和 Ga_2O_3 等一系列半导体氧化物纳米带，它们与具有圆柱对称截面的中空纳米管或纳米线不同，这些原生的纳米带呈现出高纯、结构均匀和单晶体，几乎无缺陷和位错；纳米线呈矩形截面，典型的宽度为 20~300nm，宽厚比为 5~10，长度可达数毫米。这种半导体氧化物纳米带是一个理想的材料体系，可用来研究载流子维度受限的输运现象和基于它的功能器件制造。香港城市大学李述汤教授和瑞典隆德大学固体物理系纳米中心的 Lars Samuelson 教授领导的小组，分别在 SiO_2/Si 和 InAs/InP 半导体量子线超晶格结构的生长制备方面也取得了重要进展。

1.7.1.5 宽带隙半导体材料

宽带隙半导体材料主要指的是金刚石，Ⅲ族氮化物，碳化硅，立方氮化硼以及 ZnO 等氧化物及固溶体等，特别是 SiC、GaN 和金刚石薄膜等材料，因具有高热导率、高电子饱和漂移速度和大临界击穿电压等特点，成为研制高频大功率、耐高温、抗辐照半导体微电子器件和电路的理想材料，在通信、汽车、航空、航天、石油开采以及国防等方面有着广泛的应用前景。另外，Ⅲ族氮化物也是很好的光电子材料，在蓝、绿光发光二极管和紫、蓝、绿光激光器以及紫外探测器等应用方面前景广阔。随着 1993 年 GaN 材料的 p 型掺杂突破，GaN 基材料成为蓝绿光发光材料的研究热点。目前，GaN 基蓝绿光发光二极管已商品化，GaN 基 LD 也有商品出售，最大输出功率为 0.5W。在微电子器件研制方面，GaN 基 FET 的最高工作频率 f_{max} 已达 140GHz，$f_T = 67$GHz，跨导为 260ms/mm；HEMT 器件也相继问世，发展很快。此外，256×256 GaN 基紫外光电焦平面阵列探测器也已研制成功。日本 Sumitomo 电子工业有限公司 2000 年宣称采用热力学方法已研制成功 2 英寸（50mm）GaN 单晶材料，这将有力的推动蓝光激光器和 GaN 基电子器件的发展。另外，近年来具有反常带隙弯曲的窄禁带 InAsN，InGaAsN，GaNP 和 GaNAsP 材料的研制也受到了重视，这是因为它们在长波长光通信用高 T_0 光源和太阳能电池等方面显示出重要应用前景。

以 Cree 公司为代表的体 SiC 单晶的研制已取得突破性进展，2 英寸（50mm）4H 和 6HSiC 单晶与外延片，以及 3 英寸（76mm）4H-SiC 单晶已有商品出售；以 SiC 为 GaN 基材料衬底的蓝绿光 LED 业已上市，并参与以蓝宝石为衬底的 GaN 基发光器件的竞争。其他 SiC 相关高温器件的研制也取得了长足的进步。目前存在的主要问题是材料中的缺陷密度高，且价格昂贵。

1990 年美国 3M 公司成功地解决了 Ⅱ-Ⅵ 族的 p 型掺杂难点，使 Ⅱ-Ⅵ 族蓝绿光材料得到迅速发展。1991 年 3M 公司利用 MBE 技术率先宣布了电注入（Zn，Cd）Se/ZnSe 蓝光激光器在 77K（495nm）脉冲输出功率 100mW 的消息，开始了 Ⅱ-Ⅵ 族蓝绿光半导体激光（材料）器件研制的高潮。目前 ZnSe 基 Ⅱ-Ⅵ 族蓝绿光激光器的寿命虽已超过 1000 小时，但离使用差距尚大，加之 GaN 基材料的迅速发展和应用，使 Ⅱ-Ⅵ 族蓝绿光材料研制步伐有所变缓。提高有源区材料的完整性，特别是要降低由非化学配比导致的点缺陷密度和进一步降低失配位错和解决欧姆接触等问题，仍是该材料体系走向实用化前必须要解决的问题。

宽带隙半导体异质结构材料往往也是典型的大失配异质结构材料。所谓大失配异质结构材料是指晶格常数、热膨胀系数或晶体的对称性等物理参数有较大差异的材料体系，如 GaN/蓝宝石，SiC/Si 和 GaN/Si 等。大晶格失配引发界面处大量位错和缺陷的产生，极大地影响着微结构材料的光电性能及其器件应用。如何避免和消除这一负面影响，是目前材料制备中的一个迫切要解决的关键科学问题。这个问题的解决，必将极大地拓宽材料的可选择余地，开辟新的应用领域。目前，除 SiC 单晶衬底材料，GaN 基蓝光 LED 材料和器件已商业化外，大多数高温半导体材料仍处在实验室研制阶段，不少影响这类材料发展的关键问题，如 GaN 衬底，ZnO 单晶薄膜制备，p 型掺杂和欧姆电极接触，单晶金刚石薄膜生长与 n 型掺杂，Ⅱ-Ⅵ 族材料的退化机理等仍是制约这些材料实用化的关键问题。国内外虽已做了大量研究，但尚未取得重大突破。

1.7.1.6 光子晶体

光子晶体是一种人工微结构材料，介电常数周期性地被调制在与工作波长相比拟的尺度，来自结构单元的散射波的多重干涉形成一个光子带隙，与半导体材料的电子能隙相似，并可用类似于固态晶体中的能带论来描述三维周期介电结构中光波的传播，相应光子晶体光带隙能量的光波模式在其中的传播是被禁止的。如果光子晶体的周期性被破坏，那么在禁带中也会引入所谓的"施主"和"受主"模，光子态密度随光子晶体维度降低而量子化。如三维受限的"受主"掺杂的光子晶体有望制成非常高 Q 值的单模微腔，从而为研制高质量微腔激光器开辟新的途径。光子晶体的制备方法主要有：聚焦离子束 FIB 结合脉冲激光蒸发方法，即先用脉冲激光蒸发制备如 Ag/MnO 多层膜，再用 FIB 注入隔离形成一维或二维平面阵列光子晶体；基于功能粒子（磁性纳米颗粒 Fe_2O_3，发光纳米颗粒 CdS 和介电纳米颗粒 TiO_2）和共轭高分子的自组装方法，可形成适用于可见光范围的三维纳米颗粒光子晶体；二维多孔硅也可制作成一个理想的 $3\sim5\mu m$ 和 $1.5\mu m$ 光子带隙材料等。目前，二维光子晶体制造已取得很大进展，但三维光子晶体的研究，仍是一个挑战性的课题。最近，Campbell 等人提出了全息光栅光刻的方法来制造三维光子晶体，取得了进展。

1.7.1.7 量子比特构建与材料

随着微电子技术的发展，计算机芯片集成度不断增加，器件尺寸越来越小，并最终将受到器件工作原理和工艺技术限制而无法满足人类对更大信息量的需求。为此，发展基于全新原理和结构的功能强大的计算机是 21 世纪人类面临的巨大挑战之一。1994 年 Shor 基于量子态叠加性提出的量子并行算法并证明可轻而易举地破译目前广泛使用的公开密钥 Rivest, Shamir 和 Adlman（RSA）体系，引起了人们的广泛重视。

所谓量子计算机是应用量子力学原理进行计算的装置，理论上讲它比传统计算机有更快的运算速度，更大信息传递量和更高信息安全保障，有可能超越目前计算机理想极限。实现量子比特构造和量子计算机的设想方案很多，其中最引人注目的是 Kane 最近提出的一个实现大规模量子计算的方案。其核心是利用硅纳米电子器件中磷施主核自旋进行信息编码，通过外加电场控制核自旋间相互作用实现其逻辑运算，自旋测量是由自旋极化电子电流来完成的，计算机要工作在 mK 的低温下。这种量子计算机的最终实现依赖于与硅平面工艺兼容的硅纳米电子技术的发展。除此之外，为了避免杂质对磷核自旋的干扰，必须使用高纯和不存在核自旋不等于零的硅同位素（29Si）的硅单晶；减小 SiO_2 绝缘层的无序涨落以及如何在硅里掺入规则的磷原子阵列等是实现量子计算的关键。量子态在传输、处理和存储过程中可能因环境的耦合，而从量子叠加态演化成经典的混合态，即所谓失去相干。特别是在大规模计算中能否始终保持量子态间的相干是量子计算机走向实用化前所必须克服的难题。

1.7.2 太阳能电池材料

太阳能光电转化是利用太阳能光电材料组成太阳能光电池（太阳能电池），将太阳光的光能转化成电能。太阳能电池是利用了这些材料所具有的光生伏特（photo voltaic, PV）效应而把太阳光能转换为电能。太阳能电池也称为光伏电池或 PV 电池。由于材料物理和材料制备等方面的原因，实际应用于太阳能光电研究和开发的半导体材料并不多，目前实用的太阳能电池材料都是半导体材料。太阳能电池材料是一类重要的新的清洁能源材料，所以常把它们归于新能源材料。

1914 年用 Se 和 CuO 制出了 PV 电池，转换效率仅约 1%。20 世纪 50 年代，Si 开始成为主流半导体材料。1954 年贝尔实验室首次制出转换效率达 6% 的单晶 Si 电池。从此，揭开了现代 PV 工业发展的序幕。第一个薄膜光伏电池 Cu_xS/CdS 也是 1954 年制成的。1956 年首次制出 GaAs 同质结光伏电池（转换效率为 4%）。1972 年制出多晶 Si 和 CdTe 电池，1976 年制成非晶 Si（α-Si）电池和铜钢硒（$CuInSe_2$）电池。鉴于光伏电池作为清洁能源的重要性，光伏工业快速发展，从 1992 年以来，电池组件发货量一直以较快速度增长，在商品电池组件中，目前仍以结晶 Si（单晶 Si、多晶 Si、带状 Si）为主。目前，实用化的光伏材料电池有 Si 和 GaAs、CdTe 以及 $CuInSe_2$ 等。除晶体 Si 和带 Si 外，其他均为薄膜材料，这些材料所制电池的理论转换效率、开路电压与其带隙的关系，如图 1-1 所示。Si 基太阳能电池材料有晶体 Si（包括单晶 Si、多晶 Si 和带状 Si）材料和薄膜 Si（包括 α-Si，多晶和微晶 Si）材料。$CuInSe_2$（CIS）或 Cu(In, Ga)Se_2（CIGS）、CuIn(Se, S) 是目前最重要的多元化合物半导体太阳能电池材料，它具有良好的光电性能。CdTe 和Ⅲ-Ⅴ族半导体材料同样是理想的太阳能电池材料。Ⅱ-Ⅵ族宽禁带与Ⅱ-Ⅵ族窄禁带红外半导体材料，以及利用红外光照热辐射制成 GaSb 基材料 PV 电池的研究开发也受到重视；有机半导体材料用于太阳能电池材料也迅速发展。图 1-2 从转换效率的角度对几种半导体材料所制太阳能电池的过去、现在和将来做了总结和预测。其中"新材料"是设想现在就开始研究开发的高效率材料或对现有材料进行"改进和综合"。

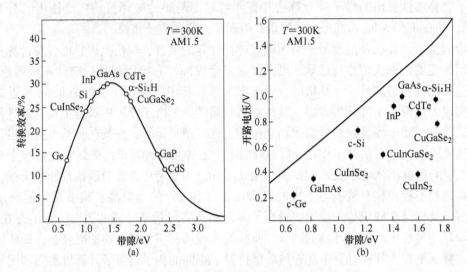

图 1-1　半导体光伏材料组装的电池理论转换效率
和开路电压与材料带隙的关系

(a) 转换效率；(b) 开路电压

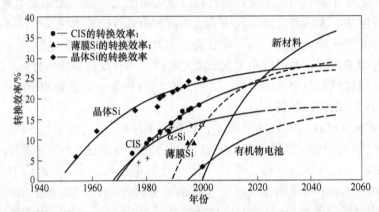

图 1-2　光伏电池 100 年：已取得的成果和最高的实验室转换效率预测

取之不尽、用之不竭的太阳能是最清洁能源，太阳发射功率为 $3.3 \times 10^{23}\,kW$，地球上每年所接受的辐射能量为 $1.8 \times 10^{18}\,kW$，这是人类每年消耗能源的 12000 倍。PV 电池是利用太阳能的重要方式之一。用 PV 电池每生产 1MW 的电力，可少排放 1000t CO_2。世界各国为保证其可持续发展，对资源与能源最充分利用技术和环境最小负担工程都给予了高度重视，PV 材料在这两方面都有举足轻重的作用。PV 发电具有以下优点：(1) 只靠阳光发电，不受地域限制，可在任何地方就地生产电能；(2) 太阳寿命长达 60 亿年，PV 发电可以说是无限能源；(3) 发电过程是简单的物理过程，无任何废物、废气排出；(4) PV 电池组件工作时无运转部件，无任何噪声，寿命长、可靠性高；(5) 发电站由 PV 电池组件装配，可按所需功率装配任意大小，既可作为独立电源使用，也可并入当地电网；(6) 能量反馈时间（电池组件产生的电能用来"偿还"制造该组件时消耗的能量所需时间）短，为 1~5 年（与生产规模和所用材料有关），而电池组件寿命在 20 年以上。

鉴于太阳能电池作为清洁能源的重要性，欧、美、日等许多国家都制订了发展光伏电池产业的计划，这将使世界光伏产业仍将按较高速度发展。今后光伏产业发展的预测。概括太阳能电池材料的发展趋势如下：（1）今后相当长时期内，晶体 Si（单、多晶体状 Si）仍是主要的光伏材料；（2）结晶 Si 薄膜（多晶 Si）材料得到发展；（3）α-Si、CIGS、CdTe 等材料质量与电池设计上有较大突破；（4）积极研究、开发低成本、高转换效率的新材料；（5）随着生产规模扩大、转换效率提高，生产成本不断下降（生产规模每扩大一倍，成本下降 20%），太阳能电池的应用规模越来越大，对各种材料的需求量越来越大。

1.7.3　中国半导体材料业的状况分析

在中国，半导体材料业和半导体设备业通称为半导体支撑业。自 2011 年以来，我国半导体材料的市场规模及增长率如图 1-3 所示。在 2016 年我国半导体材料市场中，集成电路晶圆制造材料的市场规模为 330.28 亿元，同比增长 4.2%；集成电路封装材料的市场规模为 318.0 亿元，同比增长 16.1%。2016 年我国半导体材料市场规模约为 648 亿元，比 2015 年的 591 亿元增长 9.6%。

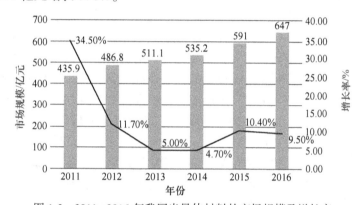

图 1-3　2011~2016 年我国半导体材料的市场规模及增长率

由于第三代半导体材料及其制作的各种器件的优越性、实用性和战略性，许多发达国家将第三代半导体材料列入国家计划，全面部署，竭力抢占战略制高点。2014 年年初美国就成立了"下一代功率电子技术国家制造业创新中心"，期望通过加强第三代半导体技术的研发产业化，使美国占领下一代功率电子产业这个正在出现的规模最大、发展最快的新兴市场。日本也建立了"下一代功率半导体封装技术开发联盟"，由 18 家知名半导体厂商、大学和研究中心共同开发第三代半导体功率器件，并重点开发适应于 SiC 和 GaN 等下一代功率半导体特点的先进封装技术。欧盟也启动了"Last Power"产学研用项目，由意法半导体（ST）牵头，意大利、德国等 6 个欧盟国家的半导体厂商、大学和公共研究中心联合攻关。

SiC 和 GaN 功率器件被业界誉为绿色经济的"核心"，由 SiC 和 GaN 材料制成的半导体功率器件将支撑起当今节能技术的发展趋势，成为节能设备最核心的器件。但是，当前我国发展第三代半导体及其器件的最大瓶颈是原材料。我国 SiC 和 GaN 材料的制备与质量等问题亟待破解。目前我国对 SiC 材料制备的设备尚为空缺，大多数设备还依赖进口。国内开展 SiC、GaN 材料和器件方面的研究工作起步比较晚，与国外相比水平还较低，缺少原始创新的专利。因此，发展第三代半导体材料和器件的步伐有待加速。

我国政府高度重视第三代半导体材料及相关技术的研究与开发。从 2004 年开始对第三代半导体技术领域的研究进行了部署，启动了一系列重大研究项目。2013 年科技部在"863"计划新材料技术领域项目征集指南中明确将第三代半导体材料及其应用列为重要内容。2015 年和 2016 年国家科技重大专项 02 专项也对第三代半导体功率器件的研制和应用进行立项，业界也普遍看好 SiC 和 GaN 的市场前景。据预测，到 2022 年，SiC 和 GaN 功率器件的市场规模将达 40 亿美元以上，年均复合增长率可达 45%，届时将催生巨大的应用市场空间。近年来，在国内集成电路产业持续快速发展的带动下，国内半导体材料业也呈现出高增长的势头。在国家科技重大专项 02 专项和各级地方政府科技创新专项的大力支持下，多种基础材料开始替代进口材料，在国内集成电路大生产线上使用。如我国半导体材料产业领先的企业江丰电子，该公司在超高纯金属材料及溅射靶材的研发与生产上快速崛起，其产品已大批量实现在世界一流半导体公司（如台积电、联电、东芝等）的 300mm 晶圆 28nm 工艺节点量产，跻身于超大规模集成电路芯片生产的国际一流水平行列，填补了中国在靶材领域的产业空白。目前，江丰电子正在承担国家 02 重大专项（20~14nm 技术节点相关材料）的研发，技术已达到国际领先水平，在相关产业界有着广泛影响。

鉴于我国目前的工业基础，国力和半导体材料的发展水平，提出一些发展建议。（1）因为第一代半导体硅材料作为微电子技术的主导地位不会改变，且国内各大集成电路制造厂家所需的硅片基本上是依赖进口，未形成稳定的批量生产能力和规模生产。建议国家集中人力和财力，实现 8~12 英寸（200~300mm）硅单晶、片材和 8 英寸（200mm）硅外延片的规模生产能力；更大直径的硅单晶、片材和外延片也应及时布点研制。另外，硅多晶材料生产基地及其相配套的高纯石英、气体和化学试剂等也必须同时给予重视，只有这样，才能逐步改观我国微电子技术的落后局面，进入世界发达国家之林。（2）由于第二代半导体 GaAs、InP 等单晶材料同国外的差距主要表现在拉晶和晶片加工设备落后，没有形成生产能力。国家应建立我国自己的研究、开发和生产联合体，实现以 4 英寸（100mm）单晶为主 2~3 吨/年的 Si-GaAs 和 3~5 吨/年掺杂 GaAs、InP 单晶和开盒就用晶片的生产能力，实现 4 英寸（100mm）GaAs 生产线的国产化，并具有满足 6 英寸（150mm）线的供片能力，以满足我国不断发展的微电子和光电子工业的需求。（3）以超高亮度红、绿和蓝光三基色材料和光通信材料为主攻方向，并兼顾新一代微电子器件和电路的需求，加强 MBE 和 MOCVD 两个基地的建设，引进必要的适合批量生产的工业型 MBE 和 MOCVD 设备并着重致力于 GaAlAs/GaAs，InGaAlP/InGaP，GaN 基蓝绿光材料，InGaAs/InP 和 InGaAsP/InP 等材料体系的实用化研究是当务之急。每年应具备至少 100 万平方英寸 MBE 和 MOCVD 微电子和光电子微结构材料的生产能力，能满足国内 2、3 和 4 英寸（50、76 和 100mm）GaAs 生产线所需要的异质结材料。第三代宽带隙高温半导体材料如 SiC、GaN 基微电子材料和单晶金刚石薄膜以及 ZnO 等材料也应择优布点，分别做好研究与开发工作。（4）一维和零维半导体材料的发展设想。基于低维半导体微结构材料的固态纳米量子器件，极有可能触发微电子、光电子技术新的革命。低维量子器件的制造依赖于低维结构材料生长和纳米加工技术的进步，而纳米结构材料的质量又很大程度上取决于生长和制备技术的水平。因而，集中人力、物力建设我国自己的纳米科学与技术研究发展中心就成了成败的关键。具体目标是在半导体量子线、量子点材料制备，量子器件研制和系统集成等若干个重要研究方向接近或达到国际先进水平；实用化前景的量子点激光器，量子共振隧穿器件和单电子器件及其集成等研发方面，达到国际先进水平，并在国际该领域占有一席之地。

1.8 半导体材料展望

半导体已显示出它的许多独特的性能并得到了广泛的应用，并在此基础上建立了庞大的产业，引起了社会的巨大变革。尽管如此它的发展没有到顶峰，它的潜力还很大。随着信息技术的快速发展和各种电子器件、产品等要求不断地提高，使得半导体材料得到新的发展空间，半导体材料在未来的发展中依然起着重要的作用。

在经过以 Si、GaAs 为代表的第一代、第二代半导体材料发展历程后，如今又在新的时代背景下借助科学技术的进步向着第三代半导体材料的方向前进，半导体材料实现高密集的大规模集成电路的使用，第三代半导体材料成为了当前的研究热点。我们应当在兼顾第一代和第二代半导体发展的同时，加速发展第三代半导体材料。目前的半导体材料整体朝着高完整性、高均匀性、大尺寸、薄膜化、集成化、多功能化方向迈进。随着微电子时代向光电子时代逐渐过渡，我们需要进一步提高半导体技术和产业的研究，开创出半导体材料的新领域。相信不久的将来，通过各种半导体材料的不断探究和应用，我们的科技、产品、生活等方面定能得到巨大的提高和发展。因此半导体材料，确切的说应该是第三代半导体材料是在新的信息化时代背景下实现数字化生活的关键推动力。

微电子学、光电子学都将以很高的速度继续发展，集成电路、信息高速公路为研究开发半导体，扩大半导体材料市场开辟了广阔的天地。估计在不远的将来，信息产业将成为全球的第一大产业。这个产业除本身的价值外，还会对其他产业起增值的作用。海湾战争是半导体芯片战胜钢铁的战争，这说明军事电子学及其所需的半导体材料的研究在军事技术上的应用日益重要。生产过程的自动化已使许多生产过程由机器人、机械手来完成，这不但大幅度地提高劳动生产率，而且改变着生产的面貌，这个趋势将依赖半导体材料并带动半导体材料的发展。另外，能源与人类生活关系密切，太阳能电池发电是无污染的可再生能源的一种，同时半导体电力电子器件又可显著地节约能源。总之，新技术的发展将赖于半导体技术的发展。

2 半导体材料的物理基础与效应

2.1 半导体中的晶体结构

晶体具有规则的外形，固定的熔点，其内部原子是按一定规律整齐地排列在一起。而非晶体则没有规则的外形，也没有固定的熔点，其内部原子的排列也没有一定的规则。晶体又分为多晶体和单晶体，具体地说，晶体是由许多小晶粒组成的，每个小晶粒中的原子都按同一序列排列。若晶粒与晶粒是杂乱堆积在一起的，它们之间的排列取向没有规则，这样的晶体称为多晶体。若晶粒与晶粒之间都按同一序列整齐地排列，则这样的晶体称为单晶体。

半导体的晶体结构一般指构成半导体单晶材料的原子在空间的排列形式。实用化程度较高的半导体材料的晶体结构主要有四种类型，即金刚石型、闪锌矿型、纤锌矿型和NaCl型晶体结构，如图 2-1 所示。可以看到，金刚石和闪锌矿都是一种复式面心立方结构（晶格），由两个面心立方晶格沿空间对角线位移 1/4 的长度套构而成，每个原子周围都有 4 个最近邻的原子且总是处于一个正四面体的顶点而呈四面体结构；不同之处在于，金刚石晶格格点相邻原子上是同种原子，而闪锌矿晶格的格点上相邻原子是异种原子。纤锌矿为六角晶系，由六角排列的双原子层堆叠而成，它也以四面体结构为基础，每个原子处于异种原子所构成的正四面体中心。NaCl 晶格为立方晶系，由两种原子分别构成的两套面心立方晶格沿 [100] 方向位移晶胞边长 1/2 套构而成。一些重要的半导体单晶材料的晶体结构类型列于表 2-1 中。

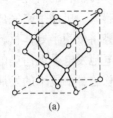 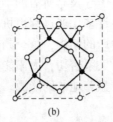 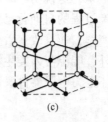 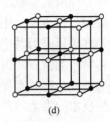

(a)　　　　　(b)　　　　　(c)　　　　　(d)

图 2-1　半导体单晶的主要四种晶体结构

(a) 金刚石；(b) 闪锌矿；(c) 纤锌矿；(d) NaCl

由表 2-1 可以看到，有些半导体晶体具有两种结构类型（不考虑材料在较高温度或较高压力下的结构相变），如 GaN，BN，ZnS，ZnO 等。有的材料还可结晶成多种晶型，如 SiC，分别属于立方晶系、六角晶系、菱形晶系等。有些半导体材料除利用其单晶结晶形态外，也使用另外的结晶形态，如非晶态（无定形）、微晶态。例如，单晶 Si、非晶 Si(α-Si)，微晶 Si(μc-Si)、纳米 Si(nc-Si) 等。同一种材料结晶形态不同，其性质和应用上都会有很大差别。半导体单晶材料除上述四种结晶类型外,有些三元化合物半导体材料,如某些 I Ⅲ Ⅵ$_2$、Ⅱ Ⅳ Ⅴ$_2$ 型化合物的晶格为黄铜矿结构,它也具有四面体结构。具有四面体结构的半导体材料在半导体技术中占有极其重要的地位。

表 2-1　重要半导体材料的晶体结构

结构类型	半 导 体 材 料
金刚石	Si,金刚石,Ge
闪锌矿	GaAs,InP,GaP,GaSb,InAs,InSb,BN,ZnS,ZnO,CaS,CdSe,CdTe,SiC,GaN
纤锌矿	GaN,BN,InN,AlN,ZnO,ZnS,CdS,CdSe,SiC
NaCl	PbS,PbSe,PbTe,CdO

在常用的 3 种半导体材料 Si、Ge 和 GaAs 中,Si 和 Ge 称为元素半导体,GaAs 被称为化合物半导体。

Si 和 Ge 半导体的晶体结构为金刚石晶格结构,如图 2-2 (a) 所示。该结构属于立方晶格结构,但它的结构形式比较复杂,可视为两个面心立方晶胞沿空间对角线相互平移 1/4 的空间对角线长度套构而成。这种结构的特点是:每个原子周围都有 4 个最近邻的原子,而且是等距离的,组成一个如图 2-3 (a) 所示的正四面体结构。这 4 个原子分别处于正四面体的顶角上,任意一个顶角上的原子和中心原子均形成共价键结合(依靠共有、自旋方向相反配对的价电子所形成的原子之间的结合力,叫共价键)。这样每个原子和周围 4 个原子组成 4 个共价键,图 2-2 (b) 形象地说明了硅原子靠共价键结合成晶体的一个平面示意图。图 2-3 (a) 所示的正四面体的 4 个顶角原子又可以通过 4 个共价键组成 4 个正四面体结构,即组成一个硅、锗晶体结构的晶胞。如此推广,将许多正四面体累积起来就得到如图 2-3 (b) 所示的金刚石型结构。这种靠共价键结合的晶体称为共价晶体,因此 Si 和 Ge 都是典型的共价晶体。金刚石结构的晶胞也是一个正方体,正方体的边长称为晶格常数,用 a 表示(如图 2-2 (a) 所示)。硅原子在晶胞中排列的情况是:8 个原子位于立方体的 8 个顶角上,6 个原子位于 6 个面中心位上,晶胞内部还有 4 个完整原子。

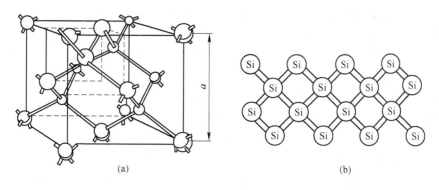

(a)　　　　　　　　　　　　　　(b)

图 2-2　金刚石结构的晶胞与平面示意图

(a) 金刚石型结构的晶胞;(b) 硅晶体的平面结构示意图

在Ⅲ-Ⅴ族半导体材料中除少数几种化合物,如 AlN、GaN、InN 在常温下为纤锌矿结构外,其余Ⅲ-Ⅴ族化合物均为闪锌矿结构(BN 还可结晶为六角结构)。

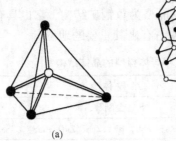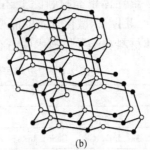

图 2-3　金刚石型结构

(a) 正四面体；(b) 结构

新兴的重要化合物半导体材料砷化镓，具有闪锌矿晶型结构，如图 2-4 所示。它是由Ⅲ族元素的 Ga 和 V 族元素的 As 化合而成。闪锌矿结构也属于面心立方晶体结构。它与金刚石型的结构完全类似，所不同的是，它是由两类原子各自组成的面心立方晶格沿空间对角线彼此位移 1/4 空间对角线长度套构而成的。因此每个原子的周围被 4 个异原子包围。即每个Ⅲ族 Ga 原子（图 2-4 中的白圆球）的近邻为 4 个 V 族 As 原子（图 2-4 中的黑圆球），每个 V 族 As 原子的近邻为 4 个Ⅲ族 Ga 原子。

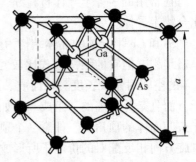

图 2-4　砷化镓闪锌矿晶型结构晶胞

2.2　载流子和能带

2.2.1　载流子

导体（如金属材料）的导电是由于电子的移动而造成的。但在太阳能光电材料（半导体材料）中，除电子以外，还有一种带正电的空穴也可以导电。材料的导电性能同时取决于电子和空穴的浓度、分布和迁移率。这些导电的电子、空穴被称为载流子，它们的浓度是半导体材料的基本参数，对电学性能有极为重要的影响。

一般而言，半导体材料都是利用高纯材料，然后人为地加入不同类型、不同浓度的杂质，精确控制其电子或空穴的浓度。在超高纯没有掺入杂质的半导体材料中，电子和空穴的浓度相等，称为本征半导体，如果在超高纯半导体材料中掺入某种杂质元素，使得电子浓度大于空穴浓度，称其为 n 型半导体，而此时的电子称为多数载流子，空穴称为少数载流子；反之，如果在超高纯半导体材料中掺入某种杂质元素，使得空穴浓度大于电子浓度，则称其为 p 型半导体，此时的空穴称为多数载流子，电子称为少数载流子。相应地，这些杂质被称为 n 型掺杂剂（施主杂质）或 p 型掺杂剂（受主杂质）。

对于一般的导电材料，其电导率 σ 可用式（2-1）表示：

$$\sigma = ne\mu \tag{2-1}$$

式中，n 为载流子浓度，原子/cm³；e 为电子的电荷，C；μ 为载流子的迁移率（单位电场强度下载流子的运动速度），$cm^2/(V \cdot s)$。载流子在这里为电子。对于半导体材料，由于电子和空穴同时导电，存在两种载流子，因此式（2-1）可变为：

$$\sigma = ne\mu_e + pe\mu_p \qquad (2-2)$$

式中，n 为电子浓度；p 为空穴浓度；e 为电子的电荷；μ_e 和 μ_p 分别为电子和空穴的迁移率。如果电子浓度 n 远远大于空穴浓度 p，则材料的电导率为 $\sigma \approx ne\mu_e$；反之，材料的电导率为：

$$\sigma \approx pe\mu_p \qquad (2-3)$$

2.2.2 能带结构

半导体材料的物理性质是与电子和空穴的运动状态紧密相关的，而它们的运动状态的描述和理解建立在能带理论的基础上。从大的范围讲，半导体的物理性质是建立在能带理论上的。

绝大部分半导体材料是晶体，所谓的晶体就是原子（分子）在空间三维方向上周期性地重复排列。如果以单个原子为例，由于原子是由电子和原子核组成的，电子处于一定的分裂能级上，围绕原子核运动。电子的运动轨道可分为 1s2s2p3s3p3d 等，这些运动轨道对应于不同的电子能级。以氢原子为例（玻尔模型），假设：

（1）电子以一固定的速度围绕原子核做圆周运动；

（2）电子在特定的轨道上，以相应角动量 $h/2\pi$（h 为普朗克常数）的整数倍运动；

（3）电子的总能量等于动能与势能之和。

此时，由假设（1）可知，电子的库仑作用力和洛伦兹作用力相平衡：

$$\frac{1}{4\pi\varepsilon_0}\frac{q^2}{r^2} = \frac{mv^2}{r} \qquad (2-4)$$

式中，m 为电子质量；q 为电子电荷量；v 为电子做圆周运动的速度；r 为电子的圆周运动半径；ε_0 为材料的真空介电常数。

由假设（2）可知：

$$mvr = n\frac{h}{2\pi} \qquad (2-5)$$

式中，n 为量子数，取正整数（1，2，3，4，…）。

而电子的总能量为：

$$E_n = \frac{1}{2}mv^2 + \left(-\frac{q^2}{4\pi\varepsilon_0 r}\right) \qquad (2-6)$$

将式（2-4）和式（2-5）代入可得：

$$E_n = -\frac{mq^4}{8\varepsilon^2 h^2 n^2} = -\frac{13.6}{n^2} \qquad (2-7)$$

当电子处于基态时，$n = 1$，$E = -13.6eV$；当电子处于第二激发态时，$n = 2$，$E_2 = -3.4eV$，依此类推。

由此可知，电子处于一系列特定的运动状态，称为量子态。每个量子态中，电子的能量是一定的，称为能级。靠近原子核的能级，电子受的束缚强，能级就低；远离原子核的能级，受的束缚弱，能级就高。原子能级示意图如图 2-5 所示。根据一定原则，电子只能在这些分裂的能级间跃迁，当电子从低能级跃迁至高能级时，电子要吸收能量；当电子从高能级跃迁至低能级时，电子要放出能量。而且，每个能级上只能容纳两个运动方向相反的电子。

当原子沿空间三维方向周期性重复排列组成晶体时，相邻原子间的距离只有 10^{-10} m 数量级，原子核周围的电子会发生相互作用。图 2-6 所示为原子组成晶体时电子的运动情况。此时，相邻原子间的电子壳层发生重叠，最外层的电子重叠较多，内壳层的电子重叠较少，也就是说相邻原子间的相同电子能级发生了重叠。如 2p 能级和相邻原子的 2p 能级重叠、3s 能级和相邻原子的 3s 能级重叠，这时，晶体原子的内壳层电子，由于基本没有发生重叠，依然围绕原子核运动，而外壳层电子，由于发生能级重叠，电子不再局限于一个原子，而是可以很容易地从一个原子转移到相邻原子上去，可以在整个晶体中运动，称为电子的共有化。

图 2-5   原子能级示意图

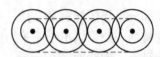

图 2-6   原子组成晶体时电子的运动情况

实际上，当单个原子组成晶体时，原子的能级并不是固定不变的。如两个相距很远的独立原子逐渐接近时，每个原子中的电子除了受到自身原子的势场作用外，还受到另一个原子势场的作用，其结果是根据电子能级的简并情况，原有的单一能级都会分裂成 m 个相近的能级（m 是能级的简并度），如果 N 个原子组成晶体时，每个原子的能级都会分裂成 m 个相近的能级，该 mN 个能级将组成一个能量相近的能带。这些分裂能级的总数量很大，因此，此能带中的能级可视为连续的。这时共有化的电子不是在一个能级内运动，而是在一个晶体的能带间运动，此能带称为允带。允带之间是没有电子在运动的，被称为禁带。

原子的内壳层电子能级低，简并程度低，共有化程度也低，因此其能级分裂将很小，能带很窄；而外壳层电子（特别是价电子）能级高，简并程度也高，基本处于共有化状态，因此能级分裂得多，能带宽。图 2-7 所示为原子能级组成晶体时分裂成能带的情况。对于半导体硅，其原子的最外层有 4 个价电子，2 个是 3s 电子，2 个是 3p 电子。当 N 个硅原子相互接近组成硅晶体时（N 约为 1022 个原子/cm^3），原来独立原子的能级发生分裂，组成能带。图 2-8 所示为硅原子组成晶体时的能带形成图。

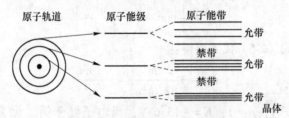

图 2-7   原子能级组成晶体时分裂成能带的示意图

当原子间的距离变小时，3s、3p 相应的能级开始分裂，形成能带。由于 3s、3p 的简并度分别为 1 和 3，因此每个相应的能带中含有 2N 和 6N 个细小能级，而电子可能占据其中的一个细小能级（或称电子态）；当原子间的距离进一步变小时，一个原子上的 3s、3p

电子开始与相邻的原子共有，发生共有化运动。开始产生 8-P 轨道杂化，两个能带合并成一个能带；当原子间的距离接近平衡距离时，再次分裂成两个能带，能级重新分配，每个能带具有 $4N$ 个细小能级，分别可以容纳 $4N$ 个电子。

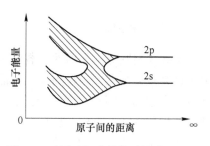

图 2-8 硅原子组成晶体时能带形成图

根据能量最低原则，低温时，N 个原子的 4 个价电子将全部占据低能量的能带，而高能量的能带则是空的，没有电子占据。

对于其他半导体材料，也有类似情况。图 2-9 所示为半导体晶体材料的能带示意图。通常，在能量低的能带中都填满了电子，这些能带称为满带；而能图中能量最高的能带，往往是全空或半空的，电子没有填满，此能带称为导带（导带底能量为 E_c）；在导带下的那个满带，其电子有可能跃迁到导带，此能带称为价带（价带顶能量为 E_v）；两者之间电子不能存在运动的区域称为禁带（禁带宽度为 E_g）。由图中可以看出，电子可以在不同的能带中运动，也可以在不同的能带间跃迁。但不能在能带之间的区域运动。为了简化，图 2-9 所示的能带图还可以用图 2-10 所示的形式来表示。

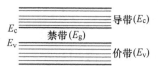

图 2-9 半导体晶体材料的能带示意图

图 2-10 半导体晶体材料的能带简化示意图

就一般材料而言，其电导率取决于能带结构和导带电子的性质。金属导电材料的导带和价带是重合的，中间没有禁带，因此，在价带中存在大量的自由电子，导电能力很强；绝缘体材料，导带是空的，没有自由电子，而且禁带的宽度很宽，价带的电子也不可能跃迁到导带上，导带中始终没有自由电子，所以绝缘体材料不导电，半导体材料的情况与前两者都不同，虽然价带中一般没有电子，但是在一定条件下，价带的电子可以跃迁到导带上，在价带中留下空穴，电子和空穴可以同时导电。图 2-11 所示为绝缘体、导体和半导体的能带示意图。

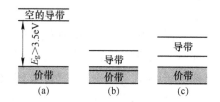

图 2-11 绝缘体、导体和半导体的能带示意图
(a) 绝缘体；(b) 导体；(c) 半导体

因此，半导体材料的禁带宽度是一个决定电学和光学性能的重要参数，表 2-2 列出了重要的太阳能光电半导体材料的禁带宽度。

表 2-2 重要的太阳能光电半导体材料的禁带宽度

材料	禁带宽度/eV	材料	禁带宽度/eV
单晶硅	1.12	CdTe	1.45
非晶硅	约 1.75	GaAs	1.42
$CuInSe_2$	1.05	InP	1.34

2.2.3　电子和空穴

半导体材料导电是由两种载流子，即电子和空穴的定向运动实现的。在低温状态，价电子被完全束缚在原子核周围，不能在晶体中运动，这时在能带图中，价带是充满的，而导带是全空的。随着温度的升高，由于晶格热振动等原因，一部分电子脱离原子核的束缚，产生价电子共有化，变成自由电子，可以在整个晶体中运动。而在原来电子的位置上，留下了一个电子的空位，称为空穴。图2-12所示为半导体材料中电子-空穴对产生示意图。

当价电子成为自由电子后，作为负电荷（-e），在晶体中可以做无规则的热运动。此时，从能带的角度讲，电子吸收了能量，从价带跃迁到导带（见图2-12），在外电场的作用下，除了做热运动外，电子沿着与电场相反的方向漂移，产生电流，其方向和电场方向相同，这种自由电子运载电流的导电机构，称为电子导电，而电子称为载流子。

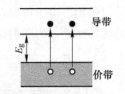

图2-12　半导体材料中电子-空穴对产生示意图

在电子成为自由电子之前原子是电中性的；电子成为自由电子并在整个晶体中运动之后，原来电子的位置就缺少一个负电荷，呈现正电荷（+e），称为空穴。此时，从能带的角度讲，由于电子跃迁到导带，在价带上留下了空穴（见图2-12），如果邻近的电子进入该位置，那么这个电子的位子就空了出来，显现正电，就好像空穴进行了移动，该过程如果连续不断地进行，空穴就可以在整个晶体中运动。实际上，空穴的运动就是电子的反向运动。在外电场的作用下，除了做热运动外，空穴还要在沿着电场的方向漂移，产生电流，其方向与电场方向相反。这种空穴运载电流的导电机构，称为空穴导电，而空穴也称为载流子，所以，在半导体材料中，有电子和空穴两种载流子导电。

在一定温度下，由于热振动能量的吸收，半导体材料中电子空穴对不断产生；同时，当电子和空穴相遇时，又产生复合；即导带中的电子又跃迁到价带上，与价带上的空穴复合，导致电子-空穴对消失。显然，如果没有故意掺入杂质，对于纯净半导体而言，在热平衡状态，其电子-空穴对的浓度主要取决于温度，温度越高，则电子-空穴对的浓度越高。这样的半导体材料就称为本征半导体材料，其电子、空穴的浓度（单位体积的载流子数）为：

$$n = p = n_i(T) \tag{2-8}$$

式中，T 为热力学温度；n_i 为本征载流子浓度。在室温300K时，硅材料的本征载流子浓度为 1.5×10^{10}个/cm³。

在外电场作用下，电子、空穴产生运动。由于受到晶体中周期性重复排列的原子的作用，其运动状态与完全自由空间的状态不同。因此，利用有效质量代替质量来表征这样的不同。设电子和空穴的有效质量分别为 m_n 和 m_p，这时，它们在外电场（E）中运动的加速度分别为：

$$a_n = -\frac{qE}{m_n} \text{（电子）} \tag{2-9}$$

$$a_p = \frac{qE}{m_p} \text{（空穴）} \tag{2-10}$$

式中，q 为电子电荷量。

2.3 杂质和缺陷能级

2.3.1 杂质半导体

在本征半导体的热平衡状态，电子和空穴的浓度是相等的。杂质掺入后，会在禁带中引入杂质能级，这些杂质在室温下电离后，或在导带中引入电子，或在价带中引入空穴。因此，对于半导体材料，可以通过控制掺入杂质的类型和浓度来控制材料中电子和空穴的浓度，最终达到控制材料电学性能的目的。

如果在半导体材料中为掺入的杂质提供电子，就形成 n 型半导体材料，该杂质称为施主，此时电子浓度大于空穴浓度，为多数载流子，而空穴的浓度较低，为少数载流子。而最终电子的浓度取决于掺入杂质的含量。在四价的高纯半导体晶体硅中，加入 V 族的元素（磷、砷、锑），才使得其中的电子浓度大于空穴浓度，晶体硅成为 n 型半导体。图 2-13 所示为 n 型掺磷硅半导体形成的结构示意图。由图 2-13 中可以看出，硅原子有 4 个价电子，与邻近的 4 个硅原子组成 4 个稳定的共价键。当五价的磷元素掺入到晶体硅中，磷原子会替换硅原子占据晶格位置，它的 4 个价电子与邻近的 4 个硅原子的价电子组成 4 个共价键，另外一个价电子则被束缚在原子核周围；一旦接受能

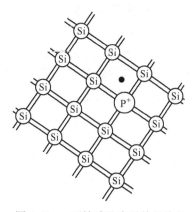

图 2-13 n 型掺磷硅半导体晶体的原子结构示意图

量，这个价电子很容易脱离原子核的束缚，可以在整个晶体中运动，成为自由电子，即该电子接收能量后，从杂质能级跃迁到导带。因此，形成了电子浓度大于空穴浓度的 n 型半导体。

根据式（2-7），由于晶体硅中的电子有效质量为 m_n，介电常数为 ε，则第五个价电子的结合能（$n=1$）为

$$E = -\frac{m_n q^4}{8\varepsilon^2 h^2} = \frac{mq^4}{8\varepsilon_0^2 h^2} \frac{m_n \varepsilon_0^2}{m\varepsilon^2} = -13.6 \frac{m_n}{m} \left(\frac{\varepsilon_0}{\varepsilon}\right)^2 \tag{2-11}$$

同样地，如果在四价的高纯半导体晶体硅中，加入 III 族的元素（硼等），则使得其中的空穴浓度大于电子浓度，晶体硅成为 p 型半导体。图 2-14 所示为 p 型硅半导体形成的结构示意图。由图 2-14 中可以看出，当三价的硼元素掺入到晶体硅中，硼原子也会替换硅原子占据晶格位置，它的 3 个价电子与邻近的 3 个硅原子的价电子组成 3 个共价键，而相邻的一个硅原子多余一个价电子，具有接受自由电子的能力，形成空穴。一旦邻近的电子进入空穴，则空穴就移动到邻近位置，最终空穴作为载流子可以在整个晶体中运动。此时，晶体硅为 p 型半导体。

2.3.2 杂质能级

人们为了控制半导体材料（太阳能光电材料）的电学性能，在高纯的本征半导体中要加入不同类型和含量的杂质，形成 n 型和 p 型半导体材料。同时，在实际半导体材料的制备和加工过程中，会不可避免地引入少量不需要的杂质。这些杂质在禁带中间引入新的能级，如果杂质能级的位置靠近导带底或价带顶，在室温下电离，对半导体材料提供额外的载流子，就称为浅能级杂质。如果杂质能级位于禁带中心附近，室温下基本不电离，成为少数载流子的复合中心，被称为深能级中心。

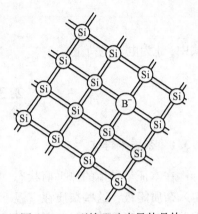

图 2-14   p 型掺硼硅半导体晶体的原子结构示意图

以 n 型半导体晶体硅为例，当晶体硅中掺入五价磷原子后，磷原子的 4 个价电子和硅原子的价电子组成共价键，另外一个价电子被磷原子微弱地束缚在周围。在吸收一定能量后，这个价电子会电离，脱离磷原子的束缚。由于这个电子是被微弱地束缚，所以电离过程所需的能量比较小，其电子从磷原子束缚中脱离的最小能量就是它的电离能。

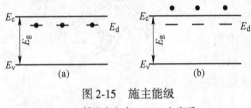

图 2-15   施主能级

（a）低温未电离；（b）电离后

从能带的角度讲，这个多余的围绕磷原子运动的电子，具有一个相对应的局域化能级，此能级位于禁带中间，此能级称为杂质能级。当接受能量时，这个价电子脱离束缚，成为自由电子。也就是说，这个价电子接受能量从杂质能级跃迁到导带，如图 2-15 所示。因为这个电子的电离能很小，也就是说只要很小的能量，电子就会跃迁到导带，所以磷原子的这个价电子的能级在导带下的禁带之中，而且距离导带底很近。因此，对于晶体硅来说，磷原子属于浅能级杂质。

像磷原子一样能够向晶体硅提供电子作为载流子的杂质，就称为施主杂质，其所引起的杂质能级称为施主能级，一般用 E_d 来表示。在半导体晶体硅中，V 族元素磷、砷、锑都能起到提供电子的作用，是施主杂质，也是浅能级杂质。

在温度很低接近 0K 时，多余的电子没有电离，占据了施主能级，此时施主是中性的，也就是说每个施主能级上都有一个束缚电子。当温度升高时，施主杂质电离，多余的电子将从施主能级跃迁到导带，留下一个局域化的空能级。由于杂质的电离能很小，一般而言（即在非简并半导体中）在室温下，施主杂质都能全部电离，施主能级没有被电子占据。同样地，对于 p 型半导体晶体硅，当晶体硅中掺入三价硼原子后，硼原子的 3 个价电子和硅原子的价电子组成共价键，而一个相邻硅原子多余一个价电子。在吸收能量后，这个价电子可以接受其他地方的电子，在形成共价键的同时，在其他地方产生一个空穴。硼原子接受一个电子所需的最小能量，就是它的电离能。

另一方面，从能带的角度讲，硼原子接受的这个电子，具有一个相对应的局域化能级，这个能级也位于禁带中间，同样是杂质能级。当接受能量时，这个电子会与硅原子的悬挂键结合，在其他地方产生自由空穴，也就是说，接受能量后电子从价带跃迁到杂质能级，在价带中留下一个空穴，如图2-16所示。因为电子的电离能很小，所以这个杂质能级在禁带之中，而且距离价带顶很近。

像硼原子一样能够向晶体硅提供空穴作为载流子的杂质，就称为受主杂质，其所引起的杂质能级称为受主能级，一般用 E_a 来表示。在半导体晶体硅中，Ⅲ族元素硼、铝、镓、铟都能起到提供空穴的作用，是受主杂质。由于它们的电离能很小，所以它们也是浅能级杂质。

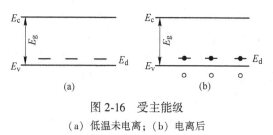

图 2-16 受主能级
(a) 低温未电离；(b) 电离后

在温度很低接近 0K 时，受主能级是空的，受主杂质是中性的。当温度升高时，电子从价带跃迁到受主能级，在价带中留下一个自由空穴。而在室温下，对于简单的非简并半导体，受主杂质全部电离，受主能级被电子占据。

2.3.3 深能级

当杂质掺入半导体材料时，可以在禁带中引入两类杂质能级：浅能级和深能级。如果杂质能级的位置位于导带底或价带顶附近，即电离能很小，这些杂质就是浅能级杂质，如硅晶体中掺入Ⅲ、Ⅴ族元素杂质。

如果杂质能级的位置位于禁带中心附近，电离能较大，在室温下，处于这些杂质能级上的杂质一般不电离，对半导体材料的载流子没有贡献，但是它们可以作为电子或空穴的复合中心，影响非平衡少数载流子的寿命，这类杂质称为深能级杂质，所引入的能级为深能级。与浅能级杂质相比，除了能级的位置和电离能的大小不同外，深能级杂质还可以多次电离，在禁带中引入多个能级，这些能级可以是施主能级，也可以是受主能级，有些深能级杂质可以同时引入施主能级和受主能级。

对于晶体硅而言，金属杂质特别是过渡金属杂质，基本上都属于深能级杂质，在硅晶体的禁带中引入深能级，直接影响硅晶体少数载流子的寿命。对硅太阳电池而言，这些深能级杂质是有害的，会直接影响太阳能光电转换效率。

如硅中的钴（Co）金属，一般以替代位置存在于晶体硅中，它既可以引入施主型深能级，又可以引入受主型深能级。其施主能级为双重态，是 $(E_v + 0.23)eV$ 和 $(E_v + 0.41)eV$；其受主能级也是双重态，分别为 $(E_c - 0.41)eV$ 和 $(E_c - 0.217)eV$。硅中的金是另一种重要的深能级杂质，在硅中也是处于替代位置，它有两个能级，分别为施主能级 $(E_v + 0.347)eV$ 和受主能级 $(E_c - 0.554)eV$。在掺杂浓度较低的情况下，这两个能级可以同时出现；在掺杂浓度较高的情况下，则是分别出现。对于重掺 n 型单晶硅，由于电子是多数载流子，浓度相对较高，金原子很容易得到电子而成为带负电的金离子（Au⁻），所以只有受主能级出现；对于重掺 p 型单晶硅，由于电子是少数载流子，浓度相对较低，金原子很容易释放出电子而成为带正电的金离子（Au⁺），所以只有施主能级出现。当硅中深能级杂质浓度较高时，一旦电离，也会对晶体硅中的载流子浓度产生补偿，影响器件性能。当然，在硅半导体器件中，有时也会利用掺杂来控制少数载流子的寿命，达到调控器件性能的目的，如高速开关管及双极型数字逻辑集成电路就是利用掺入深能级杂质金来控制少数载流子的寿命。

2.3.4 缺陷能级

理想的半导体材料应该是完美晶体，即原子在三维空间有规律地、周期性地排列，没有杂质和缺陷。在实际的半导体材料中，包括太阳能光电材料，除了可能引入各种杂质外，也可能引入各种缺陷，即原子在三维空间有规律的、周期性的排列被打乱。这些缺陷包括点缺陷、线缺陷、面缺陷和体缺陷，都有可能在禁带中引入相关能级，即缺陷能级。

在单质元素族半导体材料（如硅）中，点缺陷主要包括空位、自间隙原子和杂质原子。杂质原子可以引入杂质能级（浅能级和深能级），而空位和自间隙原子主要由温度决定，属于热点缺陷，又称本征点缺陷。在晶体硅中存在空位时，空位相邻的4个硅原子各有一个未饱和的悬挂键，倾向于接受电子，呈现出受主性质；而硅间隙原子具有4个价电子，可以提供给晶体硅自由电子，呈现出施主性质。

但是对于离子型化合物半导体材料而言、它们是由电负性相差较大的正、负离子组成的稳定结构，如 F-Ⅵ 族中的 PbS、PbSe 和 PbTe 以及 Ⅱ-Ⅵ 族的 CdS、CdSe 和 CdTe 等。由于正、负离子都是电活性中心，因此，晶体点阵中如果出现间隙原子或者空位，都会形成新的电活性中心，导致缺陷能级的产生。此时的能级不是由掺杂原子引起的，而是由晶格缺陷引起的。如果多出来的间隙原子是正离子，或者出现负离子的空位，都会在晶体中引入正电中心。这些正电中心本来束缚一个负电子，只是负电子电离成为自由电子后，才留下一个正电中心。显然，正电中心给基体提供电子，它引入的缺陷能级是施主能级。相反的，如果多出来的间隙原子是负离子，或者出现正离子空位，则它们可以引入受主型的缺陷能级。同样地，Ⅲ-Ⅴ族半导体材料的点缺陷也会引入缺陷能级，如 GaAs 中的砷空位和镓空位均表现出受主性质。

线缺陷主要是指位错，包括刃位错、螺位错和混合位错。一般认为位错具有悬挂键，可以在禁带中引入能级，即缺陷能级。但也有研究表明，纯净的位错是没有电学性质的，在禁带中没有引入能级；如果位错上聚集了金属或其他杂质，就有可能引入能级。面缺陷则包括晶界和表面，由于晶体的界面和表面都有悬挂键，所以可以在禁带中引入缺陷能级，而且往往是深能级。体缺陷是指三维空间的缺陷，如沉淀或空洞，这些体缺陷本身一般不引起缺陷能级，但是它们和基体的界面往往会产生缺陷能级。

这些缺陷能级和杂质引入的深能级一样，会影响少数载流子的寿命。对于太阳能光电材料而言，则会影响太阳能光电转换效率。因此，太阳能光电材料不仅需要尽量高纯度，减少杂质能级，而且需要晶体结构尽量完整，减少晶体缺陷，从而提高太阳能光电转换效率。

2.4 热平衡下的载流子

半导体材料的性质强烈地取决于其载流子浓度，在掺杂浓度一定的情况下，载流子浓度主要由温度决定。

在绝对零度时，对于本征半导体而言，电子束缚在价带上，半导体材料没有自由电子和空穴，也就没有载流子；随着温度的升高，电子从热振动的晶格中吸收能量，电子从低能态跃迁到高能态，如从价带跃迁到导带，形成自由的导带电子和价带空穴，称为本征激发。对于杂质半导体而言，除本征激发外，还有杂质的电离；在极低温时，杂质电子也束缚在杂质能级上，当温度升高，电子吸收能量后，也从低能态跃迁到高能态，如从施主能级跃迁到导带产生自由的导带电子，或者从价带跃迁到受主能级产生自由的价带空穴。因此，随着温度的升高，不断有载流子产生。

在没有外界光、电、磁等作用时，在一定温度下，从低能态跃迁到高能态的载流子也会产生相反方向的运动，即从高能态向低能态跃迁，同时释放出一定能量，称为载流子的复合。所以，在一定温度下，在载流子不断产生的同时，又不断有载流子复合，最终载流子浓度会达到一定的稳定值，此时半导体处于热平衡状态。

要得到热平衡状态下的载流子浓度，可以计算热平衡状态下电子的统计分布和可能的量子态密度，各量子态上的载流子浓度总和就是半导体的载流子浓度。

2.4.1 载流子的状态密度和统计分布

2.4.1.1 费米分布函数

载流子在半导体材料中的状态一般用量子统计的方法进行研究，其中状态密度和在能级中的费米统计分布是其主要表示形式。以电子为例，在利用量子统计处理半导体中电子的状态和分布时，认为：电子是独立体，电子之间的作用力很弱；同体系中的电子是全同且不可分辨的，任何两个电子的交换并不引起新的微观状态；在同一个能级中的电子数不能超过2；由于电子的自旋量子数为1/2，所以每个量子态最多只能容纳一个电子。

在此基础上，电子的分布遵守费米-狄拉克分布，即能量为E的电子能级被一个电子占据的概率$f(E)$为：

$$f(E) = \frac{1}{e^{\frac{E-E_f}{\kappa T}} + 1} \tag{2-12}$$

式中，$f(E)$为费米分布函数；κ为玻耳兹曼常数；T为热力学温度；E_f为费米能级。当能量与费米能量相等时，费米分布函数为：

$$f(E) = \frac{1}{e^{\frac{E-E_f}{\kappa T}} + 1} = \frac{1}{2} \tag{2-13}$$

即电子占有率为1/2的能级为费米能级。

图2-17所示为费米分布函数$f(E)$随能级能量的变化情况。由图2-17可知，$f(E)$相对于$E = E_f$是对称的。在$T = 0K$时：如果$E < E_f$则$f(E) = 1$；如果$E > E_f$，则$f(E) = 0$。

这说明在绝对零度时，比E_f小的能级被电子占据的概率为100%，没有空的能级；而比E_f大的能级被电子占据的概率为零，全部能级都空着。

在$T > 0K$时，比E_f小的能级被电子占据的概率

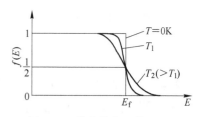

图2-17 费米分布函数$f(E)$随能级能量的变化

随能级升高逐渐减小，而比 E_f 大的能级被电子占据的概率随能级降低而逐渐增大。也就是说，在 E_f 附近且能量小于 E_f 的能级上的电子，吸收能量后跃迁到大于 E_f 的能级上，在原来的地方留下了空位。显然，电子从低能级跃迁到高能级，就相当于空穴从高能级跃迁到低能级；电子占据的能级越高，空穴占据的能级越低，体系的能量就越高。因此，相对于电子的分布概率，空穴的分布概率为 $1 - f(E)$。

在 $(E - E_f) \geq \kappa T$ 时，$e^{\frac{E-E_f}{\kappa T}} \gg 1$，则式（2-12）可以简化为：

$$f(E) \approx e^{\frac{E_f-E}{\kappa T}} \tag{2-14}$$

此时的费米分布函数与经典的玻耳兹曼分布是一致的。

2.4.1.2　状态密度

半导体的电子占据一定的能级，可以用电子波矢 k 表示，其对应的能级为 $E(k)$。由于能级不是连续的，所以波矢 k 不能取任意值，而是受到一定边界条件的束缚。在导带底附近，$E(k)$ 与 k 的关系

$$E(k) = E_c + \frac{(hk)^2}{2m^*} \tag{2-15}$$

式中，h 为普朗克常数；m^* 为电子的有效质量。由式（2-15）可知

$$k = \frac{(2m_n^*)^{1/2}(E - E_c)^{1/2}}{h} \tag{2-16}$$

$$k\mathrm{d}k = \frac{m_n^* \, \mathrm{d}E}{h^2} \tag{2-17}$$

在电子波失 k 空间中，以 k 和 $(k + \mathrm{d}k)$ 为半径的球面，分别是能量 $E(k)$ 和 $(E + \mathrm{d}E)$ 的等能面，这两个等能面之间的体积为 $4\pi k^2 \mathrm{d}k$。而在 k 空间中，量子态的总密度为 $2V$（V 为半导体晶体体积），则在能量 $E \sim (E + \mathrm{d}E)$ 间的量子数为：

$$\mathrm{d}Z = 2V \times 4\pi k^2 \mathrm{d}k$$

将式（2-16）和式（2-17）代入上式，其量子数为：

$$\mathrm{d}Z = 4\pi V \frac{(2m_n^*)^{3/2}}{h^3}(E - E_c)^{1/2}\mathrm{d}E \tag{2-18}$$

从而可得导带底附近电子的状态密度为：

$$g_c(E) = \frac{\mathrm{d}Z}{\mathrm{d}E} = 4\pi V \frac{(2m_n^*)^{3/2}}{h^3}(E - E_c)^{1/2} \tag{2-19}$$

式（2-19）表明，导带底附近电子的状态密度随着电子能量的增加而增大。同样地，对于价带顶空穴的状态密度为：

$$g_v(E) = 4\pi V \frac{(2m_p^*)^{3/2}}{h^3}(E_v - E)^{1/2} \tag{2-20}$$

2.4.1.3　电子浓度和空穴浓度

尽管实际上能带中的能级不是连续的，但是由于能级的间隔非常小。因此，可以认为能带中的能级是连续分布的，在计算电子、空穴浓度时，可以像计算状态密度一样，将能带分成细小的能量间隔来处理。

对于导带底附近的电子而言，其占据能量为 E 的能级的概率服从费米分布函数，为 $f(E)$，而在能量 $E \sim (E+dE)$ 之间的量子态数为 dZ，则在能量 $E \sim (E+dE)$ 之间被电子占据的量子态为 $f(E)dZ$，因为每个被占据的量子态只有一个电子，所以在能量 $E \sim (E+dE)$ 之间的电子数就是 $f(E)dZ$。如果将导带的电子数相加，即从导带底到导带顶积分，即可得到导带内总的电子数，再除以半导体晶体的体积，即可得到导带中的电子浓度。

由上述分析可知，在能量 $E \sim (E+dE)$ 之间的电子数 dN 为：

$$dN = f(E)dZ = f(E)g_c(E)dE$$

将式（2-14）和式（2-20）代入，得：

$$dN = 4\pi V \frac{(2m_n^*)^{3/2}}{h^3}(E-E_c)^{1/2}\exp\left(\frac{E_f-E}{\kappa T}\right)dE$$

则能量 $E \sim (E+dE)$ 之间单位体积中的电子数，即电子浓度为：

$$dn = \frac{dN}{V} = 4\pi\frac{(2m_n^*)^{3/2}}{h^3}(E-E_c)^{1/2}\exp\left(\frac{E_f-E}{\kappa T}\right)dE$$

将上式从导带底（E_c）到导带顶（∞）积分，即可得到半导体晶体中的电子浓度：

$$n_0 = \int_{E_c}^{\infty} 4\pi\frac{(2m_n^*)^{3/2}}{h^3}(E-E_c)^{1/2}\exp\left(\frac{E_f-E}{\kappa T}\right)dE \tag{2-21}$$

设 $x = \dfrac{E-E_c}{\kappa T}$，则根据积分公式 $\displaystyle\int_0^\infty x^{1/2}e^{-x}dx = \sqrt{\pi}/2$，式（2-21）为：

$$n_0 = 2 \times \frac{(2\pi m_n^*\kappa T)^{3/2}}{h^3}\exp\frac{E_f-E_c}{\kappa T} \tag{2-22}$$

设 $N_c = 2 \times \dfrac{(2\pi m_n^*\kappa T)^{3/2}}{h^3}$，称为导带的有效状态密度，则导带中的电子浓度为：

$$n_0 = N_c\exp\frac{E_f-E_c}{\kappa T} \tag{2-23}$$

同样地，热平衡条件下，价带中空穴的浓度 p_0 为：

$$p_0 = \int_{-\infty}^{E_v}\left[1-f(E)\right]\frac{g_{v(E)}}{V}dE \tag{2-24}$$

设 $N_v = 2 \times \dfrac{(2\pi m_p^*\kappa T)^{3/2}}{h^3}$，为价带的有效状态密度，$m_p$ 为空穴的有效质量，则空穴浓度为：

$$p_0 = N_v\exp\frac{E_v-E_f}{\kappa T} \tag{2-25}$$

由此可见，半导体中的电子和空穴浓度主要取决于温度和费米能级，而费米能级则与温度和半导体材料中的掺杂类型和掺杂浓度相关。对于晶体硅，在室温 300K 时，$N_c = 2.8\times10^{19}$ 个/cm³，$N_v = 2.8\times10^{19}$ 个/cm³。

如果将电子浓度和空穴浓度相乘，可以得到载流子浓度的乘积：

$$n_0 p_0 = N_c N_v \exp\left(-\frac{E_c - E_v}{\kappa T}\right) = N_c N_v \exp\left(-\frac{E_g}{\kappa T}\right) \tag{2-26}$$

式中，$E_g = E_c - E_v$，是半导体的禁带宽度。然后，将 N_c、N_v 代入式（2-26），可得：

$$n_0 p_0 = 4\left(\frac{2\pi\kappa}{h^2}\right)^3 (m_n^* m_p^*)^{3/2} T^3 \exp\left(-\frac{E_g}{\kappa T}\right) \tag{2-27}$$

由式（2-27）可知，载流子浓度的乘积仅与温度有关，而与费米能级等其他因素无关。也就是说，对于某种半导体材料，其禁带宽度 E_g 固定，则在一定温度下，其热平衡的载流子浓度乘积是一定的，与半导体的掺杂类型和掺杂浓度无关。

2.4.2　本征半导体的载流子浓度

本征半导体是指没有杂质、没有缺陷的近乎完美的单晶半导体。在绝对零度时，所有的价带都被电子占据，所有的导带都是空的，没有任何自由电子。温度升高时产生本征激发，即价带电子吸收晶格能量，从价带跃迁到导带上，成为自由电子，同时在价带中出现相等数量的空穴。由于电子、空穴成对出现，因此，在本征半导体中，电子浓度 n_0 与空穴浓度 p_0 是相等的。如果设本征半导体载流子浓度为 n_i，则：

$$n_0 p_0 = n_i^2 \tag{2-28}$$

将式（2-26）和式（2-27）代入，本征半导体载流子浓度为：

$$n_i = \sqrt{N_c N_v} \exp\left(-\frac{E_g}{2\kappa T}\right) = 2\left(\frac{2\pi\kappa}{h^2}\right)^{3/2} (m_n^* m_p^*)^{3/4} T^{3/2} \exp\left(-\frac{E_g}{2\kappa T}\right) \tag{2-29}$$

由式（2-29）可知，n_i 是温度 T 的函数。如果忽略 $T^{\frac{3}{2}}$ 项的影响，n_i 就近似随温度呈线性变化。图 2-18 所示为 Si 和 GaAs 的本征载流子浓度 n_i 与温度的关系。由图 2-18 可知，在室温 300K 时，晶体硅的本征载流子浓度为 2×10^{10} 个/cm³，与价电子的浓度或金属导电子浓度（约为 10^{22} 个/cm³）相比，显得极小。因此，在室温下，本征半导体是不导电的。因为本征半导体的电子、空穴浓度相等（$n_0 = p_0$），则根据式（2-23）和式（2-25）得：

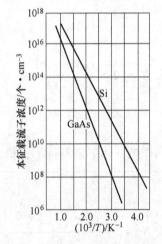

图 2-18　Si 和 GaAs 的本征载流子浓度 n_i 与温度的关系

$$N_c \exp\frac{E_f - E_c}{\kappa T} = N_v \exp\frac{E_v - E_f}{\kappa T}$$

得到本征半导体的费米能级 E_i：

$$E_i = E_f = \frac{E_c + E_v}{2} + \frac{\kappa T}{2}\ln\frac{N_v}{N_c} = \frac{E_c + E_v}{2} + \frac{3\kappa T}{4}\ln\frac{m_p^*}{m_n^*} \tag{2-30}$$

如果电子和空穴的有效质量相等，式（2-30）的第一项为零，说明本征半导体的费米能级在禁带的中间。实际上，对于大部分半导体如硅材料，电子和空穴的有效质量相差很小，而且在室温 300K 下，κT 仅约为 0.026eV。所以，式（2-30）第二项的值很小。因此，一般可以认为，本征半导体的费米能级位于禁带中央。

2.4.3 杂质半导体的载流子浓度和补偿

本征半导体的载流子浓度仅为 10^{10} 个/cm³ 左右，是不导电的。通常需要在本征半导体中掺入一定量杂质，控制电学性能，形成杂质半导体。因为杂质的电离能比禁带宽度小得多，所以杂质的电离和半导体的本征激发发生在不同的温度范围。在极低温时，首先发生的是电子从施主能级激发到导带，或者空穴由受主能级激发到价带的杂质电离。因此，随着温度升高，载流子浓度不断增大，当达到一定的浓度时，杂质达到饱和电离，即所有的杂质都电离。如图 2-19 所示，此温度区域称为杂质电离区；此时，本征激发的载流子浓度很低，不影响总的载流子浓度。当温度进一步升高，本征激发的载流子浓度依然较低，半导体的载流子浓度保持基本恒定，主要由电离的杂质浓度决定，称为非本征区；当温度继续升高，本征激发的载流子浓度大量增加，此时的载流子浓度由电离的杂质浓度和本征载流子浓度共同决定，此时温度区域称为本征区。因此，为了准确控制半导体的载流子浓度和电学性能，半导体器件包括太阳能电池都工作在本征激发载流子浓度较低的非本征区，此时杂质全部电离，一般不考虑本征激发的载流子，载流子浓度主要由掺杂杂质浓度决定。

无论掺入 n 型或 p 型掺杂剂，其杂质半导体必然是电中性的，即半导体中的正电荷数和负电荷数相等，称为电中性条件。

对于掺杂半导体，价带空穴密度为 p_0，则价带空穴对电荷的贡献为 ep_0；导带电子密度为 n_0，则导带电子对电荷的贡献为 $(-e)n_0$；如果施主杂质的浓度为 N_d，施主能级上电子被束缚的杂质浓度（中性施主的杂质浓度）为 n_d，则施主能级对电荷的贡献为 $e(N_d - n_d)$；相同地，如果受主杂质的浓度

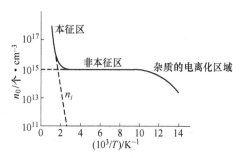

图 2-19　n 型晶体硅载流子浓度与温度的关系

为 N_a，受主能级上中性杂质的浓度为 p_a，则受主能级对电荷的贡献为 $e(N_a - n_a)$。根据电中性条件，有式（2-31）：

$$p_0 + (N_d - n_d) = n_0 + (N_a - p_a) \tag{2-31}$$

2.4.3.1 n 型半导体的载流子浓度

对于只有施主存在的 n 型半导体，电中性条件的式（2-31）即成为：

$$p_0 + (N_d - n_d) = n_0 \tag{2-32}$$

设施主杂质的能级为 E_d，根据费米分布函数式（2-12），得到施主能级上电子被束缚的杂质浓度（中性施主的杂质浓度）：

$$n_d = N_d f(E_d) = \frac{N_d}{1 + \exp\dfrac{E_d - E_f}{\kappa T}} \tag{2-33}$$

如果施主杂质全部电离，即饱和电离，则 $n_d \approx 0$。联立式（2-28）和式（2-32），可得到 n 型半导体的载流子浓度：

$$n_0 = \frac{1}{2}(N_d + \sqrt{N_d{}^2 + 4 n_i{}^2})$$

(2-34)

$$p_0 = \frac{n_i{}^2}{N_d}$$

(2-35)

因为 n 型半导体的 $N_d \gg n_i$，所以电子浓度简化为：

$$n_0 \approx N_d$$

(2-36)

将式 (2-36) 代入式 (2-23)，可得到饱和电离的 n 型半导体的费米能级：

$$E_f = E_c - \kappa T \ln \frac{N_c}{N_d}$$

(2-37)

由此可见，n 型半导体随温度的升高，E_f 逐渐偏离 E_e，趋近禁带中央，呈线性降低。

2.4.3.2   p 型半导体的载流子浓度

同样地，对于只有受主存在的 p 型半导体，电中性条件的式 (2-31) 即成为：

$$n_0 + (N_a - p_a) = p_0$$

(2-38)

设受主杂质的能级为 E_a，根据费米分布函数式 (2-12)，得到受主能级上中性杂质的浓度为：

$$p_a = N_a[1 - f(E_d)] = N_a\left(1 - \frac{1}{1 + \exp\dfrac{E_a - E_f}{\kappa T}}\right)$$

(2-39)

如果受主杂质全部电离，则 $p_a \approx 0$。此时 p 型半导体的载流子浓度为：

$$p_0 = N_a$$

(2-40)

$$n_0 = \frac{n_i{}^2}{N_a}$$

(2-41)

将式 (2-40) 代入式 (2-25)，可得到饱和电离的 p 型半导体的费米能级：

$$E_f = E_v + \kappa T \ln \frac{N_v}{N_a}$$

(2-42)

2.4.3.3   载流子浓度的补偿

假如半导体既有施主杂质，又有受主杂质，当电离时，施主杂质电离的电子首先要跃迁到能量低的受主杂质能级，产生杂质补偿，所以其电中性条件就是式 (2-31)。

如果施主杂质和受主杂质全部电离，则 $n_d \approx 0$，$p_a \approx 0$，那么，式 (2-31) 变为：

$$p_0 + N_d = n_0 + N_a$$

(2-43)

当 $N_d > N_a$ 时，施主杂质补偿完受主杂质后，仍然有多余的施主杂质可以电离电子，从施主杂质能级跃迁到导带，为 n 型半导体，此时只要将式 (2-35)、式 (2-36) 中的 N_d 换成 $N_d - N_a$，就可以计算相应的载流子浓度。相反的，当 $N_d < N_a$ 时，施主杂质补偿完受主杂质后，仍然有多余的受主杂质能级上的空穴跃迁到价带，为 p 型半导体，此时只要将式 (2-40) 和式 (2-41) 中的 N_a 换成 $N_a - N_d$，就可以计算相应的载流子浓度。

2.5   非平衡少数载流子

在热平衡状态下，电子不停地从价带激发到导带，产生电子-空穴对；同时，它们又不停地复合，从而保持总的载流子浓度不变。对于 n 型半导体，电子浓度大于空穴浓度，电子是多数载流子，空穴是少数载流子；对于 p 型半导体，空穴则是多数载流子，电子是少数载流子。

但是，当半导体材料处于光照条件下时，载流子浓度就会发生变化，处于非平衡状态。太阳能光电应用就是典型的半导体材料在非平衡状态下的应用，当光照射在半导体上时，价带上的电子能够吸收能量跃迁到导带，产生额外的电子空穴对，从而引起载流子浓度的增大，出现了比平衡状态多的载流子，称为非平衡载流子。其他方式如金属探针加电压，也可以在半导体材料中引入非平衡载流子。

对于 n 型半导体，空穴是少数载流子，如果出现非平衡载流子，则其中的空穴称为非平衡少数载流子；而对于 p 型半导体，非平衡载流子中的电子为非平衡少数载流子。一般情况下，非平衡载流子浓度与掺杂浓度（及多数载流子浓度）相比很小，对多数载流子浓度影响不大；但是，它与半导体中的少数载流子浓度相当，严重影响少数载流子浓度及相关性质，所以，在非平衡载流子中，非平衡少数载流子对半导体的作用是至关重要的。

2.5.1 非平衡载流子的产生、复合和寿命

当半导体被能量为 E 的光子照射时，如果大于禁带宽度，那么半导体价带上的电子就会被激发到导带上，产生新的电子-空穴对，此过程称为非平衡载流子的产生或注入，如图 2-20 所示。

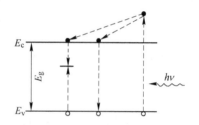

非平衡载流子产生后并不是稳定的，要重新复合。复合时，导带上的电子首先跃迁到带底，将能量传给晶格，变成热能；然后，导带底的电子跃迁到价带与空位复合，这种复合称为直接复合。如果禁带中有缺陷能级，包括体内缺陷引起的能级和表面态引起的能级，则

图 2-20　光照下非平衡载流子
的产生和复合

价带上的电子就会被激发到缺陷能级上，缺陷能级上的电子可能被激发到导带上；而复合时，从导带底跃迁的电子，首先会跃迁到缺陷能级，然后再跃迁到价带与空穴复合，这种复合称为间接复合，这种缺陷又称为复合中心。

非平衡载流子复合时，从能量高的能级跃迁到能量低的能级，会放出多余的能量，根据能量释放的方式，复合又可以分为以下三种形式：

（1）载流子复合时，发射光子，产生发光现象，称为辐射复合或发光复合；

（2）载流子复合时，发射声子，将能量传递给晶格，产生热能，称为非辐射复合；

（3）载流子复合时，将能量传给其他载流子，增加它们的能量，称为俄歇复合。

由此可见，在外界条件的作用下，非平衡载流子产生并出现不同形式的复合；如果外界作用始终存在，非平衡载流子不断产生，也不断复合，最终产生的非平衡载流子和复合的非平衡载流子要达到新的平衡；如果外界作用消失，这些产生的非平衡载流子会因复合而很快消失，恢复到原来的平衡状态。如果设非平衡载流子的平均生存时间为非平衡载流子的寿命，用 τ 表示，则 $1/\tau$ 就是单位时间内非平衡载流子的复合概率。在非平衡载流子中，非平衡少数载流子起决定性的主导作用，因此，τ 又称为非平衡少数载流子的寿命。

以 n 型半导体为例，当光照在半导体上，产生非平衡载流子，用 Δn 和 Δp 表示，而且 $\Delta n = \Delta p$；停止光照后，非平衡载流子进行复合。对非平衡少数载流子而言，单位时间内浓度的减少 $-\mathrm{d}p(t)/\mathrm{d}t$ 等于复合掉的非平衡少数载流子 $\Delta p(t)/\tau$，即：

$$\frac{\mathrm{d}\Delta p(t)}{\mathrm{d}t} = -\frac{\Delta p(t)}{\tau} \tag{2-44}$$

在一般小注入的情况下，τ 为恒量，则式（2-44）为：

$$\Delta p(t) = (\Delta p)_0 \mathrm{e}^{-t/\tau} \tag{2-45}$$

式中，$(\Delta p)_0$ 是时间 t 为零，即复合刚开始时的非平衡少数载流子浓度。由式（2-45）可以看出，非平衡少数载流子浓度随时间呈指数衰减，其衰减规律如图 2-21 所示。

对于直接复合而言，如果将电子-空穴复合概率设为 r，这是表示具有不同热运动速度的电子和空穴复合概率的平均值，是温度的函数，与半导体的原始电子浓度 n_0 和空穴浓度 p_0 无关，那么，非平衡载流子的寿命可以表达为：

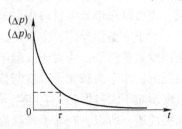

图 2-21 非平衡少数载流子浓度随时间的变化

$$\tau = \frac{1}{r[(n_0 + p_0) + \Delta p]} \tag{2-46}$$

当 $\Delta p \ll (n_0 + p_0)$，即小注入时，式（2-46）成为：

$$\tau = \frac{1}{r(n_0 + p_0)} \tag{2-47}$$

如果是 n 型半导体，则 $n_0 \gg p_0$，式（2-47）又成为：

$$\tau = \frac{1}{r\,n_0} \tag{2-48}$$

说明在小注入条件下，半导体材料的寿命和电子-空穴对的复合概率成反比，在温度和载流子浓度一定的情况下，寿命是一个恒定的值。

反之，在大注入情况下，$\Delta p \gg (n_0 + p_0)$，式（2-46）变为：

$$\tau = \frac{1}{r\Delta p} \tag{2-49}$$

对于间接复合而言，情况要复杂得多，它包括导带底电子和复合中心（缺陷能级）上空穴的复合过程与复合中心电子和价带空穴的复合过程。如果设 $n_1 = N_c \exp\dfrac{E - E_c}{\kappa T}$，即费米能级和缺陷能级重合时导带的平衡电子浓度，相应地，p_1 为费米能级和缺陷能级重合时价带的平衡空穴浓度，那么半导体材料非平衡载流子的寿命为：

$$\tau = \frac{r_n(n_0 + n_1 + \Delta_n) + r_p(p_0 + p_1 + \Delta_p)}{N r_n r_p(n_0 + p_0 + \Delta_p)} \tag{2-50}$$

式中，N 为复合中心的浓度。

2.5.2 非平衡载流子的扩散

当在物体一端加热时，随着时间的延长，物体的另一端也会发热，这是因为热传导能使热能从温度高的部位向温度低的部位传递，也可以说热能从温度高的部位向温度低的部位扩散。同理，对于非平衡载流子而言，也会发生从高浓度向低浓度的扩散过程。如果光照射在半导体材料的局部位置，产生了非平衡载流子，然后去除光照，显然，产生的非平衡载流子产生复合；但与此同时，非平衡载流子将以光照点为中心，沿三维方向向低浓度部位扩散，直到非平衡载流子由于复合而消失。

以非平衡载流子的一维扩散为例，如图 2-22 所示，非平衡的电子沿方向扩散。在扩散距离增加 dx 时，电子在 x 方向上的浓度梯度为 $d\Delta n(x)/dx$。则单位时间通过垂直于单位面积的电子数，即电子的扩散流密度 S_n 为：

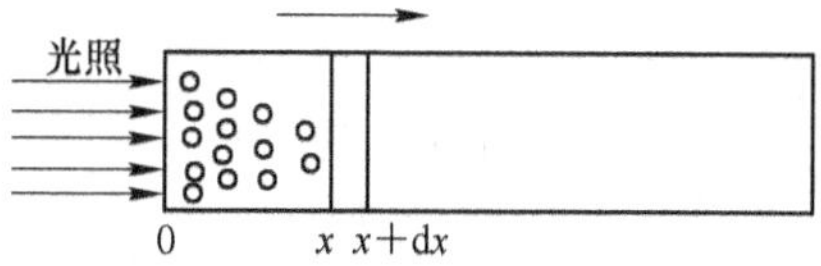

图 2-22　非平衡载流子（电子）
的一维扩散示意图

$$S_n = -D_n \frac{d\Delta n(x)}{dx} \qquad (2-51)$$

式中，D_n 为电子的扩散系数，cm^2/s，表示作为非平衡载流子的电子的扩散能力；负号表示电子由高浓度向低浓度扩散。

如果用恒定的光源照射半导体材料，光照点处的非平衡载流子浓度将保持稳定的值（$\Delta p_0 = \Delta n_0$），而且由于扩散而存在的其他部位的载流子浓度也保持不变，这种情况称为稳定扩散。此时，由于 S_n 将随位置 x 的变化而变化，则在单位时间内一维方向单位体积内增加的电子数为：

$$-\frac{dS_n(x)}{dx} = D_n \frac{d^2\Delta n(x)}{dx} \qquad (2-52)$$

在稳定扩散的情况下，各个部位的非平衡载流子浓度应保持不变，即单位体积内增加的电子数应等于由于复合而消失的电子数，则：

$$D_n \frac{d^2\Delta n(x)}{dx} = \frac{\Delta n(x)}{\tau} \qquad (2-53)$$

式中，τ 为非平衡载流子的寿命。这就是一维稳定扩散情况下的非平衡载流子的扩散方程，又称为稳态扩散方程，其解为：

$$\Delta n(x) = A\exp{-\frac{x}{L_n}} + B\exp{\frac{x}{L_n}} \qquad (2-54)$$

式中，$L_n = \sqrt{D_n\tau}$，称为扩散长度。当 $x=0$ 时，$\Delta n(0) = \Delta n_0$，由式（2-54）可知，$\Delta n_0 = A + B$。

当样品相当厚时，非平衡载流子不能扩散到样品的另一端，此时的非平衡载流子浓度为零，即当 x 趋向于无穷大时，$\Delta n = 0$。因此，$B = 0$，$A = \Delta n_0$，则式（2-54）成为：

$$\Delta n(x) = \Delta n_0 \exp\left(-\frac{x}{L_n}\right) \qquad (2-55)$$

式（2-55）表明，如果样品足够厚，由于扩散，非平衡载流子浓度从光照点到材料内部是呈指数衰减的。

如果样品的厚度为 W，并在样品的另一端由于非平衡载流子被引出，其浓度为零，则有边界条件：$x = W$ 时，$\Delta n = 0$；$x = 0$ 时，$\Delta n(0) = \Delta n_0$。如果 $W \ll L_n$，将边界条件代入式（2-54），解联立方程，并简化得：

$$\Delta n(x) = \Delta n_0 \left(1 - \frac{x}{W}\right) \tag{2-56}$$

可见，对于一定厚度的样品，由于扩散，非平衡载流子浓度从光照点到材料内部是接近线性衰减的。

同样地，在三维方向上扩散时，除要考虑 x 方向以外，还要考虑 y、z 方向。设载流子在各个方向的扩散系数相同，那么电子的扩散流密度为：

$$S_n = -D_n \nabla \Delta n \tag{2-57}$$

此时的稳态扩散方程为：

$$D_n \nabla^2 \Delta n = \frac{\Delta n}{\tau} \tag{2-58}$$

2.5.3　非平衡载流子在电场下的漂移和扩散

非平衡载流子具有电荷，它们产生后的扩散和复合也伴随着电流的扩散和消失。如果电子的扩散流密度为 S_n，则电子在一维方向扩散时的扩散电流密度为：

$$(J_n)_{\text{扩}} = -q S_n = q D_n \frac{\mathrm{d}\Delta n(x)}{\mathrm{d}x} \tag{2-59}$$

同样，空穴的扩散电流密度为：

$$(J_p)_{\text{扩}} = qS_p = -qD_p \frac{\mathrm{d}\Delta p(x)}{\mathrm{d}x} \tag{2-60}$$

如果半导体材料处于电场下，显然，这些具有电荷的非平衡载流子会受到电场的作用，产生新的运动，称为电场下的漂移。图 2-23 所示为非平衡载流子在一维方向电场下的运动。很明显，除了原有的载流子扩散外，又增加了载流子的漂移运动，此时的总电流就等于载流子扩散形成的电流和漂移形成的电流之和。

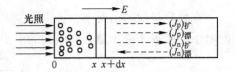

图 2-23　非平衡载流子（电子）在电场下的一维方向扩散和漂移示意图

在电场下，由电子引起的漂流电流为：

$$(J_n)_{\text{漂}} = \sigma |E| = q(n_0 + \Delta n) \mu_n |E| \tag{2-61}$$

而空穴引起的漂移电流为：

$$(J_p)_{\text{漂}} = \sigma |E| = q(p_0 + \Delta p) \mu_p |E| \tag{2-62}$$

由图 2-23 可知，光照时一维方向的电子引起的总电流为：

$$J_n = (J_n)_{\text{漂}} + (J_n)_{\text{扩}} = q(n_0 + \Delta n) \mu_n |E| + qD_n \frac{\mathrm{d}\Delta n}{\mathrm{d}x} \tag{2-63}$$

空穴引起的总电流为：

$$J_p = (J_p)_{\text{漂}} + (J_p)_{\text{扩}} = q(p_0 + \Delta p) \mu_p |E| + qD_p \frac{\mathrm{d}\Delta p}{\mathrm{d}x} \tag{2-64}$$

而载流子在电场下扩散和漂移引起的总电流为：

$$J = J_n + J_p \tag{2-65}$$

进一步对 n 型半导体材料而言，如图 2-23 所示，由于扩散，单位时间单位体积内积累的空穴数为：

$$-\frac{1}{q} \cdot \frac{\partial (J_\text{p})_\text{扩}}{\partial x} = D_\text{p} \frac{\partial^2 p}{\partial x^2} \qquad (2\text{-}66)$$

由于漂移，单位时间单位体积内积累的空穴数为：

$$-\frac{1}{q} \cdot \frac{\partial (J_\text{p})_\text{漂}}{\partial x} = -\mu_\text{p}|E|\frac{\partial p}{\partial x} - \mu_\text{p}p\frac{\partial |E|}{\partial x} \qquad (2\text{-}67)$$

在小注入情况下，单位时间内复合消失的孔穴数为 $\Delta p/\tau$。设 g_p 是由其他因素引起的单位时间单位体积内空穴的变化，那么单位体积内空穴随时间的变化率为：

$$\frac{\partial p}{\partial t} = D_\text{p}\frac{\partial^2 p}{\partial x^2} - \mu_\text{p}|E|\frac{\partial p}{\partial x} - \mu_\text{p}p\frac{\partial |E|}{\partial x} - \frac{\Delta p}{\tau} + g_\text{p} \qquad (2\text{-}68)$$

式（2-68）就是在电场下，非平衡少数载流子同时存在扩散和漂移时的运动方程，称为连续性方程。

如果没有外加电场，在光照下产生非平衡载流子并扩散，在光照处附近留下不能移动的电离杂质，这些电离杂质和扩散的载流子使得半导体材料内部不再处处保持电中性，而存在新的静电场 $|E|$，该电场也能使载流子产生漂移电流：

$$(J_\text{n})_\text{漂} = n(x)q\mu_\text{n}|E| \qquad (2\text{-}69)$$

$$(J_\text{p})_\text{漂} = p(x)q\mu_\text{p}|E| \qquad (2\text{-}70)$$

由于没有外加电场，半导体材料此时不存在宏观的电流，所以平衡时电子的总电流和空穴的总电流分别等于零，因此：

$$(J_\text{n}) = (J_\text{n})_\text{漂} + (J_\text{n})_\text{扩} \qquad (2\text{-}71)$$

$$(J_\text{n}) = (J_\text{p})_\text{漂} + (J_\text{p})_\text{扩} \qquad (2\text{-}72)$$

结合式（2-59）、式（2-60）、式（2-69）和式（2-70），可以推导出式（2-73）和式（2-74）：

$$\frac{D_\text{n}}{\mu_\text{n}} = \frac{\kappa T}{q} \qquad (2\text{-}73)$$

$$\frac{D_\text{p}}{\mu_\text{p}} = \frac{\kappa T}{q} \qquad (2\text{-}74)$$

式（2-73）和式（2-74）称为爱因斯坦关系式，它是关于平衡载流子和非平衡载流子的迁移率和扩散系数之间的关系。显然，只要知道其中的一个参数，就可以计算出另一个参数。

对于晶体硅而言，在室温下，$\mu_\text{n} = 1400\text{cm}^2/(\text{V}\cdot\text{s})$，$\mu_\text{p} = 500\text{cm}^2/(\text{V}\cdot\text{s})$，则 $D_\text{n} = 35\text{cm}^2/\text{s}$，$D_\text{p} = 13\text{cm}^2/\text{s}$。

2.6 pn 结

pn 结是大多数半导体器件的核心，是集成电路的主要组成部分，也是太阳能电池的主要结构单元。因此，了解 pn 结的性质，如电流电压特性，是掌握太阳能电池光电转化工作原理的基础。

pn 结是利用各种工艺将 p 型、n 型半导体材料结合在一起，在两者的结合处就形成了

pn 结, 图 2-24 所示为 pn 结的结构示意图。实际工艺中, pn 结并不是将 n 型半导体材料和 P 型半导体材料简单地连接或粘接在一起, 而是通过各种不同的工艺, 使得半导体材料的一部分呈 n 型, 另一部分呈 p 型。常用的形成 pn 结的工艺主要有合金法、扩散法、离子注入法和薄膜生长法, 其中扩散法是目前硅太阳能电池的 pn 结形成的主要方法。

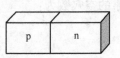

图 2-24　pn 结的结构示意图

2.6.1　pn 结的制备

2.6.1.1　合金法

合金法是指在一种半导体单晶上放置金属或元素半导体, 通过升温等工艺形成 pn 结。图 2-25 所示为铟 (In) 在锗 (Ge) 半导体上形成 pn 结的过程。首先将铟晶体放置在 n 型的锗单晶上, 加温至 500～600℃, 铟晶体逐渐熔化成液体, 而在两者界面处的锗单晶原子会溶入液体, 在锗单晶的表面处形成一层合金液体, 锗在其中的浓度达到饱和; 然后降低温度, 合金液体和铟液体重新结晶, 这时合金液体将会结晶成含铟的锗单晶, 这层单晶锗是 p 型半导体, 与 n 型的体锗单晶就构成了 pn 结。

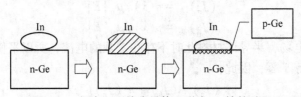

图 2-25　铟在 n 型锗半导体上形成 pn 结的过程

2.6.1.2　扩散法

扩散法是指在 n 型 (或 p 型) 半导体材料中, 利用扩散工艺掺入相反类型的杂质, 在一部分区域形成与体材料相反类型的 p 型 (或 n 型) 半导体, 从而构成 pn 结。图 2-26 所示为在 p 型硅 (Si) 半导体单晶材料中扩散磷杂质, 形成 pn 结的过程。具体的过程是: 首先将硅单晶加热至 800～1200℃, 然后通入 P_2O_5 气体, P_2O_5 气体在硅表面分解, 磷沉积在硅表面并扩散到体内, 在硅表面形成一层含高浓度磷的单晶硅, 成为 n 型半导体, 其与 p 型体硅材料的交界处就构成了 pn 结。这种方法也是太阳电池制备工艺最常用的方法。

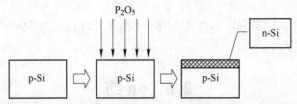

图 2-26　在 p 型硅半导体中扩散磷杂质形成 pn 结的过程

2.6.1.3　离子注入法

离子注入法是指将 n 型 (或 p 型) 掺杂剂的离子束在静电场中加速, 使之具有高动能, 注入 p 型半导体 (或 n 型半导体) 的表面区域, 在表面形成与体内相反的 n 型 (或 p

型）半导体，最终形成 pn 结。图 2-27 所示为在 n 型单晶硅中注入硼离子形成 pn 结的过程。通常利用静电场将硼离子加速，使之具有数万到几十万电子伏特的能量，注入 n 型单晶硅中，在表面形成 p 型硅半导体层，从而组成 pn 结。

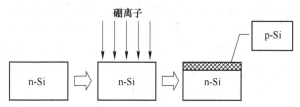

图 2-27　在 n 型单晶硅中注入硼离子形成 pn 结的过程

2.6.1.4　薄膜生长法

薄膜生长法是在 n 型（或 p 型）半导体表面，通过气相、液相等外延技术，生长一层具有相反导电类型的 p 型（或 n 型）半导体薄膜，在两者的界面处形成 pn 结。图 2-28 所示为在 p 型单晶硅表面生长 n 型单晶硅薄膜形成 pn 结的过程。首先将单晶硅材料加热至 $600 \sim 1200℃$，然后加入硅烷（SiH_4）气体，同时通入适量的 P_2O_5 气体，它们在晶体硅表面遇热分解，在晶体硅表面形成一层含磷的 n 型单晶硅薄膜，与 p 型单晶硅材料接触形成 pn 结。

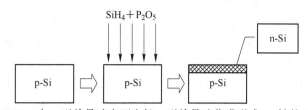

图 2-28　在 p 型单晶硅表面生长 n 型单晶硅薄膜形成 pn 结的过程

由于在 n 型和 p 型半导体中的杂质类型是不同的，因此对某种杂质而言，在 pn 结附近其浓度必然有变化。如果这种变化是突然陡直的，这种 pn 结就称为突变结；如果这种变化是呈线性缓慢变化的，这种 pn 结就称为线性缓变结。这两种 pn 结的杂质分布示意图如图 2-29 所示。通常，合金结和高表面浓度的浅扩散结属于突变结，表面浓度相对较低的深扩散结属于线性缓变结，而太阳电池工艺中形成的 pn 结则属于后者。

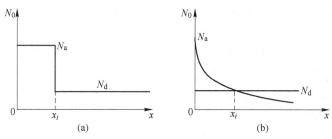

图 2-29　pn 结的杂质分布示意图

（a）突变结；（b）线性缓变结

N_d—施主杂质浓度；N_a—受主杂质浓度；$x = x_i$ 为 pn 结的位置

对于扩散所形成的近似的线性缓变结，当 $x < x_i$ 时，$N_a > N_d$，为 p 型半导体区域，其受主杂质的浓度分布可用 $N_a - N_d = a(x_i - x)$ 表示，其中 a 为杂质浓度梯度；当 $x > x_i$

时，$N_d > N_a$，为 n 型半导体区域，其施主杂质的浓度分布可用 $N_d - N_a = a(x - x_i)$ 表示。

2.6.2   pn 结的能带结构

无论是 n 型半导体材料，还是 p 型半导体材料，当它们独立存在时，都是电中性的，电离杂质的电荷量和载流子的总电荷量是相等的。当两种半导体材料连接在一起时，对 n 型半导体材料而言，电子是多数载流子，浓度高；而在 p 型半导体中，电子是少数载流子，浓度低。由于浓度梯度的存在，势必会发生电子的扩散，即电子由高浓度的 n 型半导体向低浓度的 p 型半导体扩散。在 pn 结界面附近，n 型半导体中的电子浓度逐渐降低，而扩散到 p 型半导体中的电子和其中的多数载流子空穴复合而消失。因此，在 n 型半导体靠近界面附近，由于多数载流子电子浓度的降低，使得电离杂质的正电荷数要高于剩余的电子浓度，出现了正电荷区域。同样地，在 p 型半导体中，由于空穴从 p 型半导体向 n 型半导体扩散，在靠近界面附近，电离杂质的负电荷数要高于剩余的空穴浓度，出现了负电荷区域，如图 2-30 所示。此区域就称为 pn 结的空间电荷区，区域中的电离杂质所携带的电荷称为空间电荷。

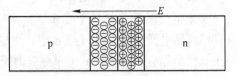

图 2-30   pn 结的空间电荷区

空间电荷区中存在正、负电荷区，形成了一个从 n 型半导体指向 p 型半导体的电场，称为内建电场，又称自建电场。随着载流子扩散的进行，空间电荷区不断扩展增大，空间电荷量不断增加；同时，内建电场的强度也在不断增加。在内建电场的作用下，载流子受到与扩散方向相反的作用力，产生漂移。如 n 型半导体中的电子，在从高浓度的 n 型半导体向低浓度的 p 型半导体扩散的同时，电子受到内建电场的作用，产生从 p 型半导体向 n 型半导体的漂移。在没有外加电场时，电子的扩散和电子的漂移最终达到平衡，即在空间电荷区内，既没有电子的扩散，也没有电子的漂流，此时达到 pn 结的热平衡状态。同样的，在热平衡状态下，空间电荷区没有空穴的扩散和漂移。此时，空间电荷区宽度一定，空间电荷量一定，没有电流的流入或流出。

由于载流子的扩散和漂移，导致空间电荷区和内建电场的存在，引起该部位的电势 V 和相关空穴势能（eV）或电子势能（-eV）随位置的改变，最终改变了 pn 结处的能带结构。内建电场是从 n 型半导体指向 p 型半导体的，因此，沿着电场的方向，电势从 n 型半导体到 p 型半导体逐渐降低，带正电的空穴的势能也逐渐降低，而带负电的电子的势能则逐渐升高。也就是说，空穴在 n 型半导体势能高，在 p 型半导体势能低。如果空穴从 p 型半导体移动到 n 型半导体，需要克服一个内建电场形成的"势垒"；相反的，对电子而言，在 n 型半导体势能低，在 p 型半导体势能高，如果从 n 型半导体移动到 p 型半导体，则需要克服一个"势垒"。

由图 2-31 可见，当 n 型半导体和 P 型半导体材料组成 pn 结时，由于空间电荷区导致的电场，在 pn 结处能带发生弯曲，此时导带底能级、价带顶能级、本征费米能级和缺陷能级都发生了相同幅度的弯曲。但是，在平衡时，n 型半导体和 p 型半导体的费米能级是相同的。因此，平衡 pn 结的空间电荷区两端的电势差 V_0。就等于原来 n 型半导体和 p 型半导体的费米能级之差。设达到平衡后，n 型半导体和 p 型半导体中多数载流子电子和空穴的浓度分别为 n_0、P_0，则有：

$$qV_0 = E_{\text{fn}} - E_{\text{fp}} \quad (2\text{-}75)$$

根据式（2-37）和式（2-42），得：

$$E_{\text{fn}} = E_{\text{c}} - \kappa T \ln \frac{N_{\text{c}}}{N_{\text{d}}}$$

$$E_{\text{f}} = E_{\text{v}} + \kappa T \ln \frac{N_{\text{v}}}{N_{\text{a}}}$$

则有：

$$V_0 = \frac{1}{q}(E_{\text{fn}} - E_{\text{fp}}) = E_{\text{c}} - E_{\text{v}} - \kappa T \ln \frac{N_{\text{c}}N_{\text{v}}}{N_{\text{d}}N_{\text{a}}} \quad (2\text{-}76)$$

根据式（2-26），得：

$$n_i^2 = n_0 p_0 = N_{\text{c}} N_{\text{v}} \exp\left(-\frac{E_{\text{c}} - E_{\text{v}}}{\kappa T}\right)$$

得到：

$$V_0 = \frac{\kappa T}{q} \ln \frac{N_{\text{d}}N_{\text{a}}}{n_i^2} \quad (2\text{-}77)$$

由式（2-76）和式（2-77）可知，pn 结的 n 型半导体、p 型半导体的掺杂浓度越高，两者的费米能级相差越大，禁带越宽，pn 结的接触电势差 V_0 就越大。

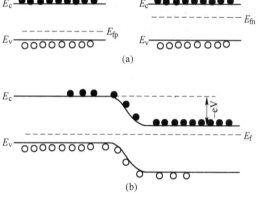

图 2-31　pn 结形成前后的能带结构图
（a）独立的 p 型和 n 型半导体材料；（b）热平衡的 pn 结

2.6.3　pn 结的电流电压特性

pn 结具有许多重要的基本特性，包括电流电压特性、电容效应、隧道效应、雪崩效应、开关特性、光生伏特效应等，其中电流电压（$I\text{-}V$）特性又称为整流特性或伏安特性，是 pn 结最基本的性质，而太阳能光电转换则是利用 pn 结自建电场产生的光生伏特效应。

图 2-32 所示为 pn 结的电流电压特性。具体是在 pn 结两侧加上外电压时，当 p 型半导体接正电压，n 型半导体接负电压时，电流就通过；而当外加电压方向相反时，电流就基本不通过。由图 2-32 可知，当电压为正向偏置（p 型半导体为正，n 型半导体为负）时，电流基本随电压呈指数上升，称为正向电流；而当电压反向偏置时（n 型半导体为

正，p 型半导体为负）时，通过的电流很小，称为反
向电流，此时电路基本处于阻断状态；当反向电压
大于一定的数值（V_b 为击穿电压），电流就会快速增
大，此时 pn 结被击穿，此时的反向偏压就称为击穿
电压。

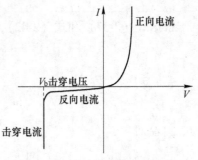

图 2-32   pn 结的电流电压特性

　　pn 结空间电荷区内的载流子密度很低，电阻率
很高，所以当外加电压 V_f 加在 pn 结上时，可以认为
外加电压基本上落在空间电荷区上。如果加的是正
向电压（或称为正向偏置），即 p 型半导体是电压的
正端，n 型半导体是电压的负端，此时外加电场的方
向和内建电场的方向相反，因此，pn 结的热平衡被破坏，内建电场的强度被削弱，电子
的漂移电流减小，电子从 n 型半导体向 p 型半导体扩散的势垒降低，空间电荷区变窄，结
果导致大量的电子从 n 型半导体扩散到 p 型半导体。对 p 型半导体而言，电子是少数载流
子，大量的电子从 n 型半导体扩散到 p 型半导体，相当于 p 型半导体中少数载流子大量注
入。在 pn 结附近电子将出现积累，并逐渐向 p 型半导体扩散，通过与空穴的复合而消失。
同样的，对空穴而言，在正向电压的作用下，空穴从 p 型半导体扩散到 n 型半导体，并且
在 pn 结附近出现积累。

　　如果外加的是负向电压（或称为负向偏置），即 n 型半导体是电压的正端，p 型半导
体是电压的负端，此时外加电场的方向与内建电场的方向相同。因此，pn 结的热平
衡也被破坏，内建电场的强度被加强，电子的漂移电流增大，而电子从 n 型半导体向 p
型半导体扩散的势垒增加，空间电荷区变宽，结果导致电子从 p 型半导体漂移到 n 型半
导体。对 p 型半导体而言，电子是少数载流子，电子从 p 型半导体漂移到 n 型半导体，
相当于 p 型半导体中少数载流子的抽出。图 2-33 所示为 pn 结在外加电场下能带的变化
情况。

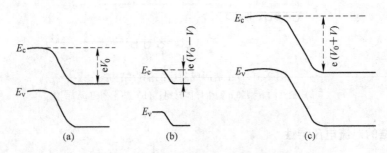

图 2-33   pn 结在外加电场下能带的变化情况
(a) 平衡态；(b) 正向电压；(c) 负向电压

　　在理想状况下，电流-电压的具体关系式为：

$$I = Aq\left(\frac{D_n n_p^0}{L_n} + \frac{D_p p_n^0}{L_p}\right)\left(\exp\frac{qV}{\kappa T} - 1\right) = I_0\left(\exp\frac{qV}{\kappa T} - 1\right) = I_0\exp\frac{qV}{\kappa T} - I_0 \quad (2\text{-}78)$$

式中，D_n 和 D_p 分别为电子、空穴的扩散系数；L_n 和 L_p 分别为电子、空穴的扩散长度；
n_p^0 和 p_n^0 分别为平衡时 p 型半导体中少数载流子（电子）的浓度和 n 型半导体中少数载流子

（空穴）的浓度；V 为外加电压；A 为 pn 结的截面积。式（2-78）的第一项 $I_0 \exp \dfrac{qV}{\kappa T}$ 代表从 p 型半导体流向 n 型半导体的正向电流，随外加电压增大而迅速增加，当外加电场为零时，pn 结处于平衡状态。第二项 $I_0 = Aq\left(\dfrac{D_n n_p^0}{L_n} + \dfrac{D_p p_n^0}{L_p}\right)$ 代表从 n 型半导体指向 p 型半导体方向的电流，称为反向饱和电流。

2.7　金属-半导体接触和 MIS 结构

2.7.1　金属-半导体接触

　　不仅半导体 pn 结具有整流效应，而且金属-半导体接触形成的结构和金属-绝缘体-半导体（MIS）形成的结构也可具有电流电压的整流效应，这些结构都可以构成太阳能光电转换电池的基本单元结构。

　　由图 2-11 可知，金属作为导体，通常是没有禁带的，自由电子处于导带中，可以自由运动，从而导电能力很强。在金属中，电子也服从费米分布，与半导体材料一样，在绝对零度时，电子填满费米能级（E_{fm}）以下的能级，在费米能级以上的能级是全空的。当温度升高时，电子能够吸收能量，从低能级跃迁到高能级，但是这些能级大部分处于费米能级以下，只有少数费米能级附近的电子可能跃迁到费米能级以上，而极少量的高能级的电子吸收了足够的能量可能跃迁到金属体外。用 E_0 表示真空中金属表面外静止电子的能量，那么，一个电子要从金属跃迁到体外所需的最小能量称为金属的功函数或逸出功。计算式见式（2-79）。

$$W_m = E_0 - E_{fm} \tag{2-79}$$

　　同样地，对于半导体材料，要使一个电子从导带或价带跃迁到体外，也需要一定的能量。类似于金属，如果 E_0 表示真空中表面外静止电子的能量，那么，半导体的功函数就是和费米能级（E_{fs}）之差，即：

$$W_s = E_0 - E_{fs} \tag{2-80}$$

　　由于半导体的费米能级与半导体的型号和掺杂浓度有关，所以其功函数也与型号和杂质浓度有关。图 2-34 所示分别为金属和 p 型半导体的功函数。

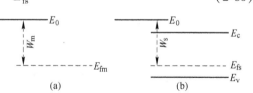

图 2-34　金属和 p 型半导体的功函数

（a）金属；（b）p 型半导体

　　当金属与 n 型半导体材料相接触时，两者有相同的真空电子能级。如果接触前金属的功函数大于半导体的功函数，那么，金属的费米能级就低于半导体的费米能级，而且两者的费米能级之差就等于功函数之差，即 $E_{fs} - E_{fm} = W_m - W_s$。接触后，虽然金属的电子浓度要大于半导体的电子浓度，但由于金属的费米能级低于半导体的费米能级，导致半导体中的电子流向金属，使得金属表面电子浓度增加，带负电，半导体表面带正电。而且半导体与金属的正、负电荷数量相等，整个金属-半导体系统保持电中性，只是提高了半导体的电势，降低了金属的电势。图 2-35

所示为金属和 n 型半导体接触前后能带的变化情况。

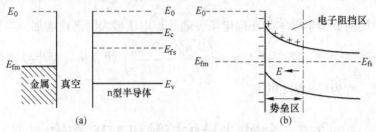

图 2-35　金属的功函数大于半导体的功函数时，金属和 n 型半导体在接触前后能带的变化情况

(a) 接触前；(b) 接触后

在电子从半导体流向金属后，n 型半导体的近表面留下一定厚度的带正电的施主离子，而流向金属的电子则由于这些正电离子的吸引，集中在金属-半导体界面层的金属一侧，与施主离子一起形成了一定厚度的内建电场和空间电荷区，内建电场的方向是从 n 型半导体指向金属，主要落在半导体的近表面层。与半导体 pn 结相似，内建电场产生势垒，称为金属半导体接触的表面势垒，又称电子阻挡层，使得空间电荷区的能带发生弯曲。而且，由于内建电场的作用，电子受到与扩散反方向的力，使得它们从金属又流向 n 型半导体。到达平衡时，从 n 型半导体流向金属和从金属流向半导体的电子数相等，空间电荷区的净电流为零，金属和半导体的费米能级相同，此时势垒两边的电势之差等于金属半导体接触前的费米能级之差或功函数之差，即：

$$V_{ms} = \frac{1}{q}(W_m - W_s) = \frac{1}{q}(E_{fs} - E_{fm}) \tag{2-81}$$

如果接触前金属的功函数小于半导体的功函数，即金属的费米能级高于半导体的费米能级，则通过同样的分析可知，金属和半导体接触后，在界面附近的金属一侧形成了很薄的高密度空穴层，半导体侧形成了一定厚度的电子积累区域，从而形成了一个具有电子高电导率的空间电荷区，称为电子高电导区，又称反阻挡区，其接触前后的能带如图 2-36 所示。

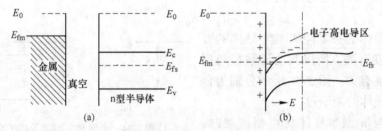

图 2-36　金属的功函数小于半导体的功函数时，金属和 n 型半导体在接触前后能带的变化情况

(a) 接触前；(b) 接触后

同样的，对于金属和 p 型半导体的接触，在界面附近也会存在空间电荷区，形成空穴势垒区（阻挡层）和空穴高电导区（反阻挡区）。

如果在金属和 n 型半导体之间加上外加电压，将会影响内建电场和表面势垒的作用，表现出金属和半导体接触的整流效应。当金属接正极而半导体接负极时，即外加电场从金属指向半导体，与内建电场相反。显然，外加电场将抵消一部分内建电场，导致电子势垒降低，电子阻挡层减薄，使得从 n 型半导体流向金属的电子流量增大，电流增大。相反地，当金属接负极，半导体接正极时，外加电场从半导体指向金属，与内建电场一致，增加了电子势垒，电子阻挡层增厚，使得从 n 型半导体流向金属的电子很少，电流几乎为零。此特性与 pn 结的电流电压特性是一样的，同样具有整流效应。具有整流效应的金属和半导体接触，称为肖特基接触，以此为基础制成的二极管称为肖特基二极管。

2.7.2　欧姆接触

在半导体器件制备过程中，包括太阳能光电池的制备过程，常常需要没有整流效应的金属和半导体的接触，这种接触称为欧姆接触。欧姆接触不会形成附加的阻抗，不会影响半导体中的平衡载流子浓度。从理论上讲，要形成这样的欧姆接触，金属的功函数必须小于 n 型半导体的功函数，或大于 p 型半导体的功函数，这样，在金属半导体界面附近的半导体一侧形成反阻挡层（电子或空穴的高电导区），可以阻止整流作用的产生。

除金属的功函数外，还有其他因素影响欧姆接触的形成，其中最重要的是表面态。当半导体具有高表面态密度时，金属功函数的影响甚至将不再重要。根据欧姆接触的性质，在实际工艺中，常用的欧姆接触制备技术有：低势垒接触、高复合接触和高掺杂接触。

所谓的低势垒接触，就是选择适当的金属，使其功函数和相应半导体的功函数之差很小，导致金属-半导体的势垒极低，在室温下就有大量的载流子从半导体向金属或从金属向半导体流动，从而没有整流效应产生。对于 p 型硅半导体而言，金、铂都是较好的可以形成低势垒欧姆接触的金属。

高复合接触是指通过打磨或铜、金、镍合金扩散等手段，在半导体表面引入大量的复合中心，复合掉可能的非平衡载流子，导致没有整流效应产生。

高掺杂接触，是在半导体表面掺入高浓度的施主或受主电学杂质，导致金属-半导体接触的势垒区很薄。在室温下，电子通过隧穿效应产生隧道电流，从而不能阻挡电子的流动，接触电阻很小，最终形成欧姆接触。

2.7.3　MIS 结构

如在金属和半导体之间插入一层绝缘层，就形成了金属-绝缘层-半导体（MIS）结构，是集成电路 CMOS 器件的核心单元，新型太阳能光电池也常常利用这个结构。

MIS 结构实际上是一个电容，其结构如图 2-37 所示。当在金属和半导体之间加上电压，与金属-半导体接触一样，在金属的表面一个原子层内堆积高密度的载流子，而在半导体中有相反的电荷产生，并分布在半导体表面一定的宽度范围内，形成空间电荷区。在此空间电荷区内，形成内建电场，从表面到体内逐渐降低为零。

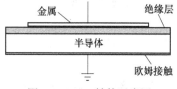

图 2-37　MIS 结构示意图

由于内建电场的存在，空间电荷区的电势也在变化，导致空间电荷区的两端产生电势差 V_s，称为表面势，造成了能带的弯曲。此表面势是指半导体表面相对于半导体体内的电势差，所以，当表面电势高于体内电势时，表面电势为正值，反之为负值。

当 MIS 结构加上外加电场时，随着外加电场和空间电荷区的变化，会出现多数载流子堆积、多数载流子耗尽和少数载流子反型三种情况，图 2-38 所示为 p 型半导体在多数载流子堆积、多数载流子耗尽和少数载流子反型时的能带图。

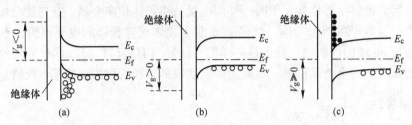

图 2-38　p 型半导体在多数载流子堆积、多数载流子耗尽和少数载流子反型时的能带图

(a) 多数载流子堆积；(b) 多数载流子耗尽；(c) 少数载流子反型

（1）多数载流子堆积。在 MIS 结构的金属一端接负极时，表面电势为负值，导致能带在半导体表面空间电荷区自体内向表面逐渐上升弯曲，在表面处价带顶接近或超过费米能级，如图 2-38（a）所示。能带的弯曲导致在半导体表面多数载流子空穴浓度的增加，导致空穴堆积，而在空间电荷区半导体体内部分出现电离正电荷。

（2）多数载流子耗尽。在 MIS 结构的金属一端接正极时，表面电势为正值，导致能带在半导体表面空间电荷区自体内向表面逐渐下降弯曲，在表面处价带顶远离费米能级，如图 2-38（b）所示。能带的弯曲导致在半导体表面多数载流子空穴浓度的大幅度减小，形成载流子的耗尽层。

（3）少数载流子反型。在 MIS 结构的金属一端接正极时，且外加电压很大，导致能带下降弯曲的程度增加，表面处导带底逐渐接近或达到费米能级，如图 2-38（c）所示。此时，半导体表面处的少数载流子电子的浓度要高于空穴的浓度，形成与半导体体内导电类型相反的一层反型层。而在反型层与体内之间还夹杂一层多数载流子的耗尽层。

2.8　太阳能光电转换原理——光生伏特效应

2.8.1　半导体材料的光吸收

当一束光照射到物体上时，一部分入射光线在物体表面反射或散射，一部分被物体吸收，另一部分可能透过物体。也就是说，光能的一部分可以被物体吸收。随着物体厚度的增加，光的吸收也增加。如果入射光的能量为 I_0，则在离表面距离 x 处，光的能量为

$$I = I_0 e^{-\alpha x} \tag{2-82}$$

式中，α 为物体的吸收系数，表示光在物体中传播 $1/\alpha$ 距离时，能量因吸收而衰减到原来的 $1/e$。

半导体材料的吸收系数较大，一般在 $10^5 \mathrm{cm}^{-1}$ 以上，能够强烈地吸收光的能量。被吸收的光能，将使材料中能量较低的电子跃迁到能量较高的能级，如果跃迁仅仅发生在导带或价带中，并没有产生多余的非平衡载流子电子或空穴，只是与晶格交换了能量，最终光能转变成热能。如果吸收的能量大于半导体材料的禁带宽度，就有可能使电子从价带跃迁到导带，从而产生电子—空穴对，这种吸收称为本征吸收。半导体材料中光的吸收导致了非平衡载流子产生，总的载流子浓度增加，电导率增大，称为半导体材料的光电导现象。

要发生本征吸收，光能必须大于半导体的禁带宽度 E_g，即：

$$\frac{hc}{\lambda} = h\nu > E_g \tag{2-83}$$

式中，h 为普朗克常数；c 为光速；λ 为光的波长；ν 为光的频率。光能等于禁带宽度时的波长和频率分别为 λ_0 和 ν_0，称为半导体的本征吸收限。也就是说，只有当波长小于 λ_0 时，本征吸收才能产生，导致吸收系数的大幅增加。根据式（2-83），本征吸收限为：

$$\lambda_0 = \frac{1.24}{E_g} \tag{2-84}$$

对于晶体硅，禁带宽度为 1.12eV，$\lambda_0 = 1.1\mu m$；而砷化镓的禁带宽度为 1.43eV，$\lambda_0 = 0.867\mu m$。

在本征吸收产生电子—空穴时，不仅要遵守能量守恒，而且要遵守动量守恒。如果半导体材料的导带底的最小值和价带顶的最大值具有相同的波矢 k，那么在价带中的电子跃迁到导带上时，动量不发生变化，称为直接跃迁，这种半导体称为直接带隙半导体，如砷化镓。如果半导体材料的导带底的最小值和价带顶的最大值具有不同的波矢 k，此时在价带中的电子跃迁到导带上时，动量要发生变化，除了吸收光子能量电子发生跃迁外，电子还需要与晶格作用，发射或吸收声子，达到动量守恒，这种跃迁称为间接跃迁，这种半导体为间接带隙半导体，如硅和锗。因此，间接跃迁不仅取决于电子和光子的作用，而且要考虑电子和晶格的作用，导致吸收系数大大降低。一般而言，间接禁带半导体的吸收系数要比直接禁带半导体的吸收系数低 2~3 个数量级，需要更厚的材料才能吸收同样的光谱的能量。对于间接禁带半导体硅而言，需要几百微米以上的厚度，才能完全吸收太阳光中大于其禁带宽度的光波的能量；而对于直接禁带的 GaAs 半导体，仅仅需要几个微米的厚度就可以完全吸收太阳光中大于其禁带宽度的光波的能量。

实际上，对半导体材料而言，即使光子的波长比本征吸收限 λ_0 大，也有可能产生吸收。也就是说，当光子能量小于半导体禁带宽度时，依然有可能存在吸收。这说明除了半导体的本征吸收外，还存在其他光子吸收过程，包括激子吸收，载流子吸收、杂质吸收和晶格吸收等。

2.8.2 光生伏特

当 p 型半导体和 n 型半导体结合在一起，形成 pn 结时，由于多数载流子的扩散，形成了空间电荷区，并形成一个不断增强的从 n 型半导体指向 p 型半导体的内建电场，导致多数载流子反向漂移。达到平衡后，扩散产生的电流和漂移产生的电流相等。如果光照在 pn 结上，而且光能大于 pn 结的禁带宽度，则在 pn 结附近将产生电子-空穴对。由于内建电场的存在，产生的非平衡电子载流子将向空间电荷区两端漂移，产生光生电势（电压），破坏了原来的平衡。如果将 pn 结和外电路相连，则电路中出现电流，称为光生伏特现象或光生伏特效应，是太阳能光电池的基本原理，也是光电探测器、辐射探测器等器件的工作原理。同样的，对于肖特基二极管、MIS 结构等器件，也能产生光生伏特效应。

图 2-39 所示为 pn 结光照前后的能带图。平衡时，由于内建电场，能带发生弯曲，空间电荷区两端的电势差为 eV_0。当能量大于禁带宽度的光垂直照射在 pn 结上时，会产生

电子-空穴对。在内建电场的作用下，p 型半导体中的光照产生的电子将流向 n 型半导体，而 n 型半导体中的空穴将流向 p 型半导体，形成了从 n 型半导体到 p 型半导体的光生电流 I_1，同时导致光生电势和光生电场的出现。而光生电场的方向是从 p 型半导体指向 n 型半导体，与内建电场方向相反，类似于在 pn 结上加上了正向的外加电场，使得内建电场的强度降低，导致载流子扩散产生的电流大于漂移产生的电流，从而产生了净的正向电流。如果设内建电场强度为 V_0，光生电势为 V，则空间电荷区的势垒高度降低 e $(V_0 - V)$，如图 2-39（b）所示。

设在光照下 pn 结附近的电子空穴对的产生率为恒定值 G，忽略空间电荷区的复合，则从 n 型半导体到 p 型半导体的光生电流为

$$I_1 = qAG(L_n + W + L_p) \qquad (2\text{-}85)$$

式中，A 为 pn 结的面积；L_n 和 L_p 分别为电子和空穴的扩散长度；W 为空间电荷区的宽度。

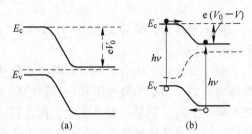

图 2-39 pn 结光照前后的能带图
(a) 光照前；(b) 光照后

正是由于光生电流和光生电势的产生，使得 pn 结可能向外电路提供电流 I 和功率。但是，光生电势降低了空间电荷区的势垒，类似于在 pn 结上加上正向电场，使得 pn 结产生了正向电流 I_f 的注入，方向与光生电流相反，导致 pn 结提供给外电路的电流减少，这是太阳能光电池竭力要避免的。根据式（2-78），光照时流过 pn 结的正向电流为：

$$I_f = I_0 \exp \frac{qV}{\kappa T} - I_0 \qquad (2\text{-}86)$$

式中，V 为光生电压；I_0 为反向饱和电流。显然，如果将 pn 结与外电路相连，则光照时流过外加负载的电流为：

$$I = I_1 - I_f = I_1 - \left(I_0 \exp \frac{qV}{\kappa T} - I_0 \right) \qquad (2\text{-}87)$$

这就是负载电阻上的电流电压特性，即光照下 pn 结或太阳能光电池的电流电压特性曲线（伏安特性曲线），如图 2-40 所示。

由式（2-87）可得：

$$V = \frac{\kappa T}{q} \ln \left(\frac{I_1 - I}{I_0} + 1 \right) \qquad (2\text{-}88)$$

将 pn 结开路，即负载电阻无穷大，负载上的电流 I 为零，则此时的电压称为开路电压，用 V_{OC} 表示，由式（2-88）可知：

$$V_{OC} = \frac{\kappa T}{q} \ln \left(\frac{I_1}{I_0} + 1 \right) \qquad (2\text{-}89)$$

将 pn 结短路，即负载电阻，光生电压和光照时流过 pn 结的正向电流 I_f 均为零，则此时的电流称为短路电流，用 I_{SC} 表示，由式（2-87）可知：

$$I_{SC} = I_1 \qquad (2\text{-}90)$$

即光照时的 pn 结短路电流等于它的光生电流。

短路电流和开路电压是太阳能光电池的重要参数，并随着太阳光强度的增加而增加，

如图 2-41 所示。由图 2-41 可见，随着光强度的增加，短路电流 I_{SC} 呈线性增长，而开路电压 V_{OC} 呈对数上升，并逐渐达到最大值。

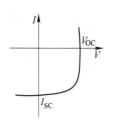

图 2-40　pn 结受光照时
的伏安特性曲线

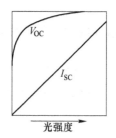

图 2-41　短路电流和开路
电压随着光强度的变化

2.9　半导体材料光学效应

2.9.1　半导体的光学效应基础

2.9.1.1　折射率和吸收系数（refractive index and absorption coefficient）

固体与光的相互作用过程，通常用折射率、消光系数和吸收系数来表征。在经典理论中，早已建立了这些参数与固体的电学常数之间的固定的关系。

A　折射率和消光系数（extinction coefficient）

按电磁波理论，折射率定义为：

$$N^2 = \varepsilon_r - i\frac{\sigma}{\omega\varepsilon_0} \tag{2-91}$$

式中，ε_r 和 σ 分别是光的传播介质的相对介电常数和电导率；ω 是光的角频率。显然，当 $\sigma \neq 0$ 时，N 是复数，因而也可记为

$$N^2 = n - ik \tag{2-92}$$

两式相比，可知：

$$n^2 - k^2 = \varepsilon_r, \quad 2nk = \frac{\sigma}{\omega\varepsilon_0} \tag{2-93}$$

式中，复折射率 N 的实部 n 就是通常所说的折射率，是真空光速 c 与光波在媒质中的传播速度 v 之比；k 称为消光系数，是一个表征光能衰减程度的参量。这就是说，光作为一种电磁辐射，当其在不带电的、$\sigma \neq 0$ 的各向同性导电媒质中沿 x 方向传播时，其传播速度决定于复折射率的实部，为 c/n；其振幅在传播过程中按 $\exp(-\omega kx/c)$ 的形式衰减，光的强度 I_0 则按 $\exp(-2\omega kx/c)$ 衰减，即：

$$I = I_0 \exp\left(-\frac{2\omega kx}{c}\right) \tag{2-94}$$

B　吸收系数

光在介质中传播而有衰减，说明介质对光有吸收。用透射法测定光在介质中传播的衰

减情况时，发现介质中光的衰减率与光的强度成正比，即：

$$\frac{dI}{dx} = -\alpha I \tag{2-95}$$

比例系数 α 的大小和光的强度无关，称为光的吸收系数。对上式积分得：

$$I = I_0 e^{-\alpha x} \tag{2-96}$$

上式反映出 α 的物理含义是：当光在媒质中传播 $1/\alpha$ 距离时，其能量减弱到只有原来的 $1/e$。将式（2-94）与式（2-96）相比，知吸收系数：

$$\alpha = \frac{2\omega k}{c} = \frac{4\pi k}{\lambda} \tag{2-97}$$

式中，λ 是自由空间中光的波长。

C　光学常数 n、k 和电学常数的关系

解方程组（2-93）可得：

$$n^2 = \frac{1}{2}\varepsilon_r \left[1 + \left(1 + \frac{\sigma^2}{\omega^2 \varepsilon_r^2 \varepsilon_0^2} \right)^{1/2} \right]; \quad k^2 = -\frac{1}{2}\varepsilon_r \left[1 - \left(1 + \frac{\sigma^2}{\omega^2 \varepsilon_r^2 \varepsilon_0^2} \right)^{1/2} \right] \tag{2-98}$$

式中，n、k、σ 和 ε_r 都是对同一频率而言，它们都是频率的函数。当 $\sigma \approx 0$ 时，$n \approx \varepsilon_1/2$，$k \approx 0$。这说明，非导电性介质对光没有吸收，材料是透明的；对于一般半导体材料，折射率 n 约为 3～4。吸收系数 α 除与材料本身有关外，还随光的波长变化。α^{-1} 代表光对介质的穿透深度。对于吸收系数很大的情况（例如，$\alpha \approx 1 \times 10^5 \, cm^{-1}$），光的吸收实际上集中在晶体很薄的表面层内。

2.9.1.2　反射率、吸收率和透射率

一个界面对入射光的反射率 R 定义为反射能流密度与入射能流密度之比，透射率 T 定义为透射能流密度与入射能流密度之比。按能量守恒，同一界面必有 $R+T=1$。定义一个物体对入射光的透射率 T 为透出物体的能流密度与入射物体能流密度之比。按能量守恒，必有 $R + T + A = 1$，A 即为吸收率。

A　光在界面的反射与透射

当光波（电磁波）照射到物体界面时，必然发生反射和折射。一部分光从界面反射，另一部分则穿透界面进入物体。当光从空气垂直入射于折射率为 $N = n - ik$ 的物体界面时，反射率为：

$$R = \frac{(n-1)^2 + k^2}{(n+1)^2 + k^2} \tag{2-99}$$

对于吸收性很弱的材料，k 很小，反射率 R 只比纯电介质的稍大；但折射率较大的材料，其反射率也较大。譬如 $n=4$ 时，其反射率接近 40%。

在界面上，除了光的反射外，还有光的透射。规定透射率 T 为透射能流密度和入射能流密度之比。由于能量守恒，在界面上透射系数和反射系数满足关系 $T = 1 - R$。

B　有一定厚度的物体对光的吸收

如图 2-42 所示，以强度为 I_0 的光垂直入射空气中具有均匀厚度 d 和均匀吸收系数 α 的物体，物体前后界面（入射面和出射面）都会对入射光有反射和透射，反射率皆为 R，但这两个界面各自的入射光强度显然不同。入射面的入射光强度为 I_0，反射光强度为

RI_0，透入物体的光强度是 $(1-R)I_0$；经过物体的吸收衰减之后到达出射界面的光的强度就是 $(1-R)I_0\exp(-\alpha d)$，最后透过出射面的光强度就应等于 $(1-R)2I_0\exp(-\alpha d)$。不考虑光在物体中的多次反射，则厚度为 d 的均匀吸收体对入射光的透射率按定义可得：

$$T = \frac{透射光强度}{入射光强度} = (1-R)^2 e^{-\alpha d} \quad (2\text{-}100)$$

考虑光在两界面之间的多次反射之后，容易证明：

$$T = \frac{(1-R)^2 e^{-\alpha d}}{1 - R^2 e^{-2\alpha d}} \quad (2\text{-}101)$$

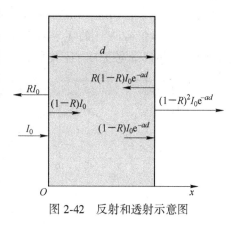

图 2-42 反射和透射示意图

2.9.1.3 半导体的光吸收

材料吸收辐射能导致电子从低能级跃迁到较高的能级或激活晶格振动。半导体有多种不同的电子能级和晶格振动模式，因而有多种不同的光吸收机构，不同吸收机构通常对应不同辐射波长，具有不同的吸收系数。

半导体中导致电子从低能带跃迁到高能带的吸收，不同于孤立原子中电子从低能级向高能级跃迁的吸收。孤立原子中的能级是不连续的，两能级间的能量差是定值，因而电子在其间的跃迁只能吸收一个确定能量的光子，出现的是吸收线；而在半导体中，与原子能级相对应的是—个由很多能级组成的能带，这些能级实际上是连续分布的，因而光吸收也就表现为连续的吸收带。

A 本征吸收

价带电子吸收光子能量向高能级跃迁是半导体中最重要的吸收过程。其中，吸收能量大于或等于禁带宽度的光子使电子从价带跃迁入导带的过程被称为本征吸收。

a 本征吸收过程中的能量关系

理想半导体在绝对零度时，价带内的电子不可能被热激发到更高的能级。唯一可能的激发是吸收一个足够能量的光子越过禁带跃迁入空的导带，同时在价带中留下一个空穴，形成电子—空穴对，即本征吸收。本征吸收也能在非零温度下发生。发生本征吸收的条件是：

$$h\nu \geqslant h\nu_0 = E_g \quad (2\text{-}102)$$

$h\nu_0$ 是能够引起本征吸收的最低限度光子能量。因此，对于本征吸收光谱，在低频方面必然存在一个频率界限 ν_0（或说在长波方面存在一个波长界限 λ_0）。当频率低于 ν_0 或波长大于 λ_0 时，不可能产生本征吸收，吸收系数迅速下降。吸收系数显著下降的特定波长 λ_0（或特定频率 ν_0）称为半导体的本征吸收限。图 2-43 给出几种半导体材料的本征吸收系数和波长的关系，曲线短波端陡峻地上升标志着本征吸收的开始。根据式（2-102），并应用关系式 $\nu = c/\lambda$，可得出本征吸收的长波限 λ_0（单位为 μm）与材料禁带宽度 E_g（单位为 eV）的换算关系为：

$$\lambda_0 = 1.239/E_g \quad (2\text{-}103)$$

利用此换算关系可根据禁带宽度算出半导体的本征吸收长波限。例如，Si（$E_g=$

1.12eV）的 $\lambda_0 \approx 1.1\,\mu m$，GaAs（$E_g = 1.43eV$）的 $\lambda_0 \approx 0.867\mu m$，两者的吸收限都在红外区；CdS（$E_g = 2.42eV$）的 $\lambda_0 \approx 0.513\mu m$，在可见光区。图 2-44 是几种常用半导体材料本征吸收限和禁带宽度的对应关系。

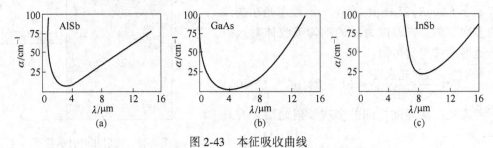

图 2-43　本征吸收曲线

b　本征吸收过程中的选择定则

在光照下，电子因吸收光子的跃迁过程，除了能量必须守恒外，还必须满足准动量守恒。设电子跃迁的初、末两态的波矢分别为 k 和 k'，则准动量守恒可表示为如下条件：

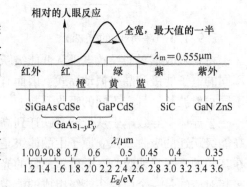

图 2-44　E_g 和 λ_0 的对应关系

$$hk' - hk = 光子动量 \qquad (2\text{-}104)$$

由于在半导体中参与电子跃迁的光子的动量远小于电子的动量，可忽略不计，上式可近似为：

$$k' = k \qquad (2\text{-}105)$$

这说明，电子因吸收光子而发生的跃迁基本上没有波矢的改变，或说半导体中的电子只在没有明显波矢改变的两个状态之间才能发生只吸收光子的跃迁。这就是电子跃迁的选择定则。

c　直接跃迁和间接跃迁

（1）直接跃迁和直接禁带半导体。参照图 2-45 所示的一维 $E(k)$ 曲线可见，为了满足选择定则，吸收光子只能使处在价带中状态 A 的电子跃迁到导带中 k 相同的状态 B。A 与 B 在 $E(k)$ 曲线上位于同一竖直线上。这种跃迁称为直接跃迁。在 A 到 B 的直接跃迁中所吸收的光子能量 $h\nu$ 与图中垂直距离相对应。显然，对应于不同的 k，垂直距离各不相等。就是说，和任何一个 k 值相对应的导带与价带之间的能量差相当的光子都有可能被吸收，而能量最小的光子对应于电子从价带顶到导带底的跃迁，其能量即等于禁带宽度 E_g。由此可见，本征吸收形成一个连续吸收带，并具有一长波吸收限 $\nu_0 = E_g/h$。因而从光吸收谱的测量可以求出禁带宽度 E_g。在常用半导体中，III-V 族的 GaAs、InSb 及 II-VI 族等材料，导带极小值和价带极大值对应于相同的波矢，常称为直接禁带半导体。这种半导体在本征吸收过程中发生电子的直接跃迁。

由理论计算可知，在直接跃迁中，如果对于任何 k 值的跃迁都是允许的，则吸收系数与光子能量的关系为：

当 $h\nu \geqslant E_g$　　　　　$\alpha(h\nu) = A(h\nu - E_g)^{1/2}$ 　　　　　(2-106（a）)

当 $h\nu < E_g$　　　　　$\alpha(h\nu) = 0$ 　　　　　(2-106（b）)

式中，A 基本为一常数。

（2）间接跃迁与间接禁带半导体。但是，不少半导体的导带底和价带顶并不像图2-45所示那样具有相同的波矢，例如锗和硅。这类半导体称为间接禁带半导体，其能带结构如图2-46所示。对这类半导体，任何直接跃迁所吸收的光子能量都应该比其禁带宽度 E_g 大得多。因此，若只有直接跃迁，这类半导体应不存在与禁带宽度相当的光子吸收。这显然与实际情况不符。这意味着在本征吸收中除了有符合选择定则的直接跃迁外，还存在另外一种形式的跃迁，如图 2-46 中的 $O \rightarrow B$ 跃迁。在这种跃迁过程中，电子不仅吸收光子，同时还和晶格振动交换一定的能量，即放出或吸收一个或多个声子。这时，准能量守恒不可能是电子和光子之间所能满足的关系，更主要的参与者应该是声子。这种跃迁被称为非直接跃迁，或称间接跃迁。对这种由电子、光子和声子三者同时参与的跃迁过程，能量关系应该是：

$$h\nu_0 \pm E_p = \text{电子能量差} \ \Delta E \qquad (2\text{-}107)$$

式中，E_p 代表声子的能量；"+"号是吸收声子；"−"号是发射声子。因为声子的能量非常小，数量级在百分之几电子伏以下，可以忽略不计。因此，粗略地讲，电子在跃迁前后的能量差就等于所吸收的光子能量，$h\nu_0$ 只在 E_g 附近有微小的变化。所以，由非直接跃迁得出和直接跃迁相同的关系，即：

$$\Delta E = h\nu_0 = E_g \qquad (2\text{-}108)$$

声子也具有和能带中电子相似的准动量。对波矢为 q 的格波，声子的准动量是 hq。在非直接跃迁过程中，伴随声子的吸收或发射，动量守恒关系得到满足，可写为：

$$(h\bm{k'} - h\bm{k}) \pm h\bm{q} = \text{光子动量} \qquad (2\text{-}109)$$

即，电子的动量差±声子动量＝光子动量。略去光子动量，得：

$$\bm{k'} - \bm{k} = \pm \bm{q} \qquad (2\text{-}110)$$

式中，"±"号分别表示电子在跃迁过程中吸收或发射一个声子。上式说明，在非直接跃迁过程中，电子波矢的改变只能通过发射或吸收适当的声子来实现。例如在图 2-46 中，电子吸收光子而从价带顶跃迁到导带底的 S 状态时，必须吸收一个 $q = k_S$ 的声子，或发射一个 $q = -k_S$ 的声子。

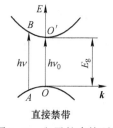

图 2-45　电子的直接跃迁

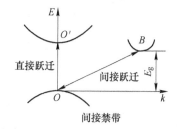

图 2-46　直接跃迁和间接跃迁

总之，光的本征吸收过程中，如果只考虑电子和电磁波的相互作用，则根据动量守恒要求，只可能发生直接跃迁；但如果还考虑电子与晶格的相互作用，则非直接跃迁也是可能的，这是由于依靠发射或吸收一个声子，使动量守恒原则仍然得到满足。

由于间接跃迁的吸收过程一方面依赖于电子和电磁波的相互作用，另一方面还依赖于电子与晶格的相互作用，故在理论上是一种二级过程。发生这样的过程，其概率要比只取决于电子与电磁波相互作用的直接跃迁的概率小很多。因此，间接跃迁的光吸收系数比直接跃迁的光吸收系数小很多。前者一般为 $1 \sim 1 \times 10^3 \, \text{cm}^{-1}$ 数量级以下，而后者一般为 $1 \times 10^4 \sim 1 \times 10^6 \, \text{cm}^{-1}$。

由理论分析可知，当 $h\nu > E_g + E_p$ 时，吸收声子和发射声子的跃迁都可发生；当 $E_g - E_p < h\nu \leqslant E_g + E_p$ 时，只能发生吸收声子的跃迁；当 $h\nu \leqslant E_g - E_p$ 时，跃迁不能发生，$\alpha = 0$。

图 2-47（a）是 Ge 和 Si 的本征吸收系数和光子能量的关系。Ge 和 Si 是间接带隙半导体，光子能量 $h\nu_0 = E_g$ 时，本征吸收开始。随着光子能量的增加，吸收系数首先上升到一段较平缓的区域，这对应于间接跃迁；随着 $h\nu$ 的增加，吸收系数再一次陡增，发生强烈的光吸收，表示直接跃迁的开始。GaAs 是直接带隙半导体，光子能量大于 $h\nu_0$ 后，一开始就有强烈吸收，如图 2-47（b）所示。

由此可知，研究半导体的本征吸收光谱不仅可以根据吸收限决定禁带宽度，还有助于了解能带的复杂结构，也可作为区分直接带隙和间接带隙半导体的重要依据。

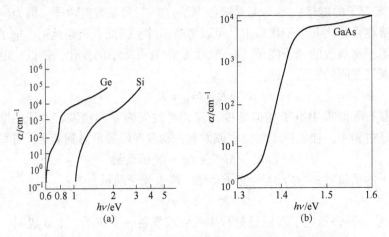

图 2-47　Ge、Si 和 GaAs 本征吸收系数和光子能量的关系
(a) 半导体 Ge 和 Si；(b) 半导体 GaAs

B　其他吸收过程

实验证明，波长比本征吸收限 λ_0 长的光波在半导体中往往也能被吸收。这说明，除了本征吸收外，还存在着其他的光吸收过程：主要有激子吸收、杂质吸收、自由载流子吸收等。

a　激子（exciton）吸收

在低温时发现，某些晶体在本征连续吸收光谱出现以前，即 $h\nu < E_g$ 时，就会出现一系列吸收线，但产生这些吸收线的过程并不产生光电导，说明这种吸收不产生自由电子或空穴。

在这种过程中，由于光子能量 $h\nu < E_g$，价带电子受激发后虽然跃出了价带，但还不足以进入导带而成为自由电子，仍然受到空穴的库仑场作用。实际上，受激电子和空穴互相束缚而结合在一起成为一个新的系统，称这种系统为激子，产生激子的光吸收称为激子吸收。激子在晶体中某处产生后，并不一定停留在该处，也可以在整个晶体中运动。固定不动的激子称为束缚激子，可以移动的激子称为自由激子。由于激子是电中性的，因此自由

激子的运动并不形成电流。

激子可以通过两种途径消失：一种是热激发或其他能量的激发使激子分离成为自由电子和空穴；另一种是通过复合而消失，同时以发射光子（或同时发射光子和声子）的方式释放能量。

激子中电子与空穴之间的作用类似氢原子中电子与质子之间的相互作用。因此，激子的能态也与氢原子相似，由一系列能级组成。如电子与空穴都有各向同性的有效质量 m_n^* 和 m_p^*，则按氢原子的能级公式，激子的束缚能应为：

$$E_{ex}^n = -\frac{q^4}{8\varepsilon_0^2 \varepsilon_i^2 h^2 n^2} \cdot m_r^* \tag{2-111}$$

式中，q 是电子电量；n 是整数；$m_r^* = m_n^* m_p^* / (m_n^* + m_p^*)$，是电子与空穴的折合质量。由上式可见，激子有无穷个能级。$n=1$ 时，是激子的基态能级 E_{ex}^1；$n=\infty$ 时，$E_{ex}^\infty = 0$，相当于导带底能级，表示电子脱离空穴的束缚进入导带，同时空穴也获得自由。

图 2-48 和图 2-49 分别为激子能级和激子吸收光谱示意图。在激子基态和导带底之间存在着一系列激子的受激态，如图 2-48 所示。图 2-49 中本征吸收长波限以外的激子吸收峰，相当于价带电子跃迁到相应的激子能级。图中第一个吸收峰相当于价带电子跃迁到激子基态，吸收光子的能量是 $h\nu = Eg - |E_{ex}^1|$；第二个吸收峰相当于价带电子跃迁到 $n=2$ 的受激态。$n>2$ 时，因为激子能级已差不多是连续的，所以吸收峰已分辨不出来，并且和本征吸收光谱合到一起。

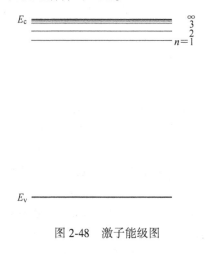

图 2-48　激子能级图　　　　　　　　　图 2-49　激子吸收光谱

半导体中的激子能级非常密集，激子吸收线与本征吸收的长波限差别不大，常常要在低温下用极高分辨率的测试仪器才能观察到。对 Ge 和 Si 等半导体，因为能带结构复杂，并且有杂质吸收和晶格缺陷吸收的干扰，激子吸收更不容易被观察到。因此，观察激子吸收需要使用纯度较高、晶格缺陷很少的样品。

　　b　自由载流子吸收

对于一般半导体材料，当入射光子的频率不够高，不足以引起本征吸收或激子吸收时，仍有可能观察到光吸收，而且其吸收强度随波长增大而增加，如图 2-50 所示。这是自由载流子在同一带内的跃迁（如图 2-51 所示）引起的，称为自由载流子吸收。

这种跃迁同样必须满足能量守恒和动量守恒关系。和本征吸收的非直接跃迁相似，电子的跃迁也必须伴随着吸收或发射一个声子。自由载流子吸收一般是红外吸收。

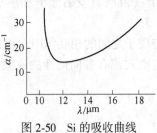

图 2-50　Si 的吸收曲线

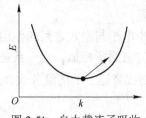

图 2-51　自由载流子吸收

在一些 p 型半导体材料中还观察到另一种类型的自由载流子吸收。例如在 p 型 Ge 中发现三个自由载流子吸收峰。p 型 GaAs 等材料中也有类似情况。这种情况跟价带的具体结构有关。以图 2-52 所示的 Ge 的价带为例，该价带由三个独立的能带组成，每一个波矢 k 对应于分属三个带的三个状态。价带顶实际上是由两个简并带组成，空穴主要分布在这两个简并带顶的附近，第三个分裂的带则经常被电子填满。在 p-Ge 的红外光谱中观测到

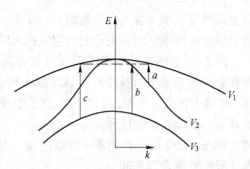

图 2-52　具有重叠结构的自由载流子吸收

的三个波长分别为 3.4μm，4.7μm 和 20μm 的吸收峰，分别对应于图 2-52 中的 c、b 和 a 跃迁过程。这个现象是确定价带重叠的重要依据。

　　c　杂质吸收

束缚在杂质能级上的电子或空穴也可以引起光的吸收。杂质能级上的电子可以吸收光子跃迁到导带；杂质能级上的空穴也同样可以吸收光子跃迁到价带。这种光吸收称为杂质吸收。由于束缚状态并没有一定的准动量，这样的跃迁过程不受选择定则的限制。这说明，电子（空穴）可以跃迁到任意的导带（价带）能级，因而应当引起连续的吸收光谱。引起杂质吸收的最低的光子能量 $h\nu_0$ 显然等于杂质上电子或空穴的电离能 E_i（见图 2-53 中 a 和 b 的跃迁）；因此，杂质吸收光谱也具有长波吸收限 ν_0，该吸收限由杂质电离能 $E_i = h\nu_0$ 决定。一般情况下，电子向导带底以上的较高能级跃迁，或空穴向价带顶以下的较低能级跃迁的概率都比较小，因此，杂质吸收光谱主要集中在吸收限 E_i 附近。由于 E_i 小于禁带宽度 E_g，杂质吸收一定在本征吸收限以外的长波方面形成吸收带，如图 2-54 所示。显然，杂质能级越深，能引起杂质吸收的光子能量也越大，吸收峰就比较靠近本征吸收限。对于大多数半导体，施主和受主能级很接近于导带和价带，因此，相应的杂质吸收出现在远红外区。另外，杂质吸收也可以是电子从电离受主能级跃迁入导带，或空穴从电离施主能级跃迁入价带，如图 2-53 中 f 和 e 的跃迁。这时，杂质吸收光子的能量应满足 $h\nu \geqslant E_0 - E_i$。

杂质中心除了只有确定能量的基态外，也像激子一样，有一系列类氢激发能级 E_1、E_2、E_3。除了与电离过程相联系的光吸收外，杂质中心上的电子或空穴由基态到激发态

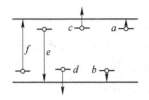

图 2-53 杂质吸收中的电子跃迁

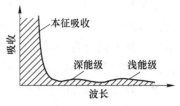

图 2-54 杂质吸收曲线

的跃迁也可以引起光吸收。这时，所吸收的光子能量等于相应的激发态能量与基态能量之差。图2-55 是 Si 中杂质 B（受主）的吸收光谱。几个吸收峰后面出现较宽的吸收带说明杂质完全电离，空穴由受主基态跃迁入价带。图中，杂质电离吸收带还显示出吸收系数随光子能量的增大而下降的特征。这是因为空穴跃迁到低于价带顶的状态的概率急速下降。

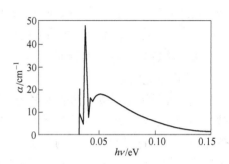

图 2-55 Si 的杂质吸收光谱

由于杂质吸收比较微弱，特别在杂质溶解度较低的情况下，杂质含量很少，更加造成观测的困难。对于浅杂质能级，E_i 较小，只能在低温下，当大部分杂质中心未被电离时，才能够观测到这种杂质吸收。

 d 晶格振动吸收

在晶体吸收光谱的远红外区还会发现一些吸收带，这是由晶格振动吸收形成的。在这种吸收中，光子能量直接转换为晶格振动的动能，也即声子的动能。由于声子的能量是量子化的，晶格振动吸收谱具有谱线特征，而非连续谱。当然，在实际情况中，这些谱线会因各种原因展宽成有一定半高宽的吸收带。

晶格振动吸收通常称为红外吸收，是研究材料组分和键合结构的重要手段。

2.9.2 半导体的光电导效应和光致发光

光吸收在半导体中产生了额外载流子。这些额外载流子的引入必然使半导体的电导率升高。如果这时半导体中存在电场或载流子的浓度梯度。这些额外载流子就会做定向运动，形成电流。这种由光照引起半导体宏观电导率升高的现象，称为光电导，另一方面，额外载流子总有复合的倾向。不管他们是否做定向运动，也不管注入载流子的光是否存在，只要有额外载流子存在，复合过程就存在。若负荷过程中释放能量的方式是发射电子，被激发的半导体就会发光。这种由光照引起的半导体发光现象，称为光致发光。光致发光和光电导是半导体在光照所致的非平衡状态下所特有的一对孪生电子过程，此前我们已多处提及半导体的光电导，并略作讨论，本节从光电导器件的角度对其做一些必要的补充，着重对光致发光做较详细的讨论。

 2.9.2.1 半导体的光电导

  式 $\Delta\sigma = q\Delta p(\mu_n + \mu_p)$ 对本征光电导做出了一个简明的定义，在这个定义里，使用热平衡，载流子的迁移率，作为光注入的额外载流子的迁移率，这个处理是否合理呢？众所周知，由于半导体，中载流子密度较低，处于热平衡状态的载流子，全都分布于导带底，即热平衡，载流子只有势能而无动能。但非平衡态，似应有所不同。当电子被 $h\nu \geqslant E_g$ 的光子，从价带激发到导带的时候，能量增值大于 E_g 的额外电子必然比热平衡电子有较高的能量，如果他们参与导电的话，其迁移率自然与热平衡，电子的迁移率不同。但这些电子事实上难以直接参与导电，他们刚一产生就通过热化，在极短的时间内舍去，多余的能量，降到导带底，与热平衡，电子能量相同，如前所述，热化过程的时间很短。只有 $10^{11} \sim 10^{12}$ s。因此可以认为在整个光电导过程中，光生额外载流子与热平衡，载流子具有相同的迁移率。如前所述，杂质吸收有可能单方面产生额外电子或额外空穴，从而产生光电导，及杂质光电导，不过，杂质光电导与本征光电导相比，因杂质浓度较低而比较微弱。

A　稳态光电导及其弛豫过程

a　稳态光电导

设 I 表示按光子束计算的入射光的强度，（即单位时间通过单位面积的光子数），α 为被光照物体，对入射光的吸收系数，单位长度内吸收的光子数，那么 $I\alpha$ 表示，单位体积被照射物在单位时间里吸收的光子数，若以 β 表示量子产额，即被照射物每吸收一个光子所能产生的电子空穴对数，则电子-空穴对的产生率即可表示为：

$$G = \beta I\alpha \tag{2-112}$$

由于复合过程的客观存在，Δn 和 Δp 不可能随着光照时间延长而无限上升。经过一段时间，当电子和空穴的复合率等于产生率，即 $R = G$ 时，光生载流子密度即达到其稳定值 Δn_s，如图 2-56 中粗实线所示。这时，光电导 $\Delta\sigma$ 也达到其稳定值 $\Delta\sigma_s$，称之为稳态光电导。

设光生电子和空穴的小注入寿命分别为 τ_n 和 τ_p，根据式（2-113）可将稳态光生电子和空穴密度分别表示为：

$$\Delta n_s = \beta I\alpha\tau_n, \ \Delta p_s = \beta I\alpha\tau_p \tag{2-113}$$

从而稳态光电导为：

$$\Delta\sigma_s = q\beta I\alpha(\mu_n\tau_n + \mu_p\tau_p) \tag{2-114}$$

可见，稳态光电导与 μ、τ_n、β 和 α 四个参数有关。其中，β 和 α 表征光和物质的相互作用，决定于光生载流子的激发过程；μ 和 τ 则表征载流子与额外载流子的复合过程。

同样，当光照停止后，光电流也会逐渐消失，如图 2-57 所示。

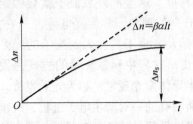

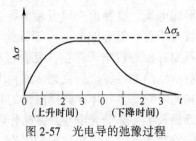

图 2-56　注入过程中光生载流子密度随时间的变化　　　　图 2-57　光电导的弛豫过程

b　光电导的弛豫过程

光照下光电导率逐渐上升和光照停止后光电导率逐渐下降的现象，称为光电导的弛豫现象，相应的过程称为弛豫过程。下面讨论弛豫过程的载流子密度与光照时间的关系。采用一种载流子其作用的情况，即设 $\Delta p \approx 0$。

小注入情况。设 $t = 0$ 时开始光照，光强为 I。小注入时光生载流子寿命值 τ 是定值，复合率 R 等于 $\Delta n / \tau$。在光照过程中，半导体的光致发光 Δn 的上升率应为：

$$\frac{d\Delta n}{dt} = G - R = \beta \alpha I - \frac{\Delta n}{\tau} \tag{2-115}$$

分离变量并积分，利用起始条件（$t = 0$ 时 $\Delta n = 0$），得方程的解为：

$$\Delta n = \beta I \alpha \tau (1 - e^{-t/\tau}) \tag{2-116}$$

可见，小注入情况下，光生载流子密度按指数规律上升，当 $t \gg \tau$ 时达到 $\Delta n_s = \beta I \alpha \tau$ 的稳定状态。光照停止后 $G = 0$，描述光生载流子密度下降的过程方程及解。将复合过程中，光生载流子密度随时间的变化表示为：

$$\Delta n = \Delta n_s e^{-t/\tau} = \beta I \tau e^{-t/\tau} \tag{2-117}$$

于是小注入情况下的光电导、弛豫过程即可相应的分别对产生过程和复合过程表示为：

$$\Delta \sigma = \Delta \sigma_s (1 - e^{t/\tau}), \quad \Delta \sigma = \Delta \sigma_s e^{-t/\tau} \tag{2-118}$$

以上两式是具有相同时间常数 τ 的指数函数，τ 即小注入少子寿命，通常也被称为弛豫时间。

大注入情况。在注入光很强以至 $\Delta n_s \geq n_0$ 和 p_0，载流子寿命不再是定值，这时复合率变为 $r\Delta n^2$，描述 Δn 上升和下降的微分方程应该改写为：

上升时
$$\frac{d(\Delta n)}{dt} = \beta \alpha I - r(\Delta n)^2 \tag{2-119（a）}$$

下降时
$$\frac{d(\Delta n)}{dt} = -r(\Delta n)^2 \tag{2-119（b）}$$

利用初始条件 $t = 0$ 时、$\Delta n = 0$ 和 $t = 0$ 时、$\Delta n = \Delta n_s = (\beta \alpha I / r)^{1/2}$，解出大注入情况描述 Δn 弛豫现象的曲线方程，即：

上升时
$$\Delta n = (\beta \alpha I / r)^{1/2} \tanh \left[(\beta \alpha I r)^{1/2} t \right] \tag{2-120（a）}$$

下降时
$$\Delta n = (\beta \alpha I / r)^{1/2} \left[1 + (\beta \alpha I r)^{1/2} t \right]^{-1} \tag{2-120（b）}$$

由此可见，在大注入情况下，由于直接辐射复合的大注入寿命不再是常数，而是光照强度和时间的函数，因此光电导的弛豫过程比较复杂。

B 光电导灵敏度与光电导增益

对光电的材料，通常用确定光照下的光电导与热平衡电导率之比见式（2-121）来评估其光电导灵敏度。

$$\frac{\Delta \sigma}{\Delta \sigma_0} = \frac{\Delta n \mu_n + \Delta p \mu_p}{n_0 \mu_0 + p_0 \mu_p} \tag{2-121}$$

对本征光电导，因为 $\Delta n = \Delta p$，引入 $b = \mu_n / \mu_p$，于是：

$$\frac{\Delta \sigma}{\sigma_0} = \frac{(1 + b)\Delta n}{b n_0 + p_0} \tag{2-122}$$

从上式可以看出，要制成灵敏度高的光敏电阻，应该使 n_0 和 p_0 较低。因此，光敏电阻一般用高阻材料制成或者在低温下使用。

光敏元器件的光电导灵敏度定义为单位光照度所能产生的稳态光电导 $\Delta \sigma_s$，在一定光照下，$\Delta\sigma_s$ 越大，元器件的灵敏度越高，从 $\Delta n_s = \beta\alpha\tau I$ 中可以看出，τ 越长 Δn_s 就越大，灵敏度也就越高。但是光电导的持续时间也决定着光敏元器件对光信号反应的快慢，τ 越长，光电导产生和消失的时间越长，即对光信号反应慢；τ 越短则反应快。反应快慢对光敏元器件也是一个很重要的参量，特别对于高频光信号，持续时间必须足够短才能跟得上光信号的变化，因此在实际应用中必须根据实际要求来选用额外载流子寿命适当的材料。

光电导灵敏度也是元器件结构的函数。用一种材料制成的光敏电阻，如果结构不同，可以产生不同的光电导效果，通常用光电导增益来评价元器件结构的光电导灵敏度。对如图 2-58 所示的光敏电阻，在外加电压 U 的作用下，光生载流子在两电极间的定向运动，形成电路中的光电流，在此过程中，每当一个电子在电场作用下，到达正电极负电极必会同时在光敏电阻中释放一个电子，以保持电中性弱光生电子，从一个电极漂移到另一个电极所需的时间 τ 与其寿命相比很短，则在一个光生电子因复合而消失之前就会有许多电子相继通过两个电极。因此，电极间距短的光敏电阻比电极间距长的光敏电阻灵敏高。通常用光电导增益因子 g 来反映结构参数的影响，定义为光生载流子的寿命与其渡越时间之比：

$$g = \tau_n / \tau_1 \qquad (2\text{-}123)$$

若外加电压为 U，电子迁移率 μ_n，电极间距离为 L，则渡越时间为：

$$\tau_1 = L^2/(\mu_n U) \qquad (2\text{-}124)$$

因而光电导增益因子为：

$$g = \tau_n \mu_n U/ L^2 \qquad (2\text{-}125)$$

显然，对寿命长、迁移率高的材料，在两电极很靠近的情况下，其光电导增益 g 可以很大。

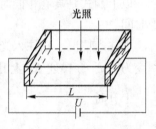

图 2-58　光敏电阻示意图

C　复合和陷阱效应对光电导的影响

前面对额外载流子复合过程的讨论，大都只限于小注入并且假设负荷中心对两种载流子的俘获系数大致相等，因而本征吸收产生的两种额外载流子密度相等，但是实际情况往往并非如此，实验证明，有些半导体在满足本征激发的光照条件下，并不能观察到光生电子和光生空穴对光电导的共同贡献。例如，p 型 CuO_2 的本征光电导主要是光生空穴的贡献，而 n 型 CdS 的本征光电导，主要是光生电子的贡献。这说明，虽然在本征吸收后产生的额外载流子和额外空穴数目相等，但只有其中一种能自由运动，另一种则被前面讨论过的陷阱束缚着。

因为光敏电阻一般使用高阻材料，其多数载流子 n_0 或 p_0 很小，式子 $N_T = n_1\left(1 + \dfrac{n_0}{n_1}\right)^2$ 所示的有效陷阱条件比较容易得到满足。在一般材料中，具有陷阱作用的杂质和缺陷的浓度大约为 $10^{15} \sim 10^{19}\,cm^{-3}$，很可能比热平衡载流子密度大，陷阱作用往往十分强烈。

额外载流子有少子陷阱和多子陷阱之分，对光电导所起的作用各不相同。

如前所述，少子现仅有提高稳态光电导灵敏度的作用，因此常在光电导材料中掺入能起少子陷阱作用的杂质。

多子陷阱主要存在于一些特殊场合，例如在高度补偿的半导体中，杂质浓度可能比热平衡载流子密度高得多，高浓度的被补偿杂质，极有可能成为额外多子的陷阱，对光电导的持续过程起延长时间的作用。仍以 n 型半导体为例，若其中除了复合中心之外还存在浓度很高的电子陷阱，那么，光照产生的额外电子将大部分被陷阱俘获。光照停止后，除了导带中的额外电子，通过复合中心与空穴复合外，陷阱中的电子也会逐步释放出来，通过负荷中心与空穴复合，这样才能最终重归平衡态，因此光电导的衰减时间也大大延长，特别对能级较深的陷阱，被限电子的热产生率很小，光电导的衰减时间将主要决定于这个缓慢的电子释放过程，这就是说，多子陷阱主要起延缓光电保持与过程的作用，作用大小在很大程度上取决于陷阱的深度。不仅如此，既然光生多子，大部分被陷阱俘获，能带中自由的额外多子，就有了更多的与额外少子复合的机会，而陷阱释放被陷多子需要一定时间，因此有多子陷阱时对光电导做贡献的额外载流子密度就会比没有多子陷阱时低，从而使光电导灵敏度下降。

D 光电导谱

实验材料的稳态光电导灵敏度，随激励光波长变化的曲线，称为光电导的光谱响应称为光电导谱。实验材料的稳态光致发光信号强度随激励光波长变化的曲线称为光致发光谱，无论是光电导谱还是光致发光谱，其测试和表示对不同波长的激光都有等强度的要求，由于不同波长的光的单个光子具有不同的能量，因此等强度有等量子和等能量的区别。所谓等量子，是指在波长变化时保持光子数不变，也就是说光谱测量是在激励光保持恒定的光子流密度下进行的，而等能量是指能流密度相等。这样，等能量测试时激励样品的短波光的光子数就要比长波光少，因为光电导和光致发光都是吸收光子的直接效应，光生载流子的数目直接决定于激励光子的数目，而不是光子流的总能量，所以，测量光电导谱和光致发光谱时以采用等量子条件为宜。

光电导谱和光致发光谱是研究半导体材料能带结构及其中的杂质与缺陷能级的重要手段，特别是光致发光谱，其峰状或带状特征与材料的禁带宽度和杂质，缺陷能级的位置有更加清楚的对应关系。

如前所述，半导体的本征吸收和杂质吸收都有长波线，所以光电导谱也具有长波线特征，但一般很难肯定长波线的确切位置。对禁带宽度未知的材料，一般以光电导相对值下降到最大值 1/2 时的波长作为长波限，图 2-59 是几种典型的本征光电导谱的实验曲线，其长波线特征都很明显，但也都不确定。其中 PbSe 的光电导谱是不同温度下的等能量谱，其短波区的光电导相对值降幅较大，主要是光子数随光子能量的升高而减少的缘故；Ge 的光电导谱在短波区也有下降特征，但因为是等量子谱，不会是激励光子数减少的结果，应与表面复合有关，对于短波光子波长越短，吸收越集中在样品表面附近，而表面附近的额外载流子，因为表面复合速率较高，而寿命相对较短，因而光电导会下降。图 2-59 (b) 中，上面三个属于不同 CdS 样品的光电导谱在长短波之间出现峰值，正是这个原因所致。PbSe 在不同温度下的测试结果表明，长波线会随着温度的升高向短波方向移动，反映了材料的禁带随着温度的升高而变窄。

对于掺杂半导体，光照可使束缚于杂质能级上的电子或空穴电离，因而增加了导带或价带的载流子密度，产生杂质光电导。图 2-60 是含杂质 Fe 的 Ge 样品获得的一个典型杂质光电导谱。当 $h\nu \approx 0.72eV$ 时，曲线急速上升，表示本征光电导的开始；在 $h\nu < 0.72eV$ 的长波区域出现长波限特征。杂质光电导长波限的测量已经成为研究杂质能级的重要方法。

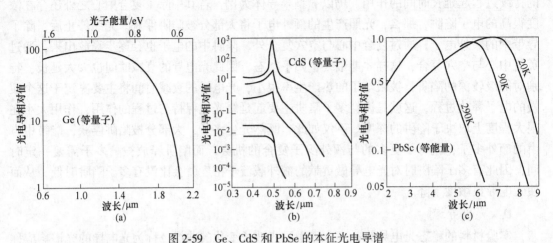

图 2-59　Ge、CdS 和 PbSe 的本征光电导谱

(a) Ge 的本征光电导谱；(b) CdS 的本征光电导谱；(c) PbSe 的本征光电导谱

由于杂质电离能比禁带宽度 E_g 小很多，从杂质能级上激发电子或空穴所需的光子能量比较小，因此杂质半导体作为远红外波段的探测器具有重要的作用。例如选用不同的杂质，Ge 探测器的使用范围可以从 $10\mu m$ 延伸到 $120\mu m$。

由于杂质原子浓度比半导体材料本身的原子密度小很多个数量级，所以和本征光电导相比，杂质光电导是十分微弱的。同时杂质光电导所涉及的能量都在红外光范围，激发光实际上不可能很强，因此测量杂质光电导一般都要在低温下进行，以保证平衡载流子密度小，使杂质中心上的电子或空穴基本上都处于束缚状态。例如对电离能 $E_i \approx 0.01eV$ 的杂质能级，必须采用液氦低温；对于较深的杂质能级，可以在液氮温度下进行。

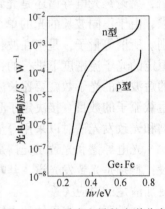

图 2-60　杂质光电导的光谱分布

以上讨论只涉及光子的激发，而实际上所有高能带电粒子，如电子束、α 粒子、β 粒子和其他核子流，同样能引起半导体电导率的显著增大。

2.9.2.2　半导体的光致发光

光致发光是多种形式荧光现象中的一种，从量子力学的角度，这种现象是物质吸收光子跃迁到较高能级后返回低能态时放出光子的宏观反映。光致发光大致由光吸收，能量传递及发光射三个阶段组成，光的吸收与发射都发生在不同能级之间，激发态只是其中的一个末态或始态，而能量传递是激发态的运动。

半导体中激发态的分布按能量的高低分为三个区域：

(1) 低于禁带宽度的激发态。这一类激发态主要涉及杂质和缺陷等分立中心，关于这些激发态能谱及其性质的研究，涉及杂质缺陷中心与晶格点阵的相互作用，随着这一相互作用的加强，吸收及发射谱带都由窄变宽，温度效应也由弱变强，特别是猝灭现象变强，使一部分能量转化为点阵振动。

(2) 接近禁带宽度的激发态。这一类激发态的内容比较丰富，包括自由激子和束缚激子等。激子又可以和能量相近的光子耦合在一起，形成电磁激子。束缚激子的发光是常见的现象，他在束缚能上有微小差异，常被用来反映束缚中心的特征。

（3）能量更高的激发态是导带中的电子和价带中的高能空穴。实验证明，热载流子不一定要和点阵充分交换能量直至达到热平衡才能复合发光。热载流子可以直接复合发光，但它的复合截面较小，通常要在强电场的辅助下才能观察到，一般情况下，高能电子和空穴一旦产生，会首先向导带底或价带顶跃迁，将多余的能量传递给晶格。涉及这一类激发态的发光可以反映能带结构及其相关性质。

光致发光，按其弛豫过程的时间长短分为荧光和磷光两种，荧光的持续时间很短，在纳秒量级及其以下，荧光的持续时间很长，大多在毫秒量级以上，甚至数小时以上。磷光是载流子陷阱干扰额外载流子复合发光的结果，这里只讨论发射荧光的光致发光。

A 本征辐射复合

如前所述，导带电子跃迁到价带与空穴复合，并伴随发射光子的过程称为本征辐射复合。对于直接禁带半导体本征辐射，辐射复合为直接复合，全过程只涉及一对电子空穴和一个光子，辐射效率较高。Ⅱ-Ⅵ族和具有直接复合的部分，Ⅲ-Ⅴ族化合物的发光过程属于这种类型，对于间接禁带半导体本征辐射，是一种伴随着声子发射的间接复合过程，其发生概率较小。Ge、Si、SiC 和具有间接禁带的部分，Ⅲ到Ⅴ族化合物的本征复合发光属于这种类型，其特点是发光效率较低。

因为带内的高能状态是非稳定状态，载流子即使受激进入了这些状态，也会很快通过热化而进入导带底或价带顶。因此，带间跃迁所发射的光子能量，与 E_g 有关，对直接跃迁发射光子的能量满足：

$$h\nu = E_g \qquad\qquad (2\text{-}126)$$

对间接跃迁，在发射光子的同时，会伴随发射或吸收声子弱发射或吸收的声子总能量为 E_p，则发射光子的能量：

$$h\nu = E_g \pm E_p \qquad (2\text{-}127)$$

由于电子和空穴通常分布在导带底和价带顶一个 kT 的能量范围内，本章复合发光光谱是一个宽度为 kT 量级的谱带，但其峰值对应于以上两式定义的 $h\nu$。

图 2-61 是一个掺 Cd 的 GaAs 样品，在三个不同温度下测到的光致发光谱，其中标志 BB 的即是其带间复合发光峰。图中可见，带间复合发光峰的峰值，随温度的升高向低能方向移动，与 GaAs 的禁带宽度及其随温度变化的规律一致，另外峰的宽度随温度升高而增大，与相应的 kT 值大致相符。

B 通过杂质的辐射复合

在涉及杂质能级的辐射复合过程中，电子

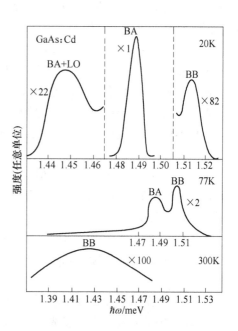

图 2-61 掺 Cd 的 GaAs 的光致发光谱

从导带跃迁到杂质能级，或从杂质能级跃迁到价带或仅仅在杂质能级之间跃迁。由于这种跃迁不受选择定则的限制，发生概率较高，是间接禁带半导体，特别是宽禁带发光材料中的主要复合机构。

图 2-61 中标注 BA 的发光峰即是 GaAs 导带电子向 Cd 受主跃迁时产生的。低温下，受主杂质电离度小，受主能级上的束缚空穴比价带中的自由空穴密度高，BA 发光可以占优势。随温度的升高，自由空穴密度逐渐高于束缚空穴密度，BA 发光就会逐渐让位于 BB 发光，并在室温下因杂质全部电离而消失，这个过程在图 2-61 中反映的很清楚。

下面着重讨论，电子在施主-受主杂质之间的跃迁，如图 2-62 所示，当半导体中同时存在施主和受主杂质时，两者之间的库仑作用力使受激态能量增大，其增量 ΔE 与施主-受主对的间距 r 成反比，当电子从施主向受主跃迁时，若没有声子参与，发射光子的能量为：

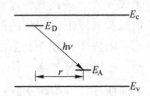

图 2-62   施主-受主间的电子跃迁

$$h\nu = E_g - (\Delta E_D + \Delta E_A) + q^2/(4\pi\varepsilon\varepsilon_0 r) \quad (2\text{-}128)$$

式中，ΔE_D 和 ΔE_A 分别代表施主和受主的电离能；ε 是发光材料的介电常数。

由于施主和受主一般以替位原子出现在晶格中，因此其间距 r 只能取原子间距的整倍数，相应的光子能量为不连续数值，对应于一系列不连续的发射谱线。但这只在 r 较小，即电子在相邻的施主和受主间跃迁时才可区分；随着 r 的增大，发射光子的能量差别越来越小，而且电子从施主向受主跃迁，所要穿过的距离也越来越大，跃迁概率越来越小。因此杂质发光主要发生在相邻施主-受主之间，称为施主-受主对发光。

GaP 是通过杂质的辐射复合作为主要发光机构的典型材料，其室温禁带宽度 $E_g = 2.26\text{eV}$，但应是间接禁带，本征辐射复合效率很低，图 2-63 列出了 GaP 中的几种主要的非本征辐射复合机构，它们是：

a   施主-受主对发光中心（Zn-O 对或 Cd-O 对发光中心）

O 和 Zn 共掺的 GaP 材料经过适当热处理后，O 和 Zn 分别取代相邻的 P 原子和 Ga 原子，其中 O 产生一条导带以下 0.89eV 的深施主能级，Zn 形成一个价带以上 0.06eV 的浅受主能级。当这两个杂质原子在 p 型 GaP 中处于相邻格点时，形成一个电中性的 Zn-O 络合物，起等离子陷阱作用，束缚能为 0.3eV。与之相关的复合过程按图 2-63 中标注的顺序有下列三种：

图 2-63 过程①中 Zn-O 络合物俘获一个电子，邻近的 Zn 中心俘获一个空穴形成一种激子状态，激子的猝灭发射波长约为 660nm 的红光，在 GaP 的所有发光过程中，这一辐射复合过程的效率较高。

图 2-63 过程②中 Zn-O 络合物，俘获一个电子后，再俘获一个空穴形成另一种类型的束缚激子，其空穴束缚能级 E_h 在价带顶以上 0.037eV 处，这种激子复合时发射的也是红光。

图 2-63 过程③中孤立 O 中心俘获的电子与 Zn 中心俘获的空穴相复合，也发射红光。

b   GaP 中的其他非本征发光中心

图 2-63 过程④中 N 等电子中心。N 在 GaP 中取代 P 起电子陷阱作用，其能级位置在导带下 0.008eV 处，N 等电子陷阱俘获电子后再俘获空穴，形成束缚激子，其空穴束缚能

级 E_h 在价带之上 0.011eV 处，这种激子复合时发绿光。

图 2-63，过程⑤中 Te-Zn 施主-受主对。若 GaP 材料中还掺有 Te 等浅施主杂质，Te 中心俘获的电子与 Zn 中心俘获的空穴相复合，发射波长为 550nm 左右的绿光。

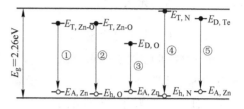

图 2-63 GaP 禁带中杂质对辐射符合机构

总结以上五种情况可知不含 O 的 p 型 GaP 可以发绿色光，而含 O 的 GaP 主要发红色光。因此要提高绿光发射效率，必须避免 O 的掺入，但是 O 的去除十分困难，因此 GaP 绿色发光二极管效率不高。

C 激子复合发光

激子吸收所对应的是激子复合，激子复合发射能量略小于禁带宽度的光子。跟激子吸收光谱要在低温下才能测的一样，激子发光光谱也要在低温下才能观测。

对于直接禁带半导体，由于选择定则的约束，只有波矢 $k = 0$ 附近的自由激子才可以复合发光。因此，激子发光光谱应是很尖锐的谱线。不过，受杂质、自由载流子及声子等相互作用的影响，k 守恒对激子发光的限制也会有所放宽，因而视激发光强度、杂质浓度及温度等条件的不同，实际测到的自由激子荧光线也有一定宽度。与这不同的是，间接禁带半导体中自由激子的复合，必须有声子相助，其发光光谱就一定具有带的特征。图 2-64（a）是一个纯度较高的 Si 样品在 18K 温度下的光致发光谱，其中标注 A、B、D、E 的是伴随四个声子发射的自由激子发光谱带：D 对应于发射一个纵声学声子，E 带对应于发射一个横声学声子，A 带和 B 带则对应于发射两个声子图。图 2-64（b）是一个掺杂浓度较高的 Si 样品在 2.5K 极低温下的光致发光谱。其中，D 带与图 2-64（a）中的 D 带相同，C 带与 F 带都是束缚激子的复合发光带，但 F 带为零声子带，C 带对应于伴随发射一个能量为 0.058eV 的 TO 声子。束缚于杂质的激子在复合时可以通过杂志与晶格交换动量，其复合跃迁可以没有声子参与，这一点跟自由激子不同。

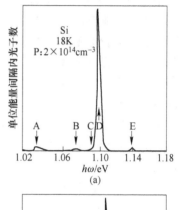

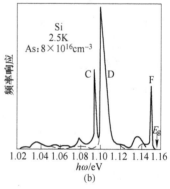

图 2-64 Si 的低温光致发光光谱
（a）纯度较高的 Si；（b）掺杂浓度较高的 Si

光致发光是探测半导体能带结构的重要方法之一，也是研究杂质和缺陷等材料问题和额外载流子复合，电、声子相互作用等物理问题的重要手段，在半导体物理学的发展进程中具有无可替代的重要作用。

2.9.3 pn 结的光伏效应

2.9.3.1 光生电动势原理

pn 结受到光照的时候，能量 $h\nu$ 大于或等于禁带宽度 E_g 的光子将在其透入深度限定的范围内产生额外电子空穴对与处于偏置状态的 pn 结类似，光照下的 pn 结也属于非平衡状态。任何非平衡态的额外电子-空穴对都有通过复合恢复平衡态的自发倾向。所以，要实现光电转换的目的，必须在光注入的额外电子-空穴对复合之前把它们分开。在光电导现象中，这个分离作用是通过外加电压来实现的，pn 结对光生电子-空穴对的空间分离不依靠外加电压，靠的是空间电荷区的自建电场。只要光子能够穿透到空间电荷区，光在空间电荷区产生的电子-空穴对马上就会被自建电场分开，分别扫向 N 区和 P 区，如图2-65（a）所示。不仅如此与空间电荷区毗邻的 P 区一个扩散长度内的光生电子和 N 区一个扩散长度内的光生空穴，受浓度梯度的驱使会从两边向空间电荷区扩散，因为扩散距离在扩散长度之内，也能够到达空间电荷区边沿而被结电场分别扫向 N 区和 P 区。

若光照 pn 结处于开路状态，对自建电场源源不断地扫向 P 区的光生空穴即在 P 端逐渐积累起来，扫向 N 区的电子也在 N 端逐渐积累起来，形成一个与平衡 pn 结内建电势差方向相反的电势差 V_p，如图 2-65（b）所示。此电势差称为光生电动势产生的光生电动势效应及光生伏特效应，简称光伏效应。

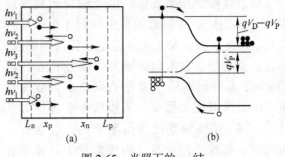

图 2-65 光照下的 pn 结
(a) 光生载流子的分离和运动；(b) 能带图

由于光生电动势形成的电场与 pn 结的自建电场方向相反，随着光生电动势的升高，自建电场对光生载流子的分离和驱动作用逐渐减弱，最后完全消失，使 pn 结两端不再有光生载流子新的积累，光生电动势即达到稳定状态下的最大值。

2.9.3.2 光照 pn 结的电流-电压方程

因为有光生载流子，pn 结在光照条件下的电流-电压方程会与暗状态下的方程有所不同，要在无光照 pn 结的电流中加上光生电流。如前所述，光生电流就是 pn 结空间电荷区及其两侧各一个扩散长度范围内的光生载流子被自建电场扫出空间电荷区而形成的电流。理想情况下，这三个区域具有相同的光生载流子产生率 G。实际情况中，这意味着辐射光子的能量恰好等于或略高于 pn 结材料的禁带宽度。这种光对材料的穿透深度较大，在不太厚的 pn 结各层中的吸收基本均匀。因为有自建电场的牵引，这三个区域中光生载流子的复合可以忽略，全部光生载流子都能流出空间电荷区形成光电流，这样光生电流密度 J_L 可表示为：

$$J_L = qG(L_n + L_p + X_D) \tag{2-129}$$

式中，L_p 和 L_n 分别是 N 区空穴和 P 区电子的扩散长度；X_D 是空间电荷区的宽度。

因为 pn 结光生电流的方向与其正向电流相反，所以光照 pn 结的总电流密度应等于暗状态下的正向电流密度与光生电流密度的代数和。于是理想情况下，光照 pn 结的电流-电压方程即可在肖克莱方程的基础上直接写出，即：

$$J = J_\mathrm{S}\left[\exp\left(\frac{qU}{kT}\right) - 1\right] - J_\mathrm{L} \tag{2-130}$$

pn 结光、暗两状态的伏安特性曲线如图2-66表示。图中可见，光照下的伏安特性曲线与坐标轴有两个交点，分别代表光照 pn 结在外加电压下为零时的电流密度和电流密度为零时的外加电压，称为短路电流和开路电压，通常分别用 J_SC 和 U_OC 表示，是光照 pn 结和以 pn 结为核心的光电池的重要特征参数。

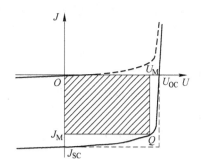

图 2-66　理想 pn 结暗状态（虚线）和光照态（实线）下的伏安特性

2.9.3.3　光照 pn 结的特征参数

A　短路电流

在上式中令 $U = 0$，即知短路电流密度 J_SC 就是光生电流密度 J_L，式中的负号表示其方向与 pn 结的正向电流方向相反。对短路电流即光生电流可以这样来理解：在 pn 结受到光照因而有光生载流子被自建电场扫出空间电荷区的时候，如果用一根导线，将结两头的电极短接，这些被扫出空间电荷区的光生载流子就不会在 pn 结两头累积而产生电动势，而会通过短接回路形成电流。其方向在 pn 结内由 n 向 p，pn 结外由 p 向 n，与 pn 结正向电流方向相反。因为是短路，光生载流子流出体外没有欧姆损耗，相应的电流密度仍由公式决定。

B　开路电压

令 $J = 0$，即得开路电压的表达式：

$$U_\mathrm{OC} = \frac{kT}{q}\ln\left(\frac{J_\mathrm{L}}{J_\mathrm{S}} + 1\right) \approx \frac{kT}{q}\ln\frac{J_\mathrm{L}}{J_\mathrm{S}} \tag{2-131}$$

上式可以做第二步的近似处理是因为 pn 结的光电流 J_L 与其无光照时的反向饱和电流 J_S 之比一般都很大。该式表明光照 pn 结的开路电压主要决定于 $J_\mathrm{L}/J_\mathrm{S}$ 的比值大小。在 J_L 相等的前提下，参照 J_S 的表达式可知，使用禁带较宽的材料做成 pn 结 U_OC 较大；对同种材料做成的 pn 结，少子寿命较长的 U_OC 较大。由于用 U_OC 就是最大的光生电动势，其值受到 pn 结自建电动势的限制，因此在不影响其他参数的情况下，提高掺杂浓度以扩大 pn 结两边的费米能级之差，也能使 U_OC 较大。

Si pn 结的 U_OC 最大能做到 0.8V，GaAs 的 U_OC 最大能做到 1.0V 左右。

加在 pn 结上的正向电压，其值不超过 U_OC 的情况下，可以用来模拟光生电动势对 pn 结自建电场的消减作用。这时，外电路中反向电流随着外加电正向电压的升高而逐渐减小的过程，就是光生电动势逐渐提高，逐渐削弱自建电场对光生载流子对的分离和驱动作用的过程。当外电路中净电流为零，即自建电场的作用完全被抵消时，夹在 pn 结上的正向电压显然就等于开路电压。工程实践中就是用这个方法来测量太阳电池的开路电压。

C　填充因子

在图 2-66 中，光照伏安特性曲线在坐标第四象限部分的形状也是 pn 结光电转换性能高低的一个关键特征，因为这部分曲线的丰满程度决定了光照 pn 结最大输出功率的大小。设其上一点 Q 定义了光照 pn 结的最大输出功率，对应的负载电压和负载电流分别为 U_M 和 J_M，则将最大输出功率 $P_M = U_M J_M$ 与乘积 $U_{OC} J_{SC}$ 之比定义为填充因子 FF，FF 越大，光照 pn 结的输出功率越大。

形象的看，FF 是图 2-66 中由 Q 点确定的阴影面积对 U_{OC} 和 J_{SC} 确定的矩形区域的填充比。对于不变的 U_{OC} 和 J_{SC}，伏安特性曲线在第四象限的形状不同，阴影区的面积相差会很大。显然，这部分曲线越趋近于矩形，FF 的值就越大，输出功率也越大。因此 FF 实际是比 U_{OC} 和 J_{SC} 更重要的一个特征参数。试想若一个光照 pn 结的 U_{OC} 和 J_{SC} 也很大，但特性曲线在第四象限的形状犹如一个三角形，则其 FF 必定很小，也难以有较大的功率输出。

Si 太阳电池的 FF 一般应在 0.7~0.85。

D　转换效率

利用 pn 结的光伏效应可将光能转换为电能，转换效率定义为最大输出功率用 $U_M J_M$，与输入光功率 P_{in} 之比，即：

$$\eta \equiv \frac{J_M U_M}{P_{in}} = \frac{FF \cdot J_{SC} U_{OC}}{P_{in}} \tag{2-132}$$

式中利用了 FF 的定义。该式说明，作为 pn 结光伏效应强弱的主要考核指标，转化效率完全由上述三个特征参数决定。利用 pn 结的光伏效应制造高效光电池或太阳电池，必须首先对 pn 结这三个特征参数有深刻的了解。

2.10　半导体热电效应

热电效应是指物体中的电子或空穴在温度梯度的驱使下，由高温区向低温区移动时形成电流或电动势，或因电流而产生温度差的一类现象。典型的热电效应主要包括塞贝克效应，珀耳帖效应和汤姆逊效应。若要严格讨论这些效应，需要在电场与温度梯度同时存在的条件下求解波耳兹曼方程，涉及较多的数学计算。本节重点分析热电效应的物理机理及其内在联系，并简要介绍热电效应的主要应用。

2.10.1　塞贝克效应

如图 2-67（a）所示，当两种不同的导体或半导体 a 和 b 两端相接组成一闭合回路时，若两个接头 1 和 2 具有不同的温度，回路中就有电流和电动势产生。该电动势称为温差电动势，其数值一般只与两个接头的温度有关。这个现象最先被德国物理学家塞贝克发现，因此称为塞贝克效应。

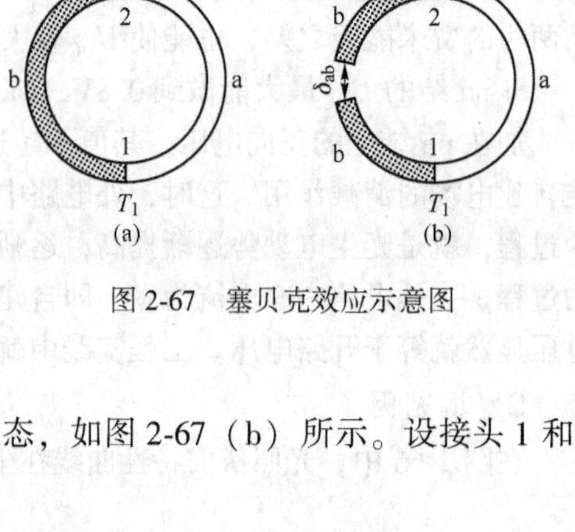

图 2-67　塞贝克效应示意图

2.10.1.1　金属的温差电动势

在讨论温差电动势时，常令系统处于开路状态，如图 2-67（b）所示。设接头 1 和 2

的温度分别为 T_1 和 T_2，将金属 b 从中断开并接入电位差计，就可测得这个电动势 δ_{ab}。它的大小与两接头的温差和材料有关。电动势与材料的关系可以用单位温差产生的塞贝克电动势及温差电动势率来描述，其定义为：

$$\alpha_{ab} = \frac{d\delta_{ab}}{dT} \tag{2-133}$$

选用不同材料构成温差电偶，会有不同的温差电动势率 α_{ab}。对于两种确定的材料，只要两接头间的温差 $\Delta T = T_1 - T_2$ 不是很大，温差电动势就与温差 $T_1 - T_2$ 成正比，即：

$$\delta_{ab} = \alpha_{ab}(T_1 - T_2) \tag{2-134}$$

可见温差电动势的正负取决于温度梯度的方向和塞贝克系数的正负。通常规定：若电流在接头 1 处由金属 a 流入金属 b，其塞贝克系数 α_{ab} 就为正；而在同一接头处，若电流由金属壁 b 流入金属 a，则塞贝克系数 α_{ab} 就为负。显然，塞贝克系数的数值及其正负取决于所用金属 a、b 的温差电特性，而与温度梯度的大小和方向无关。

若两接头间的温差较大，δ_{ab} 与 $T_1 - T_2$ 的关系可表示成下面的一般形式：

$$\delta_{ab} = \alpha_{ab}(T_1 - T_2) + \frac{1}{2}\beta(T_1 - T_2) + \cdots \tag{2-135}$$

式中，β 为另一系数。

塞贝克效应的产生是因为接头两边的材料有功率函数差。因为功函数有实际差别就是费米能级有差别，所以电子将会从功函数小的一边流向功函数大的一边，直到接头两边的费米能级持平为止。这时，接头两端就形成了稳定的接触电势差：

$$V_{ab} = \frac{W_b - W_a}{q} = V_b - V_a \tag{2-136}$$

式中，V_a 和 V_b 分别表示金属 a 和 b 的逸出势 W_a/q 和 W_b/q，该式表明，因功函数不同而形成接触电势差 V_{ab} 等于两种接触材料的逸出势之差。平衡时，每个导体都是等势体，故接触电势差 V_{ab} 是两个金属导体在接头处的电势跃变。

如果两个接头的温度 $T_1 = T_2$，则两接头的电势差大小相同、方向相反，图 2-67（a）所示整个回路的总电动势必为零；但如果 $T_1 \neq T_2$，由于材料的功函数或逸出势与温度有关，所以金属 a、b 在两接头处的接触电势差不一定相等，即回路的总接触电势差不一定为零。此外，两接头点的温度差还会在导体中形成温度梯度，导致电子自高温端向低温端的扩散而形成净电子流。此电子流是电子在低温端堆积带负电，高温端因缺少电子带正电，由此产生了阻止电子进一步流动的温差电场，而在金属两端形成电势差。为与接触电势差相区别，姑且称为温差电势差。设稳定时，金属 a、b 两端的温差电势差分别为 V_a 和 V_b，对于整个回路来说，V_a 和 V_b 的方向相反；但由于材料不同，即使温差相同，二者也不会互相抵消。这样，回路的总温差电动势即为接触电势差与温差电势差之和，即：

$$\delta_{ab} = V_{ab}(T_1) - V_{ab}(T_2) + V_b(T_1, T_2) - V_a(T_1, T_2) \tag{2-137}$$

式中，前两项是两接头的接触电势差的差；后两项为两金属导体上的温差电势差的差。

2.10.1.2 半导体的温差电动势

现在考虑如图 2-68（a）所示的一段长为 L 的 N 型半导体，其两端用同种金属形成欧姆接触，温差为 ΔT。为简单起见，设其温度线性变化且只有电子一种载流子。图 2-68（b）表示该体系在温度为 T 的热平衡状态下的能带示意图。图中，金属方块的上轮廓线代表金属的费米能级。

与金属导体的分析类似，当导体两端存在温度差时，其中也会形成一定的温差电势差 V，并由此产生附加电势能 qV，导致半导体能带的倾斜。同时，由于费米能级会随着温度的升高向禁带中部靠拢，冷热两端费米能级至导带底的距离会不相同，即费米能级也会倾斜，且两端之差除以电荷 q 就是温差电动势，但应注意电场和温度梯度都会导致半导体费米能级倾斜，所以半导体费米能级的倾斜程度和能带倾斜程度并不相同，如图 2-68（c）所示，$q\delta$ 的大小为：

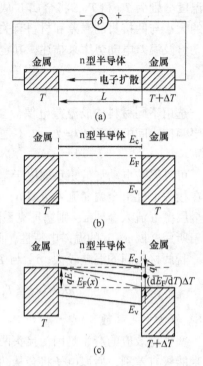

$$q\delta = qV + \frac{\mathrm{d}E_\mathrm{F}}{\mathrm{d}T}\Delta T \tag{2-138}$$

在稳定状态下，因电子密度梯度所引起的扩散电流与电场引起的漂移电流大小相等方向相反，假定 x 点的电子密度为 $n(x)$，电子扩散系数为 D_n 迁移率为 μ_n，则有：

$$-qD_\mathrm{n}\frac{\mathrm{d}n(x)}{\mathrm{d}x} = -qn(x)\mu_\mathrm{n}\left(-\frac{\mathrm{d}V}{\mathrm{d}x}\right) \tag{2-139}$$

图 2-68 半导体中的塞贝克效应

为简单起见，假定半导体内的温度梯度与电场方向相同，且 $\mathrm{d}T/\mathrm{d}x = \Delta T/L$、$\mathrm{d}V/\mathrm{d}x = V/L$，利用爱因斯坦关系式 $D_\mathrm{n}/\mu_\mathrm{n} = kT/q$ 和关系式 $\mathrm{d}n/\mathrm{d}T = (\mathrm{d}n/\mathrm{d}T)(\mathrm{d}T/\mathrm{d}x)$，可得：

$$V = -\frac{kT\Delta T}{qn}\cdot\frac{\mathrm{d}n}{\mathrm{d}T} \tag{2-140}$$

对非简并半导体，有：

$$N = N_\mathrm{c}\exp\left(-\frac{E_\mathrm{c} - E_\mathrm{F}}{kT}\right) = 2\frac{(2\pi m_\mathrm{n}^* kT)^{3/2}}{h^3}\exp\left(-\frac{E_\mathrm{c} - E_\mathrm{F}}{kT}\right) \tag{2-141}$$

利用 $(1/n)(\mathrm{d}n/\mathrm{d}T) = \mathrm{d}(\ln n)/\mathrm{d}T$，则上式变为：

$$V = -\left(\frac{E_\mathrm{C} - E_\mathrm{F}}{qT} + \frac{3}{2}\cdot\frac{k}{q} + \frac{1}{q}\cdot\frac{\mathrm{d}E_\mathrm{F}}{\mathrm{d}T}\right)\Delta T \tag{2-142}$$

得：

$$\delta = -\frac{k}{q}\left(\frac{E_\mathrm{C} - E_\mathrm{F}}{kT} + \frac{3}{2}\right)\Delta T \tag{2-143}$$

上式即为 n 型半导体中的温差电动势。对于 p 型半导体，从高温端向低温端扩散的载流子是空穴，因而形成的温差电动势与 n 型半导体的温差电动势方向相反。因此，可以由温差电动势的方向来判断半导体的导电类型。

图 2-69 为用热探针法判断半导体导电类型的实验装置示意图。将半导体样品置于冷金属板上，电烙铁的热端与样品表面接触。在冷端与热端之间连接一个电压表，由电压表指针偏转的方向即可判断出导电类型，若为 n 型样品，温差电动势正负如图 2-69 所示；若为 p 型样品，则相反。

若施主浓度为 N_D 且 $n_0 = N_D$，则可由（2-133）求得 n 型半导体的温差电动势率为：

$$\alpha_n = -\frac{k}{q}\left(\frac{E_C - E_F}{kT} + \frac{3}{2}\right) = -\frac{k}{q}\left(\ln\frac{N_C}{N_D} + \frac{3}{2}\right)$$

（2-144）

用同样方法可求得 p 型半导体的温差电动势率为：

$$\alpha_n = -\frac{k}{q}\left(\frac{E_F - E_V}{kT} + \frac{3}{2}\right) = -\frac{k}{q}\left(\ln\frac{N_V}{N_A} + \frac{3}{2}\right)$$

（2-145）

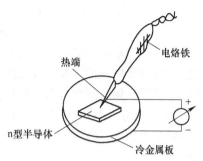

图 2-69　热探针法判断导电类型

需要注意的是，以上分析未考虑载流子分布函数会因温度梯度和电场而变化。考虑到这个变化就需求解玻耳兹曼方程。对具有球形等能面的非简并半导体，式（2-144）和式（2-145），在考虑了温度梯度和电场对分布函数的影响时应分别修正为：

$$\alpha_n = -\frac{k}{q}\left[\frac{E_F - E_V}{kT} + \left(\frac{5}{2} + \gamma\right)\right] = -\frac{k}{q}\left[\ln\frac{N_C}{N_D} + \left(\frac{5}{2} + \gamma\right)\right]$$

（2-146）

$$\alpha_p = \frac{k}{q}\left[\frac{E_F - E_V}{kT} + \left(\frac{5}{2} + \gamma\right)\right] = \frac{k}{q}\left[\ln\frac{N_V}{N_A} + \left(\frac{5}{2} + \gamma\right)\right]$$

（2-147）

对于声学波散射，$\gamma = -\frac{1}{2}$。

从上面所得结果可见，对于非简并半导体，费米能级与导带底或价带顶的能量间隔越小，温差电动势率越小，所以本征半导体较之掺杂半导体的电动势率稍大。对于本征半导体或近本征半导体，由于两种载流子的密度相当，若存在温差，高温端的电子与空穴密度都比较大，两种载流子就会一起向低温端扩散，由扩散所引起的电场将使电子和空穴产生与扩散流反方向的漂移运动，当两种运动可以相互抵消时，半导体就具有确定的温差电动势。针对电子和空穴密度相当的近本征材料所做的分析表明，其温差电动势率为：

$$\alpha_s = \frac{p\mu_p\alpha_p + n\mu_n\alpha_p}{p\mu_p + n\mu_n} = \frac{\alpha_p\sigma_p + \alpha_n\sigma_n}{\sigma}$$

（2-148）

式（2-148）中，α_n 和 α_p 分别按式（2-146）和式（2-147）算出。

式（2-148）中的 α_s 被称为一种半导体的绝对温差电动势率。两种材料的相对温差电动势率 α_{ab} 由这两种材料的绝对温差电动势率之差决定，即：

$$\alpha_{ab} = \alpha_b - \alpha_a$$

（2-149）

如果样品 a 和 b 为同一半导体且都是 n 型，但掺杂浓度不相等，即电子密度分别为 n_a 和 n_b，则由式（2-133）可得：

$$\alpha_{ab} = \alpha_b - \alpha_a = \frac{k}{q}\ln\frac{n_b}{n_a}$$

（2-150）

若 a 和 b 为掺杂浓度不同的 p 型同种半导体材料，则：

$$\alpha_{ab} = \alpha_b - \alpha_a = \frac{k}{q}\ln\frac{p_a}{p_b}$$

（2-151）

若 a 为金属，b 为半导体，则：

$$\alpha_{ab} = \alpha_{半} - \alpha_{金} \approx \alpha_{半} \tag{2-152}$$

半导体的塞贝克效应一般比金属显著得多。一般金属的温差电动势率约为每摄氏度几微伏，而半导体一般为每摄氏度几百微伏，甚至达到每摄氏度几毫伏。因此金属的塞贝克效应主要用于温度测量，而半导体则可用于温差发电。

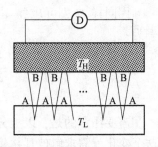

图 2-70 温差电堆示意图

适合于温度测量和温差发电的一个基本热电转换系统简略地示于图 2-70 中。这是一个用若干温差电偶串联而成的温差电堆。

与单个温差电偶相比，温差电堆若用于温度测量可以提高灵敏度，若用于温差发电则可增加功率输出。测量温度时，温度 T_L 是固定的标准温度，如冰水混合体的 0℃，T_H 为待测温度；而装置 D 为可测量塞贝克电动势的电位差计。若用于发电，温度 T_L 和 T 则分别代表两个热源的温度，D 则表示负载，A 和 B 分别代表 p 型和 n 型半导体。

2.10.2 珀耳帖效应

1834 年法国科学家珀耳帖（J. C. A. Peltier）在铜丝的两头各接一根铋丝，然后将两根铋丝分别接到直流电源的正、负极上，通电后，发现一个接头变热，另一个接头变冷。这说明两种不同材料组成的电回路在有直流电通过时，两个接头处分别发生了吸/放热现象。这个现象被称为珀耳帖效应（Peltier Efect），也被称为第二热电效应，吸收或放出的热量称为珀耳帖热量。实验发现，珀耳帖热量只与两种导体的性质及接头的温度有关。仍用图 2-67，若电流由导体 a 流向导体 b，电流强度为 I，则单位时间在接头处吸收的热量为：

$$\frac{dQ}{dt} = \pi_{ab} I \tag{2-153}$$

式中，π_{ab} 称为珀耳帖系数，$\pi_{ab} > 0$ 时表示吸热，$\pi_{ab} < 0$ 时则为放热。

珀耳帖效应是可逆的。如果电流由导体 b 流向导体 a，则在接头处放出相同的热量，由珀耳帖系数的定义 $\frac{dQ}{dt} = -\pi_{ab} I$

因此，

$$\pi_{ab} = -\pi_{ab} \tag{2-154}$$

显然，珀耳帖系数 π_{ab} 的物理意义是单位时间内单位电流在接头处所引起的吸收或放出的热量，其单位是 W/A，因而也可以用电压的单位 V 表示。由于与珀耳帖效应相关的热传输量很小，且由于焦耳热和随后将要介绍的汤姆逊效应同时存在所带来的复杂性，π_{ab} 的准确测量有一定困难。

由于金属的珀耳帖效应很弱，直到发现了热电半导体碲化铋（BiTe）及其合金之后，才出现了具有实用价值的半导体电子致冷器件——热电致冷器（thermoletrie cooler, TEC）。图 2-71 为 TEC 的结构示意图。当一块 n 型半导体和一块 p 型半导体结成电偶时，只要在这个电偶回路中接入一个直流电源，电偶上就会流过电流，发生能量转移，在一个接触点上放热（或吸热），在另一个接点上相反地吸热（或放热）。与风冷和水冷相比，半导体致冷片具有以下优势：

（1）可以把温度降至室温以下；

（2）能精确控温（使用闭环温控电路，精度可达±0.1℃）；

（3）可靠性高（致冷组件为固体器件，无运动部件，寿命可超过 20 万小时，失效率低）；

（4）没有工作噪声。

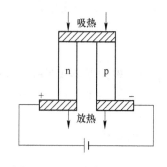

图 2-71　TEC 的结构示意图

图 2-72 为 n 型半导体和金属接触的回路和能带示意图。设金属与半导体构成欧姆接触且二者的费米能级等高，但金属与半导体中参与导电的电子所具有的平均能量却不相等。当电流 I 流过回路时，电子要从金属流进半导体，必须具有比势垒 $E_C - E_F$ 大的能量，即要有 $E_C - E_F + 3kT/2$ 的能量（其中 $3kT/2$ 为电子的平均能量）才能在半导体体内流动。因此，电子要越过接触面必须从外界吸收能量。相反在半导体的另一端，当电子从半导体流向金属时，将放出 $E_C - E_F + 3kT/2$ 的能量给金属，故而构成了吸热或放热现象。这就是帕耳帖效应产生的原因。因此，一个电子输运的能量为：

$$\Delta E = E_C - E_F + 3kT/2 \qquad (2\text{-}155)$$

单位时间在金属-半导体接触处吸收或放出的热量即为：

$$\frac{\mathrm{d}Q}{\mathrm{d}t} = \frac{I\Delta E}{q} = \left(\frac{E_C - E_F}{q} + \frac{3}{2} \frac{kT}{q} \right) I \qquad (2\text{-}156)$$

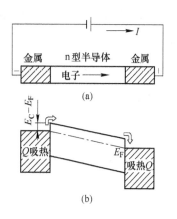

图 2-72　半导体中的珀耳帖效应
（a）回路；（b）能带示意图

所以，珀耳帖系数可表示成：

$$\pi = \frac{E_C - E_F}{q} + \frac{3}{2} \frac{kT}{q} \qquad (2\text{-}157)$$

珀耳帖效应主要应用于制冷，可作为 CPU 和 GPU 的散热器。半导体制冷器通常也做成图 2-70 所示的温差电堆形式，以提高产冷量，这时的装置 D 为一外接电源。如果电流方向适当，处于 T_H 的接头处将发热，而处于 T_L 的接头处将吸热。这样，就可通过电能的作用不断地把热量从 T_L 处转移到 T_H 处。目前的半导体制冷技术可使温差最高达 150℃。虽然这种制冷器的效率在冷端容积超过几十升时不及压缩循环式制冷机，但适合于各种小型恒温器以及要求无声、无干扰、无污染等条件的特殊场合，如宇宙飞行器和人造卫星、高真空系统的冷阱、红外探测器的冷却器，以及各种低温医疗设备等。

利用珀耳帖效应也可致热，倒转电流方向的制冷器便是一个加热器。

2.10.3　汤姆逊效应

当电流通过有温度梯度的导体或半导体时，导体或半导体中除产生和电阻有关的焦耳热之外，还要吸收或放出热量，这种现象称为汤姆逊效应（Thomson Effect），亦称第三热电效应。吸收或放出的热量称为汤姆逊热量。实验发现，在单位时间、单位体积内吸收或放出的热量与电流密度及温度梯度成比例，即：

$$\frac{dQ_V}{dt} = \sigma_a^T J_x \frac{dT}{dx} \tag{2-158}$$

式中，σ_a^T 称为导体或半导体 a 的汤姆逊系数，单位为 V/K，其值因材料与温度不同而异。

参照图 2-68（a），对两端温度分别为 T 和 $T+\Delta T$ 的半导体，若有电流从其低温端流向高温端，也即电子从热端向冷端运动时，一方面多出的一部分能量 $3k\Delta T/2$ 通过碰撞被交给周围的晶格，另一方面电子将得到 $-qV$ 的能量，两者的代数和为：

$$- qV - 3k\Delta T/2 \tag{2-159}$$

这就是电子从 $T+\Delta T$ 端运动到 T 端所得到的净能量，即汤姆逊热量。若净能量为正，表示从晶格中吸收能量；反之是向晶格放出能量。若 ΔT 很小，则 $dT/dx \approx \Delta T/L$，由式（2-158）可知电子从 $T + \Delta T$ 端运动到 T 端所吸收的汤姆逊热量为 $q\sigma_n^T$，与式（2-159）比较得：

$$\sigma_n^T = - \frac{3}{2} \cdot \frac{k}{q} - \frac{V}{\Delta T} \tag{2-160}$$

将式（2-142）代入上式，得：

$$\sigma_n^T = \frac{1}{q} \frac{dE_F}{dT} + \frac{E_C - E_F}{qT} \tag{2-161}$$

对 p 型半导体，用同样的方法可得：

$$\sigma_n^T = \frac{1}{q} \frac{dE_F}{dT} - \frac{E_F - E_V}{qT} \tag{2-162}$$

当图 2-68（a）中的电流反向，即电子从低温端向高温端迁移时，汤姆逊热量与上述情况反号。

2.10.4　塞贝克系数、珀耳帖系数和汤姆逊系数间的关系

1856 年，汤姆逊利用他所创立的热力学原理对塞贝克效应和珀耳帖效应进行了全面分析，并在本来互不相干的塞贝克系数和珀耳帖系数之间建立了联系。汤姆逊认为，在绝对零度时，珀耳帖系数与塞贝克系数之间存在简单的倍数关系。

由热力学定律可以求出 3 个系数 α_{ab}、π_{ab} 和 σ_n^T 间的关系。以两个不同的导体组成的闭合线路为例，如图 2-67（a）所示，设两接头处温度分别为 T_1 和 T_2，当有电流流过时，这是一个可逆循环过程。根据热力学第一定律，经过一个循环过程，系统吸收的热量会全部转变为对外界做的功，而系统的内能不变，即：

$$\sum \Delta U = \sum (Q + W) = 0 \tag{2-163}$$

式中，ΔU 为循环过程中每一段内能的改变；W 为外界所做的功；Q 为接头处的珀耳帖热量以及在线路上所吸收或放出的汤姆逊热量。设想电荷 q 由导体 a 经过温度为 T_2 的接头到导体 b，再经过温度为 T_1 的接头回到导体 a，此时 q 对外界做的功是 $q\delta_{ab}$，或者说外界所做的功是 $- q\delta_{ab}$。

由式（2-153）可知单位时间所吸收的珀耳帖热量等于珀耳帖系数乘以电流强度，因此当电荷 q 经过温度为 T_2 的接头时，所吸收的热量是 $q\pi_{ab, T_2}$。

设导体截面积为 S，电流在导体 b 中流过 dx 距离后，单位时间在体积 Sdx 中所吸收的汤姆逊热量为 $\dfrac{dQ_V}{dt}Sdx = \sigma_b^T J_x \dfrac{dT}{dx}Sdx = \sigma_b^T I_x dT$。

因此，当电荷 q 在导体 b 中自温度为 T 的接头处流到温度为 T 的接头处时，吸收的汤姆逊热量为：

$$q\int_{T_2}^{T_1}\sigma_b^T dT \tag{2-164}$$

同理，q 在温度为 T_1 的接头处吸收的珀耳帖热量为：

$$q\pi_{ab,\,T_1} = -q\pi_{ba,\,T_1} \tag{2-165}$$

q 在导体 a 中吸收的汤姆逊热量为：

$$q\int_{T_1}^{T_2}\sigma_a^T dT = -q\int_{T_2}^{T_1}\sigma_a^T dT \tag{2-166}$$

因此，根据式（2-163），得：

$$-q\delta_{ab} + q\pi_{ab,\,T_2} - q\pi_{ab,\,T_1} + q\int_{T_2}^{T_1}(\sigma_b^T - \sigma_a^T) = 0 \tag{2-167}$$

即：

$$\delta_{ab} = \pi_{ab,\,T_2} - \pi_{ab,\,T_1} + \int_{T_2}^{T_1}(\sigma_b^T - \sigma_a^T)dT \tag{2-168}$$

如令 T_1 保持不变，将上式对 T 求微商，得：

$$\alpha_{ab} = \frac{d\delta_{ab}}{dT} = \frac{d\pi_{ab}}{dT} = \sigma_a^T - \sigma_b^T \tag{2-169}$$

按热力学定律，在整个可逆过程中，熵的总变化应该为零，即

$$\sum \Delta U = \sum \frac{Q}{T} = 0 \tag{2-170}$$

所以

$$\frac{\pi_{ab,\,T_2}}{T} - \frac{\pi_{ab,\,T_1}}{T} + \int_{T_2}^{T_1}\frac{\sigma_b^T - \sigma_a^T}{T}dT = 0 \tag{2-171}$$

令 T_1 保持不变，对 T 求微商，得：

$$\frac{d}{dT}\left(\frac{\pi_{ab,\,T_2}}{T}\right) + \frac{\sigma_b^T - \sigma_a^T}{T} = 0 \tag{2-172}$$

由式（2-169）和式（2-172）联立可得

$$\pi_{ab} = T\frac{d\delta_{ab}}{dT} = \alpha_{ab}T \tag{2-173}$$

代入式（2-172），得：

$$\sigma_b^T - \sigma_a^T = -T\frac{d}{dT}\left(\frac{\pi_{ab}}{T}\right) = -T\frac{d\alpha_{ab}}{dT} = -T\frac{d^2\delta_{ab}}{dT^2}$$

即：

$$\frac{d\alpha_{ab}}{dT} = \frac{\sigma_b^T - \sigma_a^T}{T} \tag{2-174}$$

式（2-173）和式（2-174）称为开耳芬关系式，由此二式即可由一个热电系求出另外两个。

2.11   半导体材料磁学效应

2.11.1   霍尔效应

电阻率是半导体导电能力的直接表征，且可以直接测量，但测量结果反映的是载流子密度与迁移率的乘积，而不能分别给出二者各自的大小。要想分别测出载流子的密度和迁移率，可以利用霍尔效应。而且，根据霍尔效应的测试结果，还能轻而易举地判断半导体的导电极性。不仅如此，霍尔效应还对深入了解半导体的输运性质有很重要的基础理论价值，并在电磁领域具有非常重要的实用价值，如制作磁场探测器和电流检测器等。

2.11.1.1   霍尔效应原理

A   概述

在相互垂直的电磁场中，导体或半导体因运动载流子被洛伦兹力改变运动方向，而在垂直于电磁场平面的方向上形成电荷积累，产生横向附加电场的现象被称为霍尔效应。若在图 2-68 所示的矩形实验样片中沿 x 方向通以电流，电流密度为 J_x，同时在 z 方向施加一个均匀磁场，磁感应强度为 B_z，则在垂直于电场和磁场的 $+y$ 或 $-y$ 方向（视样片的导电类型而定）就会产生一个横向电场 ε_y。称此电场为霍尔电场，其值与 J_x 和 B_z 成正比，即：

$$\varepsilon_y = R_H J_x B_z \tag{2-175}$$

式中，比例系数 R_H 称为霍尔系数，其单位为 m^3/C。

研究表明，R_H 的大小与载流子的密度和迁移率的乘积有关，并因载流子极性不同而分正负，因而可根据霍尔系数的正负判断样片的导电类型。

B   一种载流子的霍尔系数

在下面的讨论中假定样品温度是均匀的，而且为简单起见，暂不考虑载流子的速度分布。

a   p 型半导体

按照图 2-73 所示的坐标系对一块 p 型半导体样片沿 x 方向施加电场 ε_x，样片中的空穴就会以漂移速度 v_x 沿电场方向运动，电流密度 $J_x = pqv_x$。在垂直磁场 B_z 的作用下，空穴受到的洛伦兹力即为 $qv \times B$，方向沿 $-y$ 方向，大小为 $qv_x B_z$。空穴在洛伦

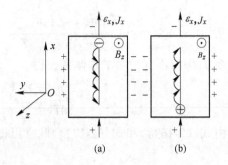

图 2-73   载流子在电、磁场共同作用下的运动

兹力作用下向 $-y$ 方向偏转，如同附加一个横向电流，因而在样片的前后两端面产生电荷累积，前端面累积正电荷空穴，后端面累积负电荷电离受主，于是在 $+y$ 方向产生横向电场 ε_y。当 ε_y 对空穴的作用与洛伦兹力作用相抵消时，系统达到稳定状态。因此，ε_y 的大小应满足方程：

$$q\varepsilon_y - qv_x B_z = 0 \tag{2-176}$$

即：

$$\varepsilon_y = v_x B_z = \frac{1}{pq} J_x B_z \tag{2-177}$$

与式（2-175）相对照，即可知 p 型半导体的霍尔系数表达式为：

$$R_H = \frac{1}{pq} > 0 \tag{2-178}$$

b　n 型半导体

在同样的坐标系、同样的电场 ε_x 和磁场 B_z 的作用下，n 型半导体样片中的多数载流子电子将沿 $-x$ 方向漂移，洛伦兹力为 $-qv \times B$，仍沿 $-y$ 方向，这就使样片的前端面积累电子，霍尔电场沿 $-y$ 方向。稳定时，霍尔电场 ε_y 满足方程：

$$-q\varepsilon_y - qv_x B_z = 0 \tag{2-179}$$

由此得 n 型半导体的霍尔系数为：

$$R_H = -\frac{1}{nq} < 0 \tag{2-180}$$

由此看出，n 型半导体和 p 型半导体的霍尔电场 ε_y 方向相反，霍尔系数的符号也相反。

参照图 2-68，实验中只需测出样片前后两端面之间的距离 b 及其间的电压降 U_H（霍尔电压），即可算出霍尔电场 ε_y 的大小，测出实验电流 I_x 和样片的厚度 d 即可算出电流密度 J_x。将 $\varepsilon_y = U_H/b$ 和 $J_x = I_x/bd$ 代入式（2-175）即可求出霍尔系数：

$$R_H = \frac{U_H d}{I_x B_z} \tag{2-181}$$

R_H 的正负由对霍尔电压的测试决定，由此判断样片的导电类型。将按式（2-181）算出的霍尔系数值代入式（2-178）或式（2-179）即可算出相应的载流子密度。

C　霍尔角

横向霍尔电场的出现说明，在垂直于外施电场的方向施加磁场时，电流与电场不再有同一方向，两者之间的夹角 θ 称为霍尔角。稳定时，y 方向没有电流，电流仍沿 x 方向，但是合成电场不再沿 x 方向。对 p 型半导体，合成电场偏向 $+y$ 方向，霍尔角为正，用 θ_p 表示；对于 n 型半导体，合成电场偏向 $-y$ 方向，霍尔角为负，用 θ_n 表示。不难得出：

$$\tan\theta_p = \frac{\varepsilon_y}{\varepsilon_x} = \frac{v_x B_z}{\varepsilon_x} = \mu_p B_z, \quad \tan\theta_n = -\frac{\varepsilon_y}{\varepsilon_x} = \frac{v_x B_z}{\varepsilon_x} = \mu_n B_z \tag{2-182}$$

因此，通过霍尔角和磁感应强度的测量就可算出载流子的迁移率。

2.11.1.2　霍尔迁移率

以上分析没有考虑载流子速度的统计分布，如果考虑载流子速度的统计分布，必须求解玻耳兹曼方程，对于 p 型半导体，其结果为：

$$\varepsilon_y = \frac{1}{pq} \frac{<\tau^2 v^2><v^2>}{<\tau v^2>^2} J_x B_z \tag{2-183}$$

霍尔系数相应地变为：

$$R_H = \frac{1}{pq} \frac{<\tau^2 v^2><v^2>}{<\tau v^2>^2} \tag{2-184}$$

同样，考虑载流子速度的统计分布后，n 型半导体的霍尔系数变为：

$$R_{H} = - \frac{1}{nq} \frac{< \tau^{2} v^{2} > < v^{2} >}{< \tau v^{2} >^{2}} \tag{2-185}$$

式中，τ 为平均自由时间；v 为载流子漂移速度；$< \tau^{2} v^{2} >$、$< v^{2} >$、$< \tau v^{2} >$ 分别表示 $\tau^{2} v^{2}$、v^{2} 和 τv^{2} 的统计平均值。

考虑载流子速度的统计分布之后，电子和空穴的迁移率分别为：

$$\mu_{n} = \frac{q < \tau v^{2} >}{m_{n}^{*} < v^{2} >} , \mu_{p} = \frac{q < \tau v^{2} >}{m_{p}^{*} < v^{2} >} \tag{2-186}$$

将其分别代入 $\sigma_{n} = qn\mu_{n}$ 和 $\sigma_{p} = qn\mu_{p}$ 并与 R_{H} 相乘可得：

$$\begin{cases} |R_{H} \sigma_{p}| = \frac{q}{m_{p}^{*}} \frac{< \tau^{2} v^{2} >}{< \tau v^{2} >} = (\mu_{H})_{P} \\ |R_{H} \sigma_{n}| = \frac{q}{m_{n}^{*}} \frac{< \tau^{2} v^{2} >}{< \tau v^{2} >} = (\mu_{H})_{n} \end{cases} \tag{2-187}$$

式中，μ_{H} 称为霍尔迁移率。霍尔迁移率与电导迁移率之比为：

$$\begin{cases} \left(\frac{\mu_{H}}{\mu}\right)_{p} = \frac{< \tau_{p}^{2} v^{2} > < v^{2} >}{< \tau_{p} v^{2} >^{2}} \\ \left(\frac{\mu_{H}}{\mu}\right)_{n} = \frac{< \tau_{n}^{2} v^{2} > < v^{2} >}{< \tau_{n} v^{2} >^{2}} \end{cases} \tag{2-188}$$

为进一步区别，电子和空穴的平均自由时间分别用 τ_{n} 和 τ_{p} 表示。引进 μ_{H}/μ 后，p 型和 n 型半导体的霍尔系数分别为：

$$R_{H} = \left(\frac{\mu_{H}}{\mu}\right)_{p} \frac{1}{pq} , R_{H} = - \left(\frac{\mu_{H}}{\mu}\right)_{n} \frac{1}{nq} \tag{2-189}$$

霍尔角变为：

$$\tan\theta = \mu_{H} B_{z} \tag{2-190}$$

对能带结构比较简单的球形等能面非简并半导体，其电子和空穴的霍尔迁移率与电导迁移率之比没有差别，即 $(\mu_{H}/\mu)_{p} = (\mu_{H}/\mu)_{n}$，其值因散射过程而异。对长声学波散射，$\mu_{H}/\mu = 3\pi/8 \approx 1.18$；对电离杂质散射，即 $\mu_{H}/\mu = 315\pi/512 \approx 1.93$；对高度简并化的半导体，$\mu_{H}/\mu = 1$，霍尔系数的大小与不考虑速度分布的值相同，即等于载流子密度与电子电量乘积的倒数。

以上讨论的是磁场不太强的情况。当磁场非常强时，霍尔系数仍与式（2-178）和式（2-180）相同。磁场的强弱可根据霍尔角的大小来区分。当 $\tan\theta \ll 1$，即 $\mu_{H} B_{z} \ll 1$ 时为弱磁场；当 $\tan\theta \gg 1$，即 $\mu_{H} B_{z} \gg 1$ 时为强磁场。室温时，n 型 Si 的 $\mu_{n} = 1350 cm^{2}/$（V·s），当 B_{z} 小于 1T（10^{4} G）时仍属弱磁场范围；但对 InSb，其 $\mu_{n} = 75000 cm^{2}/$（V·s），B_{z} 超过 0.1T 时已不属弱磁场范围。

2.11.1.3 霍尔系数

A 两种载流子的霍尔系数

同时考虑半导体中的两种载流子，在相同的外加电场 ε_{x} 和磁场 B_{Z} 的作用下，电子和空穴在洛伦兹力的作用下向同一侧偏转，产生方向相反、大小也不相同的霍尔电场，其合

成总电场 ε_y 的方向设为沿 $+y$。稳定时横向电流应为零，但横向空穴电流和横向电子电流分别不为零。横向空穴电流和横向电子电流各自包含两部分，分别由洛伦兹力和总的霍尔电场引起。

由洛伦兹力引起的横向空穴电流沿 $-y$ 方向，电流密度值为 $-qp\mu_p v_{px}B_z$ 或记为 $-qp\mu_p^2\varepsilon_x B_z$；由总霍尔电场引起的横向空穴电流沿 $+y$ 方向，电流密度值为 $qp\mu_p\varepsilon_y$。于是，总的横向空穴电流密度为：

$$J_{py} = qp\mu_p\varepsilon_y - qp\mu_p^2\varepsilon_x B_z \tag{2-191}$$

同理，由洛伦兹力引起的横向电子电流沿 $+y$ 方向，电流密度值为 $qn\mu_n v_{nx}B_z$ 或记为 $qp\mu_p^2\varepsilon_x B_z$；由总霍尔电场引起的横向电子电流也沿 $+y$ 方向，电流密度值为 $qn\mu_n\varepsilon_y$。于是，总的横向电子电流密度为：

$$J_{ny} = qn\mu_n\varepsilon_y + qn\mu_n^2\varepsilon_x B_z \tag{2-192}$$

稳定时，$J_y = J_{py} + J_{ny} = 0$，即：

$$(n\mu_n + p\mu_p)\varepsilon_y + (n\mu_n^2 - p\mu_p^2)\varepsilon_x B_z = 0 \tag{2-193}$$

由此得：

$$\varepsilon_y = \frac{p\mu_p^2 - n\mu_n^2}{n\mu_n + p\mu_p}\varepsilon_x B_z \tag{2-194}$$

将 $J_x = q(p\mu_p + n\mu_n)\varepsilon_x$ 代入上式，得：

$$\varepsilon_y = \frac{1}{q} \cdot \frac{p\mu_p^2 - n\mu_n^2}{(n\mu_n + p\mu_p)^2} \cdot J_x B_z \tag{2-195}$$

参照式（2-177）可知，当两种载流子密度相当时，霍尔系数变为：

$$R_H = \frac{1}{q} \cdot \frac{p\mu_p^2 - n\mu_n^2}{(n\mu_n + p\mu_p)^2} = \frac{1}{q} \cdot \frac{p - nb^2}{(p + nb)^2} \tag{2-196}$$

式中，$b = \mu_n/\mu_p$。

如果考虑载流子速度的统计分布，参照式（2-189），可将两种载流子的霍尔系数表示为：

$$R_H = \frac{\mu_H}{\mu} \cdot \frac{1}{q} \cdot \frac{p - nb^2}{(p + nb)^2} \tag{2-197}$$

B 不同掺杂状态半导体的霍尔系数

对大多数半导体，电子的迁移率都比空穴高，故下面的讨论都设 $b>1$。

（1）本征状态。对纯净半导体或是温度在本征范围内的杂质半导体，因其 $n=p$，式（2-197）变成：

$$R_H = \frac{\mu_H}{\mu} \cdot \frac{1}{q} \cdot \frac{1 - b^2}{p(1 + b)^2} \tag{2-198}$$

因 $b>1$，可知 $R_H<0$，即本征半导体的霍尔系数为负值，且由于 p 随着温度的升高而增大，R_H 的绝对值在高温下会减小。

（2）p 型半导体。在杂质导电的温区，p 型半导体中的电子密度 n 很低，式（2-197）中必是 $p>nb^2$，因此 $R_H>0$，即 p 型半导体的霍尔系数为正值。温度升高后，本征激发使电子密度逐渐升高，当 n 升高到 $nb^2=p$ 时，$R_H=0$；温度继续升高到 $nb^2>p$ 时即有 $R_H<0$。

所以，p 型半导体在温度从杂质导电温区过渡到接近本征激发温区时，霍尔系数由正值变为负值。

（3）n 型半导体。不管在什么温度，n 型半导体中空穴密度总不会高于电子密度，所以总会是 $nb^2 > p$，$R_H < 0$，即 n 型半导体的霍尔系数总为负数。

以上对霍尔系数变化规律的分析可以用实验来验证。图 2-74 是 InSb 在不同掺杂浓度下的霍尔系数随温度变化的一组实验曲线，其纵坐标表示霍尔系数的绝对值，其值是正是负由曲线旁边的正负号表示。图中可见，两个 n 型半导体样品各只有一条带负号的曲线，其绝对值随着温度的升高而降低；而两个 p 型半导体样品的曲线都分为两支：右面（低温范围）的一支为正值，其值随着温度的升高而降低；左面（高温范围）的一支为负值，其绝对值随着温度的升高先升后降，与式（2-198）的预期相同。

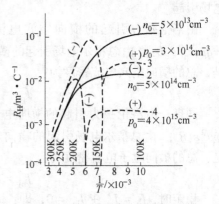

图 2-74 InSb 在不同掺杂浓度下的霍尔系数与温度的关系

2.11.2 磁阻与压阻效应

金属或半导体在磁场中电阻率增大的现象称为磁阻效应，而在应力场中电阻率增大的现象称为压阻效应。半导体的磁阻效应和压阻效应一般都比金属明显，是制造磁敏元器件和力敏元器件的理想材料。

2.11.2.1 磁阻效应

在分析霍尔效应时，假定半导体的电导率不因磁场存在而变化。但实验发现，在与电流垂直的方向加磁场后，沿外加电场方向的电流密度有所降低，即磁场的存在可以导致半导体的电阻率增大，此现象称为磁致电阻变化效应，简称磁阻效应。磁场与外电场垂直时所产生的磁阻称为横向磁阻，磁场平行于外电场时所产生的磁阻称为纵向磁阻。由于横向磁阻效应比纵向磁阻效应更明显，本节只讨论横向磁场效应。

产生磁阻效应的主要原因是磁场改变了载流子的漂移路径，致使与外加电场同方向的电流分量减小，等价于电阻增大。常用电阻率的相对改变来描述磁阻，即若 ρ_0 表示材料在零磁场下的电阻率，ρ_0 为其在磁场 B_z 作用下的电阻率，则磁阻定义为 $(\rho_B - \rho_0)/\rho_0 = \Delta\rho/\rho_0$。若用电导率表示磁阻，则为 $-(\sigma_B - \sigma_0)/\sigma_0 = -\Delta\sigma/\sigma_0$。在 $\Delta\sigma$ 不大时，$\Delta\sigma/\sigma_0 \approx -\Delta\sigma/\sigma_0$。

根据电阻 $R = \rho l/S$，一个半导体样品在磁场中电阻增大的原因，不外乎是磁场导致材料电阻率 ρ 增大（称为物理磁阻效应），或者是磁场导致电流路径 l 延长或电流通道截面积 S 减小（称为几何磁阻效应）。因此，称前者为物理磁阻效应，称后者为几何磁阻效应。

A 物理磁阻效应

首先考虑只有一种载流子导电的情况，并且不考虑载流子速度的统计分布，即认为所有载流子皆以平均漂移速度在电磁场中运动。通过对霍尔效应的讨论可以知道，当一个通电的矩形半导体样品被置于磁场之中时，在与外加电场矢量 δ_x 和磁场矢量所在平面相垂直的方向上将产生一个霍尔电场 B_z。对图 2-73 中定义的坐标系和电、磁场方向，若样品为 n 型，则霍尔电场 δ_y 使其左侧带正电、右侧带负电，如图 2-73（a）所示。在外加电场 δ_x 作用下本应竖直地从上向下漂移的电子，受此横向电场的作用，其运动方向就会向左偏转，但电流方向由下向上不会改变，因而可形象地认为电子在电、磁场共同作用下的运动轨迹是如图 2-73 所示的弧圈形。这就是说，磁场使电子的散射概率增大、迁移率下降，于是半导体的电阻率升高，这就是物理磁阻效应。对于 p 型半导体，空穴作如图 2-73（b）所示的弧圈形运动，虽然绕行的方向不同，但基本情况类似。不过，理论计算表明：若不考虑速度分布，这样引起的电阻率变化其实很小，可忽略不计。但物理磁阻效应确实存在，而且对很多半导体都非常明显，这说明载流子速度的统计分布对计算半导体的物理磁阻效应十分重要。

如果考虑载流子速度的统计分布，情况会有所不同。在稳定状态下，横向电场 δ_y 的大小是确定的，因而对速度不同的载流子影响不会相同。若电场力 $q\delta_y$ 刚好抵消速度为 v_0 的载流子所受的洛伦兹力，则这些载流子的运动方向将不因磁场的出现而偏转，而速度小于 v_0 的载流子就会沿 $q\delta_y$ 的方向偏转，大于 v_0 的载流子则会沿 $q\delta_y$ 的反方向偏转，如图 2-75 所示。这样，沿电场方向运动的载流子数目就会显著减少，导致电阻率增大。可见，若计入载流子速度的统计分布，即使只存在一种载流子，也将产生磁阻。

对于半导体中含有两种载流子的情况，即使不考虑载流子速度的统计分布也会产生明显磁阻。参照图 2-76，在电场 δ_x 的作用下两种载流子导电的总电流 $J = J_n + J_p$。当 $B_z = 0$ 时，J_n 和 J_p 都不偏转且方向相同，其和最大，如图 2-76（a）所示；当 $B_z \neq 0$ 时，J_n 和 J_p 向相反方向偏转，J 为其几何和，其值较小，如图 2-76（b）所示。

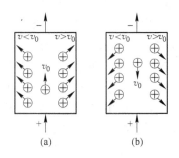

图 2-75　不同速度载流子的偏转示意图
（a）空穴；（b）电子

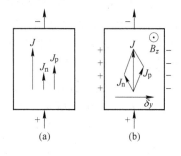

图 2-76　两种载流子的运动
（a）$B_z = 0$；（b）$B_z \neq 0$

一般来讲物理磁阻效应不太显著，特别是当霍尔角 $\tan\theta = \mu_H B_z \ll 1$ 的弱磁场情况下可以不考虑物理磁阻的影响，但当磁场增强到一定的程度，物理磁阻就不能忽略。通常取 $\tan\theta = \mu_H B_z = 1$ 作为物理磁阻明显与否的临界值，这时 $B_z = 1/\mu_H$，即迁移率越高，产生磁阻的磁感应强度越低。由于不同半导体材料的 μ_H 不同，故观察物理磁阻所需的磁感应强度也不相同。

对具有球形等能面的非简并半导体，当磁场不太强时（$\mu_H B_z \ll 1$），由理论分析可得：

$$\frac{\Delta\rho}{\rho_0} = \xi R_{H0}{}^2 \sigma_0{}^2 B_z^2 \tag{2-199}$$

式中，R_{H0} 为弱场霍尔系数；σ_0 为零场电导率；ξ 为横向磁阻系数，其值为：

$$\xi = \frac{npb\,(1+b)^2}{(nb^2-p)^2} \tag{2-200}$$

式中，$b = \mu_n/\mu_p$。当 $n=0$ 或 $p=0$ 时，$\xi=0$。此结果进一步说明，当半导体中只含有一种载流子时不会产生横向磁阻，但在两种载流子共同导电时就会产生磁阻。

磁阻效应反映了迁移率的变化，因此通过对磁阻的研究可以了解半导体的散射机构，对研究能带结构也有帮助。实验发现半导体的磁阻具有各向异性，由此可以研究能带结构的各向异性行为以及能带极值的位置。

    B   几何磁阻效应图

磁阻效应与样品的形状有关，不同几何形状的样品，在同样大小的磁场作用下，其电阻的改变会有所不同，也就是说半导体材料在磁场作用下电阻率的增加与用于磁阻测试的实验样品的形状有关。通过以下几个实例的分析可以看到，这是磁场延长了载流子在两电极间渡越的路程或缩小了电流通道的有效横截面积的结果，而不同几何形状的样品在相同磁场下的路程和横截面积的改变量会很不相同。

图 2-77 中画出了三种不同形状的半导体样品中的电流分布情况，其中图 2-77（a）、（b）为矩形样品，图 2-77（c）为圆盘形样品。每种样品的上图表示未加磁场时的电流分布情况，下图为磁场下的电流分布情况。对两个矩形样品，欧姆电极做在上、下两个面上；而对圆盘形样品，欧姆电极做在内、外两个同心圆柱面上。在样品的两电极间加上电压，样品中即产生垂直于电极的电场，并出现电流。不加磁场时，电流密度矢量与外加电场方向一致，对矩形样品即与样品侧面平行，对圆盘样品则呈辐射状，但都与电极垂直。加磁场后，由于产生了横向电场，电流密度与合成电场方向就会不一致，二者之间需保持一定角度，即霍尔角 θ。由于电流总是尽可能走最短距离，而电场只需在金属电极附近与电极平面垂直，因此，对图 2-77（a）所示霍尔效应比较显著的长条形样品，其中段相当长的区域中电流密度矢量仍保持无磁场时与电极垂直的方向，只是合成电场的方向偏转了 θ 角，如图 2-77（d）中部所示。但是，在金属电极附近，由于电场需与金属电极表面垂直，所以电极附近只能是电流方向发生偏转，以与合成电场保持 θ 角，如图 2-77（d）底部所示。这样，在磁场作用下，电流通过的路程就会延长。这在图 2-77（a）所示 $l/b \gg 1$ 的长条形样品中并不明显，但在图 2-77（b）所示 $l/b \ll 1$ 的扁条形样品中就很明显，因其两个电极的距离很短。由于 $l/b \ll 1$ 的样品霍尔效应很不明显，因此也可以说霍尔效应显著的样品磁阻小，反之则磁阻大。图 2-77（c）所示圆盘形样品的几何磁阻效应特别明显，因为加在这种样品两同心圆柱面上的电压所产生的是辐射状的电场，从圆盘中心圆柱面流出的电流，在到达外围圆柱面电极之前，为与电场方向保持霍尔角 θ，就会形成如图 2-77（c）下图所示的螺旋形路径，有效 l 大大延长，电极间电阻显著增大。这种样品称为科比诺圆盘（corbino disk），其相对磁阻为：

$$\frac{R_B}{R_0} = \frac{\rho_B}{\rho_0}(l + \tan^2\theta) \tag{2-201}$$

式中，R_B 和 R_0 分别表示样品在有磁场和无磁场条件下的电阻。

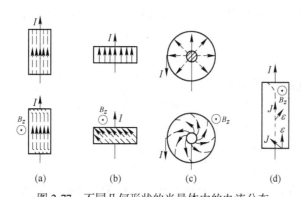

图 2-77 不同几何形状的半导体中的电流分布

(a) $l/b \gg 1$；(b) $l/b \ll 1$；(c) 科比诺圆盘；(d) J 与 ε 的方向关系

由式（2-199）和式（2-200）可以看到，物理磁阻效应和几何磁阻效应都与霍尔角（$\tan\theta = \mu_H B_z$）的大小有关。霍尔角越大，磁阻效应越显著，而迁移率高的材料霍尔角就大，因此高迁移率半导体是利用磁阻效应制造磁敏元器件的理想材料。其中，n 型 InSb 在室温下的电子迁移率高达 $7.8\mathrm{m}^2/(\mathrm{V \cdot s})$，$B = 1\mathrm{T}$ 时的霍尔角大于 80°，常被用来制作磁敏电阻。图 2-78 是具有栅格结构和迷宫结构的高灵敏度磁敏电阻示意图。栅格结构就是将若干如图 2-77（b）所示的强磁阻元件通过金属膜欧姆电极串接在一起，构成一个长方形的磁敏电阻，其灵敏度很高。迷宫结构同样是一层磁阻材料一层欧姆电极周期性地串叠起来的。采用这种结构之后，串叠单元可以增加很多，因而零场电阻较大。

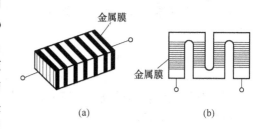

图 2-78 磁敏电阻
(a) 栅格结构；(b) 迷宫结构

若将磁敏电阻置于磁场之中的不同位置，根据其电阻的不同变化，即可测得磁场分布。磁敏电阻只有两个端子，比霍尔元件少一半，结构相对简单，且灵敏度高，因而常用于磁场检测或制成无接触电位器、磁卡识别器和无接触开关等，在位移测量、转速测量、速度测量和定位等方面有广泛的应用。

2.11.2.2 压阻效应

众所周知，半导体的禁带宽度是压力的函数，同时应力可引起晶格畸变，成为散射中心，降低载流子的迁移率。这些以及其他一些与力有关的因素都有可能改变半导体的电阻率，因而压阻效应的机理很复杂。这里重点讨论压力对半导体能带结构的改变，从而导致其电阻率变化的物理过程。

对晶体施力有两种简单方法：一是将晶体置于流体之中，对流体加压，使晶体各向均匀地承受流体的静压力；二是在某一方向对晶体施以压力或拉力。

A 流体静压力下的压阻效应

在流体静压力的作用下，半导体由于各向均匀受压，其晶格间距缩小而不改变其晶体对称性。根据能带理论，半导体在这种情况下只发生能带极值的相对移动，即禁带宽度发生变化。

令 δ_C 和 δ_V 分别表示单位体变 dV/V 引起的 E_C 和 E_F 的变化，则：

$$\begin{cases} dE_C = \delta_C dV/V \\ dE_V = \delta_V dV/V \end{cases} \tag{2-202}$$

由于 $E_g = E_c - E_V$，所以有：

$$dE_g = dE_c - dE_V = (\delta_C - \delta_V)dV/V \tag{2-203}$$

因而禁带宽度随压力的变化率为：

$$\frac{dE_g}{dP}(\delta_C - \delta_V) \cdot \frac{1}{V} \cdot \frac{dV}{dP} = -(\delta_C - \delta_V)\chi \tag{2-204}$$

式中，χ 表示单位体变 dV/V 随压力 P 的变化率，称为晶体的压缩系数。对 Ge，$\chi = 1.285 \times 10^{-11}\mathrm{Pa}^{-1}$；对 Si，$\chi = 1.02 \times 10^{-11}\mathrm{Pa}^{-1}$；对 GaAs，$\chi = 1.326 \times 10^{-11}\mathrm{Pa}^{-1}$。

Ge 和 GaAs 的 dE_g/dp 分别为 $5 \times 10^{-11}\mathrm{eV/Pa}$ 和 $9 \times 10^{-11}\mathrm{eV/Pa}$，即其 E_g 随着流体静压力的增大而展宽；而 Si 则相反，其 dE_g/dp 值为 $-2.4 \times 10^{-11}\mathrm{eV/Pa}$，即其 E_g 随着流体静压力的增大而变窄。

对本征半导体，若迁移率不随压强改变，则由本征载流子密度 n_i 与 E_g 的关系不难得出

$$\frac{d\ln \sigma_i}{dP} = \frac{d\ln n_i}{dP} = -\frac{1}{2KT} \cdot \frac{dE_g}{dP} = -\frac{\delta_C - \delta_V}{2kT}\chi \tag{2-205}$$

以上分析表明：如果流体静压力只改变半导体的禁带宽度，那么只有本征半导体才能在流体静压力下表现出压阻效应；掺杂半导体在进入本征激发占优势的高温状态之前，不会在流体静压力的作用下改变其电导率。这在某些半导体，如 InSb 中已得到证实，说明这些材料在流体静压力下确实只有禁带宽度的改变。但是，另外一些半导体，如 Ge 和 Si，它们在流体静压力的作用下仍有电导率的改变，说明这些材料在流体静压力的作用下不仅有禁带宽度的变化，也有载流子迁移率随晶格常数的变化而发生的变化。

B 单轴应力下的压阻效应

半导体最容易、最经常受到的应力，是沿某特定方向的单向拉伸力或压缩力，统称单轴应力。单轴应力使晶体沿受力方向伸长或缩短，同时在垂直于力的方向上变窄或展宽，从而使晶体的对称性发生改变，引起能带结构的变化。对导带最小值不在布里渊区中心、等能面为旋转椭球面的多能谷半导体 Si 和 Ge 等，单轴应力作用下的能带结构变化特别显著。因此，这类材料具有很强的各向异性的压阻效应。下面以 n 型 Si 为例进行简要说明。

Si 的六个等价导带极小值的位置及其附近的等能面形状如图 2-79 所示。当沿其 [100] 晶向施加压应力 T 时，Si 晶体在 [100] 方向上被压缩，晶格间距缩短；同时在 [010] 和 [001] 方向上膨胀，晶格间距增大。由于 Si 的禁带随着晶格间距的缩短而变窄，因而正负 [100] 方向上的两个导带底的能量会下降，即由零应力时的 E_c 变为 $E_c - \Delta E_1$；而沿正负 [010] 和 [001] 方向上的四个导带底的能量就会升高，由 E_c 变为 $E_c + \Delta E_2$。若图 2-79 中的六个实线椭球面表示导带底附近某个确定能量 E 在没有受到应力作用时的等能面，那么在 [100] 单轴压应力的作用下，由于 [100] 方向上的两个导带底能量下降了 ΔE_1，能量 E 相对于新导带底的能量差就会增大 ΔE_1；而对 [010] 和 [001] 方向上能量升高了 ΔE_2 的四个导带底而言，能量 E 相对于它们的差值就会减小 ΔE_2。因

此，不同晶向上能量为 E 的等能面在有应力情况下的大小不再相同，如图 2-79 中的虚线椭球面所示。

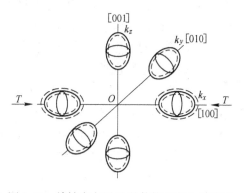

在无应力作用时，Si 中的自由电子均分在六个等能量的导带底中，如图 2-80（a）所示（图中省略了每根晶轴负方向上的等价能谷，下同）。在应力作用下，[100] 方向上的导带底下降了 ΔE_1，[010] 和 [001] 方向上的导带底升高了 ΔE_2 如图 2-80（b）所示。由于电子总是要占据能量低的状态，所以 [010] 和 [001] 方向导带底中的电子要向 [100] 方向

图 2-79　单轴应力下 Si 的等能面变化示意图

导带底转移，直至所有导带底中电子的最高填充能级都为 E，如图 2-80（c）所示。这样，[100] 导带底中的电子密度就会增大，而 [010] 和 [001] 导带底中的电子密度必然减小。

电子在各个导带底中的重新分配必然引起电导率的改变。假设室温下 n 型非简并半导体中的杂质已全部电离，且载流子密度不被应力所改变。由于电子纵向有效质量 m_1 大于横向有效质量 m_t 所以纵向迁移率 μ_1 小于横向迁移率 μ_t。如果使电子做漂移运动的电场方向与施加压应力的方向相同，从 [010] 和 [001] 方向的四个较高导带底转移到 [100] 方向的两个较低导带底的电子密度为 Δn，这些电子在原来能谷中对 [100] 方向电导率的贡献为 $\Delta nq\mu_t$，而转移到 [100] 导带底后对电导率的贡献就会变为 $\Delta nq\mu_1$。所以，纵向电导率的改变可表示为：

$$\Delta\sigma_1 = \Delta nq(\mu_1 - \mu_t) \qquad (2\text{-}206)$$

因为 $\mu_1 < \mu_t$，所以电导率降低、电阻率增大。

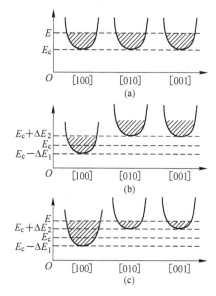

图 2-80　应力作用下能谷中电子转移示意图

若仍沿 [100] 施加电场，而沿 [010] 施加压缩应力，由其他 4 个能谷转移到两个 [010] 方向能谷的电子密度为 Δn，这些电子在原来能谷中对 [100] 方向电导率的贡献为 $\Delta nq\mu_t/2 + \Delta nq\mu_1/2$，转移到 [010] 能谷后对 [100] 方向电导率的贡献为 $\Delta nq\mu_1$。所以，横向电导率的改变为：

$$\Delta\sigma_1 = \Delta nq\mu_t - \left(\frac{\Delta n}{2}q\mu_t + \frac{\Delta n}{2}q\mu_1\right) = \frac{\Delta n}{2}\mu_t - \mu_1 \qquad (2\text{-}207)$$

由于 $\mu_t > \mu_1$，所以电导率增大、电阻率减小。

以上只着重考虑了应力作用下电子在各等价能谷中的重新分配引起的电导率变化，没有考虑应力是否会改变载流子的迁移率。事实上，电子在能谷之间的转移必然伴随有能量

和准动量的变化，伴随有相应的散射过程，使迁移率有所改变。因此，应力事实上对迁移率也是有影响的。实验事实表明，应力对迁移率的改变在电导率变化中所起的作用与能带结构的改变所起的作用是一致的，二者相互加强。

C　压阻效应的应用

上面的分析说明，研究半导体的压阻效应有助于认识半导体的复杂能带结构。同时，利用压阻效应还可制成各种力敏元器件，用来把压力、应力、应变、速度、加速度等力学量变成电学量。其中，压敏电阻是结构最简单的一种，而在应用电路中，用压敏电阻构成的压阻桥是压力传感器的基本设计方式。

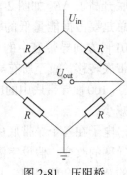

图 2-81　压阻桥

（1）压阻桥。所谓压阻桥就是用力敏电阻构成的惠斯顿电桥，如图 2-81 所示。当四个电阻 R 中的某一个因受力而有阻值变化 ΔR 时，其输出电压 U_{out} 就会相应地发生变化。采用恒压 U_{in} 输入方式时，U_{out} 与 ΔR 的关系可表示为：

$$U_{out} = U_{in} \frac{\Delta R}{R} \qquad (2\text{-}208)$$

采用恒流 I_{in} 输入方式时，U_{out} 与 ΔR 的关系变为：

$$U_{out} = I_{in} \frac{\Delta R}{4} \qquad (2\text{-}209)$$

（2）压阻加速度传感器。这种传感器腔内的 Si 梁根部集成了压阻桥，并被固定在基座上，另一端悬挂着质量块。输入和输出端由金丝引至玻璃绝缘子上，从而引出内腔。当传感器随测量对象运动时，传感器就具有与测量对象相同的加速度 a，设质量块质量为 m，则受力为 ma。该力作用在 Si 梁上，产生张力 T，而根部电桥处应力为 T' 它使电桥的电阻发生变化，产生输出电压 U_{out} 并测出数值，就可知道加速度 a。

（3）压敏二极管和晶体管。以上所述的是根据半导体体电阻随应力变化的原理制成的压敏元件，即压敏电阻。压敏电阻结构简单、工艺简单，但灵敏度不够高。既然应力可以改变半导体的禁带宽度，而 pn 结的反向饱和电流密度：

$$J_s = \left(\frac{qD_P}{L_P N_D} + \frac{qD_n}{L_P N_A} \right) n_i^2 \qquad (2\text{-}210)$$

其值因与本征载流子密度 n_i 的平方成正比而对禁带宽度十分敏感，所以 pn 结的伏安特性也会随压力变化，而且其相对变化比体电阻大。因此，用压敏材料制成 pn 结压敏二极管，特别是具有电流放大功能的压敏晶体管，对微小检测信号会有更高的灵敏度。

半导体压力传感器已广泛应用于航空、航海、化工、医疗和动力等领域，它有下述特点：

（1）灵敏度高、精度高。

（2）体积小，易于小型化、集成化，特别适合于在微机电系统（MEMS）中应用。

（3）结构简单、工作可靠，经几十万次疲劳试验，性能毫无变化。

（4）动态特性好、频率响应宽（$10^3 \sim 10^5$ Hz）。

3 半导体材料的分类与性质

3.1 第一~第四代半导体材料

按半导体材料的发展过程,将半导体材料分为第一代半导体材料、第二代半导体材料、第三代半导体材料以及超晶格、量子(阱、点、线)微结构材料的第四代半导体。一般来说,第一代半导体材料主要是指硅(Si)、锗(Ge)元素半导体,它们是半导体分立器件、集成电路和太阳能电池的最基础材料。几十年来,硅芯片在电子信息工程、计算机、手机、电视、航天航空、新能源以及各类军事设施中得到极为广泛的应用。而第二代半导体材料包括磷化镓、磷化铟、砷化铟、砷化镓、砷化铝及其合金;玻璃半导体(又称非晶态半导体)材料,如非晶硅、玻璃态氧化物半导体等;有机半导体材料,如酞菁、酞菁铜、聚丙烯腈等。第三代半导体材料主要是以碳化硅(SiC)、氮化镓(GaN)、氧化锌(ZnO)、金刚石、氮化铝(AlN)为代表的宽禁带(禁带宽度 $E_g > 2.3\text{eV}$)。第四代半导体主要指超晶格、量子(阱、点、线)微结构的半导体材料。下面主要介绍第一代至第四代半导体材料的基本性质。

3.1.1 第一代半导体材料

下面以硅元素半导体为例介绍第一代半导体材料的基本性质。

化学家别尔泽留斯在 1824 年首先以非晶 Si 形式分离出元素 Si。1854 年德维尔首先制出结晶态 Si。Si 作为半导体材料应用则始于 1906 年。Si 在地壳层中的丰度为 25.7%,仅次于氧。自 1958 年集成电路发明以来,半导体单晶硅材料以丰富的资源、优良的物理和化学性质而成为生产规模最大、生产工艺最完善和成熟的半导体材料,目前关于 Si 半导体材料的研究也最充分。

3.1.1.1 硅的化学性质

Si 有三种稳定的同位素:^{28}Si(92.23%)、^{29}Si(4.67%)和 ^{30}Si(3.10%)。Si 的价电子组态是 $3s^2 3p^2$,其原子半径为 0.1175nm,Si^{4+} 半径为 0.039nm。Si 的化学键为共价键、每个原子与最近邻 4 个原子组成正四面体,每个原子周围都有 8 个电子,这种结构与惰性气体类似。因此,在常温下 Si 是稳定的。

自然界没有游离的 Si 元素,均以氧化物 SiO_2 或硅酸盐等化合物状态存在。在大多数 Si 化合物中 Si 为正四价离子态。室温时 Si 晶体总是覆盖一层 SiO_2 层,650℃时开始完全的氧化。Si 的这种表面自钝化、易于形成本征 SiO_2 层使 Si 成为重要的固态器件材料。Si 在常温下不溶于单一的强酸,易溶于碱。除氟外,Si 在常温下不与其他元素发生作用。高温时,Si 与氧和水蒸气发生反应,还可与 H_2、卤素、N_2、S 和熔融金属发生反应,分别生成 SiH_4、$SiCl_4$、SiN_4、SiS_2 等和多种金属硅化合物。Si 与 Ge 可任意比例形成 SiGe 固溶体, Si 与 C 则形成共价化合物。

3.1.1.2 晶体结构和能带

Si 的晶体结构为金刚石型结构, 高纯 Si 单晶的晶格常数 $a = 0.5430710nm$。金刚石晶格沿其体对角线有 5 个大的间隙位置而易于容纳间隙原子, 但间隙原子会使晶格常数发生改变, 如浓度约为 $10^{18}cm^{-3}$ 的间隙氧原子, 可使 Si 晶格常数 a 增大到 $0.5430747nm$。金刚石结构沿 〈111〉 方向, (111) 面分布是不均匀的, 面间距小的一对 (111) 面与面间距大的一对 (111) 面相间排列, 如图 3-1 所示。A、B、C 属于相互穿插的一个面心立方晶格, 而 α、β、γ 则是另一个面心立方晶格, 金刚石晶格就是由这两个面心立方晶格沿体对角线相互穿插而成。大间距晶面的面间距为 $a/\sqrt{3}$, 而小间距晶面的面间距为它的 1/4。

Si 的能带结构如图 3-2 所示, 带隙下方价带顶最高能量及带隙上方导带底最高能量 (沿 [100] 和 [111] 方向) 与简约波矢 k 的关系。最低导带 C_2 极小沿 6 个 〈100〉 轴、在布里渊区中心 ($k = 0$) 与边缘之间距离约 80% 处, 等能面不是球面而是椭球面; 在给定极小处, 能带曲率在不同方向是不同的。在第 3 个导带 C_3 的极小值在 $k = 0$ 处, 据价带 V_2 顶的距离为能隙 $2.5eV$; 在一定条件下也可观察到这个带的直接跃迁。Si 的价带在 $k = 0$ 处有单一极大值, 上面有两个价带 V_1、V_2 的极大值是简并的, 其等能面是翘曲的球面。V_1 为重空穴带、V_2 是轻空穴带。第三个价带极大值在 V_1、V_2 极大值下方 $0.04eV$ 处, 这个带是球形的, 其曲率介于重空穴带和轻空穴带的曲率之间。

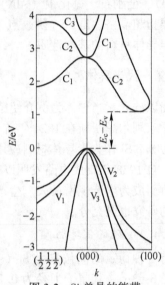

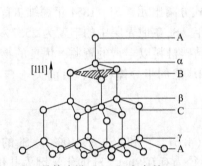

图 3-1　Si 晶体中沿 [111] 方向的 (111) 面

图 3-2　Si 单晶的能带

3.1.1.3 电学性质

(1) 带隙和本征载流子浓度: 在 $200 \sim 500K$ 温度范围内, Si 的带隙 E_g, 导带态密度常数 N_c 和价带态密度 N_v 与温度 T 的关系可分别表示为:

$$E_g = 1.206 - 2.73 \times 10^{-4}T; \quad N_c = 2.86 \times 10^{19}(T/300)^{1.58}; \quad N_v = 3.10 \times 10^{19}(T/300)^{1.82}$$

Si 的本征载流子浓度:

$$n_i = \sqrt{np} = \left[N_c N_v \exp(-E_g/kT) \right]^{1/2} \tag{3-1}$$

式中, k 为玻耳兹曼常数。

（2）电阻率：Si 的本征电阻率 ρ：

$$\rho = (ne\mu_n + pe\mu_p)^{-1} = [n_i e(\mu_n + \mu_p)]^{-1} \qquad (3\text{-}2)$$

式中，μ_n、μ_p 分别为电子、空穴本征迁移率；e 为电子电荷。室温时，Si 的 $\mu_n = 1500\,cm^2/$（$V \cdot s$），$\mu_p = 450\,cm^2/$（$V \cdot s$），利用 $n_i = 1.07 \times 10^{10}\,cm^{-3}$ 则可算出，室温时 Si 的本征电阻率为 $2.99 \times 10^5\,\Omega \cdot cm$。

对于常用掺杂剂，用于非补偿 Si，ρ 与掺杂浓度的经验关系式：

掺 B 浓度为 N_B 时，所制 p 型单晶 Si 的电阻率 ρ 为：

$$\rho = \frac{1.35 \times 10^{16}}{N_B} + \frac{1.133 \times 10^{17}}{N_B [1 + (2.58 \times 10^{19} N_B)^{-0.737}]} \qquad (3\text{-}3)$$

掺磷、掺 As、掺 Sb 的 n 型 Si 的电阻率 ρ 与掺磷浓度 N_P 关系为：

$$\rho = \frac{6.242 \times 10^{18}}{N_P} \times 10^z \qquad (3\text{-}4)$$

此处　　　　$z = \dfrac{3.0796 - 2.2108y + 0.62272y^2 - 0.05750y^3}{1 - 0.68157y + 0.19833y^2 - 0.018376y^3}$；$y = (\lg N_P) - 16$

在轻掺杂（杂质浓度约 $10^7\,cm^{-3}$）情况下，室温时电子或空穴浓度基本上等于掺杂剂浓度，因为杂质原子几乎都电离了。在中度掺杂（$10^{17} \sim 10^{19}\,cm^{-3}$）下，就不能认为这些杂质原子在室温时都电离了，所以载流子浓度低于掺杂浓度。当掺杂浓度大于 $10^{19}\,cm^{-3}$ 时，硅在室温时成为简并的。

（3）强电场下的电导：在强电场下，载流子的平均速度达到饱和，电子速度 v_n、空穴速度 v_p 与电场 E 的经验关系式为：

$$v_n = 1.1 \times 10^{17} \times \frac{E/8\,000}{[1 + (E/8000)^2]^{1/2}} \ (cm/s); \quad v_p = 9.5 \times 10^6 \times \frac{E/(1.95 \times 10^4)}{1 + (E/1.96 \times 10^4)} \ (cm/s)$$

$$(3\text{-}5)$$

当电场为 1000V/cm 时，算出 $v_n = 1.36 \times 10^6\,cm/s$，$v_p = 4.6 \times 10^5\,cm/s$。由于载流子速度饱和，迁移率低于低电场下的迁移率。当电场达到约 $10^5\,V/cm$ 时，会发生雪崩击穿，这种情况经常发生在反偏 pn 结的空间电荷区（此处易于产生强电场）；这种强电场效应对短沟道金属氧化物半导体场效应晶体管 MOS 器件是非常重要的。

（4）磁阻效应和热电效应：磁场中硅的电阻有所增大，当磁感应强度为 0.1～1.0T 时，其电阻可增加百分之几。Si 不是实用的热电半导体材料，这是因为 Si 的 α，σ 值不大，而 κ 值却较大，导致热电优值 Z 较小。$Z = \alpha^2 \sigma / \kappa$；$\alpha$、$\sigma$、$\kappa$ 分别为赛贝克系数、电阻率和热导率。

3.1.1.4　光学性质

Si 对近红外光透明而对可见光不透明，Si 对可见光的反射较强。由于光在空气-Si 表面之间反射导致光反射到硅表面时能量损失 30%。当 Si 用于太阳电池时，在其表面择优腐蚀出一种陷光结构，使光在表面多次反射可使其对光吸收由 70% 提高到 91% 以上。

光波长小于 0.4μm 时，硅的光吸收系数明显增大，这是由于开始发生了从价带到导带 C_3 的直接跃迁。波长为 0.65μm 时，在 1000～1700K 温度范围内，Si 的光发射率约为 0.64～0.46。在直拉硅单晶生长过程中 Si 在熔点附近 0.65μm，熔融 Si 的发射率为 0.33。

室温时 Si 的光吸收系数、折射率、光透射率与波长的关系分别如图 3-3～图 3-5 所示。Si 中一些重要杂质的吸收峰见表 3-1。

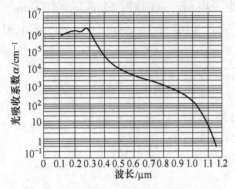

图 3-3　Si 的光吸收系数与波长关系

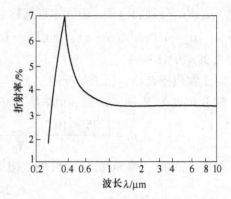

图 3-4　Si 的折射率与波长的关系

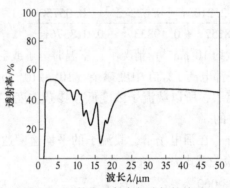

图 3-5　Si 的光透射率与波长的关系

表 3-1　Si 中一些重要杂质的吸收峰

杂质	O	C	N	B	Al	Ga	In	P	Sb	As
最强吸收峰 波数/cm⁻¹	1107（大吸收带）； 515（小吸收带）	605	963，766	317.7	471.7	548	1175.9	315.9	293.6	382.2

3.1.1.5　硅中的杂质

硅单晶中除有意掺入的几种杂质掺杂剂以控制其电学性质之外，许多杂质是在晶体生长和器件加工过程中被沾污而引进的。常用 n 型施主掺杂剂是 P，As，Sb；p 型受主掺杂剂主要是 B。此外，Si 中的杂质有两大类：一类是轻元素杂质如 O，C，N，H；另一类是金属杂质如 Fe、Cu、Ni 等过渡族元素。

（1）Si 中的 O、C、N、H 杂质中，O 是 CZSi 单晶中最重要的杂质，它的进入是由于石英坩埚的沾污：$Si+SiO_2 \rightarrow 2SiO$。部分 SiO 溶入 Si 溶体中并进入晶体，其浓度在 $5 \times 10^{17} \sim 2 \times 10^{18} \, cm^{-3}$ 量级，在晶格中呈间隙态。在热处理过程中，过饱和间隙氧会在晶体中偏聚，沉淀而形成热施主、氧沉淀及二次缺陷。这些与氧相关的缺陷，有利有弊。其利是可用以进行内吸杂，吸除器件有源区内的有害杂质、可钉扎位错，提高 Si 晶片的力学强度；其弊是氧沉淀过大导致 Si 片翘曲，并能引入二次缺陷等。O 在 Si 中的基本性质列于表 3-2。

表 3-2　Si 中 O 的基本性质

性质		参数
固溶度/cm^{-3}		2.75×10^{18}
分凝系数		0.995, 1.0, 1.48
扩散系数/cm$^2 \cdot$s^{-1}	300℃	10^{-22}
	1280℃	10^{-9}
热处理时施主效应/cm^{-3}	350~500℃	约 1×10^{16}（热施主）
	550~800℃	约 1×10^{15}（新施主）

C 在硅单晶中对 Si 器件有害。C 主要来自于多晶原料，生长炉内气氛及坩埚与石墨加热元件的热化学反应等。它会降低击穿电压、增加漏电区，C 在 Si 中主要在替位位置，为非电活性杂质，C 可促进氧沉淀和新施主的形成，其主要性质列于表 3-3 中。若 C 浓度小于 2×10^{16} cm^{-3}，则高氧含量 Si 也不致形成新施主，C 可抑制热施主的形成并有助于去除热施主。

表 3-3　Si 中 C 的基本性质

性质	参数
固态 Si 中溶解度/cm^{-3}	$C_s = 3.5 \times 10^{17}$
熔点附近液态 Si 中溶解度/cm^{-3}	$C_1 = 4.0 \times 10^{17}$
分凝系数	0.07 ± 0.01, 0.058 ± 0.01
扩散系数/cm$^2 \cdot$s^{-1}	$1.9\exp(-3.04\text{eV}/kT)$

N 虽为 V 族元素，但在 Si 中不是施主，也不引入电活性中心，它一般以双原子 N 的形式存在于 Si 中，N 可抑制 Si 中的微缺陷、提高 Si 材料机械强度。Si 中 N 的基本性质列于表 3-4 中。Si 中的 N 可与 O 起反应形成 N-O 复合体，它是浅热施主，其能级在导带下 $0.035 \sim 0.038$eV。

表 3-4　Si 中 N 的基本性质

性质		参数
饱和固溶度/cm^{-3}		4.5×10^{15}
分凝系数		7×10^{-4}
扩散系数/cm$^2 \cdot$s^{-1}	替位原子	$0.87\exp(-3.29\text{eV}/kT)$
	氮对	$2.7 \times 10^3 \exp(-2.8\text{eV}/kT)$

Si 中的 H，除了 FZ 区熔 Si 中在单晶生长时有意掺入 H$_2$ 以外，其他基本上是在器件加工过程中引入 Si 材料内的。H 在 Si 中处于间隙位置，可以正、负离子两种形态出现，温度稍高时则可结合起来形成 H$_2$ 分子。Si 中 H 的基本性质列于表 3-5 中。氢在 Si 中能形

成 H-O 复合体；氢能促进氧的扩散并可促进热施主的形成；氢还能同许多电活性杂质及一些缺陷相互作用形成各种各样的复合体（基本上都是电中性的），有助于提高器件的性能。Si 中的氢还有他钝化作用，即使用 SiO_2 钝化表面再进行氢化也能提高器件性能。

表 3-5　Si 中 H 的基本性质

性质	参数
固溶度/cm^{-3}	$9.1×10^{21}\exp（-1.8eV/kT）$
扩散系数（970~1200℃）/$cm^2·s^{-1}$	$7.9×10^{-3}\exp（-0.48eV/kT）$

（2）Si 中的过渡族金属杂质。过渡族金属杂质会在 Si 中形成深能级中心或沉淀而影响材料及器件的电学性能。Si 中单个金属原子有电活性，也是深能级复合中心，大幅度降低少子寿命 τ，并有关系：

$$\tau \propto \frac{1}{\sigma n} \tag{3-6}$$

式中，σ、n 分别为金属杂质原子对少子的俘获截面和杂质浓度。

当金属原子量处于沉淀状态时，虽不影响材料载流子浓度，但也会减小少子扩散长度而降低其寿命。金属原子还会沉淀在 SiO_2/Si 界面上，影响栅氧化层完整性，降低器件的击穿电压。Fe、Ni、Cu 常用掺杂剂和其他一些金属杂质在 Si 中的分凝系数、最大固溶度、扩散系数等基本性质可查阅相关文献。金属杂质还会在 Si 中形成金属复合体（如 Fe-B、Fe-Au 等）。大部分金属在 Si 中形成不同形式的稳定的金属-Si 沉淀相，一般为 MSi_2（M 为 T、Co、Ni 等），Si 与 Cu 则形成 Cu_3Si，这些复合体和金属沉淀对材料和器件有着不良影响。

3.1.1.6　Si 中的缺陷

Si 中缺陷种类甚多，从缺陷产生的时段上划分，有原生缺陷和二次缺陷这两大类。Si 中缺陷形成机理、各种微缺陷之间的相互作用，其行为对材料、器件性能的影响也较为复杂。

（1）原生缺陷。Si 晶体中固有的空位和自间隙原子是晶体生长过程中形成的点缺陷（本征点缺陷），外来杂质原子或掺杂剂原子是非本征点缺陷。本征点缺陷浓度都是随温度升高而直线式增加。接近熔点时 Si 中主要点缺陷是空位，较低温度下则主要是自间隙原子。金刚石晶格按硬球装填模拟，其装填系数仅为 34%。因此，Si 晶格易于容纳自间隙原子。本征 Si 中的空位可呈现 V^0、V^+、V^- 和 V^- 四种带电状态。固有的空位和自间隙原子两种本征点缺陷自扩散系数很大，扩散激活能为 4~5eV。沃罗科夫等证明，CZSi 生长过程中，固液界面上空位和间隙原子的形成取决于拉晶速度 v 和固液界面上轴向温度梯度 G_{sl} 的比值 v/G_{sl}，若 v/G_{sl} 大于某一临界值 $C_{crit}=2.1×10^{-5}cm^2/s·K$ 则主要形成空位，反之则为自间隙原子。

在富空位晶片上有较高的光亮点扫描缺陷，它与晶体生长过程中产生的所谓"起源于晶体颗粒"（crystal originated particles，COP）有关，而 COP 与空位相关的缺陷。Si 中的微缺陷主要有：1）漩涡缺陷，晶体生长过程中由于热场不均匀等原因造成，呈条纹状分布；2）D 缺陷，也称流动图形缺陷（flow pattern defects，FPD）易于在晶体生长速率较高时形成；3）（红外）激光散射缺陷（laser scattering topography defects，LSTD），可能是氧化物的沉积物等。

（2）二次缺陷。二次缺陷也称为工艺诱生缺陷，是器件加工制造过程中引入的缺陷。这些缺陷又可分为表面缺陷和内部缺陷；主要有热应力诱生滑移位错、扩散诱生位错、氧化诱生层错、表面微缺陷、氧沉淀等。

（3）外延材料中的缺陷。外延层中的缺陷既与所用单晶衬底有关，也与外延工艺有关。外延层中的缺陷主要有位错、外延堆垛层错、雾状微缺陷以及棱锥等因生长异常所引起的宏观缺陷。

3.1.1.7 Si 的力学和热学性质

室温下 Si 为脆性材料，无延展性，800℃以上可发生塑性形变，在 950～1400℃ 温度范围内 Si 的抗张强度由约 3.5×10^8 Pa 下降到 1×10^8 Pa。Si 的抗拉应力远大于其抗剪切应力，这使 Si 片较易碎裂，最容易发生断裂的方向是 〈111〉 或 （100） 面的 〈110〉 方向。Si 片的力学强度也与表面加工损伤、杂质含量等有关，表面损伤会降低其力学强度。氧、氮等轻元素杂质原子通过形成氧基团和 Si-O-N 复合体可对位错起到"钉扎"作用并进而提高 Si 片的力学强度。纯 Si 的线性热膨胀系数 α 相当小，温度会影响 Si 的热膨胀系数和热导率。

3.1.2 第二代半导体材料

包括磷化镓、磷化铟、砷化铟、砷化镓、砷化铝及其合金；玻璃半导体（又称非晶态半导体）材料，如非晶硅、玻璃态氧化物半导体等；有机半导体材料，如酞菁、酞菁铜、聚丙烯腈等。

3.1.2.1 主要的 Ⅲ-Ⅴ 族化合物半导体

A GaAs

GaAs 属于二元化合物，精确的化学配比不易控制，自然资源远不如 Si 丰富，As 元素有挥发性及毒性，加工过程中更要注意环境保护。GaAs 力学强度较差，热导率较低，不易生长出无位错单晶。GaAs 难以进行稳态本征氧化，不易制作 MOS 器件。尽管如此，GaAs 也是目前生产量最大、应用最广泛，仅次于 Si 的重要的化合物半导体材料。1996年，用电子束蒸发 $Ga_5Gd_3O_{12}$ 单晶形成 $Ga_2O_3 + Gd_2O_3$ 混合物作栅介质，制出了第一个倒置、沟道增强模式 GaAs MOSFET，可望用于微波功率放大器。

（1）GaAs 的能带结构。300K 时 GaAs 的能带结构简图如图 3-6 所示，其主要特点如下。1）导带极小和价带极大均处于布里渊区中心，是典型的直接跃迁型能带，这使 GaAs 具有较高的电光转换效率，是制备多种光电器件的优良材料。2）有另外两个位置较高的导带极小，分别在导带极小值（$k=0$ 处）上方 0.31eV 和 0.48eV 处，即导带中有两个子能谷（L，X）。在每个导带极小中，电子有效质量不同，但它们之间能量差不大，使电子在高场下转移到子能谷上去、而处于主能谷中电子有效质量较小，迁移率较高，一旦进入子能谷，其有效质量增大，迁移率下降，同时，子能谷中态密度也较大。当外电场超过某一阈值，电子就可由主能谷转移到子能谷中，而出现电场增强、电流减小的负阻现象，这就是转移电子效应或称 Gunn 效应。3）双重简并价带极大值在 $k=0$ 处，第 2 个自旋轨道分裂价带在价带极大值 0.34eV 以下。4）GaAs 带隙较大（300K 时，带隙 1.42eV），所制器件可工作在较高温度和承受较大功率。

（2）GaAs 的物理、化学性质。GaAs 晶体呈暗灰色，有金属光泽；其分子量为 144.64，平均原子序数为 32，原子密度为 $4.42 \times 10^{22}/cm^3$；形成焓为 $-83.7kJ/mol$。正常情况下，结晶为闪锌矿结构；图 3-7 表示晶格常数与温度、化学计量偏离的关系。室温时，GaAs 晶体或薄膜材料对水蒸气和氧是稳定的。大气中将其加热到 600℃ 以上开始氧化，真空中加热到 800℃ 以上开始离解。GaAs 在常温下不溶于盐酸，可与浓硝酸发生反应，易溶于王水。GaAs 的相图如图 3-8 所示。图中给出了其熔体生长、溶液生长、气相生长的温度范围。GaAs 的线性热膨胀系数与温度的关系如图 3-9 所示。在约 10～55K 低温范围内，其热胀系数 α 为负值。在 10K 以下，GaAs 晶格中原子振动是谐波式的，因而其 α 值接近于 0。

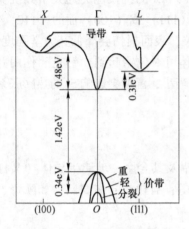

图 3-6 GaAs 的能带结构

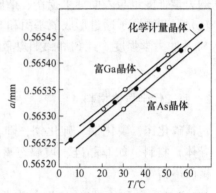

图 3-7 GaAs 晶格常数与温度的关系

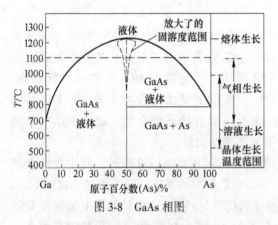

图 3-8 GaAs 相图

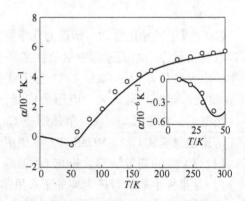

图 3-9 GaAs 的热膨胀系数 α 与温度的关系

GaAs 的热导率 κ 值与被测样品的杂质浓度、缺陷浓度、测试条件等有关。300K 时的 κ 值为 $0.46W/(cm \cdot K)$，常压下，GaAs 熔点为（1510±3）K，此时蒸气压为 98kPa。室温下其比热容和德拜温度分别为 $0.326J/(g \cdot K)$ 和 344K。掺杂对 GaAs 的微硬度有一定影响。例如，掺 Te n 型外延材料和掺 Ge p 型外延材料的努氏微硬度分别为（6.40±0.14）GPa 和（5.98±0.10）GPa。GaAs 中掺 Si 可使其晶格"杂质硬化"从而有利于降低其位错密度。GaAs 的杨氏模量为 9.1TPa、剪切模量为 36TPa，泊松比为 0.29，微断裂强度为 1.89GPa，脆性判据为 3.0。

GaAs 的本征载流子浓度 n_i 与温度 T（K）的关系（33～475K）可表示为：

$$n_i(\mathrm{T}) = 1.05 \times 10^{16} \mathrm{T}^{3/2} \exp(-1.604/2k_B T) \tag{3-7}$$

式中，k_B 为玻耳兹曼常数；$k_B T$ 的单位为 eV。图 3-10 和图 3-11 分别给出了电子迁移率和空穴迁移率与温度的关系。

GaAs 是一种反磁体，其摩尔磁化率为 -40.7×10^{-5} SI 单位/（g·moL）。单位体积（1cm³）磁化率（比磁化率）与温度的关系（高斯单位）如图 3-12 所示。

GaAs 的折射率 n 与温度、光子能量 E（0.3～1.4eV）的关系分别为：

$$n = 3.255 \ (1 + 4.5 \times 10^{-5} T); \quad n = [7.10 + 3.78/(1 - 0.18E^2)]^{1/2}$$

GaAs 的光吸收系数 α 与光子能量 $h\nu$（eV）的关系如图 3-13 所示。

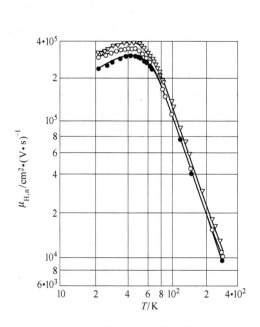

图 3-10　电子迁移率与温度的关系

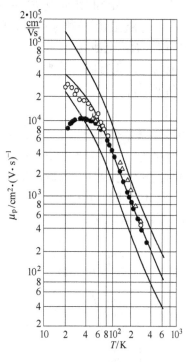

图 3-11　GaAs 空穴迁移率与温度的关系

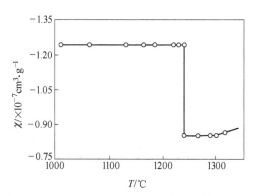

图 3-12　GaAs 比磁化率与温度的关系

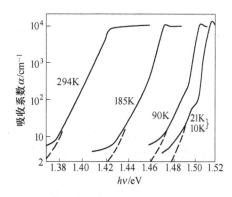

图 3-13　GaAs 的吸收系数 α 与光子能量 $h\nu$ 的关系

概述说来，GaAs 之所以成为继 Si 之后最重要的半导体材料，是由于它具有以下主要特性。1）直接跃迁型能带，有较高的电光转换效率，是现代最重要的半导体光电子材料之一。2）电子迁移率高，约为 Si 的 5~6 数量级，适合于制作超高频、超高速器件和电路。3）易于制成非掺杂半绝缘单晶，其电阻率可达 $10^9 \Omega \cdot cm$，是理想的微波传输介质。在 IC 加工中不必制作绝缘隔离层，这不仅简化了 IC 工艺过程，还可提高集成度。对于本身就具有高速、高频性能的 GaAs 来说，GaAs IC 的寄生电容也由于不必另外制作绝缘隔离层而减小，有利于其提高工作速度。4）由于带隙较大，所制器件可在较高温度（400~450℃）下工作。GaAs 的热阻性能优于 Si，这对于大规模 IC 十分有利，如对数字 IC 其驱动电压较低、功耗及所产生的热量较小。5）GaAs 器件抗辐射能力强，如 GaAs 金属半导体场效应晶体管 MESFET 及其 IC 可承受 10^6 拉德的 γ 射线辐射，而一般 Si 的 MOS 金属氧化物半导体电路在 10^4 拉德 γ 射线辐射下就会失效。GaAs 因而也成为宇航电子学的重要材料。6）作为太阳电池材料，GaAs 电池的转换效率比 Si 电池高；GaAs 及相关化合物太阳电池已成为空间飞行器的重要功率源。7）利用 GaAs 的转移电子效应已制出了耿氏器件等新型功能器件。

B InP

1910 年蒂尔合成出了 InP，它是最早被制备出来的 III-V 族化合物。InP 单晶体呈暗灰色，有金属光泽，常温下在空气中稳定，360℃ 温度下开始离解；溶于王水、溴甲醇；室温下可与盐酸发生反应，与碱溶液的反应非常缓慢。常压下 InP 单晶为闪锌矿结构，在压力大于 13.3GPa 时，其结构变为 NaCl 型面心立方结构，空间群为 $O_h^5 - Fm3m$。InP 的相图如图 3-14 所示。

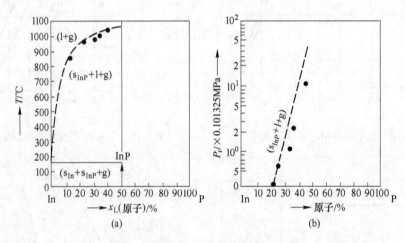

图 3-14 InP 系统相图

(a) 温度-组分相图；(b) 压力-组分相图

300K 时 InP 有关光学性质与光子能量的关系列于表 3-6，InP 在室温下的本征载流子浓度为 $6.9 \times 10^7 cm^3$，在 700~920K 温度范围内，本征载流子浓度 n_i 与温度 T（K）的关系为：

$$n_i = 8.4 \times 10^{15} T^{3/2} \exp[-1.34/(2k_B T)] \tag{3-8}$$

式中，k_B 为玻耳兹曼常数；$k_B T$ 的单位为 eV。

表 3-6 300K 时 InP 光学常数与光子能量的关系

光子能量/eV	折射率	消光系数	反射系数	吸收系数/×10^3cm^{-1}
1.5	3.456	0.203	0.305	30.79
2.0	3.549	0.317	0.317	64.32
2.5	3.818	0.511	0.349	129.56
3.0	4.395	1.247	0.427	379.23
3.5	3.193	1.948	0.403	691.21
4.0	3.141	1.730	0.376	701.54
4.5	3.697	2.186	0.449	996.95
5.0	2.131	3.495	0.613	1771.52
5.5	1.426	2.562	0.542	1428.14
6.0	1.336	2.113	0.461	1285.10

InP 中常见剩余杂质为 Si、S、C、Zn 等。Ⅳ族元素在 InP 中不表现为两性杂质：例如 Si、Sn 都是施主杂质，而 Ge、C 等则为受主。Fe、Cr 是有效的电子陷阱而用于制备半绝缘材料。InP 中若干杂质的电离能列于表 3-7。

表 3-7 InP 中若干杂质的电离能 （+价带上，-导带下）

杂质	电离能/meV	杂质	电离能/meV
Zn	+48, +46.4	Cu	+60～73
Cd	+57	Mg	+31
Hg	+98	Ti	-630, +210
C	+41.3	Cr	-390, +960, +560
Ge	+210	Fe	-650, +785
Mn	+270, 210	Co	+240

InP 作为继 Si、GaAs 之后最重要的半导体材料是由于它具有以下特点。（1）高电场下（约 10^4V/cm），InP 中电子峰值漂移速度 $2.5×10^7$cm/s 高于 GaAs 中的电子的峰值漂移速度 $2.0×10^7$cm/s，InP 是制备超高速、超高频器件的良好材料。（2）InP 作为转移电子效应器件 TED 或根氏器件材料，某些性能优于 GaAs；InP 电速峰谷比较大，因而转换效率更高；其惯性能量时间常数只有 GaAs 器件的 1/2，故其工作极限频率比 GaAs 器件高。InP 的 D/μ（D，μ 分别为电子的扩散系数和负微分迁移率）值低，使 InP 器件有更好的噪声特性。（3）InP 的直接跃迁带隙为 1.35eV，与其晶格匹配的 InGaAsP/TnP、InGaAs/InP 发光器件、激光及光探测器件，响应波长为 1.3～1.6μm，是现代石英光纤通信中传输损耗最小的波段；这两种材料系所制光源和探测器早已商品化，促进了光纤通信的发展。作为太阳电池材料，InP 基电池不仅有较高的转换效率，而且其抗辐射性还优于 GaAs 电池，加之 InP 材料表面复合速度小，所制电池寿命更长，是宇航飞行器上优良的候选电源材料。（4）InP 的热导率比 GaAs 高，所制同类器件可有较好的热性能。（5）掺

入适当的深受主（如 Fe）杂质。可制得半绝缘单晶；高纯单晶材料在适当条件下退火，也可得到半绝缘性能，因而 InP 也是制备高速器件和电路、光电集成电路的重要衬底材料。

InP 单晶作为衬底材料，其制备工艺难度比 GaAs 大，成晶率较低，这是由于它的可分解临界初应力和堆垛层键能较小。因此，InP 单晶生产成本较高，目前其产量还远小于 GaAs。光电器件用 InP 单晶直径以 50mm 和 75mm 为主，微电子器件用衬底已开始使用直径 100mm 单晶，直径 150mm InP 单晶也已研制成功。

3.1.2.2　非晶半导体材料

A　引言

非晶半导体作为功能材料可以追溯到用于复印机中硒鼓的非晶 Se（α-Se），1948 年谢弗特和奥通报道了用于硒鼓复印的 a-Se 的光/暗电导率之比可达 $10^3 \sim 10^5$。1950 年 RCA 实验室的韦默指出了非晶半导体材料的光电导效应。但直到 20 世纪 70 年代以后才开始较为系统的研究非晶态半导体。非晶固体是一种"凝固了的液体"，它的原子排列是短程有序而长程无序的。图 3-15 为液体、非晶体和晶体的原子排列的二维示意图。作为非晶固体材料的一种，非晶半导体又有很多种，简要的分类列于表 3-8 中。除表中所列材料外，许多氧化物玻璃也是非晶半导体，它们都是离子键，如：$V_2O_2\text{-}P_2O_5$，$V_2O_5\text{-}P_2O_5\text{-}BaO$，$V_2O_5\text{-}GeO\text{-}BaO$，$V_2O_5\text{-}PbO\text{-}Fe_2O_3$，$MnO\text{-}Al_2O_3\text{-}SiO_2$，$CaO\text{-}Al_2O_3\text{-}SiO_2$，$FeO\text{-}Al_2O_3\text{-}SiO_2$，$TiO\text{-}B_2O_3\text{-}BaO$ 等。

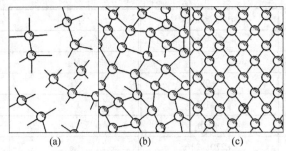

图 3-15　材料中原子排列二维示意图

（a）液体；（b）非晶体；（c）晶体

表 3-8　非晶半导体材料（按配位数分类）

配 位 数	典 型 材 料
2	Se, Te
3	As, Sb, P
3 或 4	C
4	Si, Ge, SiC, GaAs, InSb, (Ga, In) (P, As, Sb), (Ga, In) (S, Se, Te), (Cd, Zn) (Si, Ge, Sn) (As, P)
6	B
2~3	$(As, Sb, Bi)_2 (S, Se, Te)_3$
2~4	SiO_2, (Ge, Sn, Pb) (S, Se, Te)

B 基本性质

（1）能带模型。非晶 Si（α-Si）是研究得最为深入的非晶半导体材料，其能带模型如图 3-16 所示。为研究非晶半导体的能带，曾提出了各种能带模型，现被广泛接受的 Mott-CFO 模型的要点为：

1）由于短程有序，每个原子与周围原子的键合与相应的结晶态半导体相同，即有相同的共价键数而形成基本能带。2）由于其结构上的长程无序，键长和键尾发生起伏而形成定域态带尾。3）在定域态带尾与扩展态之间有明显的界限 E_c 和 E_v，谓之迁移率边。4）在带隙中间形成隙态 E_x，E_y 悬（挂）键是隙态的主要来源，而悬挂键是 4 配位共价键非晶半导体中的主要结构缺陷之一，如图 3-17 所示。绝对零度时，定域态电子迁移率为 0 而扩展态中电子迁移率不为 0。导带边 E_c 与价带边 E_v 之间完全被一些按能量连续分布的电子态占据着；但这些状态都是定域态，常把 E_c 与 E_v 之间的能量空间称为迁移率隙。迁移率隙中定域态大致分为两类；一类是带边附近的尾态（长程无序所致）；另一类是两带尾之间的定域态（通常称作隙态）。α-Si 网络中悬挂键较多时，在带隙中部分会出现两个与悬键有关的定域态 E_x，E_y；它们分别相应于中性悬键接受一个电子后带负电的状态和放出一个电子后带正电的状态。绝对零度下，E_x 带全空，而 E_y 带全满；因此它们的行为分别与深受主和深施主相同，在光电导中则分别起电子陷阱和空穴陷阱的作用。

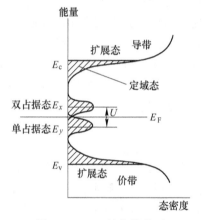

图 3-16 α-Si 的能带模型

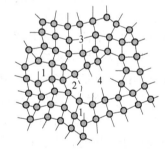

图 3-17 四配位共价材料中的主要缺陷
1—悬键；2—弱键；3—空位；4—微孔

由于隙态的存在，非晶半导体中，施主杂质和受主杂质的行为与其在相应结晶态半导体中的行为不同。以施主为例，晶体硅中的施主电离时直接向导带底释放一个电子参与导电。但在 α-Si 中施主电离时，电子首先释放给带上能量较低的空状态。并未释放给导带边上以上能量较高的扩展态。隙态密度越高，填充隙态所需施主杂质浓度越高（受主杂质亦然）。所以，虽然掺入了较高浓度的杂质也不能使费米能级位置升高（或下降）。对于这类费米能级难以移动的情况，被认为是高浓度，隙态把费米能级"钉扎"在带隙中部。因此，替位式掺杂难以提高材料的电导率。为通过掺杂提高电导率就必须尽可能降低隙态密度。

α-Si 中隙态主要是悬键造成的，为降低其隙态密度，有效办法是在其无规网络中引入某种重配位的原子，例如氢（或氟）以补偿悬键。这样，Si 原子的未成键轨道将与引入的原子的外层电子轨道杂化，形成价带深处的成键态和导带边的反键态，使隙态密度降低，如图 3-18 所示。实验测量表明：未经悬挂键补偿的 α-Si 一般没有明显的掺杂效应，其费米能级附近的隙态密度可达 $10^{20}/(\text{cm}^3 \cdot \text{eV})$；而用氢补偿的 α-Si（称为氢化非晶 Si，α-Si:H），其费米能级附近的隙态密度可降低到不大于 $10^{16}/(\text{cm}^3 \cdot \text{eV})$。另外，掺入杂质能否对电导有贡献与隙态密度密切相关，还与杂质原子处于何种配位状态有关。非晶半导体中由于大量反常组态的存在，常会为某种杂质提供不只是一种配位状态。例如，α-Si:H 中，也有一些三配位位置，掺入磷原子占据

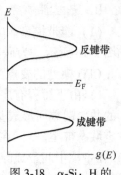

图 3-18   α-Si:H 的
能带示意图

这些位置时就没有电子释放给 E_x 带的空状态（从而不能对改变电子填充隙态的水平、升高费米能级而增加电导率做出贡献）。因此，隙态密度高低并非决定掺杂效应的唯一因素。硫系玻璃中观察不到可资利用的掺杂效应，就是因为硫族原子的正常配位数为 2，它对任何杂质都能在其非晶格网络中提供正常配位位置，使它既不接受也不释放电子；所以不论这些材料中隙态密度高低，都不能用掺杂的办法增加其电导率。

（2）直流电导率。非晶半导体中载流子输运是一种弥散输运，这与它们结构的长程无序密切相关。弥散输运有两种机制：1）多次陷落机制。注入的载流子不仅有扩散运动，还会陷落到带尾定域态中，陷落后，只有被热激发才能再次参与输运。因此，载流子在运动过程中往往要经历多次陷落和再激发，由于定域态能级是随机分布的而造成了弥散输运。2）跳跃机制。定域态之间的隧穿跳跃也可能形成载流子输运，而定域态之间的空间距离也是随机分布的，故造成弥散输运。在非掺杂和轻掺杂 α-Si:H 中，载流子输运以"多次陷落"机制为主。同时，由于这种弥散输运使非晶半导体在磁场中的行为比结晶态半导体复杂得多，常常出现霍尔系数符号"反常"：n 型材料的霍尔系数为正值而 p 型材料为负值，与结晶半导体相反。

非晶半导体中电子波函数与单晶半导体中不同，处于扩展态的电子虽有一定概率出现于各处，但其波函数并不具有布洛赫波的形式。定域态中的电子，其波函数局限于一些中心，随着与此中心距离的增加而指数式衰减。定域态中的电子只能通过与晶格振动相互作用（即需要声子的协助）来交换能量。定域态之间的电导是跳跃式的（有近程跳跃和变程跳跃两种），跳跃式电导中电子的迁移率比扩展态中电子迁移率低得多。

非晶半导体中，能带的扩展态、带隙中缺陷定域态和带尾定域态中电子对电导都有贡献，因此，非晶半导体中，直流电导率有以下四部分。

1）扩展态中的电导。分析计算表明，扩展态中的电导率可表示为：

$$\sigma_e = eG_{(E_e)}k_B T\mu_C \exp[-(E_c - E_F)/k_B T]$$
$$= \sigma_{\min}\exp[-(E_c - E_F)/(k_B T)] \qquad (3\text{-}9)$$

可以看到 $\sigma_{\min} = eG_{(E_c)}k_B T\mu_c$，为 $E_C = E_F$ 时的电导率，被称为最小金属化电导率。$G_{(E_c)}$ 为 E_c 处的态密度；μ_C 为电子平均迁移率。室温时，对多数非晶半导体，μ_C 为 10~20cm^2/（V·s），比带尾定域态中电子迁移率高出 3 个数量级。

2）带尾定域态中的电导。如果两相邻定域态之间电子，跳跃所需平均激活能为 W_1，导带边能量为 E_a，则带尾定域态电导率可表示为：

$$\sigma_b = \sigma_1\exp[-(E_A - E_F + W_1)/(k_B T)] \qquad (3\text{-}10)$$

式中，σ_1 与带尾态密度、声子频率和温度有关。如声子频率为 $10^{13}/s$，$W_1 \approx k_B T$，则可算出室温下带尾定域态中电子迁移率约为 $10^{-2} cm^2/(V \cdot s)$。

3）带隙定域态中的近程跳跃电导。处于带隙定域态中的电子也可借助于声子的协助从一个定域态跳到另一个定域态而产生电导。非晶半导体的费米能级 E_F 被隙态"钉扎"在带隙中部，只有那些能量在 E_F 附近、数值为 $k_B T$ 量级范围内的电子才对电导有贡献，这部分电子浓度为：

$$n \approx G_{(E_F)} k_B T \tag{3-11}$$

式中，$G_{(E_F)}$ 为 E_F 处的态密度，设两定域态之间跳跃平均激活能 W_2，则此电导率为：

$$\sigma_C = \sigma_2 e^{-W_2/(k_B T)} \tag{3-12}$$

式中，σ_2 是与声子频率、$G_{(E_F)}$ 相关的量。

4）带隙定域态中的变程跳跃电导。当温度很低（约10K）时，热激活的概率很小，声子的能量低、数量少；由高能声子协助的跳跃也减少；此时，带隙定域态中电子的跳跃就不仅限于"近程"，而是可以跳到更远的定域态上（谓之变程跳跃），其电导率为：

$$\sigma_V = \sigma_3 e^{-A/T^{1/4}} \tag{3-13}$$

式中，σ_3 是与 $G_{(E_F)}$ 及声子频率相关的量。

$$A = 2.1 \times [\alpha^3/k_B G_{(E_F)}]^{1/4} \tag{3-14}$$

式中，α 为定域态中电子波函数随距离而指数式衰减时的衰减常数。

可以看到，带隙定域态中变程跳跃电导率与温度的关系为：$\ln\sigma_V \sim T^{1/4}$。

这一关系称为莫特四分之一定律。在具有四面体结构的非晶半导体（如 α-Si、α-Ge 等）中，低温下可观察到这一电导规律，而在硫系非晶半导体中就不会出现变程跳跃电导过程。

综上所述，非晶半导体材料直流电导率与温度的关系为：

$$\sigma = \sigma_e + \sigma_b + \sigma_c + \sigma_V = \sigma_{min}\exp[-(E_C - E_F)/(k_B T)] +$$
$$\sigma_1\exp[-(E_A - E_F + W_1)/k_B T] + \sigma_2 e^{-W_2/(k_B T)} + \sigma_3 e^{-A/T^{1/4}} \tag{3-15}$$

上述各种导电机制分别在不同温区起主导作用，如图 3-19、图 3-20 所示。图 3-19 中

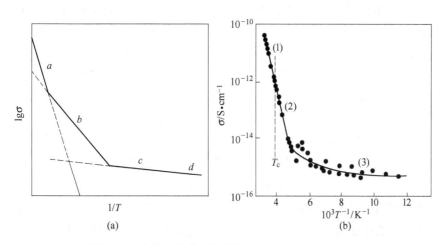

图3-19 非晶半导体电导率与温度关系示意图（a）
和 α-Si:H 的电导率与温度关系的实验曲线（b）

a、b、c 三段分别对应于扩展态电导率、带尾定域态电导率、带隙中缺陷定域态电导率。极低温度时的 d 段反映了带隙定域态中的变程跳跃电导。图 3-19（b）给出了用辉光放电法所致 α-Si∶H 薄膜的电导率与温度关系的实验曲线，当温度高于 240K 时，其电导机制以扩展态电导为主。

（3）光学性质。许多非晶半导体的实际应用与其光学性质密切相关。非晶半导体的光学性质与结晶半导体的一个显著差别是：非晶半导体中电子跨越禁带时的跃迁没有直接跃迁和间接跃迁的区别，即电子跃迁时不再遵守准动量守恒的选择定则；这是由于结构上的无序使非晶半导体中电子没有确定的波矢。

1）光吸收与光带隙。非晶半导体与电子跃迁有关的光吸收谱一般都具有明显的三段特征，如图 3-20 所示。近红外区的低能吸收（图 3-20 中的 A 区）相应于电子在定域态间的跃迁，比如，从费米能级附近的隙态向带尾态的跃迁。此时有关状态按能量分布的密度较小，相应的吸收系数 α 也小，大都在 10cm^{-1} 以下；这个区域的吸收为非本征吸收，α 随光子能量的变化趋于平缓。由于非本征吸收与隙态（主要是缺陷态）的关系很大，而隙态密度及其按能量分布对材料制备和加工条件非常敏感，故这方面实验数据的重复性较差。

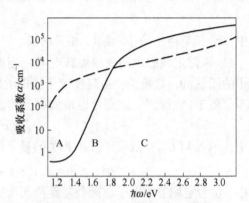

图 3-20　典型 α-Si∶H 样品的吸收曲线（实线）及其与 C-Si 吸收曲线（虚线）的比较

图 3-20 中 B 区，吸收系数 α 随光子能量增加而指数式上升，这相应于电子从价带边扩展态到导带尾定域态，以及电子从价带尾定域态到导带边扩展态的跃迁；其吸收谱的指数式特征来源于带尾定域态的指数式态密度分布函数 $g(E)$：

$$g(E) = Be^{-\beta E} \tag{3-16}$$

式中，B、β 与材料性质及无序程序有关；该吸收区的能量范围通常只有约 0.5eV；而 α 值可增加 2~3 个数量级甚至更大，其值可达 10^4cm^{-1} 左右。图中 C 区的高能光子吸收区相应于电子从价带向导带的跃迁，为本征吸收区；该吸收区 α 值较大，通常在 10^4cm^{-1} 以上。图 3-20 中，作为对比，同时画出了结晶态 Si（c-Si）的吸收谱曲线。可以看到：在可见光范围内（光子能量大于 1.75eV），c-Si 的吸收系数小于 α-Si 的吸收系数；显示了 α-Si∶H 这种最重要的非晶半导体材料在光电应用方面的前景。

非晶半导体的本征吸收谱一般用实验方法测出，然后再分析计算其光学带隙 E_g（或 E_{opt}）。经分析计算得出，吸收系数 α 与其光学带隙 E_{opt} 的关系为：

$$\alpha\hbar\omega = B(\hbar\omega - E_{opt})^2 \tag{3-17}$$

式中，B 是与材料性质有关的常数，其值一般为 $10^5 \sim 10^6/(\text{cm}\cdot\text{eV})$。此式称为 Tauc 公式，按此式计算的许多材料的光学带隙值 E_{opt} 与实验结果相当吻合。表 3-9 给出了几种非晶半导体材料的 B 和 E_{opt} 值。

表 3-9 几种非晶半导体材料的 B、E_{opt} 值

材料	Si	Si：H	As_2S_3	As_2Se_3	As_2Te_3
$B/cm^{-1} \cdot (eV)^{-1}$	5.3×10^5	4.6×10^5	4×10^5	8.3×10^5	4.7×10^5，5.4×10^5
E_{opt}/eV	1.26	1.82	2.32	1.76	0.83，0.83

非晶半导体中还存在着激子吸收（对应于本征吸收谱长波边缘的一系列吸收线，但不伴有光电导）、自由载流子吸收和声子吸收；其吸收谱位于红外波段。α-Si：H 材料中常含有 SiH、SiH_2、SiH_3、$(SiH)_n$ 等各种组态；其红外吸收谱就是这些组态振动能量间的跃迁所产生的吸收光谱。图 3-21 是 α-Si：H 的典型红外吸收谱，可从这种吸收谱中的波数及其积分强度分析 α-Si：H 中 Si-H 键态组合及其含量。

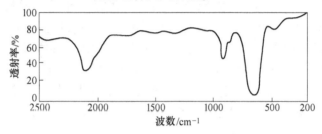

图 3-21 α-Si：H 的典型红外吸收谱

2）光电导。非晶半导体中的载流子复合过程与隙态密度分布有关；研究其光电导可得到其运输特性及其隙态分布的许多信息。但由于非晶半导体的隙态密度等性能对制备工艺条件非常敏感。因此所测得的光电导数据往往不具备很好的重复性。α-Si：H 薄膜定域态光电导 σ_{ph} 可表示为：

$$\sigma_{ph} = e\eta\mu\tau F(1 - R)(1 - e^{-\alpha d}) \tag{3-18}$$

式中，e 为电子电荷；η 为量子产额；μ 为光生载流子的迁移率；τ 为光生载流子寿命；F 为入射到薄膜表面的光通量；R 为薄膜表面的反折射系数；d 为薄膜厚度。

在高吸收（本征吸收区）$\alpha d \gg 1$，σ_{ph} 可表示为：$\sigma_{ph(H)} = e\eta\mu\tau F(1 - R)$（$\alpha d \gg 1$，$e^{-\alpha d} \approx 0$）。

在低吸收区，$\alpha d \leqslant 0.4$，此时，$\sigma_{ph} \approx e\eta\mu\tau F(1 - R)\alpha d$。

如果 R 及 η，μ，τ 不随入射光子能量而变化，则在低吸收区 σ_{ph} 正比于吸收系数 α。因此，只要测量其光电导谱，就可以按以上关系式得到它的吸收谱。非掺杂 α-Si：H 的暗电导率很小，约为 $10^{-9} \sim 10^{-11}$S/cm；在 1 个太阳光照射下，其光电导率增加 5~6 个数量级，即光/暗电导率之比值可达 $10^5 \sim 10^6$。在 α-Si：H 中有一个与光电导有关的重要现象——S-W 效应。α-Si：H 样品经过一段时间光照后，其光电导和暗电导都显著下降，将这样的样品经过热处理（如在 150~200℃退火 30min~2h）样品又可恢复到原来的状态。S-W 效应也称作光致退化效应。

C 非晶半导体材料的主要特点及应用

a 非晶半导体材料的主要特点

（1）有很好的光学性能，如 α-Si：H 基固溶体薄膜材料，对太阳光的吸收系数大，并能产生最佳的光电导值。如上述，α-Si：H（在可见光范围内）对光的吸收系数比 c-Si 高 50~100 倍，其光/暗电导率之比可达 10^6。（2）可实现高浓度掺杂，也能制取高质量 pn

结和多层结构，易于形成异质结且界面态密度较低。（3）通过组分控制，可在相当宽的范围内控制它们的光带隙。例如 α-Si 基的 E_{opt} 可从 1.0eV 到 3.6eV 范围内得到调整（相应于 α-SiGe：H→α-Si：H→α-SiC：H）。硫属非晶半导体材料，如 S、Se、Te 等可通过与 As、Sb、Si、Ge 等的固溶化，或用过渡族元素掺杂的方法，在相当宽的温度范围内控制其光带隙和电导率。（4）可在较低温度下，采用化学气相沉积 CVD 等方法制备和生产薄膜材料，带来三个好处。1）多层结构材料的层间相互作用，杂质扩散等受到限制，对材料质量不会有由于高温加工所造成的不利影响。2）对衬底的选择性强，可采用多种较廉价的衬底材料，如普通玻璃、金属薄片及聚合物薄膜，其尺寸和形状易于裁剪，这对于低成本、大规模生产十分有利。3）非晶薄膜生产由于生长温度较低，因而所需能耗较少，属于环境友好型生产。（5）生产过程相对简单，仅通过对相应气体源的分解，就可连续完成材料及具有器件基本结构的生产，也可与微电子技术中的各种集成化技术兼容。

这类材料也有明显的缺点：（1）缺乏长期稳定性，非晶半导体材料不是处于平衡状态，所制器件存在性能退化问题。S-W 效应反映在 α-Si：H 太阳电池上，其转换效率会随长时间光照而下降。（2）载流子迁移率低，比相应结晶态半导体材料的迁移率低 2 个数量级以上，不适于制作高频高速器件。但迁移率低，相当于有较大阻抗，可用于低功耗产品中。

　　b　主要应用

非晶半导体材料的主要应用领域列于表 3-10。

表 3-10　非晶半导体材料的应用

材　　料	所利用的功能（效应）	应　　用
α-Si：H 及 α-SiGe：H，α-SiC：H，α-SiN：H 等；Se、Se-Te、Se-Te-As 等	光生伏特效应（PV 效应）	太阳电池、光传感器、光敏器件
α-Si：H，μc-Si·H（氢化酸晶 Si）	形变感生电导率变化	形变传感器
α-Si：H	场效应，载流子积累和传输	薄膜晶体管（TFT），电荷耦合器件（CCD），2 维、8 维 IC（2D、3DIC）
α-Si：H，α-SiC：H	少子注入控制，电子-空穴注入的发射，复合速率的控制	双极晶体管，发光二极管，2D、3D IC 等
α-Si：H. Te Ge-Slr-S，Te-As-Si，Se	对电场和光的非线性响应	雪崩倍增成像管，变阻器，双注入器件（double-impIunt device）
α-Si：H 及 α-SiGe：HaSiC：H，α-SiN：H 等；μC Si：H，多孔 Si 等	量子效应，"低维"效应；如迁移率增强、温度特性控制等，以及隧道效应、子能带、载流子分隔和超掺杂等	太阳电池，TFT，磷光体，发光二极管等
α-Si：H 及 α-SiGe：H，α·SiC：H，α-SiN：H 等；Se、Se-Te、Se-As，SeTe-As	光电导效应	电光成像（摄影），激光束印刷，光敏器件，辐射探测器
α-Si：H	热电效应，体材料及结中的温差电动势	射频功率传感器
α-Si：H，As-Se，As-S，Ge-S，GeSe，Se-As-Ge，Ge-As-S-Se	光照引起电导率，光学参数和化学稳定性变化	光开关，光存储
Se-Te，Ge-Se-Te，Sa·Te-Se，TeAs-Si-Ge	电子辐照、光照、电流引起相变	高密度可擦写光存储，激光束印刷机，电子束存储
Ag/As-Se-Te，Ag/As-Ge	通过光脉冲向非晶层漂移金属原子，引起光学参数变化	成像存储，电阻，印刷
Se，As-Te-Se	受热引起形状变化	不可逆/可逆光存储

3.1.2.3 有机半导体材料

有机固体中大多数是绝缘体，但也有相当数量的有机化合物具有金属和半导体的导电性，且其数量在不断增加。例如，酞菁和金属酞菁化合物都具有半导体性质（已合成出70多种金属酞菁化合物）。1955 年埃利和帕菲特就对这些材料的掺杂过程和电学性质进行过较系统的研究以期发现它们可能的应用。

有机半导体材料的研究，可追溯到 1906 年波切蒂诺对蒽的光电导研究。1919 年开始研究有机染料和颜料。1940 年基于莫特等人关于离子晶体中电子过程的量子理论，研究了有机材料与无机卤素复合物的电导，试图制备出具有较高电导率的有机化合物材料。1954 年研制成功电导率为 10^{-1} S/cm 的芘与卤素形成的电荷转移复合物。20 世纪 50 年代中期发现了许多有一定导电性能的有机化合物，从此对有机半导体的研究开始活跃起来，70 年代研究了四硫富瓦烯（TFT）盐，到 80 年代发现了临界温度 1.3K 的有机超导体四甲基四硒富瓦烯氯酸盐（$TMTSF_2ClO_4$）。20 年内，有机物由绝缘体-半导体一直发展到超导体。并逐步发展设计和合成具有特定和专门应用的有机半导体材料及与此相关的"分子工程"技术。

A 有机半导体材料分类及其基本性质

有机半导体材料室温电导率在 10^{-9} ~ 10^5 S/cm，即其电阻率在 10^{-5} ~ 10^9 $\Omega \cdot cm$ 范围内。一般来说，有机半导体材料可分为以下三类：（1）单分子固体，如蒽、富勒烯（C_{60}）6-噻吩等；（2）给体受体型 CT 固体，如 TTF-TCNQ（四硫富瓦烯-7，7，8，8-四氰代二甲基苯醌），TMPD（四甲基对苯二胺）-TCNQ 等；（3）共轭聚合物，如聚苯胺、聚噻吩、聚硅烷等。

若干有机半导体材料的性质见表 3-11 和表 3-12。

表 3-11 若干半导体材料的某些物理性质（一）

材　料	暗电导率 /S·cm^{-1}	带隙/eV	迁移率/cm^2·(V·s)$^{-1}$		介电常数	折射率
			电子	空穴		
蒽	<10^{-15}	3.88~4.1	1.74（最大）	2.07（最大）	2.90	1.55（589nm）
苯	—	7	2（250K）	—	—	—
萘	—	4.9~5.1	0.64（最大）	1.50（最大）	3.43（最大）	1.945（最大）（546nm）
芘		3.10	5.53（最大）	87.4（最大，60K）		
吩嗪	—		1.1（最大）			1.96（589nm）（最大）
吩噻嗪	—		2.45	0.02		1.95（589nm）（最大）
酞菁（Pc），PcH$_2$	10^{-7}	2	1.2（373K）	1.1（373K）	—	—
PcNi	6×10^{-10}	1.35	—	—		
Cl-PcPt	5×10^{-10}	1.60				
芘	—	—	0.50（最大）	3.80（最大）		
反式-芪	—	—		1.4		
对三联苯			1.2（最大）	0.80		

材　　　料	暗电导率 /S·cm⁻¹	带隙/eV	迁移率/cm²·(V·s)⁻¹ 电子	空穴	介电常数	折射率
并四苯	—	3.40	—	0.85	—	—
四氰乙烯	—	—	—	0.26（最大）	—	—
四氰代二甲基苯醌	—	—	0.65	—	—	—
（芘）₂：（PF₆）₁.₁× 0.8（CH₂Cl₂）	900	—	—	0.91	—	—
（TTT）₂：I₂	10³ 3000（40K）	—	—	—	—	—
（TTF）：Br₀.₇	100~500	2.0	—	1.1	—	—
K：TCNQ	3×10⁻⁴~ 2×10⁻² （9.3GHz）	—	—	—	—	—
TTF：TCNQ	400±100	约0.5	300~450 （58K）	—	—	—
TTF：氯醌	8×10⁻⁴	约0.6	—	—	—	—

表 3-12　若干半导体材料的某些物理性质（二）

化合物	熔点/K	密度（室温） /g·cm⁻³	晶体结构	晶格常数 a/nm	b/nm	c/nm	β	弹性模量 /GPa
C₁₄H₁₀	489	1.28	单斜晶格	0.8562	0.6038	1.118	124.42	11.6（C₂₂）
C₆H₆	278.6	0.8765	正交晶格	0.7460	0.9666	0.703		6.14（C₁₁） 6.56（C₂₂） 5.83（C₂₂） （250K）
C₁₂H₁₀	344	1.19	单斜晶格	0.812	0.563	0.951	95.1	0.9（C₂₂）
C₁₂H₈S	372~373	—	单斜晶格	0.867	0.600	1.870	113.9	—
C₁₀H₆Br₂	366	2.037	单斜晶格	2.7320	1.6417	0.4048	91.95	—
C₁₄H₈Cl₂	483.5	1.525	单斜晶格	0.704	1.793	0.863	102.93	—
C₆H₄I₂	404~405	2.79	正交晶格	1.7008	0.7321	0.5949	—	—
C₁₀H₁₄	352.4	1.03	单斜晶格	1.157	0.577	0.703	113.3	—
CHI₃	396	4.01	六角晶格	0.6818	—	0.7524	—	—
C₁₆H₁₂	354.7	10.471?	单斜晶格	0.8920	1.4641	0.8078	96.47	—
C₁₀H₈	353.45	1.152	单斜晶格	0.8261	0.5987	0.8682	122.67	—
C₂₀H₁₂	550~552	1.323	单斜晶格	1.128	1.083	1.026	100.55	—
C₁₂H₈N₂	449~450	1.34	单斜晶格	1.322	0.5061	0.7088	109.22	—
C₁₂H₉NS	459~462	1.352	正交晶格	0.7916	2.0974	0.5894	—	—
C₃₂H₁₈N₆	—	1.44	单斜晶格	1.985	0.472	1.48	122.25	—
C₁₆H₁₀	429	1.27	单斜晶格	1.3647	0.9256	0.8470	100.28	—
C₁₄H₁₂	397~399	0.9707	单斜晶格	1.2381	0.5723	1.5571	114.11	—

续表 3-12

化合物	熔点/K	密度（室温）/g·cm⁻³	晶体结构	晶格常数				弹性模量/GPa
				a/nm	b/nm	c/nm	β	
$C_{18}H_{14}$	487.0	1.234	单斜晶格	0.8119	0.5615	1.3618	92.07	—
$C_{18}H_{12}$	630	1.24	三斜晶格	0.790	0.603	1.353	100.3(α) 113.2(β) 86.3(γ)	—
C_6N_4（TCNE）	471~473	1.31	单斜晶格	0.751	0.621	0.700	97.17	—
$C_{12}H_4N_4$（TCNQ）	—	1.315	单斜晶格	0.8906	0.7060	1.6395	98.54	—
$(C_{10}H_{12}Se_4)_2 \cdot PF_6$	—	—	三斜晶格	0.7297	0.7711	1.3522	83.39(α) 86.27(β) 71.01(γ)	—
$C_{40}H_{24}:(PF_6)_{1.1} \times 0.8(CH_2Cl_2)$	—	—	正交晶格	0.4285	1.2915	1.4033	—	—
$(TTT)_2:I_2$, $(C_{18}H_8S_4)_2:I_3$	—	—	正交晶格	1.8394	0.4962	1.8319	—	—
$C_6H_4S_4:Br_{0.7}$	—	—	单斜晶格	1.5617	1.5627	0.3572	91.23	—
$K:C_{12}H_4N_4$	—	—	单斜晶格	0.7084	1.7773	1.7859	—	—
$C_6H_4S_4:C_{12}H_4N_4$	—	—	单斜晶格	1.2298	0.3819	1.8468	104.46	—
$C_5H_4S_4:C_6Cl_4O_2$	—	—	单斜晶格	0.7411	0.7621	1.4571	99.20	—

B 导电机理

（1）单分子固体。C_{60} 是典型的分子固体，其分子和晶体结构如图 3-22 所示。一般单一类型分子组成固体是范德瓦尔斯晶体，不同单元分子间波函数交叠很少，使分子外层电子轨道形成窄的能带；因为分子之间电子交叠很少，这种有机固体的光谱特征与分子本身稀溶液的光谱特征很相似。

蒽是研究得最早的有机半导体材料，其晶体结构示于图 3-22（c），它的外层 p_z 电子形成一个成键分子轨道（π，MO）和一反键分子轨道（π^*，MO）并在晶格中形成窄的能带。在非掺杂原生相中这些分子固体是半导体，π 带填满电子，π^* 带是空的，与无机半导体的价带被填满而导带是空的情况相似。这些有机固体的电子带隙是可变的，它取决于分子的最高被填充的分子轨道和最低的未被填充的分子轨道；这为人们从化学上设计所需要的带隙提供了可能，也就是通过改变分子结构来调整其电子结构。

一般来说，分子固体中没有载流子，因许多小分子单元形成的有机半导体的带隙大于 3eV；另外，有机半导体中的激发是被库仑作用束缚在分子上的电子-空穴对（分子上的弗伦克尔激子），这种有很强束缚性和局域化的电子-空穴对，形成局域化的激子能级，这就与无机半导体中的情况明显不同。无机半导体中被激发的电子和空穴在室温时一般都是自由的。

材料的电导率 σ 可表示为：$\sigma = Zen\mu$。式中，Ze 为载流子静电荷；n 为载流子浓度；μ 为其迁移率。鉴于分子固体带隙较大，激发是弗伦克尔激子（一种库仑束缚的类氢、电

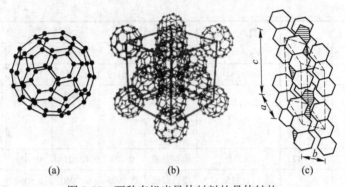

图 3-22   两种有机半导体材料的晶体结构

(a) C_{60} 的分子结构[15]；(b) C_{60} 的晶体结构（立方）；(c) 蒽的晶体结构

中性粒子）。主要因热激发而产生的载流子浓度可忽略不计。在许多分子固体中，一个分子上的电子激发立即伴随着分子配位的结构松弛，它又进一步降低了总能量，而起着陷阱的作用；所有这些因素都限制了载流子的产生和运动。也说明了为什么绝大多数非掺杂有机固体材料是绝缘体。

与无机半导体材料类似，通过掺杂可从中性有机分子得到载流子，提高载流子浓度以增加电导率。掺杂方法有化学掺杂、电化学掺杂和光掺杂。化学掺杂是通过氧化（从分子半导体中"抽出"电子）和还原（向分子半导体中"注入"电子）净反应是形成盐。典型的氧化剂有 I_2，$FeCl_3$；典型的还原剂为碱金属。C_{60} 在碱金属蒸气中常用 K 通过还原反应进行化学掺杂：$C_{60} + 3K \rightarrow C_{60}^{3-} + 3K^+$，阳离子 K^+ 并入 C_{60} 立方晶格的间隙位置，所得 K_3C_{60} 盐不仅具有一定导电性而且在低温下可成为超导体。电化学掺杂是通过电解进行的，通过调整电化学法拉第电流的大小可监控材料中的载流子浓度。光掺杂是利用光照将电子从一个分子"转移"到另一个分子上去。这意味着单分子固体中，同类分子必须具有一个稳定的阳离子状态和一个稳定的阴离子状态。光激发首先在分子上产生分子激子，为光激发产生的电荷转移到不同分子上并可使它们自由运动，必须克服库仑束缚作用（其能量约为几百毫电子伏）。光激发激子可能成倍的复合，会严重影响光生载流子浓度。光掺杂所用光子能量大于激子的库仑束缚能就可产生载流子。另外，激子-激子湮灭，激子在杂质陷阱上的离解也都可产生载流子。如对分子固体薄膜施加电场，可帮助激子克服库仑"势垒"，而得到被电场增强的光电流。

（2）给体-受体电荷转移固体。这是一类含有两类不同分子的分子固体。分子对有这样的电子能级——允许单元之间发生电荷转移反应。这种电荷转移有两种情况：基态上的瞬时电荷转移和激发态中的光感生电荷转移，于是给体分子带正电，受体分子带负电。一种熟知的形成基态电荷转移晶体（晶格中给体、受体是一维堆积）的材料系统是 TTF-TCNQ。不在基态而在光激发态上发生电荷交换的给体-受体材料系统也是一类重要的 CT 复合材料，它们在太阳电池方面可望得到应用，它们可转移激发能或光激发电子，其工作原理与天然绿色植物光合作用中心的工作原理类似。可进行光激发电子转移的材料系统的一个实例是低聚噻吩和 C_{60}。

（3）共轭聚合物。一种长的 π 共轭大分子值得关注：反式多炔（PA）有两个能量上简并的基态结构，具有反转的双键-单键构序，这两相之间的边界区代表了一种"拓扑学"孤子，如图 3-23 这种孤子沿着链几乎可自由移动，同时使晶格发生畸变。通过掺杂、抽出或注入的电子，可得到携带电荷的孤子。带电荷孤子和电中性孤子之间发生相互作用可形成极子或双极子；光激发可产生这样有高度移动性的载流子。一般情况下，在这些一维系统中沿聚合物主链离域化倾向和晶格弛豫

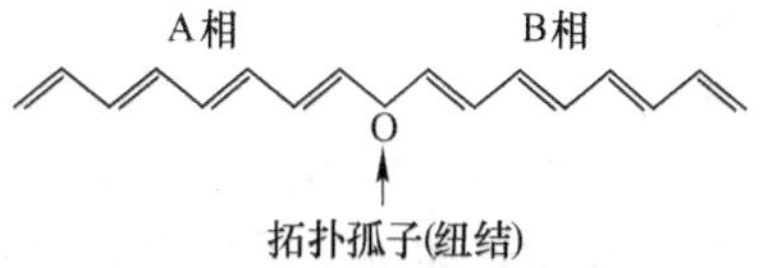

图 3-23 线性反式多炔的主链的拓扑学孤子

可增强光生电荷的稳定性（与小分子有机晶体情况相比）。共轭聚合物半导体的电导率主要限制因素是载流子迁移率。大分子固体中有高浓度缺陷，这些缺陷造成的无序化是载流子迁移率很低的主要原因，其基本原因可用热力学加以简要说明：每摩尔结晶单元的结晶自由能 ΔF_c 表示为：

$$\Delta F_c = \Delta H_c - T\Delta S_c \tag{3-19}$$

式中，ΔH_c 和 ΔS_c 分别为结晶焓和熵。因为分子间作用力是弱的范德瓦尔斯力，同共价晶体、离子晶体和金属固体比较，分子固体中的结晶焓很小；而高度完整结晶聚合物固体则需付出大的熵。这样在带有几乎可自由旋转的支链的长链中无序化比小分子中强烈的多，也比共价晶体和离子晶体中强烈得多。低的结晶焓和大的结晶熵这两种因素使聚合物分子固体中结晶自由能很小，由此造成无序化导致自由载流子的局域化，从而限制了它的电导率。

C 有机半导体材料特点

从材料应用角度看，有机半导体材料具有的特点：（1）分子之间微弱的范德瓦尔斯力，这使有机分子晶体对外界环境不很敏感，往往可在空气中进行加工，无需超洁净环境。（2）材料和器件加工工艺较简单，一般可采用 LB 膜技术、浸涂法、气相输运法、甩膜法、分子自组装技术等制备，无需无机半导体材料中的切割、磨片和抛光等工序。（3）易于制备大面积材料，所制薄膜材料有柔性、可弯曲。（4）材料的电学、光学性质可通过化学合成、掺杂技术、分子工程技术等进行调整而使其适合某种特定应用。用电子束或离子束辐照也能改变某些有机薄膜的光电性质，甚至通过这些束扫描，可在有机薄膜上直接制备光电器件或内连线。（5）由于有机分子间互相作用较弱，也较易制作有机/有机材料、有机/无机材料异质结以及超晶格、量子阱结构。所有这些都使有机半导体材料和器件具有大批量低成本生产的潜力。虽然有机半导体器件目前还不能与相应的无机半导体器件竞争，但对有机半导体材料和器件的研究取得了很大进展，有的器件有逐渐取代相应无机半导体器件的趋势，如全色平板显示用有机发光二极管 OLED、有机薄膜晶体管（有机场效应晶体管 OFET）等。有机半导体材料还可用于制备太阳电池、光二极管、激光器等。

3.1.3 第三代半导体材料

主要是以氮化镓（GaN）、碳化硅（SiC）、金刚石、Ⅱ-Ⅵ族化合物半导体材料氧化锌（ZnO）为代表的宽禁带（禁带宽度 $E_g > 2.3eV$）。

3.1.3.1 GaN 及Ⅲ族氮化物

GaN 是 1928 年被合成的二元化合物，其形成焓为 104.2kJ/mol。GaN 化学性质稳定，常温下不溶于水、酸和碱。真空中，1270K 温度下开始离解。GaN 的带隙与温度的关系可

表示为：

$$E_g(T, \text{K}) = 3.505 - 5.08 \times 10^{-4} T^2/(996-T)$$

非掺杂 GaN 中施主主要是 N 空位（V_N），杂质 O 也可能是一个重要施主。人们对 n 型 GaN 输运性质进行了大量研究后，用 Mg 掺杂已成功制出了 p 型 GaN。Ⅲ族氮化物键能较大（AlN 2.28eV；GaN 2.2eV；InN 1.93eV），使这三种材料熔点较高。又由于 N 的共价半径较小（N 为 0.07nm，而 As、P 分别为 0.11nm、0.118nm）使这三种氮化物的晶格常数也较小（闪锌矿结构的 AlN、GaN、InN 的晶格常数分别为 0.438nm、0.452nm 和 0.498nm），热力学稳定的这三种材料都是纤锌矿结构，一般研究工作也是针对纤锌矿结构的。由于键能较大，欲生长其高质量外延层，须使Ⅲ族原子有很好的表面迁移性，因而需要较高的外延生长温度。

GaN 能抵抗某些扩展缺陷的有害影响。GaN 基外延材料由于晶格失配（一般用蓝宝石或 SiC 为衬底），其位错密度可达 10^8cm^{-2} 以上，但所制激光二极管 LD 和 LED 的寿命仍可达 10^4 h 以上，并未很快退化。GaN 中主要施主 V_N 的离化能为 42meV、29meV、17meV；有 -110meV 的深施主。主要受主有：V_{Ga}、V_{Hg}、V_{Zn}、Zn 占 Ga 格点、Zn_{Ga}、Zn 占 N 格点 Zn_N，其离化能分别为：225meV、410meV、480meV、370meV、650meV。

3.1.3.2 碳化硅

半导体材料 SiC 晶体是 Si、C 按原子比 1:1 形成的化合物；它是ⅣB族元素中所形成的唯一的四面体结构化合物。Si、C 可按其他原子比形成多种化合物，如：SiC_2、SiC_3、SiC_5、SiC_6、SiC_7、Si_2C、Si_2C_2、Si_2C_3 等。在隔绝空气时加热到 2700℃ SiC 开始升华、分解；在空气、水蒸气中加热到 1000℃ 开始氧化，在表面形成一层稳定的 SiO_2。SiC 化学性质比较稳定，不溶于水、醇和酸，能溶于熔融碱：$SiC + 4KOH + 2O_2 \rightarrow K_2SiO_3 + K_2CO_3 + 2H_2O$。

从结晶学观点看，SiC 是种独特的化合物，它有多个晶型，已发现的晶型有 200 多种，这些晶型可分为立方型（C）、六角型（H）和菱形（R）三大类。第三类晶型可认为是一种超晶格结构：具有立方对称性和六角对称性的原子层沿 c 轴按一定方式堆垛而成。立方 3C-SiC 也称为 β-SiC；4H-SiC，6H-SiC，15R-SiC 又统称为 α-SiC。目前在文献中所涉及的 SiC 晶体，有 95% 为 3C、4H 和 6H 三种晶型，这三种晶型的基本性质列于表 3-13。图 3-24~图 3-27 给出了 SiC 的若干性能参数与温度的关系。SiC 由于具有良好的电学、力学、热学性质，且其单晶材料表面态密度较小（$10^{10} \sim 10^{11}/\text{cm}^2$），SiC-SiO₂ 界面上复合速度较低，有优良的抗辐射性能等，是很有应用前景的大功率高温器件材料。

表 3-13 SiC 的基本性质

性质	3C-SiC	4H-SiC	6H-SiC
晶体结构	闪锌矿	纤锌矿	纤锌矿
晶格常数/nm	0.43596	$a = 0.3073$, $c = 10.053$	$a = 3.0806$, $c = 15.1173$
密度/g·cm⁻³	3.214	3.211	3.211
熔点/K	约 3100（3.5MPa）	约 3100（3.5MPa）	约 3100（3.5MPa）
带隙（间接）/eV	2.36	3.23	3.0

性质		3C-SiC	4H-SiC	6H-SiC
有效状态密度/cm^{-3}	导带	1.5×10^{19}	1.7×10^{19}	8.9×10^{19}
	价带	1.2×10^{19}	2.5×10^{19}	2.5×10^{19}
电子有效质量 m_o		0.68（纵向），0.25（横向）	0.29（纵向），0.42（横向）	2.0（纵向），0.42（横向）
空穴有效质量 m_o		0.6	约1	约1
迁移率/cm$^2\cdot$(V·s)$^{-1}$	电子	≤800	≤900	≤400
	空穴	≤320	≤120	≤90
电子热速度/×10^7 cm·s^{-1}		2.0	1.9	1.5
空穴热速度/×10^7 cm·s^{-1}		1.5	1.2	1.2
击穿电场/×10^6 V·cm^{-1}		约1	3~5	3~5
介电常数	静态（ε_0）	9.72	9.66（⊥c轴）10.03（∥c轴）	9.66（⊥c轴）10.03（∥c轴）
	高频（ε_∞）	6.52	6.52（⊥c轴）6.70（∥c轴）	6.52（⊥c轴）6.70（∥c轴）
	红外折射率	2.55	2.55（⊥c轴）2.59（∥c轴）	2.55（⊥c轴）2.59（∥c轴）
折射率与波长的关系（467nm<λ<691nm）			2，55378+34170λ^{-2}	
热导率/W·(cm·K)$^{-1}$		3.6	3.7	4.9
热胀系数/×10^{-6}K^{-1}		约3.8	—	4.3（⊥c轴）4.7（∥c轴）
莫氏硬度		9.5	9.5	9.5
努氏（Knoop）微硬度/GPa		28.8±3.5	28.8±3.5	28.8±3.5
弹性常数/GPa		—	—	$C_{11}=500$，$C_{12}=92$，$C_{33}=564$，$C_{44}=168$
弹性模量/GPa		410	—	—
（抗）磁化率			—80.4×10^{-6}标准国际单位/g·mol	

3.1.3.3 金刚石

金刚石是碳结晶为立方晶体结构的一种材料。在金刚石结构中，每个碳原子以共价键与相邻的四个碳原子相连，并组成一个四面体，这样每个四面体实际上是一个巨大的刚性分子。金刚石晶体中碳原子半径小（0.077nm），因而其单位体积键能很大，是它比任何其他材料硬度都高；小的原子量和强有力的键合使金刚石有很高的热导率。纯净的金刚石化学性质稳定，耐酸、碱腐蚀，在高温下也不与浓氢氟酸、硝酸和 $HClO_3$ 发生反应，只在

Na$_2$CO$_3$、NaNO$_3$、KNO$_3$的容器中或与 K$_2$Cr$_2$O$_7$ 和浓硫酸混合液一起煮沸时才可被腐蚀。

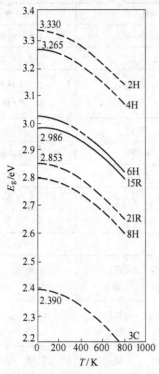

图 3-24 几种晶型 SiC 的带隙与温度的关系

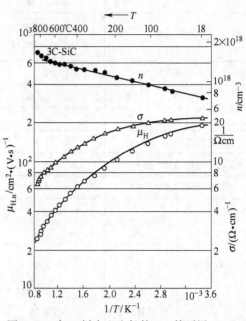

图 3-25 在 Si 衬底上生长的 SiC 外延层（3c）
的电导率、电子浓度和电子霍尔迁移率
与温度的关系

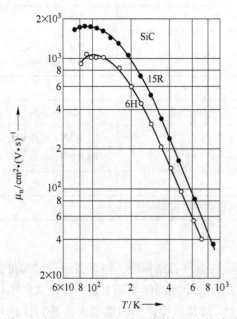

图 3-26 6H/15R SiC 电子迁移率与温度的关系

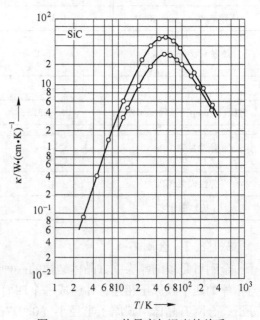

图 3-27 6H-SiC 热导率与温度的关系

半导体金刚石在室温时，间隙为 5.5eV，为间接跃迁型。100~700K 温度范围内，其带隙与温度的关系式可表示为：

$$E_g(T) = (0.182 + 8.28 \times 10^{-9}T^2)^{-1} \qquad (3\text{-}20)$$

金刚石中主要受主杂质是 B，施主杂质则主要是氮，半导体金刚石的其他主要性质列于表 3-14 中。

表 3-14 半导体金刚石的主要性质

性质	参数	性质	参数
带隙（300K）/eV	5.5	介电强度/（MV/cm）	10
饱和电子速度/×10^7cm·s^{-1}	2.7	折射率	2.4099（656.3nm）
电子迁移率/cm^2·（V·s）$^{-1}$	2200	—	2.7151（226.5nm）
空穴迁移率/cm^2·（V·s）$^{-1}$	1600	相对介电常数	5.5

3.1.3.4 Ⅱ-Ⅵ族化合物半导体材料

A 概述

Ⅱ-Ⅵ族化合物半导体材料指元素周期表中ⅡB 族元素（Zn、Cd、Hg）与ⅥA 族元素（O、S、Se、Te）所形成的二元化物半导体材料，它们的基本性质列于表 3-15。在 Hg 的化合物中，除 α-HgS 外都是半金属。它们在室温下的稳定结构为闪锌矿或纤锌矿结构（除 HgS 外）。闪锌矿晶格的主要解理面是 {110} 面或 {010} 面，而纤锌矿晶格的主要解理面为 {0001} 面或 {1010} 面。纤锌矿结构中的 ⟨0001⟩ 方向与闪锌矿中的 ⟨111⟩ 方向一样，是有极性的方向，因为沿 ⟨0001⟩ 方向的原子而是由Ⅱ族原子和Ⅵ族原子交替构成的。

表 3-15 Ⅱ-Ⅵ族化合物半导体材料的基本性质

材料	晶体结构	晶格常数/nm	带隙/eV	迁移率/cm^2·（V·s）$^{-1}$ 电子	空穴	介电常数 ε_0	ε_∞	密度/g·cm^{-3}
ZnO	纤锌矿（W）	$a=0.3250$ $c=0.5207$	3.2	100~1000	180	8.75 7.8	3.75，//c 轴 3.70，⊥c 轴	5.68
ZnS	闪锌矿（S）	0.5409	3.66	600	40	8.37	5.13	—
	W	$a=0.3823$ $c=0.6260$	3.74~3.88	165~280	100~800	9.6	5.13~5.7	4.09
ZnSe	S	0.5668	2.72	500~625	28~30	9.1	6.3	5.26
	W	$a=0.4003$ $c=0.6540$	—	560	110	—	—	5.28
ZnTe	S	0.6102	2.2	340	100~120	9.3	6.9	5.64
	W	$a=0.4273$ $c=0.6989$	2.80~2.83	—	—	10.1	7.28	—
CdS	S	0.5833	2.31					
	W	$a=0.4136$ $c=0.6714$	2.41	300~350	15~40	9.12 8.45	5.32，//c 轴 5.32，⊥c 轴	4.83

续表 3-15

材料	晶体结构	晶格常数/nm	带隙/eV	迁移率/cm² · (V · s)⁻¹		介电常数		密度/g · cm⁻³
				电子	空穴	ε_0	ε_∞	
CdSe	S	0.6480	1.66~1.74					
	W	$a = 0.4300$ $c = 0.7002$	—	450~950	10~50	10.20 9.33	5.96, //c轴 6.05, ⊥c轴	5.67
CdTe	S	0.6481	1.47	500~1000	70~120	10.26	7.3	5.86
HgS	α-HgS	$a = 0.4149$ $c = 0.9495$	2.1	30~45, //c轴 10~13, ⊥c轴	—	23.5 18.2	7.9, //c轴 6.3, ⊥c轴	8.19
	β-HgS	0.5852	半金属	250				
HgSe	S	0.6085	(半金属) 0.12	5000		25.6	15.9	8.24
HgTe	S	0.6453	半金属	26500	700 (90~120K)	20	14	8.08

与Ⅲ-Ⅴ族化合物相比，Ⅱ-Ⅵ族化合物离子健成分更多，大多数化合物熔点也较高，熔点时的蒸气压也较高。这种化合物两种组元都有较高的蒸气压，使这些化合物生长单晶较为困难。Ⅱ-Ⅵ族化合物半导体的能带均为直接跃迁型，带隙比周期表中同一行的Ⅲ-Ⅴ族化合物的带隙大，如 ZnSe 的带隙（2.7eV）大于 GaAs 的带原（1.43eV）。与Ⅲ-Ⅴ族化合物类似，随着平均原子序数 Z 的增加，其带隙 E_g 逐渐变小。较大带隙Ⅱ-Ⅵ族化合物的带隙与温度的关系可表示为：

$$\frac{dE_g}{dT} = -2sk_B \tag{3-21}$$

式中，s 为无量的常数；k_B 为玻耳兹曼常数。室温下，由于大部分材料带隙较大，其本征载流子浓度都很低，其电导主要是由缺陷引起的。即有 $n \geq n_i \geq p$ 或 $p \geq n_i \geq n$。CdTe 的本征载流子浓度 n_i 为 $7 \times 10^5 cm^{-3}$。本征缺陷与偏离化学配比有关，过剩Ⅱ族原子和过剩Ⅵ族原子分别起施主和受主作用。

B　光学性质

Ⅱ-Ⅵ族化合物的反射系数 R、吸收系数 α 与光的波长 λ 密切相关。对于 $h\nu > E_g$ 的光，α 的数量级为 $10^4 \sim 10^5 cm^{-1}$，这与其较大的直接带隙有关。R 与 $h\nu$ 的关系曲线中有若干较宽的峰；它们与价带和导带之间的跃迁有关。当 $h\nu < E_g$ 时。吸收系数 α 急剧下降；当 $h\nu <$ 0.1eV 时，α 约 $1 cm^{-1}$。这些化合物晶体在可见光下的外观与其本征吸收边的位置有关。如 ZnO 和 ZnS 的吸收边在紫外，故这两种晶体是透明、无色的。CdSe 和 CdTe 的吸收边在红外，其晶体呈灰色，不透明。吸收边处于可见光波段的其他Ⅱ-Ⅵ族化合物随着 E_g 减小，晶体的颜色由黄色（ZnSe）到暗红（ZnTe）在吸收边之间，晶格吸收开始起作用，吸收结果主要来自光子与自由载流子相互作用，对某些载流子浓度较低的化合物这一范围内 α 值为 $10^{-2} cm^{-1}$，对于带内与自由载流子激发相关的吸收，α 近似与载流子浓度成正比，与波长的关系为：$\alpha \sim \lambda^S$（S 与散射机制有关），对于载流子浓度约为 $10^{17} cm^{-3}$ 的 CdS、CdSe，S 值为 2.5~3.5。除了高载流子浓度样品外，在吸收边和晶格吸收开始之间

范围内，每种化合物的 R 值随 $h\nu$ 下降而单调地下降到一限制值，在此范围内：

$$R = (n_r - 1)^2 / (n_r + 1)^2 \qquad (3\text{-}22)$$

式中，n_r 为折射率。在 $\lambda = 10\ \mu m$ 时，Ⅱ-Ⅵ族化合物的室温 n_r 值为 2.1～2.7。即使对那些吸收可以忽略的样品，由于反射损失，其透过率明显下降，在不考虑干涉效应的情况下，受反射率限制的透过率：

$$T = (1 - R)^2 / (1 - R^2) \qquad (3\text{-}23)$$

与晶格振动模（声子）激发相关的晶格吸收比较明显——当 $h\nu$ 减小到可同最大声子能量相比较时，对 ZnS 和 CdS，晶格吸收的范围是两倍于纵向声学声子能量（ZnO 为 0.06eV，CdTe 为 0.021eV）到大约两倍于横向声学声子能量（约 0.01eV），在该范围内有若干个吸收峰，其最大峰在相当于横向光学（TO）声子能量处，其吸收系数 $\alpha > 10^3$ cm^{-1}。在晶格吸收范围内，随着 $h\nu$ 减小，R 逐渐减小，到接近于零，在大约达到 TO 声子能量时，R 急剧上升到 0.8 甚至更大，然后再缓慢地下降到 0.2～0.3。

由于光照而产生光电导是半导体材料可用于光探测的一个重要原因。对用于可见光辐射探测的Ⅱ-Ⅵ族化合物，如 CdS、CdSe 及其一些固溶体的光电导性能进行了广泛的研究。Ⅵ族 Cd 化合物在用于可见光辐射探测时，由于深受主（例如 Cu）杂质所产生的光电导有可能超过本征光电导。对 $h\nu < E_g$ 的光子的吸收，可将电子从某些施主能级激发到导带而不产生空穴。在硫属 Cd 化合物中，可通过引入光敏中心而大大提高其光电导率。这些中心俘获空穴的概率很大，而后再俘获电子的概率很小。这种光敏中心是 Cd 空位（V_{cd}）与一种离化施主杂质的复合体。在经敏化的 CdS 样品中，电子寿命可大于 1000μs，而空穴寿命小于 10^{-3}μs；在完整性很好的晶体中，这两种载流子的寿命均约为 1μs。

Ⅱ-Ⅵ族化合物的光致发光 PL 谱与光子能量 $h\nu$ 的关系，同样品中的缺陷和杂质密切相关，掺入某些Ⅰ族深受主杂质（尤其是 Cu）可作为激活剂，Ⅲ族和Ⅶ族浅施主杂质可作为共激活剂，以及掺入过渡族元素杂质（特别是 Mn），可以得到所需的发光性能。带边发射中的尖锐发射线与激子复合有关，例如，CdS 中的蓝光带边发射起源于束缚激子复合。带边发射也可由自由载流子转换为施主或受主，或施主-受主对复合（电子从施主跃迁到受主）而发生。在光子能量明显低于 E_g 时，常常观察到宽的发射带，其中一种机理是施主（受主）-深受主（深施主）对的复合。例如，在几乎等量掺 Cu、掺 Al 的 ZnS 中观察到的绿光发射带就是由于 Cu-Al 对的复合，在标称非掺杂或掺入施主杂质的 ZnS、ZnSe 和 CdS 材料中观察到自激发发光，这种发光（ZnS 是发蓝光）与阳离子空位同相邻阴离子格点上的施主杂质所形成的受主中心有关。

大多数阴极发光研究是对粉末和薄膜样品进行的用高能电子轰击可激发电子-空穴对，所得发光谱与 $h\nu > E_g$ 时所得 PL 谱类似。ZnS 的功率转换效率约 25%（掺 Al 和 Cl 时发蓝光，掺 Cu 和 Cl 时发绿光）。对所有硫属 Zn、Cd 化合物单晶薄膜样品用电子束激发都获得了激光发射，光子能量接近 E_g 的发射谱由很窄的谱线构成，它是由激子复合产生的。

C 自补偿

在大多数Ⅱ-Ⅵ族化合物中，都存在着自补偿现象，如 ZnS、CdS、ZnSe、CdSe，一般只能制得其 n 型材料，而 ZnTe 只能制得 p 型材料。这是因为掺入杂质被同时引入的具有相反电荷的缺陷中心所补偿，例如，掺入施主杂质时是伴随着出现受主型空位，施主所释放出的电子被受主俘获不能进入导带，掺杂"失效"。

根据经典补偿理论，Ⅱ-Ⅵ族化合物中的主要补偿中心是金属空位和硫属元素的空位，但在许多实验中并未观察到"单独"的金属离子空位，而只有起受主作用的金属离子空位与施主杂质的复合体。有的杂质本身就是"两性"的，例如，ZnSe 和 CdS 中掺 Li，Li 占 Zn 格点时是受主，但也可处于间隙位置而成为施主并补偿受主 Li_{zn}。马法林提出了一种新的补偿模型：(1) 高温下，材料中存在中性的和电离的点缺陷，它们影响杂质的掺入；(2) 晶体在从生长温度冷却到室温过程中，空位与杂质相互作用形成复合体和沉淀，其他点缺陷则消失在表面或位错处，材料的电学性质只与沉淀之外的杂质相关。另外，化合物的化学键和离子半径也与材料的自补偿度有关：一般来说，离子键成分大的化合物自补偿度大离子半径 (r) 越小，空位形成焓越小，易于形成空位，如 CaS 中，$r_{s^{2+}} < r_{Cd^{2+}}$，故易形成 S 空位 V_s，V_s 为施主，在 CdS 中掺入受主通过掺杂制得 p 型材料。

由经典的自补偿理论可得出一种简单的定量描述材料的自补偿度的方法，即：$E_g / \Delta H_v \geqslant 1$，自补偿度大，不易制成 n 型或 p 型材料，而 $E_g / \Delta H_v < 1$（准确些是 $E_g / \Delta H_v < 0.75$）自补偿度小，易于在热平衡条件下，制得其 n 型或 p 型材料（E_g、ΔH_v 分别为材料的带隙和空位形成焓）。

通过非平衡过程（如离子注入）或在低温下掺杂可以解决一些材料的自补偿问题。这是由于前者可不受杂质溶解度限制，后者则避免了补偿中心的形成。例如，在 ZnS 中注入 Ag、P 离子已制得 p 型 ZnS；在 ZnTe 中注入 F、Cl 离子，制得了 n 型 ZnTe。

3.1.4　第四代半导体材料

半导体超晶格、量子结构、多孔结构等微结构材料可归属于第四代半导体材料。微结构材料是指材料尺寸在 1~3 个维度上降低到纳米量级（相近于或小于电子的平均自由程或德布罗意波长）而具有量子效应的材料，也称作纳米半导体材料或量子工程材料。在一般体材料中，载流子的运动在三个方向上都是自由的，不受约束的，称它们为三维材料。载流子在一个方向上、两个方向上、三个方向上的运动受到约束的情况分别对应于超晶格、量子阱材料、量子线材料和量子点材料。

3.1.4.1　半导体超晶格

1969 年 IBM 公司的江畸和朱兆祥首先提出的超晶格的概念。它是由两种或两种以上组成（或导电类型）不同、厚度 d 极小的薄层材料交替生长在一起而得到的一种多周期结构材料。薄层厚度 d 远大于材料的晶格常数 a，但接近于或小于电子的平均自由程（或其德布洛意波长），这是一种在原来自然晶体晶格的周期性结构上又叠加了一个很大的人工周期（故谓之超晶格）的新型人造材料。由于增加了这一超晶格势场，使原来晶格周期性势场受到扰动而使能量结构发生变化——动量空间中对应的布里渊区变小，原来边界为 π/a 的布里渊区分裂为一些边界为 π/d 的小布里渊区，在超晶格生长方向上（垂直于薄层平面的方向），载流子能量是量子化的（量子尺寸效应），原来材料的连续抛物线型能带分裂成许多由一系列子禁带隔开的子能带。目前，大体上将其半导体超晶格分为组分超晶格、掺杂超晶格、应变超晶格等几类。

(1) 组分超晶格。组分超晶格是由两种不同组分的半导体所形成的超晶格材料。由于两种材料的能带在异质结界面处"对接"情况不同，又有第一类超晶格（Ⅰ型超晶格），第二类（Ⅱ型）超晶格和第三类（Ⅲ型）超晶格之分，如图 3-28 所示，这些超晶格的性质主要取决于异质结界面上能带的不连续性。图 3-28 中，左、右为各类相应超晶格的能带结构和类型，中为异质结界面附近能带弯曲和载流子限制情况。

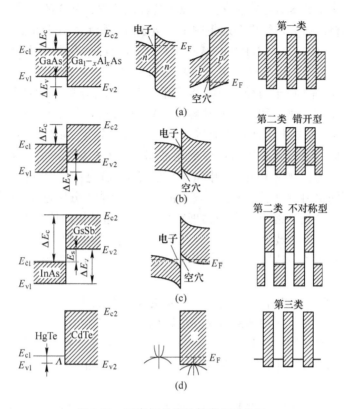

图 3-28 三类超晶格的能带相对位置

1）第一类（I 型）超晶格。图 3-28（a）中，以 GaAs/GaAlAs 为代表说明这类超晶格的特征：界面处两种材料的能带完全交叠，且小带隙材料 A（GaAs）的禁带完全"落"在大带隙材料 B（GaAlAs）的禁带中。A 是载流子的势阱，B 则是两种载流子的势垒；也就是说，电子和空穴都限制在同一材料中，电子跃迁概率较大。导带底的能量不连续值 ΔE_c 与价带顶能量不连续值 ΔE_v 为一正一负；带隙差 $\Delta E_g = |\Delta E_c| + |\Delta E_v|$。GaAs/GaAlAs 超晶格是研究得最早、最深入、最先得到器件应用的半导体超晶格材料。另外一些重要化合物半导体所形成的超晶格，如 InP/InGaAs（P），GaSb/AlAs，GaAs/GaP 等也属于 I 型超晶格。界面处能不连续值 ΔE_c，ΔE_v 决定了电子和空穴势阱的深度，是决定超晶格性质的重要参数。载流子在势阱中的运动，即在薄层平面（x，y 平面）内的运动是自由的，沿垂直于薄层方向（超晶格生长方向）即 z 方向的运动受限制，其能量是量子化的：

$$E_n = \frac{h^2}{2m^*}\left(\frac{n\pi}{L_z}\right)^2 \ (n = 1,\ 2,\ 3,\ \cdots) \tag{3-24}$$

式中，m^* 为载流子有效质量；L_z 为阱宽即 A 层的厚度。势阱中的载流子形成二维载流子气；它们在势阱中的能量分布构成了以量子化分立能级 E_n 为起点的子能带，可表示为：

$$E = E_n + \frac{h^2}{2m^*}(K_x^2 + K_y^2) \tag{3-25}$$

式中，K_x，K_y是 x，y 方向波矢。当许多单个势阱结合在一起，且势垒宽度较小时，相邻势阱中 z 方向分立量子化能级会相互耦合展宽形成微带，超晶格就是这种情况。如果势垒层较厚，相邻势阱中波函数不发生交叠，量子化能级仍保持分立的能量值，这种结构就是多量子阱。超晶格的研究往往更多地集中于对量子阱的研究。新型超晶格、量子阱器件的研制多集中于 GaAs/GaAlAs、InP/InGaAs（P）、GaN/AlGaN 等材料系统。

2）第二类（Ⅱ类）超晶格。这类超晶格材料又分为两种情况：错开型和不对称型（也称反转型），分别对应于两种材料的禁带部分交叠和完全隔开的情况，如图 3-28（b）所示。两种载流子的势阱分别在两种材料中。ΔE_c 和 ΔE_v 符号相同，带隙差 $\Delta E_g = |\Delta E_c - \Delta E_v|$。如 InAs/GaSb 异质结界面的能带，InAs 导带底处于 GaSb 价带顶之上，相差 E_s，为不对称型，它们的三元固溶体所形成的超晶格 $In_{1-x}Ga_xAs/GaSb_{1-y}As_y$ 界面能带为交错型。在这类超晶格中，载流子在势阱中量子化能级的位置会随层厚度和材料组分 x、y 值而改变，处于不同材料中电子子带和空穴子带的位置可能十分接近而发生强烈的相互作用而呈现出一些第一类超晶格所没有的物理特性。这类超晶格的能带结构与超晶格周期有关，随着周期增多，由于载流子的量子化能级的相对位置随周期变化，其导电性会随半导体变为半金属。利用这一特性，可以人工设计适合某种特定应用的小带隙半导体和半金属材料。

3）第三类（Ⅲ类）超晶格。带隙为 0 的 HgTe 和较大带隙 CdTe 所组成的超晶格。超晶格的有效带隙可通过改变超晶格的周期加以调整，使其在 $0 \sim 1.6eV$（CdTe 带隙）之间变化，由于调节厚度比调节组分容易，所以 HgTe/CdTe 超晶格很适合作为重要三元固溶体 $Hg_{1-x}Cd_xTe$ 的替代材料而用于制备 $3 \sim 5\mu m$，$8 \sim 12\mu m$ 这些重要的大气窗口的探测器件。

（2）掺杂超晶格。掺杂超晶格由同一种半导体的 n 型层和 p 型层构成，一般在 n 层和 p 层间生长一本征（i）层，成为 n_ip_i 结构的超晶格，如图 3-29 所示。这类超晶格的优点是没有易于产生晶格缺陷的异质结界面。它的周期是由沿生长方向周期性变化的空间电荷势形成，其导带边和价带边呈正弦形变化，在一维周期势作用下，导带和价带也分裂成子能带，其有效带隙 E_g^{eff} 为 $n = 1$ 时电子子能带和空穴能带的能量差，随着其周期和掺杂浓度不同，E_g^{eff} 值可在 $0 \sim E_g$（E_g 为该材料的禁隙）范围内变化。掺杂超晶格最独特的性能是在外界作用下（光照或电注入），它的有效带隙和载流子浓度可在较大范围内调制。这是由于电子和空穴在空间上被分隔在不同薄层内，形成实空间的间接能带结构，使它的非平衡载流子的复合寿命比其晶体材料高几个数量级（比如对 GaAs 掺杂超晶格结构）；即使在弱光激发或小注入条件下，这种结构中也可以保持高浓度的非平衡载流子；所以可在相当大范围内调制载流子浓度。注入或光激发增加的载流子对空间电荷的补偿使空间电荷势的幅度 V_0 减小（为 V_{exc}），有效带隙 E_g^{eff} 增大（见图 3-29（b）、（c））。因此，有效带隙也是一个可以调制的参数。掺杂超晶格中电子和空穴的复合是通过图 3-29 中（b）箭头所示隧道和热激活两种渠道，（三角形）阴影区表示前一种复合的隧穿势垒；可以看到，随 V_0，E_g^{eff} 的变化，热势垒和隧道势垒都会变化，从而可对复合寿命进行调制。这样一来，就可以对超晶格的其他一些重要参数，如电导率、吸收系数、折射率等也可通过光照或电注入加以改变；因此，掺杂超晶格材料在新型光探测器、可调光源、光放大、调制和双稳等器件方面得到应用。任何半导体材料都可做成掺杂超晶格，但研究的较多的是 GaAs nipi 超晶格，其他对 InGaAs，PbTe，Si 和 a-Si 的 nipi 结构也进行了研究。随着原子层掺杂技术的发展，还研制出了导带边和价带边均被锯齿形周期调制的 nipi 结构，这种结构可大大缩短电子和空穴在实空间的距离，从而降低了其复合寿命。此外，还设计了将掺杂超晶格与组分超晶格不同的组合的，具有更复杂能带结构从而也具有新颖性能的掺杂组分超晶格材料。

（3）应变层超晶格。构成组分超晶格的两种材料，在多数情况下，其晶格是不匹配的。为扩大材料的选择范围，有必要研制晶格不匹配材料系统的超晶格结构。实际上弗兰克早在 1949 年就提出，两种材料的晶格失配可以通过弹性应变加以调节而不致在界面上产生失配位错。用现代先进的超薄层材料生长技术可以制备出晶格失配材料系统的超晶格结构——只要各层的厚度不大于某一临界厚度，就可以通过弹性应变来调节其由于晶格失配所产生的应力而不致在界面上产生失配位错，这就是应变层超晶格。由于应变层超晶格 SLS 材料不要求其组成材料晶格匹配，这就大大扩展了材料的选择范围。同时，这种超晶格的能带结构和相关的光、电性能除与组成材料有关外，还可通过层的厚度及相应的应变加以调节，

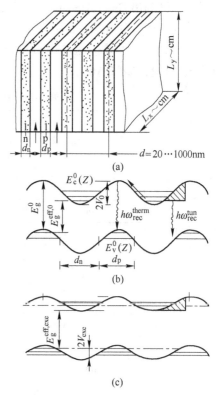

图 3-29　掺杂超晶格及其能带结构示意图
(a) 掺杂超晶格的结构图；
(b) 掺杂超晶格的能带图；
(c) 激发条件下掺杂超晶格的能带图

这对新型器件研制和基础物理研究都很有意义。已研制了Ⅲ-Ⅴ族、Ⅱ-Ⅳ族和Ⅳ族等多种材料体系的应变层超晶格材料并制出了各种器件，如用 InGaAs/GaAs 应变层超晶格材料制出了高质量探测器、激光器、发光管等光电器件和高电子迁移率晶体管等超高速电子器件。

（4）其他类型超晶格：

1）短周期超晶格。短周期超晶格是一种层厚度仅为几个原子层的超晶格结构，如 $(GaAs)_m/(AlAs)_n$ 超晶格（m，$n=1$，2，3，…），m、n 分别为 GaAs、AlAs 的层数（一般均小于 10）。这种超晶格是组成材料分子的周期性排列，其晶体结构、能带结构等性能与通常的 GaAlAs/GaAs 超晶格有较大差别；用不同 m、n 值的 $(GaAs)_m/(AlAs)_n$ 短周期超晶格分别取代相应组分的 $Al_xGa_{1-x}As$ 固溶体，可以解决其合金无序问题；还可减少掺杂 n 型 $Al_xGa_{1-x}As$ 材料中的深能级 D_x 中心。

2）非晶超晶格。这种超晶格不必考虑晶格匹配问题。主要有组分超晶格，如 α-Si：H/α-SiN$_x$：H；α-Si：H/α-Ge：H 等和掺杂超晶格，如 α-Si：H 的 npnp 结构或 nipi 结构超晶格。非晶超晶格除具有量子尺寸效应，还具有电荷转移效应和持久光电导效应等。

3）复型超晶格。复型超晶格是由 A，B，C 三种材料组成的一种超晶格材料。可通过不同的组合如 ABCABC，ABAC，ACBC 等而得到具有不同量子态和不同电学性能的超晶

格材料，已制出 GaSb-AlSb-InAs 复型超晶格。

此外，还有分数层超晶格、横向表面超晶格等。

已研制出的半导体超晶格材料很多，有Ⅲ-Ⅵ族、Ⅱ-Ⅵ族、Ⅳ-Ⅵ族、Ⅲ-Ⅴ/Ⅳ族等，有代表性材料见表3-16。

表 3-16 有代表性的半导体超晶格材料

材料族	超晶格材料	晶格失配率/%	生长方法
Ⅲ-Ⅴ/Ⅲ-Ⅴ	$GaAs\text{-}Ga_{1-x}Al_xAs$	0.16	MBE, MOVCD, CBE
	GaAs-InAs	7	MBE, CBE
	InAs-GaSb	0.61	MBE
	$In_{1-x}Ga_xAs\text{-}GaSb_{1-y}As_y$		
	GaSb-AlSb	0.66	MBE
	InAs-AlSb	1.26	MBE
	$InAs\text{-}AlSb_{0.84}As_{0.16}$	约0	
	InAs-GaSb-AlSb		MBE
	GaSb-InSb	6.29	溅射
	$InP\text{-}In_{0.88}Ga_{0.12}As_{0.26}P_{0.74}$	约0	LPE, MOVCD, CBE
	$InP\text{-}In_{1-x}Ga_xAs,\ x=0.47$	约0	MBE, MOVCD, CBE
	$GaAs\text{-}In_{1-x}Ga_xP\ (In_{1-x-y}Ga_yAl_yP)$		MOVCD
	$GaAs\text{-}GaAs_{1-x}P_x,\ x<0.5$	1.79 ($x=0.5$)	MBE, MOVCD, CBE
	GaAs-GaP, GaAl As-GaP	3.7	MBE, CBE (化学束外延)
	$GaP\text{-}GaP_{1-x}As_x,\ x<0.5$	1.86	MOVCD
	$GaP\text{-}AlP\ (Al_xGa_{1-x}P)$	0.01 ($x=1$)	CBE
	$GaAs\text{-}In_xGa_{1-x}As,\ x=0.2$	1.43	MBE
	$In_xGa_{1-x}As\text{-}In_yAl_{1-y}As,\ x=0.2$		MBE
	InGaAsSb-GaSb		MBE, MOVCD
	InGaAsSb-InAs		MBE, MOVCD
	$(InAs)_m\,(AlAs)_n$		
	$(InAs)_m\,(GaAs)_n$		
Ⅳ-Ⅳ	$Si\text{-}Si_{1-x}Ge_x,\ x<0.22$	0.92 ($x=0.2$)	MBE, CVD
	Si-Ge		
	SiC/Si		
Ⅲ-Ⅴ/Ⅳ	GaAs/Si	4	MBE, MOVCD
	InP/Si	8	MBE, MOVCD
	GaP/Si	0.36	MBE, MOVCD
	GaN/Si		
	GaAs/ Ge	0.08	MBE

续表3-16

材料族	超晶格材料	晶格失配率/%	生长方法
II-VI/II-VI	CdTe-HgTe	0.74	MBE
	CdTe-Hg$_x$Cd$_{1-x}$Te		
	CdTe-CdMnTe		MBE
	ZnTe-HgTe		MBE
	ZnSe-ZnS		MBE，MOVCD
	ZnSe-ZnSSe		MBE，MOVCD
	ZnSe-ZnMnSe		MBE
	ZnSe-ZnTe		MBE，MOVCD
	MnSe-MnTe		MBE
IV-VI/IV-VI	PbTe-Pb$_{1-x}$Sn$_x$Te，$x=0.2$	0.44	HWE（热壁外延）
	PbTe-Pb$_{1-x}$Ge$_x$Te，$x=0.03$		MBE
	PbTe-PbEuTe		MBE
	PbEuSSe-PbTe		MBE
	PbTe$_{(n)}$-PbTe$_{(p)}$		MBE

3.1.4.2 量子结构材料

超晶格材料是量子结构材料中的一种，它是一种耦合的多量子阱。如果超晶格的势垒层足够厚，使相邻势阱之间载流子波函数耦合很小，则成为一些分立的量子阱，谓之多量子阱。处于量子阱中的载流子在 z 方向（量子阱生长方向）的运动受到限制而在垂直于 z 方向的 (x, y) 平面内的运动是自由的；假定势垒高度无限大，电子在势阱中能量为一系列分立的能级。量子阱中电子和空穴的态密度与能量的关系呈台阶状而不是体材料的抛物线状。台阶的具体形状则与量子阱宽度等结构参数有关。价带顶的重空穴和轻空穴也各自形成台阶状态密度分布，其能量状态不再是简并的。

量子阱中的载流子运动只在空间一个方向受到限制，如果载流子同时在空间两个方向的运动受到限制，只能在一个方向自由运动，这种材料结构就是量子线（一维量子阱）。如果载流子运动在空间三个方向上都受到限制，则称这种材料结构为量子点（也称为量子盒，量子箱或零维量子阱）。这三种材料的结构及其状态密度与能量关系如图 3-30 所示。

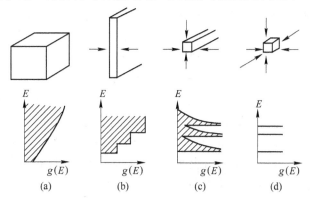

图 3-30　量子结构材料的结构、状态密度 $g(E)$ 与能量 E 的关系及与体材料的比较
（a）体材料；（b）量子阱薄层；（c）量子线；（d）量子点

由图可见：体材料、量子阱、量子线、量子点的态密度 $g(E)$ 分别呈抛物线、台阶、锯齿和 δ 函数状。总的来说，随着材料维度的降低，其态密度越来越小，也具有更优越的光、电性能。目前已研制的主要量子结构材料列于表 3-17。

表 3-17   主要的量子结构材料

材料族	量子阱材料	量子线材料	量子点材料
IV	Si-SiGe	Si, 碳纳米管	Si, Ge
III-V	AlGaAs, GaInP, InGaAs	GaAs, InAs, GaN, InGaAs	GaAs, GaN, GaSb, InAs, InP
	InGaAsP, InGaN, GaInAsSb	AlGaAs, $(GaAs)_4$ $(AlAs)_2$	InGaAs, AlGaAs, InAlAs
	InAsP, GaInNAs	$(GaAs)_5$ $(AlAs)_5$	InGaN
II-VI	ZnCdSe, CdMnTe	—	ZnTe, ZnSe, ZnS, CdSe
			ZnO, CdTe
IV-IV	—	SiC	SiC, SiGe
IV-V	—	α-Si_3N_4, β-Si_3N_4	—
IV-VI			PdSe

3.1.4.3   半导体微结构材料的主要性能及应用

由于材料特征尺寸减小及其维度的降低，使其出现一些新型的物理效应而成为制备多种新型器件的物理基础。

（1）量子尺寸（约束）效应。量子阱中电子的能量为一系列分裂的量子能级，这些能级之间的能量差 ΔE 与量子阱的宽度 W 有 $\Delta E \propto W^{-2}$ 关系；W 越小，ΔE 越大，电子沿量子阱生长方向的运动所受约束程度越强。称这种因载流子运动受约束而出现的量子能级分裂、子能带带隙增大的现象为量子尺寸效应和量子约束效应。量子阱中注入载流子的复合不再是带边复合，而是子能级的复合，以此作为有源区的量子阱激光器具有阈值电流密度低、调制速率快、温度特性和偏振特性好且发射波长可调整等优点，是理想的激光器材料。

（2）共振隧穿效应。共振隧穿效应，是指能量小于势垒高度的载流子也能穿过势垒的现象。这是 1974 年在 GaAs/GaAlAs 双势垒结构中首先观察到的。在共振隧穿中，量子隧穿概率与势垒高度、厚度、载流子有效质量、势阱宽度等因素有关。这一效应是研制共振隧穿二极管、三极管的物理基础。由于共振隧穿中电子是垂直于界面运动的，路程比平面器件短，响应更快；使这些器件在超高频振荡器和高速电路等方面有重要应用。

（3）库仑阻塞效应。这一效应首先是在金属量子点上发现的。对于总电容足够小（比如，小于 10^{-16} 法拉）的量子点系统，一旦进入一个电子，系统增加的静电能就会远大于电子的热运动能量 $k_B T$，从而阻止随后第二个电子进入该量子点，这就是库仑阻塞效应。基于这一效应可以制出多种量子器件，如单电子器件和量子点旋转门器件等。单电子器件不仅在超大规模集成电路上有着重要的应用前景，而且可用于制备超快、超高灵敏度静电计，可用于检测小于 10^{-4} 电子电荷的电量。

（4）迁移率增强效应。也称为二维电子气效应。用分子束外延等技术可以生长调制掺杂的、迁移率很高的二维电子气 2DEG 结构材料；如 GaAs/GaAlAs；在 GaAlAs 层中靠近界面掺入施主杂质，杂质电离后电子进入导带，在 GaAs 层中靠近界面的量子阱内形成二维电子气；电子与其母体——电离杂质在空间上分离开了，从而大大减少了电离杂质对电子的散射，使电子迁移率显著提高。1998 年报道 GaAs/GaAlAs 量子阱中电子低温迁移率达 $10^7 cm^2/(V \cdot s)$。

（5）室温激子的非线性光学效应。体 GaAs 材料中，激子（束缚的电子-空穴对）的束缚能很小（约 4.2meV），在室温下即已电离。而在量子阱中，电子和空穴被限制在势阱中（一般宽度小于 20nm），它们之间强的库仑作用使所形成激子束缚能增大；这种二维激子在室温下也能存在。当入射光子能量与激子能量相当时，出现很强的激子共振吸收，使量子阱材料中具有相当大的吸收系数（约 $10^4 cm^{-1}$）。由于二维激子的态密度比三维激子小，光吸收离化的电子-空穴对对激子的屏蔽作用使激子离解。故在较小光功率下，激子的共振吸收很快饱和，呈现出很强的饱和吸收非线性光学效应。利用这一效应可以制作在室温下工作的低功耗、超高速非线性光学双稳器件。

（6）量子限制斯塔克效应。对超晶格和量子阱在沿其生长方向加上外电场时，二维激子的吸收峰因场强的不同而向长波（红移）移动的现象，场强增大，位移幅度也增大，此即量子限制斯塔克效应。利用这一效应可以制出自电光效应光双稳器件和光调制器等器件。

（7）电场作用下，电子与空穴离化率比值 α/β 增大现象。$GaAs/Ga_{0.7}Al_{0.3}As$ 超晶格界面能量不连续值 $\Delta E_c = 0.45eV$，$\Delta E_v = 0.08eV$，即电子因势阱比空穴势阱大得多；因此，在外电场作用下，因运动加速从势垒（GaAlAs 层）落入势阱 GaAs 中的电子和空穴在通过异质结界面时所突然增加的能量相差很大，使它们碰撞离化率的比值 α/β 值也大大增加，可由体材料时的 α/β 约为 1 增加到 α/β 约为 10。利用这一现象可制成低噪声超晶格雪崩光电倍增管。

（8）已观察到量子阱中电子子带间跃迁和发射，波长在远红外波段，这一现象与共振隧穿效应结合起来可以制出远红外探测器和激光器。

3.1.4.4 多孔硅和纳米硅

硅是当代半导体工业的主体材料，但它是间接带半导体，发光效率很低，未来能用于制备在光子学中起关键作用的光发射器件。1990 年坎汉首次报道多孔硅在室温下有强的光致发光现象，使人们看到了用 Si 材料制作发光器件的希望，并引发了多孔硅发光研究的热潮。

1968 年丰谱瑞克等人在制备氢化多晶硅 p-Si：H 的过程中，将 Si 晶粒尺寸控制在 3nm 以下而首先制成纳米 Si，2000 年帕韦西等报道纳米硅镶嵌 SiO_2 有光增益作用，这又向 Si 基材料的光泵浦激光前进了一大步。此后，又实现了基于直径约 1nm 的纳米硅粒的微区激光，更接近于实现 Si 的光泵油激光器。

（1）多孔 Si。多孔 Si 可在 HF 为基的电解液中将 Si 进行阳极氧化而制成。其孔隙度为 60%~90%；$1cm^3$ 体积的表面积可达几百平方米，被认为是一种 Si 的量子线或量子点。多孔 Si 的光致发光效率可达百分之几。发光波长可从紫外到近红外波段，其峰值波长可通过孔密度进行调节。表 3-18 给出了多孔 Si 的发光谱。

表 3-18 多孔 Si 的发光谱

光谱范围	峰值波长/nm	光致发光	阴极发光	电致发光	发光带
紫外	约 350	有	有	无	UV

续表 3-18

光谱范围	峰值波长/nm	光致发光	阴极发光	电致发光	发光带
蓝-绿	约 470	有	有	无	F
蓝-红	400~800	有	有	有	S
近红外	1100~1500	有	无	无	IR

在表中所列发光带中，最重要的是 S 带（slow band），这种发光衰变时间长，通过电注入激发产生。F 带（fast band），衰变时间短，发光强度较大，它只在氧化的多孔 Si 中产生。经超高真空热退火的多孔 Si，室温下可发射红外光，这被认为与悬挂键有关。在软 X 射线激发下，氧化的多孔 Si 可发出强的紫外光。

p 型和 n 型两种导电类型的多孔 Si 都可发射可见光。但绝大多数研究都是采用 p 型衬底，因为阳极氧化过程需要足够的空穴。对可见光带的实验研究表明：发光峰值波长与孔隙率有关。多孔 Si 的孔隙率应在 45% 以上才能发光，孔隙率增大，发光波长向短波方向移动；但当孔隙率大于 90% 时，样品易碎，不便测量。

用阳极氧化等方法制备的多孔 Si 置于大气中会被氧化，氧化程度随时间延长而增强，氧化一年以上的时间才稳定下来。提高温度可加速氧化。未经氧化的多孔 Si，其光电性能不稳定；为得到光电性能稳定的多孔 Si，对其进行充分的氧化或用其他方法对其进行表面钝化是很必要的。

多孔 Si 室温下强的光致发光发现后不久，就报道了 M/pS/Si 层/p-Si 的电致发光（峰值波长约 700nm）。从应用角度看，电致发光比光致发光更为重要，但多孔 Si 的电致发光效率比光致发光效率（约 1%~10%）低得多，长期停留在 0.1% 以下，近年已有电致发光量子效率大于 1%，功率效率 0.37% 的报道，较接近实用化水平。

由于多孔 Si 有大的内表面积，通过电化学方法调节多孔 Si 孔隙的直径和对表面作化学修饰以控制被吸附分子的尺寸和类型，发展多种多孔硅传感器；通过测量电容、电阻、光致发光和光反射等物理参数的变化来检测有毒气体、溶剂、炸药和蛋白质等；检测灵敏度最高可达 10^{-9} 量级。

（2）纳米硅。为得到纳米 Si 镶嵌 SiO_2 或纳米 Si 镶嵌 Si_3N_4，先要制备高 Si SiO_2 或富 Si Si_3N_4；常用方法是化学气相沉积 CVD 和 Si 离子注入。所制得的富 Si SiO_2 或富 Si Si_3N_4 中超出化学配比的那部分 Si 原子以非晶纳米 Si 团簇的形式析出，经适当退火，使这些团簇晶化形成纳米 Si 晶。20 世纪 90 年代早期对纳米 Si 镶嵌 SiO_2 进行了光致发光研究，结果表明，光致发光谱的峰值与半高宽都与多孔 Si 相近。Au/纳米富 Si-SiO_2/p-Si 结构在大于 3V 的正向电压下，发光峰值波长 620~670nm，提高正向电压，发光强度增加，但峰值波长几乎不变。

氢化纳米 Si（nc-Si：H）薄膜与 α-Si：H，μc-Si：H 和 pc-Si（多晶 Si）和 c-Si（单晶 Si）比较，具有电导率高、电导激活能低等特点（见表 3-19）。nc-Si：H 具有显著的量子点特征。

表 3-19 各类 Si 材料主要性质对比

主要性质		α-Si：H	μc-Si：H	nc-Si：H	pc-Si	c-Si
结构特征	晶态体积分数/%	0	<45	53±5	>70	100
	平均晶粒尺寸/nm	0	—	3~6	—	∞
	氧原子分数/%	5~10	约 15	15~25	0	0
电学性质	室温电导率/$S \cdot cm^{-1}$	$10^{-10} \sim 10^{-8}$	$10^{-6} \sim 10^{-4}$	$10^{-3} \sim 10^{-1}$	$10^{-4} \sim 10^{-5}$	约 10^{-4}
	电导激活能/eV	0.77	0.4~0.2	0.15~0.12	0.55	0.55
	迁移率/$cm^2 \cdot (V \cdot S)^{-1}$	$10^{-2} \sim 10^{-1}$	约 10^{-1}	3~10	10~50	约 1600
光学性质	光学带隙/eV	2.02	约 1.90	1.70~1.85	—	—
	吸收系数/cm^{-1}	3×10^2 (1.3eV)	5.5×10^2	1×10^3 (1.2eV)	—	—
		7×10^2 (1.8eV)	(1.2eV)	1.2×10^4 (1.8eV)		
力学性质	压力灵敏度系数	<20	20~40	约 130	20~40	20~40

3.2 半导体功能材料

鉴于半导体材料从化学组分看，既有无机材料也有有机材料，既有元素又有化合物以及固溶体。从晶体结构上看，既有立方结构，也有纤维矿、黄铜矿型、氯化钠型等多种结构（有的材料还可具有两种以上的结构）以及非晶、微晶、陶瓷等结构。从体积上看，既有体单晶材料，也有薄膜材料，以及超晶格、量子（阱、点、线）微结构材料。从使用功能上看，有电子（微电子、电子电力）材料、光电材料、传感材料、热电制冷材料等。半导体材料是一类数量庞大的固体材料。但是，实践和理论预言表明：元素半导体有 8 种，二元无机化合物半导体有 600 多种，三元无机化合物有 400 多种；而具有可变组分的、有元素半导体和化合物半导体所组成的相应的二元、三元、四元固溶体半导体可以说有无限多种，这还没有把有机半导体材料统计在内。这些材料的绝大多数尚未被研究或较深入研究过，也没有以单晶或外延层的形式制取它们。目前，制备工艺比较成熟、研究得比较深入、得到实际应用的半导体材料数量不过几十种。这么一大类材料自然种类繁多，很难用一种分类方法使它们"各得其所"。前面就半导体材料的发展历程介绍了第一代到第四代半导体材料。下面，我们从半导体材料的功能出发，主要介绍稀磁半导体、半导体敏感材料、半导体热电材料、半导体陶瓷、半导体光电材料。最后介绍固溶体半导体材料。

3.2.1 稀磁半导体

稀磁半导体 DMS 或半磁半导体是一种兼具磁性性质和半导体性质的固溶体半导体材料。它是 AB 型化合物或三元固溶体中，部分阳离子 A 被磁性离子 M（M 为 Mn，Fe，Co，Cr 等过渡族金属元素或 Eu，Gd 等稀土元素）所取代并随机占据部分 A 子晶格的格点所形成的固溶体。自 1978 年报道的 DMS 的研究以来，DMS 固溶体就成为半导体材料和物理以及磁性材料中的重要研究领域。DMS 中共存可移动的能带中的载流子和定域化的磁矩这两个相互作用着的子系统。DMS 固溶体中，存在着具有很强的局域化自旋磁矩的顺磁离子。磁性子系统对电子子系统的影响是由于能带中的 s 电子或 p 电子与局域化（过渡族金属原子）3d 电子之间发生强烈的自旋-自旋交换作用——sp-d 交换作用；这种交换作用使 DMS 固溶体具有许多与非磁性半导体材料截然不同的性质。DMS 的基体二元化合物有 Ⅱ-Ⅵ族、Ⅱ-Ⅴ族、Ⅳ-Ⅵ族化合物半导体，有代表性的 DMS 固溶体的晶体结构、组分范围列于表 3-20。研究得较为深入的是含 Mn-Ⅱ-Ⅵ族 DMS 固溶体。

表 3-20　典型的 DMS 固溶体材料

材　料		晶体结构	组分范围
Ⅱ-Ⅵ族（Mn）	$Zn_{1-x}Mn_xS$	闪锌矿	$0<x\leqslant0.10$
	$Zn_{1-x}Mn_xS$	纤锌矿	$0.10<x\leqslant0.45$
	$Zn_{1-x}Mn_xSe$	闪锌矿	$0<x\leqslant0.30$
	$Zn_{1-x}Mn_xSe$	纤锌矿	$0.30<x\leqslant0.57$
	$Zn_{1-x}Mn_xTe$	闪锌矿	$0<x\leqslant0.86$
	$Cd_{1-x}Mn_xS$	纤锌矿	$0<x\leqslant0.45$
	$Cd_{1-x}Mn_xSe$	纤锌矿	$0<x\leqslant0.50$
	$Cd_{1-x}Mn_xTe$	闪锌矿	$0<x\leqslant0.77$
	$Hg_{1-x}Mn_xS$	闪锌矿	$0<x\leqslant0.37$
	$Hg_{1-x}Mn_xSe$	闪锌矿	$0<x\leqslant0.38$
	$Hg_{1-x}Mn_xTe$	闪锌矿	$0<x\leqslant0.75$
Ⅱ-Ⅴ族（Mn）	$(Cd_{1-x}Mn_x)_3As_2$	正方晶系	$0<x\leqslant0.12$
	$(Zn_{1-x}Mn_x)_3As_2$	正方晶系	$0<x\leqslant0.15$
Ⅳ-Ⅵ族（Mn, Eu, Gd）	$Pb_{1-x}Mn_xS$	岩盐结构	$0<x\leqslant0.05$
	$Pb_{1-x}Mn_xSe$	岩盐结构	$0<x\leqslant0.17$
	$Pb_{1-x}Mn_xTe$	岩盐结构	$0<x\leqslant0.12$
	$Sn_{1-x}Mn_xTe$	岩盐结构	$0<x\leqslant0.40$
	$Ge_{1-x}Mn_xTe$	菱形六面体结构	$0<x\leqslant0.18$
	$Ge_{1-x}Mn_xTe$	岩盐结构	$0.18<x\leqslant0.50$
	$Pb_{1-x}Eu_xSe$	岩盐结构	$0<x\leqslant0.07$
	$Pb_{1-x}Eu_xTe$	岩盐结构	$0<x\leqslant0.32$
	$Sn_{1-x}Eu_xTe$	岩盐结构	$0<x\leqslant0.10$
	$Pb_{1-x}Gd_xTe$	岩盐结构	$0<x\leqslant0.10$
	$Sn_{1-x}Gd_xTe$	岩盐结构	$0<x\leqslant0.10$
Ⅱ-Ⅵ族（Fe, Co, Cr）	$Zn_{1-x}Fe_xS$	闪锌矿	$0<x\leqslant0.26$
	$Zn_{1-x}Fe_xSe$	闪锌矿	$0<x\leqslant0.21$
	$Zn_{1-x}Fe_xTe$	闪锌矿	$0<x\leqslant0.01$
	$Cd_{1-x}Fe_xTe$	闪锌矿	$0<x\leqslant0.20$
	$Hg_{1-x}Fe_xS$	闪锌矿	$0<x\leqslant0.06$
	$Hg_{1-x}Fe_xSe$	闪锌矿	$0<x\leqslant0.20$
	$Hg_{1-x}Fe_xTe$	闪锌矿	$0<x\leqslant0.02$
	$Zn_{1-x}Co_xS$	闪锌矿	$0<x\leqslant0.14$
	$Zn_{1-x}Co_xSe$	闪锌矿	$0<x\leqslant0.10$
	$Cd_{1-x}Co_xS$	纤锌矿	$0<x\leqslant0.002$
	$Cd_{1-x}Co_xSe$	纤锌矿	$0<x\leqslant0.09$
	$Hg_{1-x}Co_xS$	闪锌矿	$0<x\leqslant0.02$
	$Hg_{1-x}Co_xSe$	闪锌矿	$0<x\leqslant0.05$
	$Zn_{1-x}Cr_xSe$	闪锌矿	$0<x\leqslant0.005$

3.2.1.1　DMS 晶格常数和带隙

三元 DMS 固溶体的晶格常数近似遵从 Vegard 定律，以 $\text{II}_{1-x}\text{Mn}_x\text{VI}$ 系 DMS 为列，晶格常数 a 可表示为：$a = (1-x)a_{\text{II-VI}} + xa_{\text{Mn-VI}}$；$a_{\text{II-VI}}$ 和 $a_{\text{Mn-VI}}$ 分别为 II-VI 族二元化合物和 VI 族 Mn 化合物的晶格常数。

作为一级近似，$\text{II}_{1-x}\text{Mn}_x\text{VI}$ 系 DMS 的带隙 E_g 与组分 x 呈线性关系，可表示为：$E_{g(x)} = (1-x)E_{g(0)} + xE_{g(1)}$；$E_{g(0)}$ 和 $E_{g(1)}$ 为 $x=0$ 和 $x=1$ 时相关二元化合物的带隙。

对四元 DMS 固溶体，如 $\text{Cd}_{1-x-y}\text{Mn}_x\text{Zn}_y\text{Te}$，亦可写为 $(\text{CdTe})_{1-x-y}(\text{MnTe})_x(\text{ZnTe})_y$，其带隙可表示为：$E_g(x, y) = (1-x-y)E_g(\text{CdTe}) + xE_g(\text{MnTe}) + yE_g(\text{ZnTe})$；其他四元 DMS 固溶体亦有类似的表达式。

DMS 固溶体与其他固溶体半导体材料一样，可通过改变组分得到所需要的带隙从而得到相应的光谱响应。目前所研究的 DMS 材料绝大多数为直接带隙材料，DMS 固溶体的响应波长可覆盖从紫外到远红外的宽范围波段，是制备光电器件和磁光器件的理想材料。

3.2.1.2　磁学-电学性质

（1）磁学性质。DMS 固溶体的磁学性质主要取决于材料中磁性离子之间（如含 MnDMS 材料中的 Mn^{2+}-Mn^{2+} 之间）的交换作用（d-d 交换作用）。最近邻交换作用和次近邻交换作用都是反铁磁性的。这种交换过程可分为三类：两空穴过程、一空穴一电子过程和两电子过程。其中，两空穴过程约占 95%（所谓超交换）；一电子一空穴过程约占 5%；两电子过程可以忽略。

随着温度和组分的变化，DMS 固溶体材料在一定条件下可发生磁相变，图 3-31 给出了 $\text{Zn}_{1-x}\text{Mn}_x\text{Te}$ 和 $\text{Cd}_{1-x}\text{Mn}_x\text{Te}$ 的磁相图。该相图有两个区：高温顺磁性相和低温"冻结"相，不同的组分对应于不同的临界相变温度 T_g，组分 x 值越大，T_g 也越高。低温冻结相是一种无序相。在没有外磁场时，其宏观磁矩为零，这就是自旋玻璃相。当 $x > 0.65$ 时，低温相也可转变为反铁磁相。一般 II-VI 族基 DMS 材料，由于其离子间反铁磁交换作用，使它们在一定温度和一定

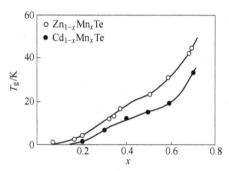

图 3-31　$\text{Zn}_{1-x}\text{Mn}_x\text{Te}$ 和 $\text{Cd}_{1-x}\text{Mn}_x\text{Te}$ 的磁相图

磁离子浓度范围内出现顺磁相自旋玻璃相和反铁磁相。还在 $\text{Zn}_{1-x}\text{Mn}_x\text{Te}$ 中观察到铁磁性，其 d-d 交换作用是以空穴为媒介的铁磁互作用。

绝大多数 II-VI 族化合物半导体材料都是抗磁性的，掺入 Mn 等磁性离子成为 DMS 材料后，其磁性质发生显著变化，主要是：1）高温下其静态磁化率显示出居里-外斯特征；2）在一定磁性离子浓度范围内，低温磁化率随温度变化出现峰值或拐点，表现出自旋玻璃特性；3）磁比热容与温度的关系为一宽峰，随离子组分浓度增大，峰值向高温移动；4）强磁场下，磁化强度随磁场变化出现阶跃行为；5）某些含 Fe 或 Co 的 DMS 在低温下出现各向异性。

含 MnIII-V 族基 DMS 材料中，d-d 交换作用主要是铁磁互作用。采用 MBE 在 III-V 族 GaAs 衬底上生长均匀 $\text{In}_{1-x}\text{Mn}_x\text{AsDMS}$ 薄膜，Mn 既是磁性离子又是 p 型掺杂剂，在低温下

呈现出载流子（浓度）感生铁磁有序；产生这一效应的载流子浓度比一般金属低 4 个数量级；这可能使它在磁性质、磁输运现象等方面内容更丰富、更复杂。所制备的 n 型 $In_{1-x}Mn_xAs$ 膜中，$Mn^{2+}-Mn^{2+}$ 之间为反铁磁互作用，薄的 $In_{1-x}Mn_xAs$ 赝晶膜具有超顺磁性，居里温度较低。

（2）电学性质。DMS 材料具有一些独特性质的根源在于 sp-d 交换作用，这使 DMS 材料与其相应的非磁性基体材料显著不同。DMS 的基本特性有。

1）不同自旋态的分裂显著。在外磁场作用下，DMS 材料能带中电子有效 g 因子一般比相应非磁性半导体的大两个数量级，因而 DMS 在磁场中不同自旋态的分裂远大于普通半导体。对Ⅲ-Ⅴ族基 DMS 材料来说，由于在低温下呈现铁磁性，有自发磁化行为，在没有外磁场时，交换作用也有贡献。

2）宽带隙 DMS 材料中的巨法拉第效应。sp-d 交换作用导致吸收边和自由激子能级极大的塞曼分裂，由此导致巨法拉利旋转，其值可达 $1000°/(cm \cdot kg)$ 量级。

3）巨负磁阻效应。由于 sp-d 交换作用，使 DMS 材料中杂质离化能减小，而出现巨大的负磁阻，电阻率变化可达 6 个数量级。如，p 型 $Hg_{0.88}Mn_{0.11}Te$ 在 1.4K 时，其横向电阻率可由 $5×10^7\Omega \cdot cm$（外磁场为零）减小到 $0.8\Omega \cdot cm$（外磁场 7T），这使 DMS 材料在某一杂质浓度范围内发生磁场感生金属-绝缘体转变。

3.2.2　半导体敏感材料

半导体敏感材料是发展传感（器）技术的重要基础材料之一。半导体传感器由于体积小、质量轻、能耗少、强度大、灵敏度高、响应速度快，绝大多数与 Si 的平面工艺兼容，加工技术较成熟，易于实现集成化、智能化、多功能化，易于批量生产等特点，使半导体敏感材料成为发展最快、使用最广泛的敏感材料。半导体敏感材料种类很多，按其敏感性能大体上可分为力敏材料、光敏材料、磁敏材料、热敏材料、气敏材料、射线敏材料、湿敏材料等。

3.2.2.1　力敏材料

A　压阻效应力敏材料

半导体晶体受外（应）力作用时，其晶格对称性和晶格常数会发生变化，导致其导电机理改变而使电阻 R（或电阻率 ρ）发生变化，此即压阻效应，可近似表示为：

$$\frac{\Delta R}{R} = \frac{\Delta \rho}{\rho} = \Pi y \varepsilon \tag{3-26}$$

式中，Π 即为材料的压阻系数；y 为材料的杨氏模量；ε 为特定方向上的应变系数。Π 与材料的导电类型、晶向，掺杂浓度、温度等参数有关。灵敏度系数为：

$$G = \frac{\Delta R/R}{\varepsilon} = \Pi/y \tag{3-27}$$

1954 年，史密斯首先发现 Si、Ge 的压阻效应。世界上第 1 个基于压阻效应的压力传感器是用 Si 制作的。半导体材料的 G 值比金属约大两个数量级。半导体力敏元件（应变片）可制出压力传感器，加速度传感器等器件。利用 InSb 半导体材料的压阻效应也可制备力敏元件。金刚石也是制作高温压力传感器的优良材料，利用金刚石薄膜材料制出了高温压力传感器。但受缺乏单晶衬底的限制，所报道的金刚石压力传感器最高工作温度为

300℃；6H-SiC 也用于制备高温压力传感器，工作温度达 600℃。

B 压电效应力敏材料

晶体在外力作用下，内部会产生极化而在某两个表面上产生符号相反的电荷的现象为压电效应。利用半导体的压电效应也可制备力敏元件。与这一效应相关的材料参数主要是压电系数 d 和机电耦合系数 K，它们都是与方向有关的量。

在平行于 x 轴的外（应）力 δ_1 作用下，压电元件表面产生电荷密度 σ_1 为：

$$\sigma_1 = \delta_1/d_{//} \quad 或 \quad \delta_1 = d_{//}\sigma_1 \tag{3-28}$$

式中，$d_{//}$ 即为材料的压电系数。压电效应作为机电转换效应，其转换灵敏度用机电耦合系数 K 表示，其定义为：$K^2 =$ 产生电能/输入机械能，用 1，2，3 分别表示相互垂直的 x，y，z 方向；4，5，6 分别表示围绕 x，y，z 轴向的切向。主要半导体压电材料列于表 3-21。

表 3-21　主要半导体压电材料

材　料		ZnO	CdS	CdSe	ZnS	CdTe	GaAs
机电耦合系数/%	K_{33}	48.0	26.2	19.4	$K_{14}=8.0$	$K_{14}=2.6$	$K_{14}=6.5$
	K_{31}	18.2	11.9	8.4	—	—	—
压电系数 /10^{-12}C·N^{-1}	d_{33}	12.4	10.3	7.8	—	—	—
	d_{31}	5.0	−5.2	−3.9	—	—	—
	d_{14}	—	—	—	3.18	1.68	2.6
弹性系数 /10^{10}N·mm^{-2}	C_{33}	21.1	9.3	8.36	—	—	—
	C_{11}	21.1	9.3	8.36	10.51	6.2	11.9

3.2.2.2 光敏材料

半导体光敏材料主要是利用这类材料所具有的光电导效应以制备相应的传感器件。光电导效应是半导体表面受到光照时，其电导率增大的现象，它又有本征光电导和杂质光电导之分。根据本征吸收限波长 λ_c 与材料带隙 E_g 的关系：$\lambda_c = 1.24/E_g$（μm），表 3-22 算出主要半导体光敏材料室温的吸收限波长（吸收边）。

表 3-22　室温下主要半导体光敏材料的本征吸收限 λ_c

材　料	E_g/eV	λ_c/μm	材　料	E_g/eV	λ_c/μm
Si	1.12	1.107	PbSe	0.278	4.46
Ge	0.66	1.88	PbTe	0.32	3.88
Se	2.3	0.54	HgTe	0.02	62.0
InSb	0.18	6.89	CdTe	1.45	0.84
InAs	0.35	3.76	CdS	2.5	0.50
InP	1.35	0.92	CdSe	1.66	0.75
GaAs	1.42	0.87	ZnSe	2.72	0.46
GaN	3.4	0.36	ZnS	3.7	0.34
PbS	0.41	3.02	ZnO	3.2	0.39

A 可见光波段光敏材料

可见光波段半导体光敏材料以 CdS 和 CdSe 研究得最为深入。CaS 中掺入某种杂质还可提高其灵敏度。如掺入 Cl，在 CdS 中形成施主，提高了电导率。CdS、CdSe 中掺 Cu 会形成陷阱中心，它们有较大的俘获截面，可提高空穴寿命（由 $10^{-11} \sim 10^{-7}$ s 提高到 $10^{-6} \sim 10^{-2}$ s），从而使所制光敏元件的灵敏度得到较大幅度提高。

B 红外波段光敏材料

红外光敏半导体传感器在军事、工业、医疗、环境等众多领域有着广泛应用。这类器件主要利用了半导体材料的光电导（本征光电导、非本征或杂质光电导）效应、光伏效应、光电磁效应和光发射效应。红外光探测器按工作模式划分，可分为四类，如图 3-32 所示。

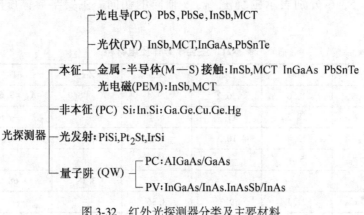

图 3-32 红外光探测器分类及主要材料

各类半导体红外光探测器主要特点见表 3-23。

表 3-23 各类半导体红外光探测器比较

工作模式	材料	优 点	缺 点
本征光电导	IV-VI族化合物	窄带洗研究较深入	力学性能较差，介电常数（电容率）大
	II-VI族化合物	易于调整带隙，理论和实践上研究较深入；可制备多色（多波长）探测器	大面积均匀性较差，加工成本较高
	III-V族化合物	材料质量较高，制备及掺杂工艺成熟，可进前单片集成	异质外延材料常有较大晶格失配
非本征（杂质）光电导	Si, Ge	可探测极长波长，工艺较简单	器件须在极低温下工作
光发射（自由载流子光电导）	Si 及 Si 化合物	成本低，成品率高，可制成大的二维阵列	量子效率低，须在低温下工作
量子光电导（PC）	III-V族化合物	材料工艺较成熟，大面积均匀性好，可制成色探测器	量子效率较低，生长工序较复杂

以下对主要半导体红外探测器材料作一简要介绍。

（1）MCT 红外光敏材料。MCT 是目前应用最广泛的红外光探测器材料。该材料的主要特点是：1）材料与器件优值 α/G（α，G 分别为吸收系数和热产生速率）较大，比自由载流子探测器和 AlGaAs/GaAs 量子阱器件大几个数量级。2）探测波长范围大，可制备出红外波段内任何波长的探测器。3）MCT 晶格常数基本上与组分无关，是唯一其带隙可覆盖整个红外波段而其晶格常数又保持不变的半导体材料。MCT 红外光探测器具有量子效率高、光电导增益和响应率较高、响应时间短、频率响应宽等特点。

（2）InSb。InSb 材料制备工艺比 MCT 成熟，广泛用于制备 3～5μm 波段探测器。器件工作模式有 PC、PV、PEM 三种。有代表性的 InSb 红外探测器性能列于表 3-24。

表 3-24　InSb 红外光探测器主要性能

工作模式	光电导（PC）		光伏（PV）	光电磁（PEM）
工作温度/K	300	77	77	300
光谱范围/μm	1～5.6	1～7.4	1～5.5	1～7
峰值响应波长/μm	5.3	6	5	5
（电压）灵敏度/V·W^{-1}	1	10^4	约 10^5	200
探测率/cm·Hz$^{1/2}$·W^{-1}	$(2\sim10)\times10^8$	$(3\sim5)\times10^{10}$	$(5\sim20)\times10^{10}$	约 10^8

（3）铅盐。PbS 和 PbSe 均为本征光电导红外探测器材料，PbS 广泛用于制备 1～3μm 探测器，其器件制备工艺较简单、成本低。

（4）Si 和 Ge。Si 和 Ge 是主要的非本征红外（光电导）探测器材料。用掺杂 Si、Ge 还制出了一种叫"阻断杂质带"（blocked impurity band，BIB）器件。BIB 器件克服了一般光探测器所出现的反常瞬时响应等缺点，可在保持响应率不变的情况下扩展工作频率范围且均匀性较好。BIB 探测器主要由掺杂 Si 和掺杂 Ge 材料制作，其红外响应波长可达2～220μm。如 Si：As BIB 探测器响应波长为 2～30μm；Si：Sb BIB 探测器响应波长为 2～50μm；Ge：Ga BIB 探测器为 50～220μm 等。

（5）量子阱（超晶格）红外探测器材料。在各种量子阱红外探测器中，AlGaAs/GaAs 多量子阱器件工艺最为成熟，是大面积红外焦平面阵列 IRFPA 和长波红外成像系统的优选器件之一，已制出工作于 3～5μm、8～14μm 的双色 AlGaAs/GaAs MQW 红外探测器。其他量子阱、超晶格红外探测器材料有 InGaAs/InAlAs、InGaAs、InGaAsP/InP、SiGe/Si（SL）、GaInP/GaAs 等。

（6）其他红外光探测器材料。半导体红外光探测器材料还有 InAs（1～3pμm）、InGaAs（1～1.65μm）、HgZnTe（3～12μm）、HgMnTe（2～10μm）、PbSnTe（8～14μm）、InAsPSb（2～5μm）、InGaAsSb（2～5μm）等。异质结材料，如 MCT/Si、SiGe/Si、PbS/Si，CdS/PbS、PbSSe/PbS、PbSnTe/PbTe、CdSSe/Ge 等。在 Si 衬底上，以 GaAs 和 CdTe 作为缓冲层制出了工作于 3～10μm 波段的多种 MCT/Si 探测器。SiGe/Si 异质结探测器可工作于 3～5μm 和 8～14μm 两个波段。含 Tl Ⅲ-Ⅴ族固溶体，如 TlInSb、TlInAs、TlInP 等是一类有希望的长波红外探测器材料。在 Tl 组分分别为 0.09、0.15、0.67 时，这三种固溶体的直接带隙为 0.1eV，相应探测波长 12.4μm。此外，InPBi、InSbBi 也是值得研究的新型红外光探测器材料。

C　宽带隙紫外光敏材料

在紫外光传感技术方面，如照相膜、气体光电离探测器和光发射传感器等已被半导体光传感器所取代；这主要是由于紫外光传感器有更高的灵敏度、体积小、可靠性高、易于操作并能给出更多、更精确的光学信息。Si 和 GaAs 材料工艺技术已相当成熟，采用这些材料并结合一些特殊器件结构已制出对紫外光有良好响应的光电探测器，也已制出有较高量子效率的用于紫外光探测的 Si 光二极管等。

从半导体光电探测器的工作原理看，任何半导体材料所制探测器在短波方向光电响应都是不截止的，只是随着波长缩短，材料的光吸收系数急剧增大，光吸收深度减小，各种表面效应的影响明显增大从而使其光电响应显著降低。因此，采用宽带隙材料可对短波长光有较好的响应。一方面，可充分利用宽带隙材料所对可见光盲的特性提高器件的抗干扰能力。紫外光电探测器往往在具有很强的红外光、可见光乃至包含近紫外光的太阳光背景下工作，背景光的强度可能远大于欲探测的紫外信号光的强度，只有用带隙足够宽的材料制作本征型探测器才对这些背景光干扰不具有光电响应。如采用带隙不够宽的材料制作的探测器，则需使用截止滤光片或复杂的镀膜工艺来抑制背景干扰。另一方面，可利用宽带隙材料的高化学稳定性和耐高温特性制成适用于恶劣环境中工作的紫外光电探测器。紫外波段的光子比红外、可见光波段光子能量高，如果材料本身化学稳定性不够好，在长时间紫外光作用下，材料性能可能退化而使器件不能正常工作。采用高化学稳定性的宽带隙材料则可从根本上避免这一问题。在一些需要抗高能粒子辐照的场合，宽带隙材料也大大优于窄带隙材料。

宽带隙紫外光探测器材料主要有 GaN 基材料、SiC、金刚石等。具有良好性能的 PV 型 GaN 紫外光探测器已商品化。1992 年首次制出 AlGaN PC 型紫外光探测器，在 365nm 波长时，峰值响应率为 1000A/W。利用适当组分的 AlGaN 有源层可制出有充分阳光盲并在中紫外波段（300~200nm）响应良好的器件。金刚石的带隙为 5.5eV，相应的截止波长在 225nm，是理想的中紫外和远紫外（200~100nm）光探测器材料。1995 年，用 CVD 工艺制出了 PC 型金刚石紫外光探测器，它对 200nm 波长光的响应比对可见光的响应大 10^6，暗电流小于 0.1nA。SiC 由于带隙宽、热导率高，击穿电场强度大也是制备紫外光探测器的良好材料。1994 年，用 3C-SiC 制出了 PV 型紫外光光二极管探测器，250nm 波长时，最大响应率 72mA/W，量子效率 36%。一般 SiC 光二极管在 250~300nm 时，响应率为 150~240mA/W，量子效率在 60% 以上。

D   光电二极管材料

半导体光生伏特效应最广泛应用的实例是太阳电池。如果在受到光照的 pn 结上加上反向电压，则反向电流比不加光照时大，这种二极管可把光信号变成光电流信号，常用作光通信中的光电转换元件，它具有灵敏度高、响应速度快、暗电流小、噪声低等特点。表 3-25 给出了一些光电二极管材料及器件基本性能。利用 Si、Ge 等材料还可制备出雪崩光电二极管和光电晶体管等光敏器件。

表 3-25   光电二极管用材料及其基本性能

二极管材料及类型	感光波长范围/μm	量子效率/%	响应时间	工作温度/K
Si n+p	0.4~1.0	40	130ps	300
Si pin	0.6328	>90	100ps	300
Si pin	0.4~1.2	>90	<1ns	300
Si 金属-i-n	0.38~0.8	>70	10ns	300

二极管材料及类型	感光波长范围/μm	量子效率/%	响应时间	工作温度/K
Si Au-n	0.6328	70	<500ps	300
Si Pt-n	0.35~0.6	约40	120ps	300
GaAs Ag-GaAs	<0.36	50	—	300
GaAs 点接触	0.6328	40	—	—
InAs pn	0.5~3.5	>25	1μs	77
InSb pn	0.4~5.5	>25	5μs	77
ZnS Ag-ZnS	<0.35	70	—	300
ZnS Au-ZnS	<0.35	50	—	300
Ge nip	0.4~1.55	50	120ps	300
Ge pin	1.0~1.65	60	20ns	77
$Pb_{1-x}Sn_xTe$ ($x=0.16$)	9.5	60	1ns	77
$Pb_{1-x}Sn_xTe$ ($x=0.064$)	11.4	15	1ns	77
MCT	15	10~30	<3ns	77
InCaAs	1.2~1.65	>50	—	300

E 光电导膜材料

利用半导体材料的光电导效应，可制成光电导摄像管，光电导膜是其关键元件，表 3-26 给出了半导体光电导膜材料的主要性能。表中 γ 为照度指数，其物理意义为：

$$I = \alpha V^{\beta} B^{\gamma} \tag{3-29}$$

式中，I 为光电流；V 为外加电压；B 为光的照度；β 为电压指数；α 为常数。

表 3-26 主要半导体光电导膜材料主要性能

材料	摄像管名称	光谱响应	析像清晰度	灵敏度	余像	γ
Sb_2S_3	可见光电导	可见光	高	中	中	0.65
$CdSe-As_2S_3$	硒化镉光电彩色	可见光	高	高	中	0.95
Si（镶嵌结构）	Si 光电导	可见光~近红外	中	高	小	1.0
PbS-PbO	红外光电导	近红外	中	中	大	0.65
PbO	光（电）导	可见光	高	中	极小	0.95
CdSe	紫外光电导	紫外~红光	高	高	中	0.95
Se-As-Te	塞蒂康管	可见光	高	中	极小	0.95
ZnSe-ZnCdTe	碲化锌镉视像管	可见光	高	高	中	1.0

3.2.2.3 磁敏材料

磁敏传感元件是将磁学量信号转换为电信号或以磁场为媒介将其他非电物理量转换为电信号的元件。利用半导体的霍尔效应和磁阻效应可制出霍尔器件、磁阻器件、磁敏二极管和磁敏三极管等传感器件。

（1）霍尔器件材料。霍尔器件是利用半导体的霍尔效应制作的。半导体霍尔器件具有结构简单、无触点、频带宽、动态特性好等特点，在磁场测量、功率测量、电能测量、自动控制与保护、微位移测量、压力测量等方面得到广泛应用。20 世纪 50 年代制出了霍尔器件并很快实现商品化。20 世纪 70 年代初期就制成单片 Si 集成半导体磁敏器件霍尔板。Si，GaAs 是良好的霍尔板材料，用这两种材料所制霍尔板最大电压相对灵敏度分别为 0.11/T 和 0.63/T。

半导体霍尔器件内阻变化与温度的关系来看，InAs 器件最好，Si、Ge 器件次之，InSb 器件最差。霍尔器件的霍尔电压 V_H 与磁感应强度的关系可以看到，以（100）Ge 晶体所制器件对磁场的线性度最好。不同材料所制霍尔器件应用场合有所不同，如 InSb 霍尔系数较大，较适合于制作敏感元件。而 Ge 和 InAs 霍尔元件较适合用于测量指示仪表中。

（2）磁阻器件材料。磁阻器件是利用半导体的磁阻效应，是一种电阻随磁场变化而变化的效应（包括物理磁阻效应和几何磁阻效应）。磁阻器件的性能主要取决于材料的迁移率和元件的形状，为得到较好的磁阻性能，常选择纯度和迁移率较高的半导体材料（主要是 InSb 和 InAs），以利用其物理磁阻效应磁阻材料在磁感应强度为 B 时的电阻率 ρ_H 与无磁场时的电阻率 ρ_0 的比值 ρ_H/ρ_0 与材料迁移率 μ 的关系为：$\rho_H/\rho_0 = 1 + (\mu B/c)^2$。式中，$c$ 为光速。并加工成适当的形状以充分利用其几何磁阻效应。

磁阻器件结构简单，输出电压较高（可达伏特级）、频率范围宽（可达 10^7 Hz），主要用作无触点开关、无触点位移传感器，转速传感器，磁阻元件函数发生器等。

（3）磁敏二极管和磁敏三极管材料。半导体磁敏二极管和磁敏三极管是继霍尔器件、磁阻器件之后发展起来的磁电转换器件。这种器件具有磁灵敏度高（如磁敏二极管的磁灵敏度可达 1000mV/（mA·T），比霍尔器件高出数百倍甚至数千倍）、体积小、电路结构简单、可识别磁场的极性等特点，广泛用于无触点电位器、无触点开关、无刷直流电机、漏磁探测仪、地磁探测仪等方面。这两种器件主要用 Si、Ge 材料制作。Si、Ge 磁敏二极管在标准测试条件下，无磁场时两端电压的温度系数分别为小于 20mV/℃、小于 −60mV/℃；有磁场时电压变化的温度系数分别小于 0.6%/℃、小于 1.5%/℃。这两种器件的使用温度范围分别为 −40~85℃、−40~65℃。

半导体集成磁敏传感器可把传感器和信号处理电路制作在同一芯片上，具有灵敏度高、体积小、性能可靠、成本低等优点，是半导体磁敏传感器的重要发展方向；Si 是制备集成传感器的首选材料。除上述有关 Si 的磁敏器件外，还用 Si 材料制出 MOS 磁敏传感器，载流子域磁敏传感器及其集成器件等磁敏器件。

半导体磁敏传感器还有 Z-元件、磁敏开关 IC、磁敏运算放大器等。Z-元件是近年来发展起来的一种新型半导体磁敏器件，它是一种改性 pn 结器件，主要用 Si 材料制作，可以用同一种基本结构传感多种物理量。还用 AlGaAs/GaAs、InGaAs/GaAs 二维电子气 2DFG 结构制出高灵敏度霍尔器件，其灵敏度比 GaAs、InSb 器件都高，可检测弱至 10^{-11}T 的磁场。

3.2.2.4 热敏材料

早期使用的热敏器件主要是利用半导体陶瓷材料制成的热敏电阻，这些热敏器件具有灵敏度高、体积小、成本低等优点，广泛用于温度自动控制电路、家用电器、汽车等方面。不过，这类热敏器件的线性度较差，响应速度慢，不适用于精确的温度测量。随后，利用半导体材料制成的 pn 结型热敏器件（热敏二极管、热敏晶体、集成温度传感器）得到迅速发展。另外，红外温度传感器可对物体温度进行非接触式测量，在高技术领域等方面有重要应用。

（1）半导体陶瓷热敏电阻材料。半导体陶瓷热敏电阻材料大都为金属氧化物基半导体陶瓷。按材料电阻（率）与温度的关系特性大体上分为三种类型：正温度系数（PTC）型、负温度系数（NTC）型和临界温度电阻器（CTR）型。它们的电阻-温度特性曲线具有如图 3-33 所示形状。

（2）硅温敏电阻。利用半导体硅材料的电阻率对温度变化非常敏感这一特性可制成 Si 温敏电阻，其基本结构为 Ag 电极/SiO$_2$/n$^+$Si/Ag 背电极。这种温敏电阻在处于正向偏置时（上电极为正极），保持偏置电流 1mA，在 55～175℃温度范围内，其电阻随温度上升而增大，且有较好的线性。如反向偏置，则在 120℃ 以

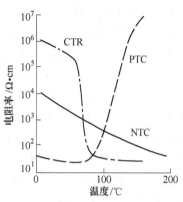

图 3-33　三类半导体陶瓷材料的电阻率与温度的关系

上，材料开始本征激发，使电阻急剧下降。室温时，Si 温敏电阻的电阻温度系数 $\alpha =$ 0.75%/℃，随温度升高，α 值减小。Si 温敏电阻具有体积小、使用温度范围宽（$-55～$ 175℃）准确度高，可靠性高等特点，大量用于温度计电子电路的温度补偿、过热保护电路及微机设备等方面。

（3）温敏二极管。利用半导体 pn 结的其正向压降与温度变化呈线性关系的工作特性制成温敏二极管。一般用 Si、Ge、GaAs、SiC 等材料制作温敏二极管。GaAs 温敏二极管主要用于低温测量，SiC 则主要用于高温测量；Si 温敏二极管则用于常温测量。Si 温敏二极管灵敏度与正向电流 I_F 有关，随着 I_F 增大，灵敏度指数式下降。温敏二极管具有线性度好、自热特性好、成本低等特点，广泛用于温度传感器、换能器、温度补偿、自动控制、报警器等方面。利用 Si 等半导体材料还制出了温敏晶体管、集成温度传感器等半导体热敏器件。上述热敏器件均为接触式器件。

利用半导体材料制成将红外辐射转换成热能，再将热能转变为电信号的红外温度传感器，它是非接触式温度传感器。利用半导体材料的塞贝克效应较显著的特点，制成了塞贝克效应红外温度传感器。用 Si 材料制出性能良好的红外温度传感器。利用 Si、InSb 等半导体材料与某些金属制成了热电偶红外探测器（主要材料有：p 型多晶 Si-Au，n 型多晶 Si-Au、Te-InSb 等），利用集成电路工艺和微机械加工技术制作 Si 热电偶并与信号处理电路集成在同一芯片上制成了集成红外温度传感器以及 MOS 晶体管红外温度传感器等。红外光探测器也被认为是一类红外温度传感器。

3.2.2.5　气敏材料

半导体气敏传感器按所用材料可分为两大类：金属氧化物半导体气敏传感器和 Si 等半导体材料所制气敏传感器。将纳米技术用于氧化物半导体气敏材料，由于纳米粉体所具有的高活性表面效应和量子尺寸效应，会进一步提高其气敏特性，即提高其探测灵敏度和选择性。

A　金属氧化物半导体气敏材料

这类材料所制气敏元件的基本传感原理是当半导体表面吸附被检测气体后，引起如电导率等电学性质发生变化而达到检测目的，因而也称为电导控制型气敏元件。它又可分为表面电导控制型和体电导控制型两种；前者主要有 SnO_2、ZnO 等气敏元件，与被测气体接触后，其表面电导率发生变化；后者如 $\gamma\text{-}Fe_2O_3$ 气敏元件，与被测气体接触后使材料的晶体结构发生变化而使其体电导发生变化。以前一种气敏元件的应用较为广泛。

金属氧化物半导体气敏元件敏感机理尚不完全清楚，主要是由于：（1）所用半导体材料为多晶而非单晶，存在着大量晶粒间界，不易进行定量描述；（2）为提高器件的气敏特性，常常要在所用半导体材料中掺入某种催化剂和添加剂，它们在基质氧化物半导体中的分布及行为比较复杂；（3）这种气敏元件工作温度一般在 $200 \sim 400℃$，在这样的温度范围内，元件表面与被测气体之间可能发生某种类似化学反应的变化；（4）被测气体种类繁多、性质各异；（5）被测气体在半导体表面如何吸附（物理吸附还是化学吸附或者两者兼有），其影响因素较多，不易认定。

为此，提出了几种定性模型，试图说明其敏感机理。这些模型主要有：（1）原子价控制模型。如，半导体表面吸附某些还原性气体，引起半导体价态变化，使其体电阻发生改变。（2）表面电荷层模型。半导体表面吸附待测气体时，与气体分子之间产生电子交换，造成所谓耗尽层吸附（使半导体电导率下降）和积累型吸附（使电导率上升）。耗尽层吸附是 n 型半导体上的负离子吸附（气体分子从半导体表面获得电子，成为带负电荷的离子）和 p 型半导体上的正离子吸附（气体分子向半导体表面提供电子，形成带正电荷的离子）；相反，如果在 n 型和 p 型半导体表面分别发生正、负离子吸附就称为积累型吸附。实际上，常用半导体气敏材料（不论是 n 型和 p 型）对 O_2 多发生负离子吸附，而对 H_2、CO、碳氢化合物、酒精等气体多发生正离子吸附。（3）晶粒间界势垒模型。被吸附气体在晶粒表面形成空间电荷层。例如，SnO_2，ZnO 等 n 型半导体材料吸附 O_2 后，由于氧电子亲和能较大，而从材料上获得电子，成为表面受主态，在晶界表面形成一定高度的势垒而阻碍电子在晶粒间运动，使材料电阻率上升。当环境中有还原性气体（如 H_2、CO）时，就会与所吸附的 O_2 发生反应，同时释放出电子使氧受主态浓度下降，从而降低了晶粒间界面的势垒高度，使气敏材料的电阻率下降；这样，就可根据材料电阻率变化检测空气中还原性气体浓度的变化。

为了扩大与气体的接触面积，在结构上使气敏元件的表面积尽量大，所以通常采用多孔质体或薄膜结构。同时，实践证明，在基体半导体材料中掺入某种催化剂或其他添加剂，可以提高所制元件的灵敏度、对气体的识别能力和选择性、改进其温度特性、提高其稳定性和使用寿命，还可提高其机械强度。同一种半导体材料，掺入不同添加物可以制出多种用途的气敏元件。表 3-27 给出了氧化物半导体气敏材料及应用情况。荧光黄、靛蓝、吩嗪等有机半导体材料可用于制各常温下可检测 SO_2、NH_2、NH_3 等气体的气敏元件。

表 3-27　金属氧化物半导体气敏材料及其应用

材　料	添加物	检测气体	工作温度/℃
SnO_2	Pd，PdO	C_3H_8，乙醇	$200 \sim 300$
SnO_2	$PdCl_2$，$SbCl_3$	CH_4，C_3H_8，CO	$200 \sim 300$

续表 3-27

材　料	添加物	检测气体	工作温度/℃
SnO_2	Sb_2O_3，MoO_3，TiO_2，Ti_2O_3	LPG，城市煤气，乙醇，CO	250~300
SnO_2	过渡族金属	还原性气体	250~300
SnO_2	稀土元素	乙醇系气体	
SnO_2	PdO+ MgO	还原性气体	150
SnO_2	V_2O_5，Cu	乙醇、丙酮等	250~400
SnO_2	Sb_2O_3，Bi_2O_3	还原性气体	500~800
SnO_2	Ti，Nb	C_3H_4	280
SnO_2	ThO_2	CO	200
SnO_2	Rh	H_2	97
SnO_2	ThO_2	H_2	150
SnO_2	Bi_2O_3，WO_3	碳氢化合物还原性气体	200~300
ZnO	V_2O_5，Ag_2O	乙醇、丙酮	250~400
ZnO	Pd，Pt，Pd+Ca	可燃性气体，CH_4	250~400
ZnO	稀土氧化物	丙烯、乙醇、烟雾	250~400
γ-Fe_2O_3	Pt，Ir	可燃性气体	250
γ-Fe_2O_3	—	LPG	300~400
α-Fe_2O_3	—	城市煤气	300~400
WO_3	Pt，过渡族元素	H_2，还原性气体	300
V_2O_5	Ag	NO_2	300
In_2O_3	Pt；$PdCl_3$	H_2可燃性气体；丙烷	—
Co_3O_4	—	CO，C_4H_4	—
Si_3N_4	Pt	CO	195
$Sr_{0.9}La_{0.1}SnO_3$	—	乙醇，H_2，C_3H_8，H_2O	—
$ZnSnO_3$	—	乙醇，还原性气体	200~350
$NaSiO_3$+La_2O_3+LaF_3	—	氟利昂（20ppb）	—
（W，Mo，Cr，Fe，Ti 等）氧化物	Pt，Ir，Rh，Pd	H_2，N_2H_4，NH_3，H_2S	—
$La_{1.4}Sr_{0.6}NiO_4$	—	乙醇	335~400
$LaNiO_3$	In_2O_3，BaOAC	HCOOH，HOAC，20%~40% HNO_3	—
稀土氧化物-ZrO_2	—	排出气体	600~900
Pb（Zr，Ti）O_3	—	排出气体	600~900
$BaTiO_3$	SnO_2，ZnO，稀土元素	排出气体	100~400
$SrTiO_3$	—	O_2	—

B   MOS 型气敏元件材料

MOS 型气敏元件主要是单晶 Si 半导体材料所制 MOS 场效应器件和利用隧道效应制成的金属/半导体气敏二极管，它利用催化金属吸附和分解气体分子，形成极性分子或原子的偶极层，使金属/半导体间的功函数发生变化而使所制气敏元件的电压-电流特性发生变化。催化金属栅-氧化物-半导体气敏元件的灵敏度和选择性主要取决于金属栅的成分、微观结构和器件的工作温度等。这类气敏元件属于电压控制型器件，金属氧化物半导体气敏元件为电导控制型器件。

利用 Si 单晶所制元件有 Pd-MOSFET、Pd/Pt-MOSFET，Pt-MOSFET，Pd-MOS 电容，Pt-MOS 电容等几种类型，可分别用于 H_2、H_2S、CH_4、CO、乙醇、乙烯、丙烯、乙炔、NH_3 等气体的检测；利用 InP 材料可制出 Pd-Si_3N_4-InP 电容型，Pd-InP 型气敏元件可分别用于不同浓度 H_2 的检测。

3.2.2.6   其他半导体敏感材料

利用半导体材料所制敏感元（器）件种类很多，除以上所述外，还有湿敏传感器、离子敏传感器和生物敏传感器、（电）压敏元件、声表面波传感器、智能传感器、光纤传感器等。表 3-28 简要介绍这些传感器件所用主要半导体材料。

表 3-28   其他敏感元（器）件及所用半导体材料

敏感元件	所用主要半导体材料	说　明
湿敏	$MgCr_2O_4$-TiO_2，ZnO-Cr_2O_3（半导体陶瓷）等，Si（绕结型），Ge，Se（薄膜）SnO_2（二极管型，SnO_2/SiO_2/Si）	湿度变化引起材料电阻变化
离子敏	Si	离子选择场效应晶体管（ISFET），即一般 Si MOSFET 的栅极上涂覆离子敏感膜
生物敏	Si	生物场效应晶体管（BiOFET），由 FET 与生物分子功能膜、识别器件组成，已制出酶 FET，青霉素 FET，尿素酶 FET，光寻址电位传感器等
（电）压敏（压电电阻）	ZnO、Si、Ge、SiC；Fe_2O_3 基、TiO_2 基、SnO_2 基、$BaTiO_3$ 基半导体陶瓷等。ZnO 压敏元件占世界总量 90%以上	所采用的基本效应是材料电阻值随电压的变化而变化
声表面波传感元件	ZnO，CdS，Si	声表面波谱振动式压力传感器（ZnO，CdS）；声表面波气体传感器
智能传感器	$BaTiO_3$，$SrTiO_3$ 以及（Mn，Ni，Fe，Co）的氧化物等半导体陶瓷；MgO/ZrO_2 等	自诊断、自调节功能；热阻效应：PTC、NTC BeTiO₃，（Ba. Sr）TiO_3，（Mn，Ni，Co，Fe）氧化物陶瓷；自诊断、自调节功能，湿阻和气阻效应；MgO/ZrO_2 异质结界面电阻变化
光纤传感器	GaAs，Si，Ge	光源（LD，LED），检测器（pin 光电二极管，雪崩光电二极管等）是其重要组成部件

3.2.3 半导体热电材料

3.2.3.1 半导体热电材料

德国科学家阿尔滕基希基于温差发电和致冷的基本理论，提出良好热电材料的要求：应具有较大的塞贝克系数，以使其具有显著的热电效应，有较小的热导率，以使热量保持在接头附近；另外，有高的电导率能，使器件运行过程中产生的焦耳热最小。对材料这几个性能参数的要求，定义了热电材料的优值 Z：

$$Z = \alpha^2 \frac{\sigma}{\kappa} \qquad (3-30)$$

式中，α、σ、κ 分别为材料的塞贝克系数、电导率和热导率。将热电材料用于温差发电器，其效率 η 定义为：

$$\eta = \frac{(T_h - T_c)(\gamma - 1)}{T_c + \gamma T_h} \qquad (3-31)$$

式中，T_h、T_c 分别为发电器热端和冷端温度，$\gamma = (1+ZT)^{1/2}$，$T = (T_h - T_c)/2$ 为其平均温度。

在热电制冷器的实际应用中，有时希望制冷效率尽可能高——省电；有时则要求制冷器的热、冷端间温差尽可能大——"制冷度"高（"制冷效果好"）。

可以证明，选择适当的流过制冷器中电流 I，其最高制冷效率：

$$\psi_{max} = \frac{T_c(\gamma - T_h/T_c)}{T_h - T_c(\gamma + 1)} \qquad (3-32)$$

相应的电流：

$$I = \frac{\alpha(T_h - T_c)}{R(\gamma - 1)} \qquad (3-33)$$

式中，R 为所用热电材料的电阻。而制冷器在电流 $I = k_B T_c/R$ 时，可达到最大温差 ΔT_{max}，$\Delta T_{max} = (T_h - T_c) = \frac{1}{2} Z T_c^2$。

可以看到，热电器件中，无论是发电效率、制冷效率还是制冷效果，都随热电材料的优值 Z 的增大而增强。热电材料用于热电（温差）发电和半导体制冷方面。下面简要介绍一些热电材料。

（1）Bi_2Te_3 及其固溶体材料。Bi_2Te_3 基二元、三元及四元固溶体的组分及热电优值 Z 列于表3-29。表中所列材料的晶体结构与 Bi_2Te_3 一样，同属辉碲铋矿型结构，为六方晶系。它们的基本组分除 Bi_2Te_3 外，就是 Sb_2Te_3、Bi_2Te_3 和 Sb_2Se_3。

表 3-29 Bi_2Te_3 及其若干固溶体的热电优值

材 料	掺杂剂	导电类型	优值 $Z/10^{-3}K^{-1}$
Bi_2Te_3	—	n	2.0
Bi_2Te_3	AgI	n	2.2
Bi_2Te_3	CuI	n	2.6

材　料	掺杂剂	导电类型	优值 $Z/10^{-3}\mathrm{K}^{-1}$
$Bi_2Te_{2.7}Se_{0.3}$	AgI	n	2.3
$Bi_2Te_{2.7}Se_{0.3}$	—	n	2.4
$Bi_2Te_{2.25}Se_{0.75}$	CuBr	n	2.7
$Bi_2Te_{2.88}Se_{0.12}$	SbI_3	n	3.1
$Bi_{1.8}Sb_{0.2}Te_{2.85}Se_{0.15}$	SbI_3	n	3.2
Bi_2Te_3	过量 Bi	p	1.6
$Bi_{1.5}Sb_{0.5}Te_3$	过量 Bi	p	2.2
$Bi_{1.5}Sb_{0.5}Te_{2.85}Se_{0.15}$	过量 Bi	p	2.4
$Bi_{0.5}Sb_{1.5}Te_3$	过量 Bi	p	3.1
$Bi_{0.5}Sb_{1.5}Te_{2.91}Se_{0.09}$	过量 Bi	p	3.4

Bi_2Te_3 基热电材料最大优值大都在 300K 附近，因此很适合于室温附近应用，尤其用于室温下工作的制冷器件。至今，国际上商用半导体制冷材料仍以这类材料为主；它们也是 300K 以下最实用的热电发电用器件材料；但在 200K 以下，其热电性能明显下降。在 20～200K 深冷和低冷范围内，最好的材料是 n 型 Bi-Sb 合金，在 80K 时，其优值 Z 可达 $6.5×10^{-3}$/K。Bi-Sb 合金当 Sb 摩尔含量为 4%～40%时为半导体材料。当 Sb 为 12%时，其带隙约为 0.014eV。Bi-Sb 合金材料在富 Bi 区为 n 型。当 Sb 含量超过 75%时为 p 型，此时塞贝克系数很小，Z 值也明显下降。Bi 单晶中引入 Sb 可提高其带隙并降低其晶格热导率因而提高了优值，但在 200K 以上它的 Z 值小于 Bi_2Te_3 基固溶体。Bi-Sb 合金还是一种性能良好的热磁电材料：在外磁场作用下，其塞贝克系数增大、热导率减小而电导率只略有下降；在 160K 时，其优值 Z 可从 $3.4×10^{-3}$/K（0 磁场）增大到 $7.6×10^{-3}$/K（0.6T 磁场）。

（2）PbTe 及其固溶体材料。PbTe 比 Bi_2Te_3 熔点高，因此其应用温区比 Bi_2Te_3 基材料高，是 300～900K 温度范围内较常用的热电材料。PbTe 中过量 Pb 或过量 Te 可分别得到 n 型或 p 型材料，其载流子浓度约为 $3×10^{17}\mathrm{cm}^{-3}$。而一般最佳热电材料的载流子浓度为 10^{29} cm^{-3}。可通过掺杂提高其载流子浓度；常用 $PbCl_2$，$PbBr_2$，Bi_2Te_3，PbI_2，等作为 n 型掺杂剂；Na_2Te，K_2Te 等作为 p 型掺杂剂。

PbTe 基固溶体，例如 PbTe-PbSe，PbTe-SnTe、PbTe-GeTe 以及 PbTe-Ag、PbTe-AgSbTe，GeTe-AgSbTe 等，前三种材料的热电优值并不大于 PbTe 材料，后三种材料的优值虽比 PbTe 有显著提高，但其提高发生室温附近，而在 PbTe 最具实用价值的高温段，优值并无显著改进。作为热电发电应用，通常选用重掺杂 PbTe 材料，可获得较大的无量纲优值 ZT。

（3）SiGe 固溶体。Si、Ge 的功率因子 $α^2σ$（$α$，$σ$ 分别为塞贝克系数和电导率）值较大，但其热导率比较高，故其热电优值不高，因而它们都不是良好的热电材料。但 Si，Ge 形成固溶体后其热导率可显著下降，而载流子迁移率下降幅度却不大，故可得到较大的热电优值，是目前最常用的热电材料之一。重掺杂 SiGe 固溶体的无量纲优值可以达到

$ZT \approx 1.0$，与 Bi_2Te_3 基固溶体相当。但 SiGe 固溶体的 $ZT \approx 1.0$ 时所对应的温度约在 1100K，而 Bi_2Te_3 基固溶体 $ZT \approx 1.0$ 所对应的温度在室温（300K）附近。自 1977 年美国旅行者号飞船首次采用 SiGe 固溶体制作热电发电器以来，NASA 在其后的空间计划中，SiGe 材料几乎完全取代了 PbTe 材料。为进一步提高该材料的热电性能，维宁提出了一个针对重掺杂 SiGe 材料热电特性分析的理论模型，该模型估计，通过掺杂以得到最佳化的载流子浓度，可使 n 型 SiGe 固溶体的热电优值提高 40%。斯莱克从理论上估算出，SiGe 固溶体热导率最小值可低至约 10mW/（cm·K）；此时，若能保持其功率因子基本不变，则其热电优值可提高约 1 倍。因此，设法提高掺杂剂的固溶度以得到最佳化载流子浓度从而提高材料的功率因子（例如，材料中如有少量 Ga 或 As 原子则可提高磷在其中的固溶度）；在材料中引入电活性较弱的微粒（5~50nm）以尽可能降低材料的热导率而又不致对载流子迁移率造成大的影响；这些，都可望进一步提高 SiGe 固溶体材料的热电性能。

（4）含 Se 热电材料。典型含 Se 热电材料是 GdSe（n 型）和 CuAgSe（p 型）固溶体。在这两种材料中由于晶格失配而引入大量短程无序，降低了声子平均自由程从而降低了晶格热导率，通过组分控制（无需掺杂）可以得到较高载流子浓度，载流子浓度与组分关系为：

$$n = 3.33 \times 10^{28} x (GdSe_{1.5-x}) ; \quad p = 4 \times 10^{28} y (Cu_{1.97}Ag_{0.03}Se_{1+y})$$

这两种材料曾是 20 世纪 70 年代美国重点研究开发的热电材料，也是 800~1200K 温度范围内优值较高的材料，但由于制备技术上的困难尚未得到实用。

3.2.3.2 更大优值热电材料

A 声子玻璃电子晶体（PGEC）材料

热电优值 $Z = \alpha^2 \sigma / \kappa$ 或无量纲优值 $ZT = (\alpha^2 \sigma / \kappa) \times T$，要提高 Z 或 ZT，一方面要提高塞贝克系数 α 及电导率 σ，另一方面要降低热导率 κ。材料的 α 值取决于其晶体结构、化学组成和能带结构，基本上由材料的固有性质所决定，调节余量很小。通过提高材料的载流子浓度及其迁移率可以提高其电导率，但实验证明，对许多半导体热电材料，其 σ 值提高到一定数值后，其塞贝克系数会随着 σ 值的进一步提高而较大幅度下降；这就使材料的功率因子（$\alpha^2 \sigma$）可调节范围受到制约。因此，降低材料的热导率就成为提高其优值的重要途径。

材料的热导率包括晶格热导率 κ_L 和载流子热导率 κ_E，即 $\kappa = \kappa_L + \kappa_E$；由于要求材料同时具有较高的电导率，对 κ_E 的调节要受到很大限制，好在，半导体热电材料中，κ_E 对 κ 的贡献很小，因此，依靠增强对声学声子的散射降低 κ_L 就成为提高材料热电优值最主要的方法。

典型的高性能热电材料应为窄带隙半导体，300K 时的带隙 $Eg \approx 10k_BT$（约 0.25eV），迁移率应达到 $2000cm^3/(V \cdot s)$，而热导率应尽可能低；最好的热电材料是所谓声子玻璃电子晶体（PGEC）材料。

（1）MX_3 型化合物。二元 MX_3 化合物是体心立方结构，M 为金属元素，如 Co、Ir、Rh、Fe 等，X 为 V 族元素，如 As、P、Sb 等。这种化合物的晶格是一种复杂的立方晶系，一个单位晶胞内有 8 个 MX_3 分子，如图 3-34 所示。这类化合物就是一类 PGEC 材料，但必须向其晶胞的孔隙中填充入某类原子，例如，某些稀土原子——La、Sm、Nd、Ce 等。

这些原子在孔隙中振动，增强了对声子的散射，可使其热导率降低到原来时的 $1/10 \sim 1/20$，而对其电导率和塞贝克系数影响不大，因而是一种较为理想的 PGEC 材料。这类材料也可制成三元或多元固溶体，使其电导率和塞贝克系数均有一定的可调节范围，再通过"填充"，可大幅度降低其热导率；材料的无量纲优值 ZT 最大可达 1.4，如 $LaFe_{4-x}Co_xS_{12}$，$CeFe_{4-x}Co_xSb_{12}$ 等，其 ZT 值为 $0.9 \sim 1.4$。

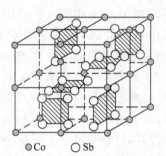

○ Co　　○ Sb

图 3-34　Skutterudite 型
化合物 $CoSb_3$ 的晶体结构

（2）半导体笼形化合物。这是一类具有大晶胞的 PGEC 材料，是在其晶格空隙中有着不同外来离子的半导体多晶笼形化合物。外来离子的低频振动与基体晶格的声学声子相互作用使材料的热导率很低，加之它们具有较大的功率因子 $\alpha^2\sigma$，使它们是很有潜力的热电材料。有代表性的半导体笼形化合物有 $Ba_8Ga_{16}Sn_{30}$、Cs_8Sn_{44}、$Rb_8Ga_8Sn_{38}$、$Ba_8Ga_{16}Si_{30}$、$Sr_8Ga_{16}Ge_{30}$、$Eu_8Ga_{16}Ge_{30}$ 等。

（3）硫属元素碱金属（及碱土金属）铋化合物。如 $BaBiTe_3$ 硫属元素碱土金属铋化合物也是一类具有 PGEC 特征的热电材料。

B　低维结构热电材料

研制具有 PGEC 特征的材料是从热力学上发现性能更好的热电材料；而从电子学的观点来看，制备量子阱低维结构材料，相对于其体材料可明显提高其热电性能，增大其无量纲优值 ZT。其主要原因是：（1）费米能级附近态密度提高而使塞贝克系数增大；（2）由于量子限制，调制掺杂，在给定载流子浓度下，提高了载流子迁移率，从而提高了其电导率；（3）在阱—势垒界面上增强了对声子的边界散射，降低了晶格热导率而不影响载流子迁移率等。低微 Bi_2Te_3 热电材料 ZT 值较体材料明显提高。

C　其他新型热电材料

（1）Zn_4Sb_3。$\beta\text{-}Zn_4Sb_3$ 是一种热电性能很好的材料，其 ZT 值可达 1.3。该材料是一种复杂的菱形六面体结构材料。（2）Half-Heusler 固溶体。是一类具有大晶胞结构的材料，有 MNiSn（M 为 Zr、Hf、Ti）、mPdSb（m 为 Ho、Dy、Er）及 $Ln_3Au_3Sb_4$ 等。TiNiSn 固溶体是一种 n 型半导体，其塞贝克系数为 $40 \sim 250\mu V/K$、电阻率低（$0.1 \sim 8.0 m\Omega \cdot cm$），但热导率较高，通过掺杂，减小晶粒尺寸，降低其热导率，是一种有应用前景的热电材料。mPdSb 固溶体为 p 型半导体材料，其塞贝克系数为 $60 \sim 250\mu V/K$。（3）功能梯度材料 FGM。所谓功能梯度材料（fuctional gradient material，FGM）指热电器件中所用各部分热电材料工作在其最佳温度范围。FGM 有两种：载流子浓度 FGM 和分段 FGM。前者是通过各段材料中最优化的载流子浓度值使其达到最大热电优值，后者则是由不同材料连接而成，每段材料工作在其最佳温区。（4）氧化物固溶体热电材料。某些氧化物是很有希望的热电材料，且价廉、无公害；高温时可直接在空气中使用；如 p 型化合物 Na_xCoO_2、$Ca_3Co_4O_9$ 为分层结构，各向异性，沿层方向电导率是垂直于层方向的 2 倍，无量纲优值 $ZT > 0.7$。（5）聚合物热电材料。聚合物半导体材料有价廉、质轻和柔韧性等优点，很可能成为一大类有发展前景的热电材料。随着新的合成、掺杂技术的进展，使聚合物的电导率不断提高，它们实用化的可能性逐步接近现实。例如，对空气中合成稳定的导电型聚苯胺和聚吡咯的热电性能研究预言其 ZT 值超过 1。

3.2.4　半导体陶瓷材料及其特点

半导体陶瓷（半导瓷）与一般单晶半导体材料相比，具有以下特点：

（1）半导瓷是由一种或几种金属氧化物采用陶瓷制备工艺制成的多晶材料。这类材料化学性质比较复杂，容易产生化学计量偏离而在晶格中形成固有点缺陷；这些点缺陷浓度与温度、环境氧分压及外来杂质密切相关。点缺陷和杂质在禁带中形成附加（施主和/或受主）能级，因而使陶瓷能够"半导化"，也使材料性能不易控制。

（2）半导瓷的氧化物分子大多为离子键，载流子输运机理比较复杂。晶格振动中光学散射作用较强，使载流子迁移率较低，导电机理也较复杂。

（3）由于是多晶材料，存在大量晶粒和晶界。半导瓷材料又常以此分为三类；1）利用晶界效应的正温度系数（PTC）材料、晶界层电容器材料和压敏电阻陶瓷等；2）利用晶粒效应的负温度系数（NTC）陶瓷；3）利用表面性质的半导瓷材料，如气敏陶瓷、湿敏陶瓷等。

（4）半导瓷材料的宏观电性能往往对其所处环境的物理参数的变化非常敏感。本节简要介绍一些重要半导瓷材料的基本性质。

3.2.4.1　PTC 半导瓷材料

典型的 PTC 半导瓷材料有 $BaTiO_5$（BTO）及 BTO 基固溶体，如（Ba，Sr，Pb）TiO_3，V_2O_3 基和 ZnO-TiO$_2$-NiO 基 PTC 材料等。其 BTO 半导瓷材料是适用范围最广、研究得最为成熟、最有代表性的 PTC 热敏半导体材料。

BTO 陶瓷是一种典型的铁电材料。常温下其电阻率大于 $10^{12}\Omega\cdot cm$，相对介电常数大于 10^4。它有三个相变点：居里温度点 $T_c=T_1=120℃$；$T_2=5℃$，$T_3=-80℃$。相应的晶型为：T_c 以上为立方晶型，T_1 与 T_2 之间为四方晶型；$T_2\sim T_3$ 之间为正交晶型，T_3 以下为三角晶型；BTO 在居里点以上为顺电相，在居里点以下为四方晶型、正交晶型、三角晶型这三种结构的铁电相。BTO 的居里点可通过掺入不同杂质来移动；降低其 T_c 温度的移动剂为 Sr、Sn、Zr、Hf 等，以 Sr 最为常用（$SrTiO_3$ 的 T_c 为 $-250℃$）。提高 BTO T_c 的移动剂有 Pb、Bi+Na、Bi+K 等，掺入 PbO 可使 BTO 的居里点在 $120\sim500℃$ 之间调整。

（1）BTO 的半导化方法有：1）掺入施主杂剂，如用 La^{3+} 离子取代 Ba^{2+}，用 Ni^{5+} 取代 Ti^{4+}，或掺入多种离子同时取代 Ba^{2+} 及 Ti^{4+} 离子，在禁带中形成施主能级而成为 n 型半导体。此时，还必须在氧化气氛中烧结或在大于 900℃ 的氧化气氛中热处理，才可使材料具备 PTC 效应，且 PTC 效应与降温过程密切相关：降温速率越慢，PTC 效应越显著。高温烧结样品直接淬火至室温则不具有 PTC 效应。2）在还原气氛中烧结，使之产生氧缺位也可在禁带中形成施主能级而成为 n 型半导体，但这种半导瓷 BTO 不具有 PTC 效应。

（2）BTO 半导瓷的 PTC 特性。图 3-35～图 3-37 分别表示了 BTO 的电阻-温度特性（PTC 效应）、PTC 效

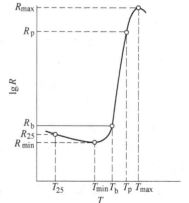

图 3-35　BTO 的电阻与温度关系曲线

应与外加电场、PTC 效应与工作频率的关系。图 3-35 中，T_{25} 为室温，T_{min}、T_{max} 分别对应于电阻最小和最大时的温度。电阻值在"通过"铁电-顺电相转变时，急剧增大，体现了典型的 PTC 效应。由图 3-36、图 3-37 可知，工作电压和工作频率增大，均减弱其 PTC 效应。另外，在 BTO 半导瓷中掺入微量 Mn、Cr、Fe 等受主杂质，可明显增强其 PTC 效应。BTO 单晶和 BTO 多晶中单个晶粒都不具有 PTC 效应。PTC 效应来源于多晶中的晶界。

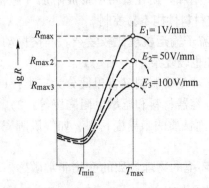

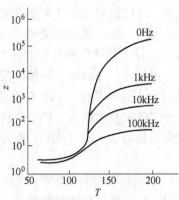

图 3-36　工作电压对于 BTO 的 PTC 效应的影响　　图 3-37　工作频率对 BTO 的 PTC 效应的影响

（纵坐标 z 为 PTC 元件的总阻抗）

3.2.4.2　NTC 半导瓷材料

NTC 热敏半导瓷大都用 Mn、Co、Ni、Fe 等过渡金属氧化物按一定比例混合采用陶瓷工艺制备而成。按材料所制的热敏电阻使用温度范围又分为低温（-60~300℃），中温（300~600℃）和高温（>600℃）三种 NTC 材料。

一般 NTC 热敏电阻的电阻与温度的关系可表示为：

$$R = R_0 \exp\left[(1/T - 1/T_0)B \right] \tag{3-34}$$

式中，R、R_0 分别为温度 T，T_0（K）时的电阻；B 为与材料性质相关的常数，叫热敏电阻常数，表征了材料的温度特性。

常用低温 NTC 材料为 MnO-CoO-NiO-Fe$_2$O$_3$-CuO（常温下 B 值为 1500~6000K）所形成的 AB$_2$O$_4$ 类晶石型结构固溶体。中温 NTC 材料主要有 MgCr$_2$O$_4$-LaCrO$_3$ 系陶瓷（400℃时的 B 值约 3800K）。高温 NTC 材料种类很多，常用的有 Mn-Co-Ni-Al-Cr-O 系材料、Zr-y-O 系材料、Ag-Mg-Fe-O 系材料、Ni-Ti-O 系材料等。典型材料有：MgAl$_2$O$_4$-MgCr$_2$O$_4$-LaCrO$_3$（其使用温度 400~1000℃）；PrFeO$_3$（多用于汽车尾气温度检测）；以及 Al$_2$O$_3$-MgO-Fe$_2$O$_3$ 等。Al$_2$O$_3$-MgO-Fe$_2$O$_3$ 系高温热敏材料的优点是在恶劣环境中化学稳定性好，可长期可靠地运行。它是高阻 n 型 MgAl$_2$O$_4$、低阻 p 型 MgCrO$_4$，及低阻 n 型 MgFe$_2$O$_4$ 三种主晶相形成的固溶体，其 B 值约为 14000K，所制热敏电阻使用温度为 600~1000℃。

NTC 半导瓷的应用很广泛：利用其电阻-温度特性可制作测温仪、控温仪和热补偿元件等。利用其伏安特性可应用于稳压器、限幅器、功率计和放大器等；利用其热惰性可制作时间延迟器等。

3.2.4.3　临界温度热敏电阻材料

临界温度热敏电阻材料是一类以 VO$_2$ 为基本成分的半导瓷材料，它在一定临界温度

T_c 由半导体转变为导体而使其电阻大幅度下降（3~4 个数量级），有很大的负温度系数。VO_2 的 T_c 为 68℃，V_2O_5 的 T_c 为 -100℃，Fe_3O_4 为 150℃，V_3O_5 为 140℃，Ti_3O_5 为 175℃ 等。

常在这类材料中掺入 Mg、Ca、Sr、Ba、B、P、Si、Ni、W、Mo 或 La 等的氧化物来改性。图 3-38 是几种改性 VO_2 半导瓷的 CTR 特性曲线。用 CTR 热敏电阻可制成固态无触点开关，广泛用于温度自控、过热保护及制冷设备中。

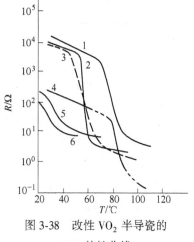

图 3-38　改性 VO_2 半导瓷的
CTR 特性曲线

1—V75Ge10P5Si10；2—V60Fe20P20；
3—V60Ni20P20；4—V70Ge20Ag10；
5—V89W1P10；6—V87Mn3P10；

3.2.4.4　线性热敏半导瓷材料

具有线性电阻-温度特性的热敏材料有重要应用价值。线性热敏半导瓷材料有线性负温度系数（LNTC）和线性正温度系数（LPTC）热敏材料。

LNTC 材料有 CdO-Sb_2O_3-WO_3 及 MnO-CoO-CuO-RuO 系列等。前者的特点是在 -40~200℃ 温度范围内，电阻-温度关系是线性的，电阻率为 $1~10^3 \Omega \cdot cm$，电阻温度系数为 -6×10^{-3}/℃。这种材料所制热敏电阻广泛用于测温及自动控制中，它具有工作温区宽、线性度好、线路简单、测量精度高等优点。

典型 LPTC 热敏半导瓷材料有 $BaTiO_3$，Zn-Ni-Ti-O 系列等。为使 BTO 在使用温度范围（-40~125℃）有良好的线性电阻-温度特性，必须把 BTO 的居里点从 120℃ 移到 -30℃ 以下。一般从居里温度开始到其电阻率达最大值之间有相当宽的温度范围的线性区间。

3.2.4.5　压敏半导瓷材料

这是一类具有非线性 I-V 特性的半导瓷材料，用其所制压敏电阻得到了广泛应用。其 I-V 特性可表示为：

$$I = \left(\frac{V}{C}\right)^{\alpha} \tag{3-35}$$

式中，C 为常数；α 为非线性系数，是所制压敏电阻器的特征值。

1970 年以前，压敏电阻所用材料主要是 SiC、Se，也用齐纳二极管作为压敏电阻。1970 年以后，开始使用 ZnO 基电阻器，使 ZnO 基陶瓷电阻成为目前应用最广的压敏电阻器件。几种主要压敏电阻（材料）的基本性质列于表 3-30。

表 3-30　几种主要压敏电阻器的基本性质

种类	SiC	ZnO	BTO	釉 ZnO	Se 系	Si 系	齐纳二极管
材料	SiC 烧结体	ZnO 烧结体	BTO 烧结体	ZnO 厚膜	Se 厚膜	Si 单晶	Si 单晶
特性	晶界的非欧姆特性	晶界的非欧姆特性	晶界的非欧姆特性	晶界的非欧姆特性	晶界的非欧姆特性	pn 结	pn 结
I-V 特性	对称	对称	非对称	对称	对称	非对称	非对称

种类	SiC	ZnO	BTO	釉 ZnO	Se 系	Si 系	齐纳二极管
压敏电阻（1mA）/V	5~1000	22~9000	1~3	5~150	50~1000	0.6~0.8	2~300
非线性系数 α	3~7	20~100	10~20	3~40	3~7	15~20	6~150
浪涌耐量	大	大	小	中	中	小	小
用途	灭火花，过电压保护，避雷器	灭火花，过电压保护避雷器，稳定电压	灭火花	灭火花，过电压保护	过电压保护	电压标准	电压标准，稳定电压

纯 ZnO 并不具有非线性的 I-V 特性，ZnO 压敏电阻材料是掺入某些氧化物，如 Bi_2O_3、CoO、MnO、Cr_2O_3、Sb_2O_3、TiO_2、SiO_2、Pr_6O_{11}、BaO、SrO、PbO、U_3O_8 等的改性烧结体材料、晶粒间形成晶界绝缘层而使其具有非线性的 I-V 特性。MnO、CoO 等的掺入可提高其非线性系数。

近年来发展了稀土氧化物（氧化镨）作为主要掺杂剂的 ZnO 电阻器，它不但适用于低压器件而且适用于高压电站的电涌放电器，具有能量吸收容量大、大电流时非线性好、响应快、寿命长等优点。另外，$SrTiO_3$ 也是一种很有希望的压敏材料，它具有非线性系数大、浪涌吸收耐量大、无极性、静电容量大、温度特性好等特点。用于低电压、小电流浪涌吸收的半导瓷压敏材料还有 TiO_2、SnO_2、Fe_2O_3 等。

3.2.4.6 晶界层电容器半导瓷材料

晶界层电容器，即晶界势垒层（GBBL）电容器，也称为边界层电容器。晶界层电容器材料是一类重要的半导瓷材料，其特点是介电常数大，比体积电容量高，其色散频率可达到高频（10MHz~1GHz）应用要求，所制电容器非常适用于高频旁路电路。

BTO 基晶界层电容器的视在相对介电常数可达 50000~70000，耐压强度达 800V/mm，绝缘电阻率达 $2×10^{11}\Omega \cdot cm$，但由于其介质损耗较大，温度特性、频率特性和电压特性均不够理想，使其应用受到一定限制。目前，$SrTiO_3$ 基半导瓷是生产晶界层电容器的主要材料。

3.2.5 半导体光电子材料

半导体光电子技术的发展是一个多材料、多技术、多学科相互交叉、相互促进、相互依存的发展过程。Si 与Ⅲ-Ⅴ族等化合物半导体材料早已发生交叉，异质外延，（晶片）键合技术的发展，将使它们有机地"结合"在一起，为各种性能更好、（综合）功能更强的器件和电路的发展提供更宽广的材料基础。半导体光电子材料正呈现出多样性、综合性、多功能性、微结构化的发展态势。

半导体材料最重要的两大应用领域是电子器件和光电子器件。目前大量生产并广泛应用的半导体材料 Si、GaAs 以及 InP、GaN 等既是重要的电子材料，也是重要的光电子材料。主要作为光电应用的材料有 GaP、InSb 以及Ⅱ-Ⅵ族、Ⅳ-Ⅵ族材料等。作为光电应用的半导体材料是利用光子与材料中载流子相互作用而实现电-光或光-电转换、控制的一大类半导体功能材料；按所制器件主要可划分为半导体激光二极管激光器材料、半导体光电显示材料、其他半导体光电材料等。

3.2.5.1 半导体激光材料

1962 年 GaAs 激光二极管 LD 的问世作为半导体光电子学的开端，并由此推动了半导体光电子材料及器件的研究开发。半导体 LD 的激射波长取决于材料的带隙，且只有直接带隙的材料才能产生光激射，它使注入的电子-空穴直接发生辐射复合以得到较高的电光转换效率和提供足够大的光增益以易于达到激光阈值。化合物半导体材料，尤其是目前实用化的Ⅲ-Ⅴ族化合物半导体及其某些固溶体材料大都是直接带隙，也是目前最重要的、最成熟的 LD 材料，如 Al（GaAs/GaAs、GaIn-AsP/InP）等。加上已研究过的Ⅱ-Ⅵ族、Ⅳ-Ⅵ族化合物 LD 材料，其激（发）射波长可覆盖紫外到远红外的很大波长范围，如图 3-39 所示。

A Ⅲ-Ⅴ族 LD 材料

与 GaAs、InP、GaSb、InAs 晶格匹配的多种三元、四元固溶体所制 LD 的发射波长可覆盖从红光到红外的相当宽的波长范围，如图 3-39（a）所示。有些四元固溶体存在着不互溶区及在某些组分与晶格不匹配；其室温下发射波长如图 3-40 所示。许多四元固溶体材料具有发射波长大于 2μm 的直接带隙组分。InGaAsSb、InAsPSb 具有与 GaSb、InAs 衬底晶格匹配组分。可以看到，与二元单晶衬底晶格匹配的固溶体材料所制 LD 发射波长均超过 4μm。

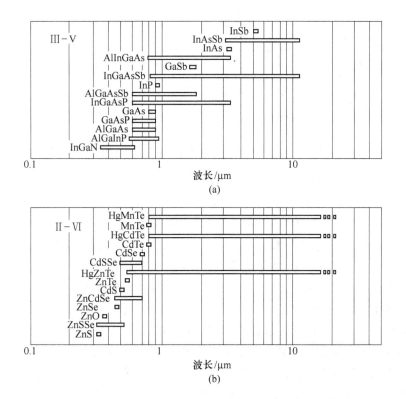

(a)

(b)

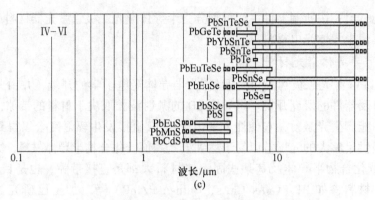

图 3-39　各种半导体 LD 材料发射波长范围

(a) Ⅲ-Ⅴ族 LD 材料；(b) Ⅱ-Ⅵ族 LD 材料；(c) Ⅳ~Ⅵ族 LD 材料

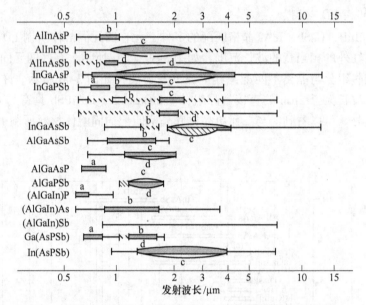

图 3-40　若干Ⅲ-Ⅴ族四元固溶体 LD 材料室温时的发射波长

（1）GaAs 基 LD 材料。$Al_xGa_{1-x}As/GaAs$ 是研究得最早、最深入的半导体 LD 材料。第一只半导体 LD 就是 n-GaAs/p-GaAs 同质结 LD。$Al_xGa_{1-x}As/GaAs$ 异质结 LD 材料室温下所能获得的最短发射波长为 0.67um，接近其理论极限，因为当 $x>0.47$ 时，作为有源层的 $Al_xGa_{1-x}As$ 就变成间接带隙材料。$Al_xGa_{1-x}As/GaAs$ 量子阱材料是研究得最为广泛深入的Ⅲ-Ⅴ族微结构材料体系。1978 年报道了第一只注入型 $Al_xGa_{1-x}As/GaAs$ 量子阱激光器。在大电流注入和高温工作情况下，材料中含 Al 会使器件性能退化，已采用应变补偿 In-GaAsP 结构制成发射波长 0.808μm 的大功率 LD。1998 年富士通公司制出 InAs/GaAs 自组装量子点激光器，其室温连续发射波长 1.09μm，25℃时阈值电流密度为 250A/cm²。半导体 AlGaAs/GaAs 第一类量子级联激光器带间子带的发光能量及激射波长由隧穿初态和终态电子能级的能量差所决定，拓展了半导体 LD 的发射波长范围，发射波长达 8.8μm。发射波长为 0.66μm 的 AlGaInP/GaAs LD 是最先取得突破的可见光 LD。

（2）InP 基 LD 材料。虽然 AlGaAs/GaAs LD 材料体系已成熟，但由于发射波长的限制，它不是光纤通信中所需光电器件的最佳材料。而与 InP 晶格匹配的 InGaAsP/InP、InGaAs/InP LD 正好覆盖了近红外波段 1.3μm 和 1.55μm 这两个重要的光纤通信窗口。为提高 InP 基 LD 的性能，发展了与 InP 晶格不匹配的 InAsP/InGaAsP 应变及应变补偿结构材料，发射波长为 1.3μm LD。自 1992 年作出第一只 InAsP/InP 应变量子阱 LD，InAsP 体系 1.3μm LD 的特征温度 T_0 已达到 72~80K。InP 基 InGaAs/InAlAs 量子级联激光器其发射波长为 3.5~5μm、8~19μm，完全覆盖了 3.5~5μm，8~12μm 这两个重要的大气窗口。

（3）含 Tl 固溶体 LD 材料。Ⅲ-Ⅴ族 Tl 基固溶体材料如 TlnSb，TlInAs，TlInP 具有相应于长波红外（8~12μm）的带隙，这些三元材料及 TlInGaP、TlInGaAs 都可与 InP 衬底晶格匹配，在某些组分与带隙无关，因而可制出与环境温度无关的 LD 器件。含 Tl 固溶体 LD 材料可用分子束外延（MBE）或金属有机物化学气相沉积（MOCVD）等技术制备。

（4）GaN 基 LD 材料。GaN 可与 AlN、InN 形成连续固溶体。InGaN 的带隙所对应的能量可发射绿、蓝和紫光而用于短波长 LD 有源材料。1993 年日本日亚公司首先研制成功 InGaN/AlGaN 双异质结高亮度发光二极管 LED，有力地推动了蓝光 LD 的研究。1996 年该公司成功研制出室温下发射波长 0.417μm 的 InGaN 多量子阱 LD。由于蓝光等短波长发光器件在光存储、全色显示等领域广阔的市场前景，同时，（Al，Ga，In）N 固溶体的直接带隙在 1.9eV（InN）→3.4eV（GaN）→6.2eV（AlN）范围内，其发光波长覆盖了整个可见光波段。因此，GaN 基光电材料及器件的研究开发成为化合物半导体领域最大热点之一。

（5）GaSb 和 InAs 基红外 LD 材料。用于中红外波段的Ⅲ-Ⅴ族 LD 材料 InSbAs、InAsP、InSbAsP、InGaSbAs 及在 GaSb、InAs 衬底上生长的若干固溶体 $In_{0.16}Ga_{0.84}As_{0.14}Sb_{0.86}$、$In_{0.25}Ga_{0.75}Sb/InAs$、$In_{0.24}Ga_{0.76}As_{0.16}Sb_{0.84}$、$In_{0.82}Ga_{0.18}As$、$In_{0.935}Ga_{0.065}As_{0.935}Sb_{0.065}$ LD 材料。以 GaSb 和 InAs 为衬底的 InAsSb、InGaSb、InGaAsSb、AlInAsSb 等中红外 LD 研制取得了较大进展，已制出在 135K 温度下脉冲工作发射波长 3.5μm 的 $InAs_{0.94}Sb_{0.06}$ 应变多量子阱 LD 和发射波长 3.0~3.5μm，可在 150K 下脉冲工作和 3.9μm，235K 下脉冲工作的 GaInAsSb LD。用 MBE 技术制备的 GaInAsSb/AlGaAsSb 量子阱激光器，发射波长为 2.78μm 时，室温下阈值电流密度已降至 50A/cm²，内量子效率达 95%。

B　Ⅱ-Ⅶ族半导体 LD 材料

ZnSe 和 ZnS 及其固溶体在整个可见光波段都是直接带隙半导体材料，可用于制备蓝、绿色 LD。ZnSe 与 GaAs 晶格失配率仅为 0.27%，如图 3-41 所示，可望在 GaAs 衬底上生长、高质量 ZnSe 薄膜以实现光电子器件集成。ZnSe 中存在着较强的自补偿效应。通常条件下，非掺杂的 ZnSe 呈现 n 型导电，不易制得低电阻率 p 型材料；直到 20 世纪 90 年代初，以氨等离子体为掺杂源采用

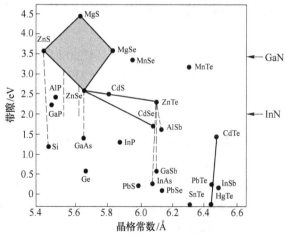

图 3-41　Ⅱ-Ⅵ族、Ⅲ-Ⅴ族、Ⅳ-Ⅵ族化合物
半导体材料的带隙和晶格常数

MBE 技术，使 ZnSe 掺杂获得突破，实现了对其电学性质的控制。1991 年 3M 公司制成以 ZnCdSe/ZnSe 为有源层的量子阱激光器（电流泵浦），其发射波长为 490nm，77K 下脉冲阈值电流密度 320A/cm^2。1993 年制出室温下连续工作的 ZnCdSe/ZnSe/ZnMgSeS 量子阱蓝绿光 LD。目前，大多数 ZnSe 基 LD 器件都采用 GaAs 衬底，ZnSe 蓝光 LD 已显示出实用化前景。

C　Ⅳ-Ⅵ族半导体 LD 材料

Ⅳ-Ⅵ族化合物及某些三元固溶体材料可由熔体生长出晶体，但绝大多数固溶体为外延薄膜材料。在许多情况下，Ⅳ-Ⅵ族基异质结并不是良好晶格匹配的，但仍可在低温下观察到激光发射。在窄带隙材料如 PbSe、PbTe 中非辐射损耗的主要机理似乎不是缺陷而是其本征性质，如俄歇过程等。所以还不能认为失配位错等缺陷是影响其所制 LD 器件性能的限制性因素。这些材料所制 LD 都只能在低温下工作，它们与 LD 应用的某些基本性质可概括为：

（1）晶体较脆，难以进行机械加工，沿［001］面解理，便于制作激光腔。

（2）绝大多数材料的化学配比与材料制备历史有关，偏离化学配比所产生的缺陷是电活性的，并提供背景载流子浓度。原生晶体一般都严重偏离化学配比，需进行长时间退火以降低自由载流子浓度。

（3）可用不同外延技术制备 LD 所需薄层结构，在 KCl、BaF$_2$ 等（异质）衬底上进行异质外延生长也可得到较高质量的外延材料。

（4）在 pn 结和 M-S 金属-半导体接触中都可进行有效载流子注入。例如，PbTe 和 PbSnTe 基 LD 可用 Pb、Zn 或 In 制作 M-S 接触。

（5）所有铅盐半导体材料的介电常数和折射率都较大，自发辐射的"抽取"受到内反射的限制。

（6）这些材料中都含有重原子（Pb、Sn）组分，其热导率较低，使所制 LD 在大功耗情况下散热困难。

（7）这些材料化学稳定性好，所有二元化合物和绝大多数固溶体均为直接带隙；只有某些固溶体在某种组分时有零带隙（如 Pb$_{1-x}$Sn$_x$Se 在 $x = 0.56$ 时，Pb$_{1-x}$Sn$_x$Te 在 $x = 0.27$ 时，室温下均为零带隙），但这种带隙变化并不妨碍其激光发射。

3.2.5.2　半导体显示材料

在现代显示技术中，发光二极管 LED 和电致发光显示是两种重要的主动显示技术；液晶显示是一种重要的受光显示，也称为被动显示技术。这两种显示器件要用到多种半导体材料。

A　LED 材料

早在 1907 年就观察到 SiC 的电注入发光，直到 1962 年美国通用电气公司出售第一只 GaAsP 红色 LED。从 1970 年以来，其发光效率（流明/瓦，lm/W）每十年提高 10 倍，被称为"Craford 定律"，如图 3-42 所示。LED 是第一种实用化的化合物半导体器件。（无机）LED 材料及主要性能列于表 3-31。LED 是一种电注入式固体发光器件，它具有体积小、寿命长、耗电少、可靠性高等特性，广泛用于各种数字、文字、符号显示，大屏幕显示以及各种仪器、仪表、家用电器指示灯等；目前正向固态照明光源的方向发展。

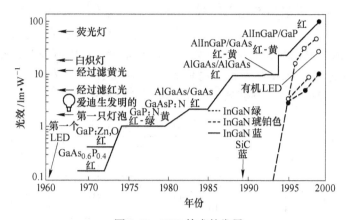

图 3-42　LED 技术的发展

表 3-31　LED 材料及主要性能

材　料	生长工艺器件结构	发光颜色	波长/μm	外量子效率/%		光效/lm·W^{-1}	
				产品	最高	产品	最高
GaP（Zn, O）/GaP	LPE	红	0.70	约4	15	约0.8	3.0
GaP（N）/GaP	LPE	黄绿	0.56	0.12	0.3	0.96	1.6
GaP/GaP	LPE	绿	0.555	0.08	0.2	0.54	1.36
GaAsP/GaAs	VPE+扩散	红	0.66	0.1	0.15	0.04	0.07
GaAsP/GaP	VPE+扩散	红	0.65	0.2	0.5	0.15	0.35
GaAsP/GaP	VPE+扩散	橙	0.63	0.3	0.65	0.6	1.2
GaAlAs/GaAs	LPE（SH）	红	0.66	约3	7	约1.2	2.1
GaAlAs/GaAs	LPE（DH）	红	0.66	约15	21	约6.6	20
InGaAlP/GaAs	MOCVD（DH）	橙	0.62	约4.2	—	—	30
InGaAlP/GaAs	MOCVD（DH）	黄	0.59	—	1.2	—	30
InGaAlP/GaAs	—	橙	0.61			—	100
InGaAlP/GaAs	—	红	0.65		55		—
InGaN	—	橙	0.61			—	100
InGaN	—	蓝绿	—			50	—
SiC（N, Al）/SiC	LPE	蓝	0.47	0.02	0.05		—
ZnTeSe/ZnSe	MBE（DH）	绿	0.512	—	5.3		17
ZnCdSe/ZnSe	MBE（DH）	蓝	0.489	—	1.3		1.6

注：LPE—液相外延；VPE—气相外延；MBE—分子束外延；SH—单异质结；DH—双异质结。

　B　半导体电致发光材料

与 LED 的低电场结型（注入式）发光相比，电致发光（场致发光）是一种高电场作用下的本征发光。按材料形态划分，无机电致发光材料有粉末和薄膜两种。

（1）粉末发光材料。半导体粉末发光材料的发光特性主要是由一些特殊杂质作为激活剂和共激活剂所决定的。对于 ZnS 粉末的交流电致发光，常用 Cu 作激活剂；Al, Ga, In, Cl, Br 等做共激活剂。其发光性能除与 ZnS 本身的纯度、颗粒大小、结晶状态等有关外，还与这些激活剂、共激活剂元素种类、浓度、制备条件等有关。常用交流电致发光材料主要性能列于表3-32。以 ZnS 为基质的粉末，其电致发光谱可覆盖整个可见光波段，如图 3-43 所示。电致发光的研究和应用以交流电致发光为主；因其发光效率较高，一般为15lm/W。最常用的直流电致发光粉末材料有：ZnS:Mn, Cu（发光效率约 0.5 lm/W）；ZnS:Ag（发蓝光），ZnS:Ag（发红光），CdS:Ag（发绿光）等。

表 3-32　交流电致发光材料主要性能

材　料	发光颜色	峰值波长/nm	亮度 /Cd·m⁻²	击穿电压/V	尺寸小于 10μm 颗粒所占比例/%
ZnS:Cu	浅蓝	455	19.9	350	>60
ZnS:Cu, Al	绿	510	59.7	350	>55
ZnS:Cu, Mn	黄	580	19.9	350	>50
(Zn, Cd) (S, Se):Cu	橙红	650	19.9	350	>75
ZnS:Cu	蓝	455	19.9	350	>65

（2）薄膜电致发光材料。薄膜电致发光材料发光机理与粉末材料基本相同，可在高频电压工作，发光亮度较高。1978 年日本就研制成功 240×320 象元的电致发光薄膜电视。ZnS 是应用最广乏的薄膜电致发光材料，其主要性能见表 3-33。

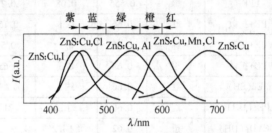

图 3-43　ZnS 粉末交流电致发光谱

表 3-33　ZnS 薄膜电致发光材料主要性能

材　料	发光颜色	亮度 (60Hz) /mcd·m⁻²	光效/lm·W⁻¹
ZnS:Mn	黄	300	3~6
ZnS:Tb	绿	100	0.6~1.3
ZnS:Mn	蓝	10	0.3

3.2.5.3　其他半导体光电子材料

A　电光材料

半导体材料中存在电致吸收或电致折变效应而可用于研制小型、高速吸收型集成电光开关和电光调制器。由图 3-44 可以看到，在外电场作用下，即使光子能量 $h\nu$ 小于带隙 E_g，GaAs 也有较大的吸收，即电致吸收效应或弗朗斯-克尔德什效应。同时，吸收系数的变化导致折射率相应变化，又谓之电致折变效应。已对 GaAs、InP、GaSb、InAs 和 InSb 材料中的电致折变效应的研究表明：对于能量 $h\nu$ 小于带隙 100meV 的光子，当电场从 $3×10^3$ V/cm 增加到 $3×10^5$ V/cm 时折射率变化 Δn 和消光系数变化的值 Δk 均从 10^{-3} 变到

10^{-2}。这几种材料的工作波长覆盖了 $0.85 \sim 10 \mu m$ 的范围。

量子阱中的电致吸收即量子限制斯塔克效应，使其光吸收和折射率变化对外加电场的响应灵敏度大大提高，这两种效应还由于量子阱中的激子效应而增强。对于 GaInAs/InP 量子阱，外加电场为 $1.4 \times 10^4 V/cm$ 时，Δn 约为 2×10^{-2}，可制成低功耗、高速电光调制器或光开关，其工作波长可与激光器相适应。改变材料组分，可使器件特性与专用激光波长达到最佳匹配。进一步降低结构的维度，即作成量子线和量子点材料，还可使材料的电致吸收和电致折变效应进一步增强。一种基于量子阱材料中电荷迁移现象的自电光效应也受到广泛重视，

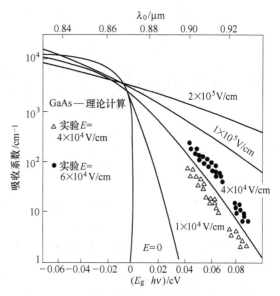

图 3-44　外电场作用下 GaAs 的光吸收

利用这种效应可作成光开关，去掉光照后的开关作用的恢复取决于该结构材料的弛豫时间，这种器件由于非线性过程的谐振特性，所需电光相互作用长度很短，且便于制成开关阵列。

GaAs、InP、CdTe、CdZnTe 等半导体材料还是一类重要具有光折变效应的光折变材料。这些材料受光照而引起折射率变化。在光照下，载流子被激发，通过迁移被重新俘获而造成电荷重新分布建立起内电场，并由于电光效应使材料的折射率受到调制。这些半导体光折变材料主要用于红外波段的相位共轭、光放大、高速信息处理等。

B　光子牵引材料

当光入射到半导体材料中，会产生电场，且电场强度与入射光强度成正比的现象称为光子牵引效应。Ge、Si、GaAs、GaP、InAs、Te 等许多半导体材料都具有这一效应。光子牵引效应可由自由载流子、杂质电离或带间跃迁所引起。对室温线性运转的光子牵引器件仅利用其自由载流子吸收。对某种晶向的棒状半导体晶体，入射光沿该晶向传播时，其响应率：

$$V_L/W = n\mu\rho(1 - e^{-\alpha L})/(AC) \tag{3-36}$$

式中，V_L 为棒两端所产生的电压；W 为入射光功率；n 为自由载流子浓度；μ 为载流迁移率；ρ 为材料的电阻率；A 为棒的截面积；α 为吸收系数；L 为器件长度；C 为真空中光速。图 3-45 是几种半导体材料光子牵引响应率。光子牵引材料主要用于棒状光子牵引探测器，主要用于探测 CO_2 激光，其结构简单、结实、响应频率较高，可在较强光强下工作。

C　负电子亲和势光电阴极材料

人们在 1965 年将 Cs 吸附在 GaAs 上首次获得了 NEA 材料，以后采用不同材料和吸附剂又得到多种 NEA 材料，这些材料除 Si 外皆为化合物半导体。负电子亲和势（NEA）材料是一种新型的电子发射材料。半导体 NEA 材料以 GaAs、GaAsP、GaP、GaInAs 较为常

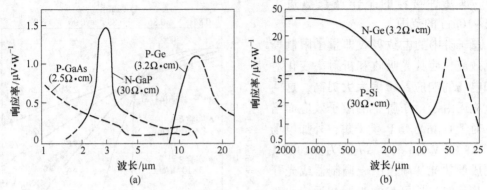

图 3-45　几种半导体材料的光子牵引响应率与光波长的关系

(a) (111) 方向；(b) (100) 方向

用，其他半导体 NEA 光电阴极材料还有，InP：Cs-O、InAsP：Cs-O、GaAsSb：Cs-O、InAsP；Rb-O 和 GaAlAs：Cs-O 等。

NEA 光电阴极材料是光电管、光电倍增管、变像管、像增强器和一些摄像管等光电器件中，使不同波长的各种辐射信号转换为电信号的关键部件。用它们制成的光电阴极和二次发射打拿极有许多用途。用 GaP：Cs 可制作光电倍增管的反射模二次发射打拿极，用 GaAs：Cs-O 制作光电倍增管的光电阴极；Si：Cs-O、GaAs：Cs-O 是高效率穿透式二次发射（TSE）体，能制成较理想的 TSE 打拿极。GaAs：Cs-O、GaAsP：Cs-O 和 Si：Cs-O 还用作冷阴极。NEA 光电阴极与普通光电阴极的主要区别在有效逃逸深度方面；NEA 阴极要长 1~3 个数量级，这一点对光电发射和二次发射都很重要，逃逸深度越长，灵敏度越高。

Ⅲ-Ⅴ族半导体单晶光电阴极具有量子效率高（见图 3-46）、暗发射小、光电子能量分布集中、扩展长波阈潜力大等特点，因而得到快速发展。单晶 Si 只有 (100) 面可制出 NEA 阴极，GaAs 则可用多个晶面制出阴极。利用场助光电阴极（外电场加速光电子使其克服表面势垒而逸出）可使 In-GaAsP、InGaAs 等 NEA 阴极有较高的检测灵敏度。

光电阴极材料经历了 Ag-O-Cs 阴极、多碱光电阴极和Ⅲ-Ⅴ族半导体负电子亲和势阴极几个阶段，使光电倍增管的性能不断提高；并出现了宽光谱光电倍增管、高灵敏度及快速光电倍增管等新型器件。

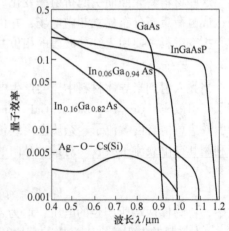

图 3-46　几种半导体光电阴极的量子效率曲线

D　光波导材料

光波导是一种对光进行传输、互联和控制的器件，可使光和相关光（电）器件获得所需要的功能，是制备光（电）集成回路的关键器件。早期的光波导材料研究主要集中于 LiNbO₃，之后对 GaAs、InP 等Ⅲ-Ⅴ族化合物及某些Ⅱ-Ⅵ族化合物半导体材料进行了研究。近年来则转向 Si 基材料，尤其对 SOI 材料研究更为深入。Si 基光波导材料快速发展的主要原因：（1）Si 基光电子集成始终是重要的研究方向且 Si 的 IC 工艺成熟；（2）Si 基材料种类多，如 Si$^+$/Si、SiO$_2$/Si、SiGe/Si、SOI 等，为器件设计和制造提供方便。用 Si 基材料已研制出阵列式波导光栅 AWG、多模干涉 MMI 耦合器和波导调制器等器件。另外，多晶 Si/Si，GaAs/Si 等异质结材料也有很好的波导性能。在三种 Si 基光波导中以 SOI 光波导性能最好（见表 3-34）。

表 3-34　三种 Si 基光波导性能比较

波导种类	SiO$_2$	SiGe/Si	SOI
材料制备	SiO$_2$ 中掺杂	晶格不匹配	成熟
折射率差	很小（0.1%～0.75%）	小	大
与 CMOS 工艺兼容性	不兼容	兼容	兼容
几何尺寸	大	厚度受限制	大
制作容差	小	小	大
损耗	小	较小	较小
与光纤耦合效率	高	低	高

可以看到，SOI 材料制备工艺较为成熟、制作容差大，导波层与限制层之间折射率差大；因而对光场的限制作用强、传输损耗较低、波导特性好。另外，SOI 还可作成三维结构，便于制作三维电子和光电子器件而实现大规模集成。SOI 光波导用于光互联可大大提高信息的传输速率。

SOI 还是一种重要的半导体光开关材料，SOI 电—光开关具有损耗小（0.1dB/cm）、开关速度快（nS 级）、功耗较低（mW 级），集成性和扩展性好等特点。其他半导体光开关材料有 Si、GaAs 等。

E　光电集成电路材料

Si、GaAs 等半导体材料不仅是现代集成电路的关键材料，也是发展光电集成电路 OEIC 的关键材料。目前，OEIC 所用材料主要是 GaAs、InP 和 Si。GaAs、InP 材料所制 LD，光探测器等有源器件非常成功，但成本较高、制备工艺难度较大，对发展 OEIC 有一定限制。近年来，Si 基光电子器件得到发展，Si 光电探测器、光开关，阵列式波导光栅 AWG 等均已问世，使人们越来越重视 Si 基 OEIC 的研究与开发。OEIC 是 IC 的延伸和发展，其性能比 IC 更好，功能更强，其应用也如 IC 一样渗透到各个领域。OEIC 还处于起步阶段，但已研制出多种 OEIC；如 InP 基 HBT 与 LD 的单片集成，GaAlAs/GaAs LD 与 MESFET 的集成，GaAs 基 LD 与光探测器和 MESFET 的集成，InP、In-GaAs、InGaAsP LD-合波器与电吸收调制器的集成等。

半导体微结构材料在 OEIC 的研究中也备受关注；利用异质结可获得载流子限制和光限制；利用超晶格、量子阱结构可通过"能带工程"实现材料改性，即使是间接带隙材料（如 Si）也可通过"能带折叠"效应获得直接带隙而便于制作发光器件。原子层外延、选择性局域外延和激光辅助外延等技术可直接生长出所需立体量子结构，这些都为 OEIC 的发展打下了坚实基础。

4 半导体材料的制备

4.1 体单晶生长

4.1.1 熔体生长基本原理

（1）结晶过程驱动力。熔体结晶为（单）晶体是一种液相到固相的相变过程。在这一过程中，要放出结晶潜热 L 以降低系统自由能，两相自由能差值 ΔG 即为结晶过程的驱动力：

$$\Delta G = -\frac{L}{T_C}\Delta T \tag{4-1}$$

式中，T_C 为液、固相平衡温度；$\Delta T = T_C - T$（T 为实际生长温度）为熔体的过冷度。结晶过程中所产生的结晶潜热通过晶体向周围传输或辐射而导走，以维持一定的过冷度 ΔT，否则，ΔT 越来越小而使结晶驱动力越来越小。

（2）杂质分凝。单晶生长过程中，杂质（溶质）在液，固两相中的浓度不同，这就是分凝现象。定义 $k_0 = \dfrac{C_S}{C_1}$ 为平衡分凝系数，C_S、C_1 分别为生长速度无限慢时固液两相处于平衡状态时固液两相中的杂质浓度。如果 $k_0 < 1$（半导体材料中的杂质绝大多数属于这种情况）则生长过程中，杂质不断向熔体中"富集"。$k_0 > 1$，则使熔体中杂质不断耗尽，如图4-1所示。它们是二元相图的一部分，液相线是熔体凝固点与杂质浓度的关系曲线；固相线是晶体熔点与杂质浓度的关系曲线，液相线以上的熔体是稳定相，两线之间为固、液两相共存区。利用这种分凝现象可对多种材料进行区熔提纯。在实际单晶生长过程中，生长速度不可能无限慢，即固、液两相不可能处在平衡状态。这样，固液界面附近熔体中富集或耗尽的杂质不能靠扩散、对流很快达到均匀分布。于是，在固液界面附近的熔体中存在着一个扩散层（溶质边界层），此时的分凝系数 k_{eff} 与 k_0 的关系是

$$k_{eff} = \frac{k_0}{(1 - k_0)\exp(-f\delta/D) + k_0} \tag{4-2}$$

式中，f 为结晶速度；D 为杂质的扩散系数；δ 为扩散层厚度。如熔体得到充分搅拌，从而使熔体中杂质浓度得到均匀分布，即 $\delta \to 0$，则 $k_{eff} \to k_0$。反之，如熔体不进行搅拌，$\delta \to \infty$，则 $k_{eff} \to 1$，此时则不能达到对杂质的提纯效果。但对生长掺杂半导体晶体而言，k_{eff} 越接近1，晶体中纵向杂质浓度分布越均匀。实际生长过程中，δ 不可能为 0，也不能为 ∞；因此，k_{eff} 总是结余 1 和 k_0 之间；即 $k_0 < k_{eff} < 1$（$k_0 < 1$ 时）和 $k_0 > k_{eff} > 1$（$k_0 > 1$ 时）。

（3）组分过冷。在生长重掺杂（掺入杂质浓度较高），且 $k_{eff} < 1$ 时，生长过程中杂质不断排向熔体，使熔体中杂质浓度越来越高；这时，往往会造成熔体内部的过冷度大于扩

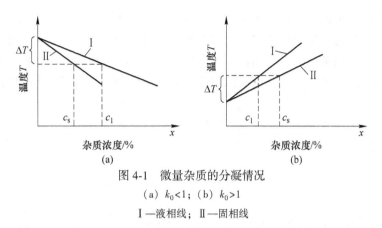

图 4-1 微量杂质的分凝情况

(a) $k_0 < 1$；(b) $k_0 > 1$

Ⅰ—液相线；Ⅱ—固相线

散层附近熔体的过冷度，离固液界面越远，其过冷度越大。这将使固液界面不稳定，甚至导致枝蔓生长。可证明，熔体中不产生组分过冷的条件为，熔体中纵向（轴向 Z）温度梯度 $\left(\dfrac{\partial T}{\partial Z}\right)_1$ 应为：

$$\left(\frac{\partial T}{\partial Z}\right)_1 \geqslant \frac{-mfc_0(1-k_0)}{D\left[k_0 + (1-k_0)exp\left(-\dfrac{f}{D}\delta\right)\right]} \tag{4-3}$$

式中，m 为液相线斜率，$k_0 > 1$ 时，m 为正值；$k_0 < 1$ 时，m 为负值；C_0 为熔体中杂质浓度。可见，降低杂质浓度，提高温度梯度，降低结晶速度都有利于防止发生组分过冷。

如果按生长方式分类，半导体单晶生长可分为垂直生长和水平生长两大类。垂直生长技术主要有：直拉 CZ 法及其派生的磁控直拉（MCZ）法、液体覆盖直拉（LEC）法、蒸气控制直拉（VCZ）法；悬浮区熔（FZ）法、垂直梯度凝固（VGF）和垂直布里奇曼（VB）法等；水平生长技术主要是水平布里奇曼（HB）法。

4.1.2　直拉法

直拉法也称为提拉法，即切克劳斯基法。它是波兰科学家切克劳斯基于 1918 年发明而命名的。CZ 技术是使用最广泛的一种熔融生长技术。Si 是世界上最重要的单晶材料，用于电子器件的 Si 单晶有 90% 是用 CZ 法生长的，目前每年的生产量约为 10000t。现以 Si 单晶生长为例对 CZ 技术做简要介绍。

4.1.2.1　基本原理

CZ 技术示意图如图 4-2 所示。盛于（石英）坩埚中多晶 Si 被电阻加热融化，待其温度在熔点附近并稳定后，将籽晶浸入熔体，并与其熔接好后以一定的速度向上提拉籽晶（同时旋转）引出晶体。生长一定长度的细颈，经过放肩，转肩，等径生长，收尾，降温；完成了一根单晶锭的拉制。一般 CZ 生长装置单晶炉由籽晶杆及传动组件、坩埚杆及其传动组件、进气、排气系统、功率控制系统，直径自动控制系统等组成。加热器一般为石墨加热器，其周围置适当的保温罩。

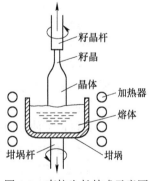

图 4-2　直拉生长技术示意图

单晶炉内的热传输，熔体中流体力学，质量输运，液体对流，Si 与石英坩埚在高温下的化学反应等都直接影响晶体生长过程和所生长晶体的质量。对于生长过程，人为地控制的因素主要是：热场设计、籽晶杆及坩埚杆的旋转和升/降速度、炉室内保护气氛的种类、压力、温度控制精度、直径自动控制方式等。选择和优化这些工艺条件是单晶生产中的主要内容。

4.1.2.2　CZ 单晶生长中的基本问题

（1）CZ 单晶生长的最大生长速度。最大生长速度为：

$$f_{\max} = k_s \frac{\mathrm{d}T_s}{\mathrm{d}Z}/(L\rho) \tag{4-4}$$

式中，L 为结晶潜热；ρ 为晶体密度；k_s 为晶体的热导率；$\dfrac{\mathrm{d}T_s}{\mathrm{d}Z}$ 为晶体中纵向温度梯度。可以看到，提高晶体中的温度梯度，可提高晶体生长速度，从而提高生产效率；但温度梯度过大，将使晶体中产生较大热应力，会导致位错等晶格缺陷的形成，甚至使晶体产生裂纹。在化合物半导体单晶生长中，为降低位错密度，往往要设法降低温度梯度。因而，实际采用的生长速度是低于这一最大生长速度。

（2）熔体中的对流。熔体中的对流图形以 CZ 熔体中最为复杂，如图 4-3 所示。熔体中有 A，B，C 三种流动图形。浮力是由埚壁与熔体中心的温差即径向温度梯度所造成的。相互反向旋转的晶体旋转和坩埚旋转所产生的强制对流是由离心力和向心力、最终由熔体表面张力梯度所驱动的。

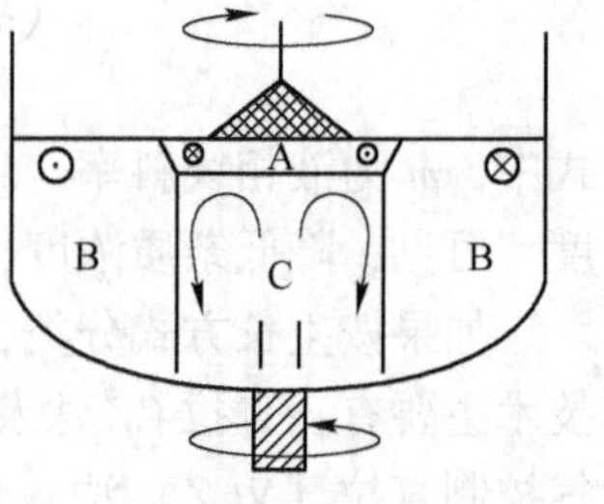

图 4-3　CZ 熔体中的对流图形

浮力驱动对流可用一无量纲的格拉斯霍夫数 G_r 表示：

$$G_r = g\beta\Delta T H^3/\nu^2 \tag{4-5}$$

式中，g 为重力加速度；β 为材料的热胀系数；ΔT 是熔体在特征长度 H（坩埚半径或熔体深度）上的温度差；ν 为熔体的黏滞系数。由于 G_r 与 H^3 成正比，因此，所生长晶体的直径越大（坩埚也越大）对流就越强烈。强烈的对流会引起湍流、加剧熔体中的温度波动，造成晶体局部回熔，从而导致晶体中杂质分布不均匀并产生缺陷。在大直径单晶生长中，熔体中的对流对晶体质量影响尤为显著。

在生产实践中，晶转的速度一般比埚转快 1～3 倍，这种反向转动使熔体中心区与外围区产生相对运动，在固液界面下方形成所谓"泰勒柱"区域，它阻碍熔体中杂质的扩散，但它在界面下方形成了一个相对稳定的区域，有利于晶体的稳定生长。

（3）生长界面（固液界面）形状。在不发生组分过冷的情况下，固液界面的宏观形状应该与由热场所确定的等于熔点的等温面相吻合，界面可有平坦、凸向熔体和凹向熔体三种形状；其变化取决于生长系统中热量传输情况和晶体尺寸。一般情况下，固液界面形状变化如图 4-4 所示。在引晶、放肩阶段，固液界面凸向熔体，单晶等径生长后，界面先变平再凹向熔体。在晶体生长过程中，通过调整晶体的拉晶速度，晶转和埚转速度可以调整固液界面形状。如提高拉速可使凹向熔体的界面曲率增大；提高晶转速度使埚底的热流更快流向界面而起到与提高拉速相似的作用，固液界面形状对单晶均匀性、完整性有重要影响。

（4）生长过程中各阶段生长条件的差异。CZ 生长的引晶阶段熔体高度最高，裸露坩埚壁的高度最小，到晶体收尾阶段则与此相反。CZ 生长的这一特点造成生长过程中生长条件不断变化（熔体中的对流、热传输、固液界面形状等），整个晶锭从头到尾经历了不同的热过程；头部受热时间最长，尾部则最短；所有这些会造成单晶轴向、径向杂质分布的不均匀。

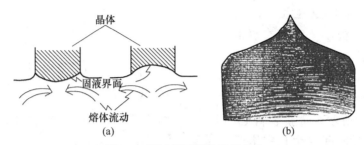

图 4-4　固液界面形状及其变化

（a）熔体的流动对固液界面的形状的影响；（b）拉晶各阶段固液界面的形状

4.1.3　改进直拉生长技术

4.1.3.1　磁控直拉（MCZ）技术

在 CZSi 单晶中，氧含量及其分布均匀性是非常重要而又难以控制的参数；这主要是熔体中的热对流加剧了熔 Si 与石英坩埚的作用，使坩埚中的 O_2、B、Al 等杂质易于进入熔体和晶体。热对流还会引起固液界面附近熔体中温度波动，导致晶体中形成杂质条纹和旋涡缺陷。对熔体施加磁场，由于半导体熔体都是良导电体，在磁场作用下会受到与其运动方向相反的洛伦兹力作用力，于是阻碍了熔体中的对流。这相当于增大了熔体的黏滞性。在实际应用中有水平磁场、垂直磁场和钩形磁场，如图 4-5 所示。所用磁体有普通电磁体和超导磁体。MCZ 技术对 CZ 技术的改进体现在：（1）减小了熔体的温度波动。在通常 CZ 生长系统中，固液界面附近熔体中的温度波动达 10℃以上，而施加 0.2T 的磁场时，其温度波动小于 1℃；这样就明显提高了晶体中杂质分布的均匀性，可得到杂质条纹轻微或局部无杂质条纹的单晶。单晶径向电阻率分布均匀性也得以提高。（2）降低了单晶中的缺陷密度。（3）减少了杂质的并入，提高了晶体的纯度，这是由于在磁场作用下，熔 Si 与坩埚的作用减弱，使坩埚中的杂质较少进入熔体和晶体。把磁场强度与晶转、埚转等工艺参数结合起来，可有效控制晶体中氧浓度的变化。（4）由于磁黏滞性，使扩散层厚度增大，因而使杂质的有效分凝系数 k 增大（$k_0 < 1$）或减小（$k_0 > 1$），即更接近于 1，故提高了杂质纵向分布的均匀性。（5）有利于提高生产效率。施加水平磁场的 MCZ 技术，生长速度为一般 CZ 生长两倍时，仍可得到较高质量的晶体。

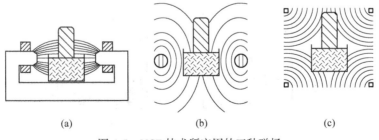

图 4-5　MCZ 技术所应用的三种磁场

（a）水平磁场；（b）垂直磁场；（c）钩形磁场

MCZSi 主要用于制备 CCD 电荷耦合器件和某些功率器件。在拉制较大直径（≥200mm）CCD 用 Si 单晶时，多采用 MCZ 技术。MCZ 技术也用于 GaAs、GaSb 等化合物半导体单晶生长。

4.1.3.2　连续 CZ 生长

为提高生产效率，节约石英坩埚，发展了连续 CZ 生长技术。这项技术有两方面：重新装料 CZ 生长和连续加料 CZ（CCZ）生长，分别如图 4-6 和图 4-7 所示。重新装料 CZ 生长可节约大量时间（生长完毕后的降温、开炉、装炉等），一个坩埚可用多次。CCZ 生长除具有重新装料的优点外，还可保持整个生长

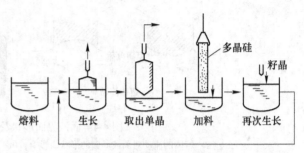

图 4-6　重新装料 CZ 技术示意图

过程中熔体体积恒定，提供基本稳定的生长条件，因而可以制得电阻率纵向分布均匀的单晶。CCZ 技术有两种加料法：连续固态送料法（见图 4-7（a））和连续液态送料法（见图 4-7（b））。在 CZ 生长中，采用双坩埚（见图 4-8）也可得到电阻率纵向分布较均匀的单晶。

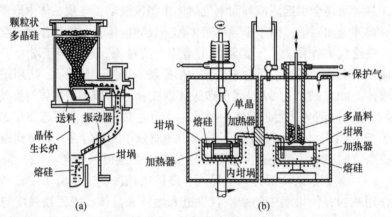

(a)　　　　　　　　　　(b)

图 4-7　CCZ 技术生长装置示意图
(a) 连续固态送料 CZ 法装置；(b) 连续液态送料 CZ 法装置

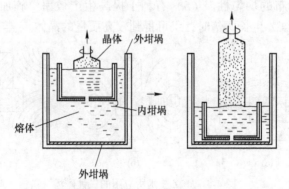

图 4-8　双坩埚 CZ 生长示意图

4.1.3.3 液体覆盖直拉 LEC 技术

LEC 技术是对 CZ 技术的一项重大改进，使人们可用 CZ 技术制备多种含挥发性组元的化合物半导体单晶。该技术是 1962 年梅茨等首先发表的，其基本原理如图 4-9 所示。用一种惰性液体覆盖剂覆盖着被拉制材料的熔体，生长室内充入惰性气体，使其压力大于熔体的离（分）解压力，以抑制熔体中挥发性组元的蒸发损失；这样就可按通常的 CZ 技术进行单晶拉制。由于这一技术使含挥发性组元的化合物半导体单晶生长设备和工艺大为简化，很快在实践中得到应用。

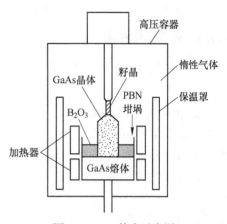

图 4-9 LEC 技术示意图

1965 年马林等人用此技术生长出 GaAs，InAs 单晶。1968 年巴斯等人采用高压 GaAs 熔体 LEC 技术生长出 InP、GaP 单晶。LEC 技术现已成为生产非掺杂半绝缘 GaAs 单晶、InP 单晶、GaP 单晶的主要工艺技术，同时用于生长 GaSb、InAs 等多种化合物半导体单晶。

LEC 技术中所用覆盖剂必须满足的要求：（1）密度小于所拉制材料，使之能浮于熔体表面。（2）对熔体和坩埚在化学上必须是惰性的，也不能与熔体混合，但须浸润晶体及坩埚。（3）熔点要低于被拉制材料的熔点，且蒸气压很低。（4）有较高纯度，熔融状态下透明。目前，在 LEC 技术中广泛使用的覆盖剂是 B_2O_3，它的密度为 1.8g/cm^3，软化点 450℃，在 1300℃时蒸气压 13Pa，且透明度好，黏滞性也较好。用 LEC 技术生长 GaSb 单晶时，因其熔点较低，只能用摩尔比 1:1 的 KCl+ NaCl 作覆盖剂。在 LEC 单晶生长中，刚生长出的晶体是处于覆盖层内的，它对这部分晶体有后加热器的作用，因此，覆盖层厚度的选择是重要的工艺参数之一。

4.1.3.4 LEC 技术的一项改进（蒸气控制直拉 VCZ 技术）

对于生长具有挥发性组元的化合物半导体单晶来说，LEC 技术是一种简单的方法。它的主要缺点是生长系统中纵向温度梯度较大，导致单晶中位错密度较高；如果减小温度梯度又引起晶体表面解离。为解决这一矛盾，发展了如图 4-10 所示的 VCZ 技术。它对 LEC 技术的改进之处在于：把坩埚-晶体置于一准密封的内生长室中，内生长室中放置少量 As（以生长 GaAs 为例）使内生长室内充满 As 气氛。这样，即使在相当低的温度梯度下生长，晶体表面也不致解离。因此，用 VCZ 技术可生长出位错密度较低的 GaAs 等化合物半导体单晶。1984 年以来，日本住友电工公司将 VCZ 技术用于生长低位错密度 GaAs 和 InP 单晶；并于 1994 年生长出腐蚀坑密度 EPD ≤ 10^4cm^{-2}、

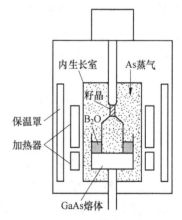

图 4-10 VCZ 技术示意图

直径 100mm 和 150mm 的 GaAs 单晶（约比相同直径 LEC 单晶低一个数量级以上），日本

能源公司也研制出低 EPD 的 VCZ InP 单晶。该技术由于要放置内生长室且要求较好地密封，因此生长系统复杂化，生长过程不易观察，重复性较差。

4.1.4 悬浮区熔技术

悬浮区熔 FZ 技术主要用于提纯和生长 Si 单晶。其基本原理是依靠熔体的表面张力，使熔区悬浮于多晶 Si 棒与下方生长出的单晶之间，通过熔区向上移动而进行提纯和生长单晶，如图 4-11 所示。由于它不使用坩埚，因而是一种无坩埚生长技术；生长过程中高温熔体不会被坩埚材料沾污；又由于杂质分凝和蒸发效应，可生长出高电阻率 Si 单晶和探测器用高纯 Si 单晶。

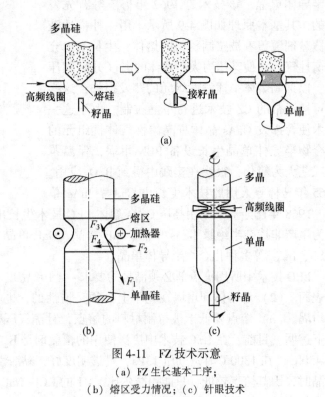

图 4-11 FZ 技术示意

（a）FZ 生长基本工序；

（b）熔区受力情况；（c）针眼技术

生长过程中保持熔区稳定的条件是：熔区的重力 F_1+转动的离心力 F_2 与表面张力 F_3、加热熔区所用高频感应形成的磁托力 F_4 相平衡；即：

$$F_1 + F_2 = F_3 + F_4$$

（4-6）

式中，$F_1 = hdg$（h 为熔区高度；d 为熔体密度；g 为重力加速度）；$F_2 = \dfrac{mv^2}{R}$（m 为熔区质量；v 为熔区转速；R 为熔区的半径）；$F_3 = 2\alpha/R$（α 为熔体表面张力系数）；$F_4 = 2\pi R(\mu I_1 I_2/b)$（$\mu$ 为 Si 的磁导率；I_1、I_2 分别为加热线圈电流和熔区感生电流；b 为线圈与熔区的耦合距离）。

所以，熔区稳定条件为：

$$hdg + \frac{mv^2}{R} = 2\pi R(\mu I_1 I_2/B) + 2\alpha/R \qquad (4-7)$$

可以看到，表面张力越大，熔区越短小，离心力（熔区转速）越小，越容易建立稳定的熔区。要增大晶体直径，又要保持熔区稳定，就要减少熔区重量，降低转速。由于 Si 的密度较小，表面张力较大，适合于进行 FZ 生长。图 4-11（c）"针眼"技术巧妙地解决了直径增大与熔区熔体重量的矛盾。针眼直径可小至 20mm 左右，远小于晶体直径，从而可用稳定的熔区生长较大直径晶体。目前，半导体工业用 Si 单晶约 10% 为 FZ 单晶。Si 的两项垂直生长技术 CZ 和 FZ 比较见表 4-1。

表 4-1　CZ、FZ 技术主要特点比较

项目	CZ	FZ
原料（多晶Si）	块状、颗粒状均可，对其外形、尺寸无特殊要求	一定直径和长度的棒，要求圆且直，端磨成锥体，另一端磨槽
所制单晶纯度	石英坩埚内壁被熔Si侵蚀，石墨保温加热元件的影响；氧含量较高，受其他杂质含量一般也比FZ单晶高	熔Si不接触任何物体；氧、碳含量较低，利用蒸发、分凝效应，可提纯，制备出高纯Si单晶
单晶中电阻率	通过热场调整及晶转，埚转等工艺参数的优化，可较好控制电阻率径向均匀性。由于氧含量较高，增加了晶体的力学强度	受热场（加热线圈）限制，所生长单晶分布均匀性不如CZ单晶；但通过中子嬗变掺杂（NTD）可得到径向、纵向电阻率分布高度均匀的晶体氧含量较低，纵向温度梯度较大，力学强度不如CZ单晶
加热方式	（石墨）电阻加热	高频加热
单晶生长方向	（在熔体上方）向上垂直提拉	（在熔体下方）垂直生长
生产技术	生产技术成熟，已规模生产直径200mm、300mmSi单晶，超大规模集成电路用Si单晶均为CZ单晶	批量生产技术成熟，在大直径化方面发展比CZ沃慢，真空环境下生长无位错单晶较困难。NTD FZ Si单晶广泛用于功率器件
生产成本	设备价格，生产成本相对较低	设备价格较高，进行NTD掺杂后，增加了中子辐照及退火费用，生产周期较长，成本较高

4.1.5　垂直梯度凝固和垂直布里奇曼技术

　　垂直梯度凝固（vertical gradient freeze，VGF）和垂直布里奇曼（vertical bridgman，VB）技术生长设备比较简单，如图4-12所示。加热器由多段加热炉构成。管状坩埚中熔体由底部往上结晶。GaAs生长可在常压下进行，如生长InP、GaP等离解压较高的材料，则反应管应置于高压容器内。VGF与VB技术的生长系统基本上是相同的，两者的区别在于：VGF是通过设计特定的温度分布（温度梯度）使固液界面以一定速度由下往上"移动"，使单晶由下（籽晶处）往上生长。VB技术则是通过加热炉相对于反应管移动，使熔体逐步结晶而完成单晶生长。可以使坩埚按一定速度旋转，熔体受热则更均匀。该技

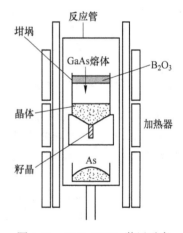

图 4-12　VGF（VB）装置示意

术的优点是设备较简单，可采用较小的温度梯度，便于进行挥发性组元的蒸气压控制，晶体表面不解离，所生长晶体位错密度较低。无需复杂的等径控制系统就可"自然"得到直径均匀的晶体。且在生长过程中人员劳动强度小，可同时对多台生长系统进行"群控"；这两项技术的主要问题是：对生长过程不便实时观察，要经多次试验才能得到稳定的生长条件。否则，工艺重复性差，成品率低。

　　VGF技术是目前生长的EPD GaAs、InP单晶的主要技术之一。VGF InP、GaAs单晶已批量生产，直径100mm VGF GaAs单晶平均EPD≤3×10³ cm⁻³，比相同直径LEC GaAs单晶低一个数量级。VB技术则是生长某些Ⅲ-Ⅴ族化合物半导体单晶的一项主要熔体生长

技术，已用于生长 CdTe，HgS，HgSe，CdSe，HgCdTe（MCT），CdZnTe，CdTeSe，CdZnTeSe，HgZnTe，HgCdSe，HgTeSe，HgSe 等晶体材料。

4.1.6 水平布里奇曼技术

水平布里奇曼（horizontal bridgman，HB）生长系统示意如图 4-13 所示。

HB 技术与 VGF、VB 一样均为"热壁"（上述各种 CZ 技术属于冷壁生长技术，因炉壁需用水冷却）。在 HB 技术中，一般采用石英反应管和石英坩埚，是大批量生产 GaAs 单晶的主要工艺技术之一。HB 技术一般采用三温区（即图中 T_1，T_2，T_3）加热；高温区 T_1（1245～1260℃控制其高于 GaAs 熔点，以维持其熔体状态），低温区 T_3（610～620℃）使 As 蒸气压维持在约 0.1MPa

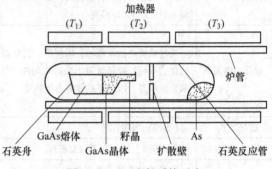

图 4-13 HB 生长系统示意

以防止 GaAs 熔体中 As 挥发损失，As 蒸气压与 GaAs 离解压平衡；在 T_1 与 T_3 之间加一中温区 T_2（1120～1200℃），既可调整固液界面附近的温度梯度，还可利于抑制石英舟中 Si 对晶体的污染。在生产实践中为达到合适的温度分布，高、中温区都采用多段加热炉，采用与 HB 完全类似的生长系统，且完全按温度梯度（分布）完成熔体的结晶生长而不发生加热炉相对于反应管的移动则称为水平梯度凝固（HGF）技术，HB 技术的优点是设备较简单，生长系统中温度梯度较小，可生长低 EPD 单晶。主要缺点是难以生长非掺杂半绝缘 GaAs 单晶，所生长单晶截面呈 D 形，加工成圆片时，造成少量材料损失。

4.1.7 化合物半导体单晶熔体生长技术的比较

GaAs 单晶是目前研究开发最为成熟，生产量最大的化合物半导体材料。在用熔体生长技术制备化合物半导体单晶材料方面有较好代表性。目前，用于 GaAs 体单晶制备的技术主要有：LEC，HB，VGF/VB 和 VCZ。表 4-2 对这四种方法作简要比较。

表 4-2 GaAs 体单晶生长技术比较

科学技术特点	LEC	HB	VGF/VB	VCZ
晶体中位错密度	高	低	低	较低
位错分布均匀性	中	好	好	好
化学配比控制	一般	好	好	好
晶体直径	可生长较大直径	受限制	可生长较大直径	受限制
背景杂质浓度	较低	低	低	低
工艺可行性	好	好	好	可能
现状	直径 100mm，150mm 单晶批量生产，直径 200mm 单晶研制成功	50～75mm 单晶批量生产，100mm 单晶研制成功	100mm，150mm 单晶小批量生产，200mm 单晶研制成功	100mm，150mm 单晶研制成功

科学技术特点	LEC	HB	VGF/VB	VCZ
商业特点	大	小	小	很大
投资运行费用	高	低	低	很高
生产效率	高	较高	很低	低

4.1.8 气相输运生长技术

对于某些熔点较高，两个组成元素的蒸气压也较高的一些Ⅱ-Ⅵ族化合物半导体，如 ZnS、ZnSe、CdS 等发展了物理气相输运技术生长单晶。这方面两个有代表性的方法是派珀-波利赫法和可控气相压力技术，如图 4-14 所示。在派珀-波利赫技术中，反应管 A 端为锥形，在适当的温度梯度下，使反应管 A 相对于加热炉以一定速度移动，于是原料（源）G 发生气相输运，在 C 处结晶生长晶体。在可控气相压力技术中，反应管（坩埚）带有一长侧管 D，D 内放置元素源 E（蒸气压较高的组元），用它控制反应管内的蒸气压，在适当温度梯度下，原料（源）气化，升华在反应管另一端的锥形部位 C 处结晶生成晶体。这一方法也叫升华法，已用于生长 ZnSe，ZnS，CdS，SiC 单晶等多种晶体。

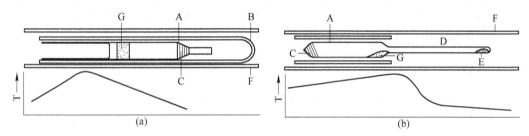

图 4-14　气相输运技术示意

（a）派珀-波利赫技术；（b）可控气相压力技术

4.2　外延生长

1928 年罗耶提出外延的概念：衬底的晶体结构延续到在它上面所生长的薄层材料中。从这个意义上说，外延生长是一种用衬底作为籽晶的薄层单晶（外延层）生长技术；同时，衬底对所生长的外延层还有支撑、垫板的作用。现代外延技术已突破罗耶所提出的定义，即外延层与所用衬底并非完全相同，其晶体结构自然也不都是延续的关系。按外延层与所用衬底材料的异、同，现代外延技术可以分为两大类：同质外延（也叫自外延）和异质外延。同质外延指生长与衬底组分相同的外延层，如在 Si 衬底上外延生长 Si 层，即 Si/Si，GaAs/GaAs 等，p-GaAs/n-GaAs 也属同质外延材料。异质外延则是生长与衬底不同组分的外延材料，如在 Si 衬底上生长 GaAs，即 GaAs/InGaAsP/InP 等。半导体外延技术经 40 多年来的发展形成了三大类工艺技术：（1）液相外延（liquid phase epitaxy，LPE）；（2）气相外延（vapor phase epitaxy，VPE）；（3）分子束外延（molecular beam epitaxy，MBE）。

4.2.1 LPE 技术

LPE 技术是纳尔逊于 1963 年首先提出并用于生长Ⅲ-Ⅴ族化合物半导体薄层材料的，

其基本原理是过饱和溶液在衬底上的外延生长。例如，GaAs 的 LPE 生长一般是在含 GaAs 的过饱和 Ga 溶液中进行的。根据生长和过饱和（过冷）度控制方式，有五种方法。（1）渐冷生长：衬底与溶液接触后，以一定速度降温进行外延生长。（2）一步冷却生长：溶液达到一定过饱和度时，使衬底与溶液接触，在此（恒）温度下进行外延生长。（3）过冷生长：溶液已处于过冷（过饱和）状态，将其与衬底相接触，然后，逐渐降温至所需过冷度进行外延生长。（4）温梯度生长：源和衬底分别放在溶液（剂）的上部和下部，源处温度高于衬底处，使源输运到衬底上进行外延生长，其结晶驱动力是溶液中的温度梯度和浓度梯度。（5）电外延：一定电流通过固液界面，由于帕尔帖效应，局部冷却使其过饱和而进行外延生长。

不管采用上述哪种方法，都要解决好衬底与溶液相接触和外延生长结束后使衬底脱离溶液这两个问题。由此，发展了滑动法、倾倒法、浸渍法等工艺方法，以滑动法应用较多。LPE 用于生长 Si、GaAs、GaP、GaAlAs、GaInAs、GaInAsP、InP、SiC 等多种半导体外延材料。LPE 技术的主要优点是：（1）设备较简单，便宜；（2）生长温度较低，一般为 $350\sim900℃$；（3）生长速度较高，可达 $0.1mm/min$；（4）外延层中点缺陷浓度较低；（5）基本不使用易燃、易爆、有毒及强腐蚀性原材料；（6）可广泛选择掺杂剂。它的主要问题是：（1）外延层表面形貌较差；（2）生长固溶体材料组分均匀性不易控制；（3）不易进行异质外延和生长晶格失配较大的外延层。

4.2.2 VPE 技术

VPE 是源材料（或反应物）通过气相输运并在气相中（或衬底表面）进行化学反应而在衬底上生长单晶薄层的技术，是一种气-固的相变过程。VPE 按所用源材料可分为三大类：氢化物 VPE（HVPE）、卤化物 CLVPE 和金属有机化合物 MOVPE（或金属有机化合物化学气相沉积 MOCVD）。HVPE 和 CLVPE 也称为一般 VPE。Si 的 VPE 生长往往称为 CVD，它不仅可用来沉积单晶薄层、多晶和非晶薄层，还用来沉积各种涂层。VPE 技术中主要利用了以下四类化学反应：

（1）氢还原反应：

$$SiCl_4(g) + 2H_2(g) \longrightarrow Si(s) + 4HCl$$

$$SiHCl_3(g) + H_2(g) \longrightarrow Si(s) + 3HCl(g)$$

（2）歧化反应（自身的氧化还原反应）：

$$2SiCl_2H_2(g) \longrightarrow Si(s) + SiCl_4(g) + 2H_2(g)$$

$$3GaCl(g) + 1/2As_4(g) \longrightarrow 2GaAs(s) + GaCl_3(g)$$

（3）热分解反应：

$$SiH_4(g) \longrightarrow Si(s) + 2H_2(g)$$

$$SiH_2Cl_2(g) \longrightarrow Si(s) + 2HCl$$

（4）热分解—合成反应：

$$Ga(CH_3)_3(g) + AsH_3(g) \longrightarrow GaAs(s) + 3CH_4(g)$$

（1）Si 的 CVD 工艺。Si 的外延材料制备普遍采用 CVD 工艺，所用源为 $SiCl_4$，$SiHCl$，SiH_2Cl_2 及 SiH_4 等，以 $SiCl_4$ 的使用更为广泛。所用 CVD 反应器有立式和水平式两类；立式反应器中又有圆桶式和圆盘式等。随着集成电路用 Si 片直径增大、集成度提高、特征线宽变窄，为满足超大规模集成电路和一些特殊器件的要求，诞生了如低压 CVD，低温光增强 CVD，超高真空 CVD 等新的 CVD 工艺。

（2）Ⅲ-Ⅴ族化合物的 VPE 工艺。CLVPE 和 HVPE 都用于Ⅲ-Ⅴ族化合物及其固溶体薄膜的生长。在 GaAs 的 CLVPE 中，以 $AsCl_3$ 为 As 源，以 Ga 或 GaAs 为 Ga 源，H 为载气（也可用 N_2，Ar 气），即采用 $Ga\text{-}AsCl_3\text{-}H_2$ 体系时，GaAs 的外延生长基本反应过程如下：

1）Ga 源区（Ga 被 As 饱和）：

$$4AsCl_3 + 6H_2 \longrightarrow As_4 + 12HCl$$

$$4Ga(l) + As_4(g) \longrightarrow 4GaAs(s)$$

2）Ga 的输运：

$$2Ga(l) + 2HCl \longrightarrow 2GaCl(g) + H_2(g)$$

$$4GaAs(s) + 4HCl \longrightarrow 4GaCl(g) + As_4(g) + 2H_2(g)$$

3）外延沉积（生长）：

$$6GaCl(g) + As_4(g) \longrightarrow 4GaAs(s) + 2GaCl_3$$

$$4GaCl(g) + As_4(g) + 2H_2 \longrightarrow 4GaAs(s) + 4HCl$$

外延生长（沉积）速度与衬底温度、衬底晶向、$AsCl_3$ 分压、气体流速、反应室压力及所用载气种类等多种因素有关。在该生长体系中，用 Ga+In 合金作源，可以生长 GaInAs 固溶体。用 $In+PCl_3+H_2$ 和 $Ga+PCl_3+H_2$ 体系可分别生长 InP 及 GaP 外延层；用 $Ga+AsCl_3+PCl_3+H_2$ 体系可生长 GaAsP 固溶体外延层等。

（3）MOCVD 技术。MOCVD 是 1968 年马纳塞维特提出的，已发展成为化合物半导体材料的 VPE 生长的主要技术手段。

1）基本原理：利用Ⅱ、Ⅲ族元素的烷基化合物的蒸气与Ⅴ族或Ⅵ族的氢化物（或其烷基化合物）气体混合，在一定温度下发生热解、合成反应，在衬底上沉积出Ⅲ-Ⅴ族或Ⅰ-Ⅴ族化合物材料。基本反应式可表示为：

$$R_nM + XH_n \longrightarrow MX + nRH \quad \text{或} \quad R_nM + R'_nX \longrightarrow MX + n(R\text{-}R')$$

式中，R、R′为烷基；M 为Ⅱ、Ⅲ族元素；X 为Ⅴ、Ⅵ族元素。

2）MOCVD 的源（材料）：MOCVD 中所用源（材料）的物、化性质对生长条件、外延层质量、生长设备、生长过程的安全性及生产成本等都有很大影响。对源的基本要求是①室温下为液体，且有合适的蒸气压；②在外延生长温度下可完全分解而在储存温度下又是稳定的，以提高其利用率；③反应活性不强，不与同时使用的其他源发生预沉积反应；④毒性尽可能低，价格亦尽可能低。实际上，不易找到完全满足这些要求的源材料。

MOCVD 生长设备主要由气体处理系统、反应室、尾气处理系统及控制系统组成，如图 4-15 所示。气体处理系统"负责"向反应室送入反应剂（即气相源），并根据所生长外延层的组分、厚度、结构精确地控制其浓度、送入时间、顺序以及流经反应室的总气体流速。

MOCVD 技术的主要特点：①适应性强；从理论上讲，各种金属、非金属元素都可形成有机化合物，且一般都易气化，多一个源就可多生长一种材料。因而是生长多种化合物半导体外延材料的重要技术手段。②可通过精确控制各种气体的流量（流速）来控制外延层的组分、电学和光学性质。③可以生长原子级的超薄层及多层、异质结构材料；易于生长超晶格、量子阱等微结构材料。④可生长大面积均匀薄膜，易于产业化。例如，2002 年已推出可同时生长多片直径 200mm GaAs 基外延材料的生产型 MOCVD 反应器，所生长

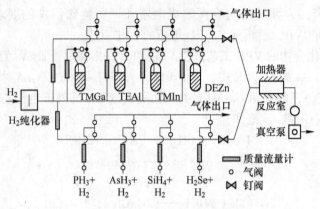

图 4-15   MOCVD 生长装置示意

GaAlAs/GaAs 外延层径向不均匀性小于 1%。该技术已用于生产 LED、LD、太阳电池、HEMT 等多种器件用外延材料。

4. 2. 3   MBE 技术

（1）MBE 生长设备及基本原理。MBE 技术是在超高真空中，用其组元的分子（或原子）束喷射到衬底上生长外延薄层的技术。MBE 设备主要有三部分：进样室、制备（预处理）室及生长室。三个室各配有无油真空泵保持真空。这种多室结构可保证生长室常年处于高度清洁的真空环境，有利于提高外延片的稳定性、重复性和成品率。MBE 生长室基本结构如图 4-16 所示。它由一定直径的不锈钢圆筒及所配置的分子束源炉（喷射炉）、衬底架、电离计、高能电子衍射仪和四极质谱仪等部件组成。

图 4-17 是 GaAs MBE 生长的一种模型。被吸附的 As_2 分子在表面上移时，遇到一对 Ga 原子而发生离解并生成 GaAs。如果表面上没有自由 Ga 原子，As_2 就不会被吸附并形成 As_4 而脱附。从源炉射出的 Ga 原子束在合适的温度下被衬底表面吸附，其黏附系数为 1。所以，Ⅲ-Ⅴ族 MBE 的生长速度取决于Ⅲ族原子束到达衬底的速度，在过剩Ⅴ族元素束流量情况下即可生长出化学配比化合物。

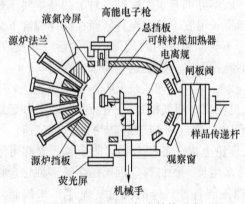

图 4-16   MBE 生长室结构示意

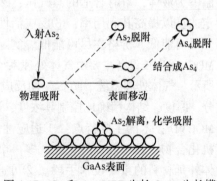

图 4-17   Ga 和 As_2 MBE 生长 GaAs 生长模型

从生长过程看，MBE 有分子束产生区、各分子束交叉混合区、反应及晶化过程区三个基本区域。其生长过程可概括为：1）从源射出的分子束撞击衬底表面被吸附；2）被吸附的分（原）子在表面分解、迁移；3）原子进入衬底晶格位置，发生外延生长；4）未进入晶格的分子因热脱附而离开表面。以（100）GaAs 生长为例：生长速度为 $1\mu m/h$ 时，Ga 原子（束）的到达速率为 $10^{14} \sim 10^{15}/(cm^2 \cdot s)$；As 原子为 $10^{15} \sim 10^{16}/(cm^2 \cdot s)$，合适的生长温度，使吸附的原子有足够的能量在表面上迁移到合适的平衡位置进行外延生长。温度过低，可能生长出多晶或非晶；温度过高，会使被吸附的原子再次蒸发而脱附。在适当生长条件下，MBE 可实现二维层状生长，即外延生长的前沿是表面上的原子台阶一层一层地推进的。随着表面上原子覆盖度的周期性变化，RHEED 的强度也相应周期性变化。其周期十分精确地对应于 GaAs<100>方向上厚度为 0.283nm 的一个单分子层。因此，可以精确地控制外延层厚度和生长速度。

（2）MBE 技术的主要特点：

1）在超高真空条件下生长，污染很少，可生长出高纯度外延材料。2）生长速度一般为 $0.1 \sim 10$ 个单原子层/s，通过挡板的快速开关可实现束流的快速切换从而达到外延层厚度、组分、掺杂的精确控制。3）MBE 生长所需衬底温度较低，可减少异质结界面的互扩散、易于生长突变结。4）MBE 生长是动力学过程，可以生长出按普通热平衡方法难以生长的薄膜材料。MBE 技术还可生长某些非互溶性材料。5）MBE 生长为二维生长模式，使外延层的表面和界面具有原子级平整度。6）可用多种表面分析仪器对外延生长过程实时原位监测并随时提供有关生长速度、外延层表面形貌、组分等各种信息，便于进行生长过程和生长机理的研究。7）易于改变组分和掺杂剂，可连续生长复杂的多层异质结材料，结合掩膜技术和二次外延等方法可进行选择外延，可生长二维、三维图形结构。8）MBE 设备可与其他半导体工艺设备实行真空连接，使外延材料生长、蒸发、镀膜、离子注入及刻蚀等在真空条件下连续进行，以利于提高器件性能及成品率。

（3）MBE 技术的应用。MBE 技术已成功研制出多种 IV 族、III - V 族、II - VI 族、IV - VI 族以及非晶半导体等超薄层、异质结及微结构材料，可以生长晶格失配率达 10% 以上的异质外延材料和应变层超晶格。第一个超晶格材料 AlGaAs/GaAs 超晶格就是用 MBE 技术生长的。MBE 技术生长的调制掺杂异质结材料所制 HEMT 等器件是最重要的超高速（频）器件之一；MBE 生长的多种材料体系的量子阱激光器可覆盖从紫外到长波红外的大范围波段。利用 MBE 生长的 AlGaAs/GaAs 量子阱结构自电光效应光学双稳器件已制出世界上第一台数字式光信息处理机，是光计算技术的重大突破。用 MBE 技术也制出了实用化的 GaAlAs/GaAs 量子阱远红外（$8 \sim 10\mu m$）探测器阵列等。MBE 技术已成为制备多种高性能电子及光电子器件的重要工具。几种外延技术生长的半导体材料 ZnSe 外延薄膜性质比较列于表 4-3 以体现 MBE 技术的优势。

表 4-3　不同外延技术生长的 ZnSe 外延层电学性质

外延技术	衬底温度/℃	室温迁移率/$cm^2 \cdot (V \cdot s)^{-1}$	室温载流子浓度/cm^{-3}	电活性缺陷密度/cm^{-3}
LPE	$850 \sim 1050$	100	10^{17}	2×10^{19}
一般 VPE	750	210	1.5×10^{18}	4×10^{18}
MOCVD	350	410	6.5×10^{16}	1×10^{18}
MBE	280	550	1.1×10^{16}	1×10^{16}

4.2.4　化学束外延技术

1980 年，帕尼施首次用 AsH_3、PH_3 代替 As，P 固态源用于 MBE 生长，主要原因是由于在生长相关固溶体材料时，不易通过加热 As、P 固态源精确、重复控制其组分比，而 AsH_3、PH_3 气体较易按比例混合。随后，曾焕天用Ⅲ族元素的 MO 源代替 Al、Ga、In 等固态源并用 AsH_3、PH_3 等气态Ⅴ族元素源在 MBE 生长系统中进行外延生长，形成了化学束外延 CBE 技术，它基本上综合了 MBE 与 MOCVD 技术的优点，降低了 MO 源的压力，使气体输运从黏滞流变为分子流。CBE 技术能更好地保证外延层组分、厚度均匀性，在高生长速度下也不产生在 MBE 中较常见的卵形缺陷。它又保留了 MBE 技术中可以原位分析、监测和清洁生长环境的优点。CBE 技术特别适合于 MBE 难以生长的具有高蒸气压的磷化物材料。CBE 所制 InP、InGaAs 材料质量优于用其他外延技术所制材料质量，并已研制出一系列高性能 InGaAs(P)/InP 量子阱光电器件。

4.2.5　其他外延技术

（1）离子束外延（ion beam epitaxy，IBE）技术。IBE 技术是用低能离子束在真空环境中沉积单晶薄膜的技术。其基本原理是：被沉积的材料质点在离子源中形成带一定电荷的离子，被高电压引出形成束流，离子束经磁分析器进行质量分离后达到同位素纯度，再经二次聚焦及偏转而进入真空沉积室。在其中，离子束再经减速透镜将能量降低到给定的低能值并最后到达衬底表面；这些离子在与衬底表面相互作用的过程中失去电荷和动能而在衬底表面生长成外延薄膜。IBE 的主要特点是：1）可在比其他外延技术生长温度更低的情况下生长超薄层材料。2）离子携带的能量以及离子本身的化学活性有利于生长某些高温化合物或亚稳态薄膜材料。3）IBE 设备具有质量分离功能，多种材料的离子都能以同位素的纯度被分离出来；因此，对源材料的纯度要求就不那么严格，却可以生长出纯度较高的外延材料。

在低温下生长超薄层及多层结构是 IBE 技术应用研究的一个重要方面。已用 20eV 的 Si 离子、在 (100)Si 衬底上，于 350℃（低温）下生长出了高质量 Si 外延层。在 (1102) 蓝宝石衬底上，用 Ga 及 ^{14}N 两种离子束在 600℃下外延出 GaN 薄膜；在 700℃下天然金刚石衬底上用 900eV 的 C 离子生长出单晶金刚石外延层等。把 IBE 与 MBE 结合起来的复合系统对生长化合物半导体薄膜更具灵活性，可制备 GaAs、InP、InGaAsP 等多种材料。

（2）原子层外延（atomic layer epitaxy，ALE）技术。ALE 也叫分子层外延 MLE 技术，源于森托拉等 1977 年作为生长Ⅱ-Ⅵ族化合物薄膜材料所提出的一项专利。它与 VPE、MBE 的区别是：组成化合物的两种元素源是交替在衬底上沉积的，即组成元素的源分别引入生长室而不同时引入生长室。每交替引入一次就在衬底上外延生长一个单（原子）分子层。外延生长速度取决于组元在衬底上交替吸附所需时间。ALE 是一种生长模式，它没有自己的专用设备。采用 VPE、MBE、CBE 设备均可进行 ALE 生长。它广泛用于生长Ⅲ-Ⅴ族、Ⅱ-Ⅵ族等化合物半导体材料。ALE 技术的主要特点是：1）精确的厚度控制和良好的重复性；2）由于是单层生长，易于生长具有原子级突变结界面、易于实现大面积、多片外延的批量生产；3）外延层厚度均匀性好，厚度基本上不受基座结构、气流形状及其分布、流速等参数的影响，因而有数字外延之称；外延层的总厚度只取决于交替生长的周期数；4）表面质量好，可生长出镜面式外延层表面；5）在选择外延中不发生边缘生长和小面生长，可进行侧壁外延，而得到具有特定图形器件结构的外延材料。

4.3 非晶半导体薄膜制备

4.3.1 制备方法概述

具有确定转变温度的非晶半导体，如 α-As_2S_3、As_2Se_3、As_2Te_3 等各种玻璃半导体可用淬火法制得其块状材料。即将材料由熔融状态，在水、油、空气等低温介质中急剧冷却而制取。非晶硅与晶体硅一样，在常温下是四配位的共价键半导体，而熔体硅为 6 配位，具有金属性质，不能用淬火法制备。利用衬底在较低温度下收集材料的气相分子使之快速冷却沉积是制备非晶半导体材料的主要方法。由于沉积层与衬底之间的界面应力以及沉积层内生长应力的影响，这种方法只能得到薄膜材料。这方面所用方法有各种 CVD 法、溅射法、蒸发法 GD 辉光放电等。

4.3.2 非晶硅薄膜制备

4.3.2.1 等离子体化学气相沉积制备非晶硅薄膜

非晶硅的制备需要很快的冷却速率，一般要大于 $10^5\,℃/s$，所以，其制备通常利用物理和化学气相沉积技术。对于物理气相沉积技术制备的非晶硅，含有大量的硅悬挂键缺陷，造成费米能级的钉扎，从而使非晶硅薄膜材料没有掺杂的敏感效应，难以通过掺杂形成 p 型和 n 型，不能真正实用。因此，制备非晶硅主要利用化学气相沉积技术，包括等离子增强化学气相沉积（PE-CVD）、光化学气相沉积（photo-CVD）和热丝化学气相沉积（HW-CVD）等，而最常用的技术是等离子增强化学气相沉积技术，即辉光放电分解气相沉积技术。

实际上，在 1969 年 R. C. Chittick 利用辉光放电分解硅烷制备了含氢非晶硅薄膜 α-Si：H 后，通过氢补偿了悬挂键等缺陷，实现了对 α-Si：H 进行掺杂，非晶硅薄膜才被广泛应用于太阳电池。α-Si：H 及 α-Si：H 基薄膜材料是应用最广、最重要的非晶半导体材料，其制备技术亦有代表性。α-Si：H 的制备方法可分为物理气相沉积 PVD 和 CVD 两大类。前者有真空蒸发、溅射法等；后者则有等离子增强 PECVD、光 CVD、热 CVD 等方法。GD 法是利用气相化合物的等离子体反应在低温衬底上沉积固体薄膜。图 4-18 是典型的外耦合电容式射频 GD 法沉积 α-Si：H 薄膜装置示意图。

辉光放电的基本原理：

在真空系统中通入稀薄气体，两电极之间将产生放电电流，产生辉光放电现象。图 4-19 所示为辉光

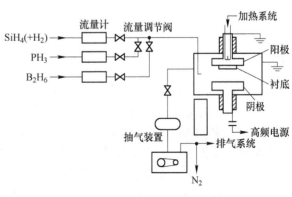

图 4-18　GD 法示意图

放电系统的Ⅰ-Ⅴ特性曲线。其曲线可以分为若干个阶段，包括汤森放电、前期放电、正常放电、异常放电、过渡区和电弧放电，其中能实现辉光放电功能的是具有恒定电压的正常辉光放电和具有饱和电流的异常辉光放电阶段。在实际工艺中，人们通常选择异常辉光放电阶段。

辉光放电时，在两电极间形成辉光区，从阴极到阳极又可细分为阿斯顿暗区、阴极辉光区、克鲁克斯暗区、负辉光区、法拉第暗区、正离子柱区、阳极暗区和阳极辉光区等区域，如图4-20所示。当电子从阴极发射时，能量很小，只有1eV左右，不能和气体分子作用，在靠近阴极处形成阿斯顿暗区；随着电场的作用，电子具有更高的能量，可以和气体分子作用，使气体分子激发发光，形成阴极辉光区；其中没有和气体分子作用的电子被进一步加速。再与气体分子作用时，产生大量的离子和低速电子，并没有发光，造成克鲁克斯暗区；而克鲁克斯暗区形成的大量低速电子被加速后，又与气体分子作用，促使它激发发光，形成负辉光区。对于阳极附近区域，情况亦然。在两电极中间存在一个明显的发光区域，称为正离子柱区（或阳极光柱区），在此区域中，电子和正离子基本满足电中性条件，处于等离子状态。如果适当调整电极间距，可以使等离子区域（即正离子柱区）在电极间占主要部分，所以辉光放电分解沉积又称为等离子增强化学气相沉积。

在辉光放电过程中，等离子体的温度、电子的温度和浓度是重要因素，其中电子的温度最为关键。因为辉光放电产生等离子体的过程是一个非平衡的状态，虽然反应气体的温度只有几百开，但是经电场加速，等离子体中电子温度可以更高，实际决定了辉光放电的效率。所以，电子温度成为表述辉光放电过程中最重要的物理量，而它主要取决于气体压力和所用的功率，可以用式 $T_e = \dfrac{C}{\sqrt{K}}\dfrac{E}{p}$ 表达。式中，C 为常数；E 为电场；p 为压力；K 为电子由于碰撞而损耗能量的损耗系数，是 E/p 的函数。

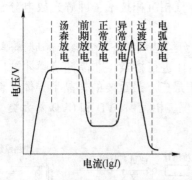

图4-19　辉光放电系统Ⅰ-Ⅴ特性曲线　　　　图4-20　辉光放电系统的辉光区示意图

4.3.2.2　等离子增强化学气相沉积制备非晶硅薄膜

利用辉光放电原理，产生等离子体，然后沉积形成薄膜的技术称为等离子体增强化学气相沉积技术 PE-CVD。图4-21所示为等离子增强化学气相沉积系统的结构示意图。反应室中有阴极、阳极电极，反应气体和载气从反应室一端进入，在两电极中间发生化学反应，产生等离子体，生成的硅原子沉积在被加热的衬底表面上，形成非晶硅薄膜，而生成的副产品气体则随载气流出反应室。除将衬底放置在下电极上以外，衬底也常被放置在上电极上；后者的放置方法，可使反应产生的副产品不易受重力影响而沉积在衬底上，导致薄膜性能变差。

利用等离子增强化学气相沉积制备非晶硅，主要是采用 H_2 稀释的硅烷 SiH_4 气体或高纯硅烷气体的热分解，其主要反应方程式为 $SiH_4 = Si + 2H_2$。由该式可知，硅烷分解生成硅原子，沉积在衬底材料上形成非晶硅薄膜。在反应室中，气体的反应是复杂的物理化学过程。一般认为，对于 H_2 稀释的硅烷分解而言，在 H_2 和 SiH_4 通入反应室后，首先在电场作用下发生分解，可能存在 Si、SiH、SiH_2、SiH_3、H、H_2 基团，以及其他少量的 $Si_mH_n^+$（n，$m>1$）离子基团。但是，这些基团的浓度以及对非晶硅薄膜形成的影响大不相

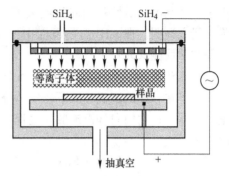

图 4-21　等离子增强化学气相沉积系统的结构示意图

同。一般认为，对于非晶硅薄膜的生长而言，SiH_2、SiH_3 基团是最重要的反应基团。在硅烷分解反应时，除硅原子外，还会产生一定量的氢原子，这些氢原子在非晶硅薄膜沉积时会进入非晶硅；同时，在制备非晶硅薄膜时，人们总是利用氢气作为硅烷的稀释气体，这样在反应系统中直接引入了氢气，也会在非晶硅中产生一定量的氢。因此，人们利用硅烷制备的非晶硅薄膜通常是含氢的非晶硅 α-Si:H。

4.3.2.3　非晶硅薄膜的生长

在利用等离子体增强化学气相沉积制备非晶硅薄膜时，有多种因素影响薄膜的生长速率、生长厚度和薄膜质量，其中重要的是 SiH_4 气体的浓度、气体的流量、气体的压力、衬底的温度、加热功率和反应室内的温度场等因素。硅烷的分解速率可以用下式表示：

$$\gamma = \frac{V}{RT}\left[\frac{1}{\tau}\left(1 - \frac{p_0}{p_1}\right)\right] \tag{4-8}$$

式中，γ 为分解反应速率，mol/s；V 为反应室体积；T 为温度；τ 为气体放出的时间常数；p_0、p_1 为辉光放电开始和结束时硅烷的分压。研究发现 SiH_4 气体比例与非晶硅薄膜沉积速率的关系为随着 SiH_4 气体比例的增加，薄膜的沉积速率也随之增加；当比例在 25% 左右，薄膜的沉积速率达到最大值，随后薄膜的沉积速率随 SiH_4 气体的比例增加而降低。

温度是非晶硅薄膜制备的一个重要因素，利用 PECVD 技术制备非晶硅薄膜，其衬底的温度一般在 350℃ 以下。如果高于 500℃，等离子体处理过程中产生的氢就会从非晶硅中逸出，使得氢钝化的能力消失，最终使非晶硅薄膜的性能很差。在可能的情况下，非晶硅薄膜的沉积温度越低越好，较低的沉积温度不仅能节约能源和成本，而且低温对衬底的影响小，使得低成本衬底的应用成为可能。衬底温度升高，非晶硅薄膜的吸收系数增大，能隙宽度降低。同时温度是决定非晶硅能带带尾结构和缺陷态密度的主要因素。在 250℃ 左右沉积制备非晶硅薄膜，其带尾态和缺陷态密度最小。

4.3.2.4　非晶硅薄膜的生长机理

一般认为，非晶硅薄膜的形成过程包括三个步骤：在非平衡等离子体中，SiH_4 分解产生活性基团；活性基团向衬底表面的扩散，与衬底表面反应；反应层转变成非晶硅薄膜。研究证明，在 SiH_4 分解反应中，SiH_2 和 SiH_3 是主要的活性基团。非晶硅薄膜生长的主要化学反应式为：

$$SiH_4 \Longrightarrow SiH_2 + H_2; \quad 2SiH_4 \Longrightarrow 2SiH_3 + H_2; \quad SiH_4 \Longrightarrow Si + 2H_2$$

由于在一般的沉积气压下，气体分子与基团的自由程约为 $10^{-3} \sim 10^{-2}$ cm，远小于反应室的尺寸，在它们向基板扩散的过程中，它们之间由于相互碰撞而发生进一步反应，主要反应为：

$$SiH_4 + SiH_2 \Longrightarrow Si_2H_6; \quad Si_2H_6 + SiH_2 \Longrightarrow Si_3H_8$$

在反应中产生的各种基团的浓度可以用下式表示：

$$G(x) = -D\left(\frac{d^2 n}{dx^2}\right) + knN \tag{4-9}$$

式中，$G(x)$ 为位于 x 处的产生速率；n 为基团浓度；D 为扩散系数；N 为 SiH_4 的浓度；k 为基团与 SiH_4 的反应速率。由该方程可知，那些具有高反应活性、低扩散系数、较小浓度的基团很难到达基板。对于 SiH_3 基团，由于其不能与 SiH_4 发生反应，且具有较高的扩散系数，因此最容易扩散到衬底表面而沉积成膜。在等离子化学气相反应中，SiH_3 的产生过程可能为 $e^- + SiH_4 \Longrightarrow e^- + SiH_3 + H$，而原子氢可以和硅烷快速反应 $SiH_4 + H \Longrightarrow SiH_3 + H_2$，产生 SiH_3。

图 4-22 所示为通过活性基团 SiH_3 生长非晶硅薄膜的示意图。在已有的 α-Si:H 表面上布满了氢原子，它们钝化了表面硅原子的悬挂键。当一个 SiH_3 基团运动到非晶硅表面并物理吸附在上面时，会吸引一个氢原子，组成新的 SiH_4 基团而逸出表面，此时在表面形成一个硅的悬挂键。当然在沉积温度较高时，热分解也可能在表面造成悬挂键。然后，新的 SiH_3 基团沉积到表面，其中的硅原子和悬挂键结合，组成了共价键，这个新基团的速率主要取决于其从相邻位置的跃迁速率。SiH_3 基团被吸附在 α-Si:H 的表面，然后扩散到内部。最后，氢原子逸出表面，将一个硅原子留在表面，富氢层中氢的去除，导致非晶硅网络结构的形成，形成非晶硅薄膜。

非晶硅生长过程中，表面氢的去除可以用自由能来说明。对于由 A、B 两种组元构成的物质，如果其摩尔分数分别为 X_A 和 X_B，那么体系的 Gibbs 自由能为：

$$G = x_A G_A + x_B G_B + x_A x_B \Omega_{AB} + RT(x_A \ln x_A + x_B \ln x_B) \tag{4-10}$$

式中，G_A、G_B 分别为 A、B 组元的自由能；Ω_{AB} 为体系的混合热；最后一项为混合熵。通常 $\Omega_{AB} < 0$，所以自由能 G 随成分变化的曲线是向下弯曲的，如图 4-23 所示。但是，对于 Si:H 这样的系统，$\Omega_{AB} > 0$，使得自由能 G 随成分变化的曲线有两个最低值（图中 C、D 点）。因此，位于两个最低值之间的组分（如 E 点）会自然分解为两个能量最低的组分。对于属于非混合二元体系的 α-Si:H 薄膜，自由能最低点（相当于 C 点）氢的体浓度约为 4%～8%，如果在非晶硅薄膜生长时，表面氢的浓度达到 50%～60%，类似于图中的 E 点，这样的体系是不稳定的，组分会分解，所以过量的氢会从薄膜中被排出。当氢原子迁移到表面，可以重新结合形成 H_2，最终从非晶硅中去除，从而形成非晶硅的 Si—Si 网络结构。

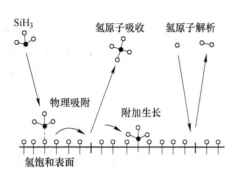

图 4-22 通过活性基团 SiH_3 生长非晶硅薄膜示意图

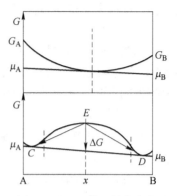

图 4-23 二元体系的自由能

4.3.3 非晶硅晶化制备多晶硅薄膜

利用化学气相沉积直接制备多晶硅薄膜,工艺简单,操作方便。但是,除 HTWCVD 技术之外,通常硅薄膜沉积温度相对较高,要达到 500~600℃左右,而普通玻璃的软化温度为 500~600℃。因此,利用化学气相沉积技术直接制备多晶硅薄膜,其衬底材料的选择受到很多限制。另一种制备多晶硅薄膜技术就是利用等离子增强化学气相沉积等技术,首先在低温下制备非晶硅,由于非晶硅是亚稳状态,在后续适合热处理条件下,晶化形成多晶硅薄膜。一般而言,多晶硅薄膜太阳电池的效率与晶粒的大小成正比。通过化学气相沉积一步制备的多晶硅薄膜,通常晶粒都比较细小,最好经过再结晶过程,使得多晶硅薄膜的晶粒变大。因此,非晶硅薄膜的再晶化技术尤为重要。

非晶硅再结晶技术包括高温再结晶的区域熔炼再结晶以及低温再结晶的固相再结晶、激光再结晶、快速热处理再结晶等。固相再结晶技术简单、成本低,易于大规模生产,可原位磷扩散制备 pn 结,而且多晶硅薄膜的晶粒大,结晶温度在 550℃左右,但产率较低,而近年发展的脉冲快速热处理工艺(pulsed rapid thermal process,PRTP),利用金属铝作诱导,可快速制备多晶硅薄膜引起人们的关注。目前,三洋公司利用非晶硅晶化制备的多晶硅薄膜太阳电池其效率已经达到 9.2%。

4.3.3.1 固相晶化制备多晶硅薄膜

固相晶化是指非晶硅薄膜在一定的保护气中,在 600℃以上进行常规热处理,时间约为 10~100h。此时,非晶硅可以在远低于熔硅晶化温度的条件下结晶,形成多晶硅。利用固相晶化技术制得的多晶硅薄膜的晶粒尺寸与非晶硅薄膜的原子结构无序程度和热处理温度密切相关。初始的非晶硅薄膜的结构越无序,固相晶化过程中多晶成核速率越低,晶粒尺寸越大。这主要是因为非晶硅虽然具有短程有序的特点,但是在某些区域会产生局部的长程有序,这些局部的长程有序就相当于小的晶粒,在非晶硅晶化过程中起到一个晶核的作用。所以,非晶硅结构越有序,局部的长程有序区域产生的概率也就越大,固相晶化过程中成核速率也就越高,从而使晶粒尺寸变小。同时,热处理温度也是影响晶化效果的另一个重要因素。当非晶硅在 700℃以下热处理时,温度越低,成核速率越低,所能得到的晶粒尺寸越大;而在 700~800℃热处理时,由于此时晶界移动引起晶粒的相互吞并,小的晶粒逐渐消失,而大的晶粒逐渐长大,使得在此温度范围内晶粒尺寸随温度的升高而增大。

为改善多晶硅薄膜的质量，研究者提出分层掺杂技术增加晶粒的尺寸，即在制备非晶硅薄膜时，在第一层薄膜中实施掺杂，称为成核层，具有少量的核心数目；在第二层薄膜中不掺杂，称为生长层；在固相晶化时，成核层的核心数目得到控制，可以生长尺寸为 2~3μm 的多晶硅薄膜。研究者提出的另一项技术是利用具有绒面结构的衬底材料，在这种衬底上制备的多晶硅薄膜的晶粒尺寸要比通常的大 1 倍以上。如果利用等离子体对衬底进行预处理，使得衬底表面粗糙，也可以取得同样的效果。

4.3.3.2　金属诱导固相晶化制备多晶硅薄膜

在改良的固相晶化技术中，金属诱导固相晶化技术最具发展前途。所谓金属诱导固相晶化技术就是在制备非晶硅薄膜之前、之后或同时，沉积一层金属薄膜，然后在低温下进行热处理，在金属的诱导作用下，使非晶硅低温晶化而获得多晶硅。这主要是因为金属与非晶态硅界面的相互扩散作用，减弱了非晶硅中 Si—Si 的键强；同时当硅与金属接触后，能够在较低的温度下（100~700℃）与大多数金属形成金属硅化物，金属与非晶态硅通常有较低的共晶温度，其共晶温度远远低于纯非晶硅的晶化温度，在固相晶化时，如果热处理温度高于共晶温度，金属与非晶硅之间将会有液相产生，由于非晶态硅的自由能高于晶态硅，降温时将使硅薄膜从非晶态向晶态转变，从而使非晶态硅能在低于 500℃下发生晶化。

金属铝诱导晶化的主要机理是在低温晶化时，金属铝和非晶态硅发生相互扩散。当金属 Al 原子扩散到非晶硅中形成间隙原子，这样在 Si 原子周围的原子数将多于 4 个，Si—Si 共价键所共用的电子将同时被 Al 间隙原子所共有，从而 Si—Si 所拥有的共用电子数少于 2，使得 Si—Si 从饱和价键向非饱和价键转变。因此，Si—Si 将由共价键向金属键转变，减弱了 Si—Si，使其转化成 Si—Al，导致 Si—Al 混合层的形成。由于金属 Al 与非晶态硅有较低的共晶温度，Si 在 Al 中的固溶度很低，过饱和的 Si 便以第二相核的形式析出，形成晶体硅的核心，最终长大成多晶硅薄膜。通常非晶态硅在 580℃晶化只需 10min，多晶硅晶粒就可达到 1.5μm。甚至在低温 350℃热处理后即可得到多晶硅。与传统的固相晶化技术相比，其晶化温度降低 200~400℃。

在非晶硅中引入诱导金属有两种方法：一是以金属与非晶态硅层状复合，二是金属与非晶态硅混合相嵌，即在沉积金属的同时沉积非晶硅。对于前者，要使非晶硅在金属诱导下低温晶化，金属层与非晶态硅层界面间必须有一个良好的界面接触条件。若在 Al 层与 α-Si 非晶态硅层界面处存在一致密的 Al_2O_3 或 SiO_2 薄氧化层，会阻碍 Al 与 Si 原子的相互扩散，从而起不到金属诱导 α-Si 低温晶化的效果。因此，金属/非晶态硅多层复合薄膜的制备最好在同一真空系统中连续沉积而成。层状复合的 α-Si/Al 薄膜相对于混合相嵌的 α-Si/Al 复合薄膜来说，前者的非晶硅晶化温度要更低。

金属诱导固相晶化制备的多晶硅薄膜主要取决于金属种类和晶化温度，而与非晶硅的结构、金属层厚度等因素无关，因此对非晶硅的原始条件要求不高，可以简化非晶硅薄膜的制备工艺，降低生产成本。但是，该技术会引入金属杂质，影响半导体硅的电学性能。

4.3.3.3　快速热处理晶化制备多晶硅薄膜

RTP 快速热处理晶化制备多晶硅薄膜是指采用光加热的方式，在数十秒内能将材料升高到 1000℃以上的高温，并快速降温的热处理工艺来晶化非晶硅薄膜。与传统的用电阻丝加热的热处理相比，快速热处理具有更短的热处理时间、更快的升、降温速率；而且由于升降温很快，被热处理的材料和周围环境处于非热平衡状态。

在 RTP 系统中，一般采用碘钨灯加热，其光谱从红外到紫外，一方面灯光可以加热材料；另一方面灯光中波长小于 $0.8\mu m$ 的高能量光子对材料会起到增强扩散作用。另外，在 RTP 快速热处理时还会出现氧化增强效应、瞬态增强效应和场助效应作用等。因此，在 RTP 系统中，温度可上升得很快。但是 RTP 处理也存在引入较高的热应力、重复性和均匀性较差等弱点。利用 RTP 晶化，最大的原因在于 RTP 改变了杂质原子在非晶硅中的扩散。在常规热处理中，杂质原子的扩散是基于热力学而进行的扩散，主要依靠漂移场和浓度梯度场的作用。而在 RTP 工艺中，除了有热力学作用外，还受到光效应的作用，特别是高能光子的作用。一般来说，在相同的条件下，RTP 工艺中杂质热扩散的扩散系数是常规热处理的 5 倍以上。

R. Kakkad 等在 1989 年首先提出利用快速热处理晶化非晶硅的技术来制备多晶硅薄膜。他们利用等离子增强化学气相沉积 PECVD 法在 250℃ 左右制备了非晶硅薄膜，然后利用快速热处理在 700℃ 下几分钟之内将非晶硅薄膜晶化。此时，无掺杂多晶硅薄膜的电导率与更高温度下常规热处理所得的无掺杂多晶硅薄膜的电导率具有可比性，可达到 160S/cm 左右，而掺杂多晶硅薄膜的迁移率也可达到 $13cm^2/(V \cdot s)$ 左右。这说明快速热处理晶化不仅可制备本征多晶硅薄膜，而且可制备重掺杂薄膜，使得制备的多晶硅薄膜可在太阳能光电、集成电路的多晶硅发射极和场效应管等器件上得到应用。低温 PECVD 制备的非晶硅薄膜经过 RTP 后晶化增加，随着温度的升高，非晶硅的晶化程度变高。

多晶硅薄膜的性能主要受晶界和晶粒内部缺陷的影响，为了提高多晶硅薄膜的性能，必须增大晶粒尺寸和减少多晶硅薄膜的缺陷态密度。与常规热处理相比，快速热处理显著地减少了晶化热量和晶化时间，但这种单步热处理晶化的多晶硅薄膜的晶粒尺寸要比常规热处理所制得的要小得多，严重影响了多晶硅薄膜的性能。为了解决这个问题，提出将常规热处理和 RTP 热处理方式结合起来，首先进行 RTP 处理使非晶硅晶化，然后再常规热处理使晶粒长大，即增加快速热处理工艺，缩短常规热处理时间，将晶化所需的时间缩短为几个小时以上，以达到制备大晶粒、高质量多晶硅薄膜的目的。最近研究发现采用两步或多步快速热处理技术可将非晶硅晶化时间缩短到几分钟，而所得到的多晶硅薄膜的晶粒尺寸与长时间常规热处理晶化得到的多晶硅薄膜的晶粒尺寸相近。

4.3.3.4 激光晶化制备多晶硅薄膜

激光晶化是指通过脉冲激光的作用，非晶硅薄膜局部迅速升温至一定温度而使其晶化，这也是非晶硅晶化制备多晶硅的一种方法。相对于固相晶化制备多晶硅而言更为理想。激光晶化时主要使用的激光器是 XeCl、KrF 和 ArF，其波长分别为 308nm、248nm 和 193nm，脉冲宽度一般为 15~50nm，光吸收深度仅有数十纳米。由于激光具有短光波长、高能量和浅光学吸收深度的特点，可以使非晶硅在数十到数百纳秒内升高至晶化温度，迅速晶化成多晶硅，而且衬底发热小。利用这种技术，衬底的温度很低，所以对衬底材料的要求并不严格。

激光晶化多硅薄膜的晶化效果与激光的能量密度和波长紧密相关。一般而言，激光的能量密度越大，多晶硅晶粒的尺寸也越大，当然相应薄膜的载流子迁移率也就越大。但激光的能量密度并不能无限增大，要受到激光器的限制，通常晶化非晶硅使用的激光能量密度范围为 100~700mJ/cm^2。过大的能量密度反而使载流子迁移率下降。另一方面，激光波长也对晶化效果有影响。波长越长，激光能量注入非晶硅薄膜就越深，晶化效果相对就越好。目前，激光晶化大多使用 XeCl 和 KrF 激光器，它们的光吸收深度分别为 7nm 和 4nm，非晶硅薄膜的晶化深度可达 15nm 和 8nm。

由于激光晶化时初始材料部分熔化，结构大致分为上晶化层与下晶化层两层。但是激光晶化技术存在设备复杂，生产成本高，难以实现大规模工业应用等弱点。

4.4　带硅材料制备技术

带硅材料的制备按照其生长方式，可分成两大类：一类是垂直提拉生长；另一类是水平横向生长。一般而言，垂直提拉生长的速率远远低于水平横向生长的速率，这是因为垂直提拉生长时，结晶前沿垂直于表面，因此晶体生长速率为每分钟仅数厘米，生产速率为 $10 \sim 160 \text{cm}^2/\text{min}$。而水平横向生长时，结晶前沿与带硅表面平行，生长速率可达到每分钟数米。目前，带硅的主要生长技术有：边缘限制薄膜带硅生长技术（edge defined film-fed growth，EFG）、线牵引带硅生长技术（string ribbon growth，SRG）、枝网带硅工艺（dendritic web growth，DWG）、衬底上的带硅生长技术（ribbon growth on substrate，RGS）、工艺粉末带硅生长技术（silicon sheet of powder，SSP）等。在这几种带硅生长技术中，EFG、SRG 和 DWG 相对成熟，都属于垂直生长技术，已经不同程度地商业化了，SSP 技术也属于垂直生长技术；而 RGS 则属于水平生长技术，仍处于实验室研究阶段。下面主要介绍 EFG、SRG 和 DWG 垂直生长技术。

（1）边缘限制薄膜带硅生长技术。边缘限制薄膜（EFG）带硅生长工艺属于垂直提拉生长技术，又称导膜法，是由前 Mobil Solar（后为 ASE American）公司在 20 世纪 80 年代发展起来的。到目前为止，仍然是该公司的专有技术。利用该技术制备带硅晶体材料时，首先将硅原材料放置在石墨坩埚中，然后将坩埚加热至 1420℃ 以上，使得硅原材料熔化成熔体，再利用中间缝宽为 300μm 左右的石墨模具，从模具中间引出厚度为 300μm 左右的带状晶体硅，然后依靠熔体的毛细管效应，将熔硅不断地输送到固液界面，最终制备成具有一定长度的带硅材料。图 4-24 所示为 EFG 带硅晶体材料的生长示意图。

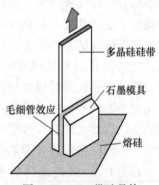

图 4-24　EFG 带硅晶体材料的生长示意图

在 EFG 带硅晶体材料生长过程中，石墨模具被硅熔体润湿的状态和模具的几何形状，将决定弯曲的固液界面和带硅的厚度、形状。实际生产中，EFG 带硅材料使用八面体的石墨模具，因此，生产出来的带硅为长的八面体管状材料。EFG 带硅材料的优点之一就是可以连续生产，制备长的带硅材料。据报道，ASE 公司应用该工艺生产的 EFG 八面体管状带硅材料，标准壁厚为 280μm，长度已超过 5.3m。闭合管形代替平面形的带硅生长是 EFG 技术的重要特点之一，利用闭合管形，带硅的边缘问题得到了很好的解决。EFG 带硅最初生长的是边长为 2.5cm 的十边形及边长为 5cm 的九边形，后来产业化生产的是边长为 10cm 的八边形闭合管状 EFG 带硅。而边长 10cm 的八边形 EFG 带硅相当于在一个炉子中同时生长了 8 个 10cm 宽的平面形带硅，所以生产效率较高。

EFG 带硅材料生长完成后，需要切割。由于其材料厚度仅为 300μm 左右，极易破碎，无法采用普通晶体硅采用的内圆切割或线切割技术，需要采用特殊的激光切割技术。实际工艺中通常利用 Nd:YAG 激光，首先沿晶体生长方向将带硅切割成适合长度（通常与八面体的边长相等）的短八面体管，然后再利用激光，将八面体管沿边长的边界处分割开来，形成太阳电池可以利用的正方形硅片。根据太阳电池的需要，八面体的边长可以设计为 100mm、125mm 或 150mm，从而可以形成不同面积的太阳电池。

EFG 带硅的材料损耗小，通常制备 50 根八面体硅管，需要硅原料 150~200kg，仅在坩埚中浪费 500g 左右的硅原料。整体而言，直到太阳电池制备完成，EFG 带硅的材料损耗只有 13% 左右。由于晶体生长技术的制约，EFG 带硅晶体材料不可能是单晶材料，只能是多晶材料，晶粒细小，大小约 100μm 左右，晶粒生长趋于 <110> 晶向；并且表面不平整，微有起伏；带硅内位错密度高，在 $10^6/cm^2$ 数量级左右，且不均匀分布。另外，由于利用石墨模具，在晶体生长过程中，部分碳可能会进入带硅，形成 SiC 沉淀；而且，由于石墨的损耗，使得带硅的宽度和厚度随晶体的生长都会有所增加。目前，EFG 带硅材料的性能要低于单晶硅材料或铸造多晶硅材料，它在实验室中的太阳电池光电转换效率达到 14.8%，成品率已超过 90%，ASE 公司的 EFG 带硅材料的年产量也已达到 15MW 以上。

（2）线牵引带硅生长技术。线牵引（SRG）带硅生长技术属于垂直提拉生长技术，自 20 世纪 90 年代中期开始由美国的 Evergreen Solar 公司首先开发并投入商业生产。线牵引生长带硅晶体的示意图如图 4-25 所示。利用石墨坩埚首先将硅原料熔化，然后由两条平行的具有热抗性的线从坩埚、熔体中穿出，用于稳定生长时带硅的边缘，直接将一定厚度的带硅从熔硅中拉出。该技术具有工艺简单、可连续加料、连续生产的优点。而且晶体材料可以高速生长，生长速度高达 25mm/min。

在晶体生长过程中，线的直径是决定 SRG 带硅材料厚度的主要因素之一。正常情况下，可生长厚度 300μm 的带硅。如果减小线的直径，也可制备厚度小于 100μm 的带硅。目前最小厚度 5μm 的 SRG 带硅已经研制成功。另外，还需精确地控制熔体温度以确定适合的固液界面，这也会影响带硅的厚度。带硅材料的宽度则取决于两线之间的宽度，通过调整两线之间的宽度，可获得所需的不同尺寸的硅片。带硅晶体生长完成后，用激光或特殊的金刚刀具将 SRG 带硅切割成边长相等的正方形硅片或者长方形硅片，然后直接用于制备太阳电池。SRG 带硅晶体生长示意图如图 4-26 所示。

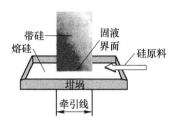

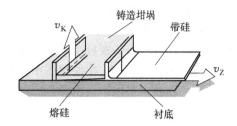

图 4-25 线牵引生长带硅晶体示意图　　　　　图 4-26 SRG 带硅晶体生长示意图

线牵引生长带硅的设备十分简单，成本很低，工作循环次数高。通常，带硅的厚度为 300μm，宽度为 5.6cm。Evergreen Solar 公司利用该技术制备了 5.6cm×15cm×250μm 的带硅硅片及电池，其实验室的光电转换效率可达 15.1%。目前，其商业生产的 SRG 带硅材料达到 10MW 的能力。

（3）枝网带硅工艺。枝网技术（又称枝蔓技术）生长带硅晶体材料，属于垂直生长技术，最早是由 Westinghouse 公司开发的，其后 Ebara Solar 继续研究其晶体生长和加工技术并于 2000 年开始小规模生产。枝网技术生长带硅的过程比线牵引生长带硅技术 SRG 发展还要早。它也是利用石墨坩埚首先将硅原料熔化，然后将籽晶在坩埚中部与熔体接触、浸润，此时快速提高熔体的过冷度，使籽晶下端向两侧长出左右对称的针状晶体，在一定长度后提高晶体拉伸速度，此时针状晶体两端长出枝网状（枝蔓状）晶体并不断向下和向中间延伸，形成带状晶体硅。通常，从两端长出的枝蔓状晶体在中间结合，形成各有一个单晶、中间界面是孪晶界的双晶带硅，因此，DWG 技术的晶体生长速率慢，但是晶体质量好。另外，DWG 技术与 SRG 技术一样，具有工艺简单、可以连续加料的优点。枝网生长带硅需要精确控制熔体的温度，以得到确定的带硅厚度。

目前，DWG 带硅的厚度一般为 100μm，宽度为 6cm，长度最长可达 37m，电池尺寸为 10cm^2。这种技术制备的带硅也是多晶硅材料。但如果温度控制得当，可得到大晶粒多晶甚至单晶。目前，以 DWG 材料制备的实验室太阳电池的光电转换效率最高可达 17.3%，主要是带硅的晶体质量好，表面复合少，所以电池的开路电压可以做得很高。目前 Ebara 公司有 1MW 的生产线。总体而言，大规模工业化生产的可能性仍然很小。

4.5 片状晶生长

片状晶体生长也是一种熔体生长技术。主要用于制备太阳电池用片状 Si 晶体。太阳电池作为一种重要的清洁能源一直备受关注。随着生产规模扩大、自动化程度提高，材料成本将占电池总成本的 50%~70%。生长片状 Si 晶体，不仅避免了晶锭切割所造成的材料损失，还节约了加工成本，这就成为降低太阳电池生产成本的一种自然选择。20 世纪 70 年代中期许多国家开始了片状 Si 晶体的研制，至少提出了 16 种不同的生长系统。但目前商品片状 Si 晶体主要用蹼状（dendritic web，D-Web）法、条带（string ribbon，SR）法和定边喂膜生长（edge defined film fed growth，EFG）这三种技术。

4.5.1 D-Web 技术

蹼状法如图 4-27 所示。籽晶在坩埚中部与熔体充分浸润后，快速提高熔体的过冷度（10℃以内），使籽晶下端长出左右对称的扣晶。以适当速度提拉籽晶，带动扣晶在上升的同时，其两端各有一根枝蔓晶向上生长出来，并不断向下延伸，调节好温度和拉速使枝蔓延伸速度和拉速相等。拉制过程中，两根枝蔓之间靠熔体的表面张力沾起一层薄片即成为蹼状晶。该技术可以生长出单晶。其平整度、光洁度都很好，无需任何处理即可用于太阳电池制备。

4.5.2 SR 技术

该方法也叫定边上拉法。如图 4-28 所示，用细线代替 D-Web 法中的枝蔓，使设备和工艺都得以简化。耐高温的两根细线从浅坩埚的底部的小孔中穿过熔体平行向上提拉，所拉制的片晶宽度即为两细线间的距离，使用绝缘的细线留在片晶中也不致影响电池制造。

用此法可进行连续生产，直到须更换新的坩埚。由于不用枝蔓，对温度控制不像 D-Web 法那样严格。但此法不能长出单晶。

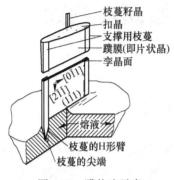

图 4-27　蹼状法示意

图 4-28　SR 法示意

4.5.3　EFG 技术

如图 4-29 所示，石墨模具浸在 Si 熔体中，通过模具中狭缝的毛细管作用不断把熔体"吸"到狭缝的上顶端，并与籽晶熔接、向上拉制成片晶。为提高生产效率，把模具中的狭缝作成四周封闭的等边多面管；拉制出的片晶就成为等边薄壁空心管，每个边就是一个片状晶体。上述三种方法的简要比较列于表 4-4。

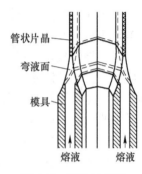

图 4-29　EFG 法示意

表 4-4　Si 的三种片状单晶生长技术比较

生长技术	D-Web	SR	EFG
基本原理	垂直生长，以双枝蔓为支撑	垂直生长，以耐熔双线带起片晶生长	垂直生长，从模具狭缝中靠毛细管作用生成片晶
工艺稳定性	较差	好	一般
晶体质量	很好，可得到单晶	较好，只能制得多晶	较差，只能得到多晶
生产效率/cm² · min⁻¹	约 10	约 50	约 160
目前所制太阳电池转换效率/%	17.3	15~16	15

5 半导体材料检测与测试

5.1 半导体材料检测

半导体材料检测是用物理和化学分析法检测半导体材料的性能和评价其质量的方法。它对探索新材料、新器件和改进工艺控制质量起重要作用。在半导体材料制备过程中，不仅需要测量半导体单晶中含有的微量杂质和缺陷以及表征其物理性能的特征参数，而且由于制备半导体薄层和多层结构的外延材料，使测量的内容和方法扩大到薄膜、表面和界面分析。半导体材料检测技术的进展大大促进了半导体科学技术的发展。半导体材料检测包括杂质检测、晶体缺陷观测、电学参数测试以及光学测试等方法。

杂质检测：半导体晶体中含有的有害杂质，不仅使晶体的完整性受到破坏，而且也会严重影响半导体晶体的电学和光学性质。另一方面，有意掺入的某种杂质将会改变并改善半导体材料的性能，以满足器件制造的需要。因此检测半导体晶体中含有的微量杂质十分重要。一般采用发射光谱和质谱法，但对于薄层和多层结构的外延材料，必须采用适合于薄层微区分析的特殊方法进行检测，这些方法有电子探针、离子探针和俄歇电子能谱。半导体晶体中杂质控制情况见表 5-1。

表 5-1　半导体晶体中杂质检测法

分析方法	对象	特　　　点	灵　敏　度
发射光谱	晶体	可同时分析几十种元素	$(0.01\sim100)\times10^{-6}$
质谱	晶体	对全部元素灵敏度几乎相同	$(1\sim10)\times10^{-9}$
离子探针	薄膜	适合于表面和界面的薄层微区分析，可达 1 个原子层量级	一般元素 1×10^{-6}
俄歇电子能谱	表面	对轻元素最灵敏	轻元素 1×10^{-9}
电子探针	薄膜	微米级微区分析，对重元素最灵敏	1×10^{-6}
卢瑟福散射	表面	可测质量大于基体的单层杂质	$(10\sim100)\times10^{-6}$
活化分析	薄膜	可随薄膜剥离面分析	10×10^{-9}
全反射 X 光荧光	表面	是测表面杂质最灵敏的方法	过渡金属 $10^{9}/cm^{2}$，轻元素 $10^{12}/cm^{2}$

晶体缺陷：观测半导体的晶体结构往往具有各向异性的物理化学性质，因此，必须根据器件制造的要求，生长具有一定晶向的单晶体，而且要经过切片、研磨、抛光等加工工艺获得规定晶向的平整而洁净的抛光片作为外延材料或离子注入的衬底材料。另一方面，晶体生长或晶片加工中也会产生缺陷或损伤层，它会延伸到外延层中直接影响器件的性能，为此必须对晶体的结构及其完整性做出正确的评价。半导体晶体结构和缺陷的主要测量方法见表 5-2。

表 5-2　半导体晶体结构和缺陷的主要测量方法

测试项目	测量方法	对象和特点	准确性
晶向	光图定向	可测晶向及其偏离角，设备简单	精度可达 30′
	X 射线照相法	适用于晶向完全不知的定向，精度较高，但操作复杂，用于研究	
	X 射线衍射仪	适用于晶向大致已知的定向和定向切割，精度高、操作简便	精度可达 1′
位错	化学腐蚀和金相观察	设备简单、效率高，用于常规测试	—
	X 射线形貌相	穿透深度约 $50\mu m$，可测量晶体中位错、层错、应力和杂质团	

电学参数测量：半导体材料的电学参数与半导体器件的关系最密切，因此测量与半导体导电性有关的特征参数成为半导体测量技术中最基本的内容。电学参数测量包括导电类型、电阻率、载流子浓度、迁移率、补偿度、少子寿命及其均匀性的测量等。测量导电类型目前常用的是基于温差电动势的冷热探笔法和基于整流效应的点接触整流法。电阻率测量通常采用四探针法、两探针法、三探针法和扩展电阻法，一般适用于锗、硅等元素半导体材料。

霍尔测量是半导体材料中广泛应用的一种多功能测量法，经一次测量可获得导电类型、电阻率、载流子浓度和迁移率等电学参数，并由霍尔效应的温度关系，可以进一步获得材料的禁带宽度、杂质的电离能以及补偿度。霍尔测量已成为砷化镓等化合物半导体材料电学性能的常规测试法。后来又发展了可以测量均匀的、任意形状样品的范德堡法，简化了样品制备和测试工艺，得到了普遍的应用。另一类深能级杂质，其能级处于靠近禁带中心的位置，在半导体材料中起缺陷、复合中心或补偿的作用，而且也可与原生空位形成络合物，它对半导体材料的电学性质产生重大影响。对这种深能级杂质的检测比较困难，目前用结电容技术进行测量取得了较大进展，所用方法有热激电容法、光电容法和电容瞬态法，后又发展了深能级瞬态能谱法，可以快速地测量在较宽能量范围内的多个能级及其浓度。外延材料中载流子浓度的剖面分布采用电容-电压法，可测深度受结或势垒雪崩击穿的限制，随浓度的增加而减小。在此基础上建立的电化学电容-电压法，它是利用电解液阳极氧化来实现载流子浓度剖面分布的连续测量，特别适用于Ⅲ-Ⅴ族化合物半导体材料和固溶体等多层结构的外延材料。测量半导体材料中少数载流子寿命的方法有多种，广泛应用的是交流光电导衰退法，简便迅速，测量范围为 $10 \sim 10^3 \mu s$，适合于锗、硅材料。半导体材料电学参数测量方法列于表 5-3。

表 5-3　半导体材料电学参数测量方法

测试项目	测量方法	对象和特点
导电类型	冷热探笔法	适用于电阻率不太高的材料，硅小于 $100\Omega \cdot cm$；锗小于 $20\Omega \cdot cm$
	点接触整流法	不适于低阻材料，硅，$1 \sim 100\Omega \cdot cm$；锗，不适用
电阻率	四探针法	单晶、异型层或低阻衬底上高阻层外延材料、扩散层，电阻率范围 $10^{-3} \sim 10^{-4}\Omega \cdot cm$，迅速非破坏性

测试项目	测量方法	对象和特点
电阻率	两探针法	适用于硅锭
	三探针法	相同导电类型或低阻衬底的外延材料
	扩展电阻法	硅单晶微区均匀性、外延层、多层结构、扩散层，空间分辨率 20nm，电阻率范围 $10^{-3} \sim 10^2 \, \Omega \cdot cm$
载流子浓度	霍尔测量法	单晶或高阻衬底上低阻外延层，同时获得电阻率、迁移率和导电类型
	范德堡法	均匀的、任意形状的样品，同时获得电阻率、迁移率和导电类型
	电容-电压法	低阻衬底外延层中载流子浓度的剖面分布，由于结或势垒雪崩击穿的影响，可测深度受限制，浓度范围 $10^{14} \sim 5 \times 10^{17}/cm^3$
	电化学电容-电压法	多层结构外延材料，浓度和深度不受限制
补偿度	晶棒重熔法	适用于以磷、硼为主杂质且均匀分布的硅单晶
	低温霍尔测量	适用于硅、锗、化合物半导体材料
载流子浓度	热激电流	可测距带边大于 0.2eV，时间常数大于 $10^{-4}s$ 的缺陷能级
	热激电容	可测距带边大于 0.2eV，时间常数大于 $10^{-4}s$ 的缺陷能级，都用于 pn 结缺陷能级位置浓度的测定
	光电容	灵敏度高，可测 $\Delta E > 0.3eV$，时间常数大于 10^2s 的缺陷能级
	深能级的瞬态	灵敏度高（10^{-4}），分辨率高（大于 0.03eV），时间常数 $10\mu s$，能级范围宽，n-GaAs 可测大于 0.1eV 的能级，p-GaAs 和 Si 可测大于 0.2eV 的能级

　　光学测试法：光学检测技术对半导体材料中的杂质和缺陷具有很高的灵敏度，可以检测非电活性杂质以及杂质与结构缺陷形成的络合物，而且在量子能量和样品空间大小的探测上具有很高的分辨率，特别适合于微区薄层和表面分析。除了用于锗、硅晶体中超微量杂质的分析外，由于Ⅲ-Ⅴ族化合物半导体材料中存在部分离子键成分，光与晶体中电子的耦合比较强，使光学效应大大增强。这些材料又广泛用于光电器件，光谱范围处于可见光和近红外区域，测试仪器不太复杂，探测器的灵敏度高，因此特别适合于Ⅲ-Ⅴ族一类的化合物半导体材料。光学测试主要用于杂质的识别和超微量分析，而且利用发光光谱可以研究与杂质、缺陷、位错、应力、补偿率等的对应关系，做出晶体均匀性和完整性的判据，因此光学分析得到了广泛的应用。半导体材料光学测量法列于表 5-4 中。

表 5-4　半导体材料光学测量法

测试方法	测试内容	特　点
红外干涉法	外延层厚度	测量范围 $0.5 \sim 15\mu m$，快速、精确、非破坏性
红外吸收法	硅中氧、碳含量	检测限：氧（8K）$3 \times 10^{13} cm^{-3}$；碳（300K）约 $10^{16} cm^{-3}$
	非掺 Si-GaAs 中 EL_2 深能级	检测范围 $(1 \sim 5) \times 10^{16} cm^{-3}$
光荧光法	硅单晶中基磷、基硼含量	检测限：B $1 \times 10^{11}/cm^3$，P $5 \times 10^{11}/cm^3$
	GaP:N 中含氮浓度	测量范围 $5 \times 10^{17} \sim 1 \times 10^{19}/cm^3$
	杂质的识别	GaAs 中 Sn $10^{12}/cm^3$，Cd，Zn $10^{14}/cm^3$，以及杂质与空位的络合物
	晶体或外延层均匀性	获得光荧光强度的准三维图

5.2 半导体材料测试

5.2.1 电导率测试

在室温下，半导体材料的电阻率一般为 $10^{-4} \sim 10^9 \, \Omega \cdot cm$，它是介于导体（电阻率小于 $10^{-5} \, \Omega \cdot cm$）与绝缘体（电阻率大于 $10^{12} \, \Omega \cdot cm$）之间的一种固体材料。一般而言，半导体材料的电学性能与杂质类型、杂质浓度、温度、晶体缺陷等因素密切相关，对器件性能有决定性的作用。因此，在器件设计时，根据器件的种类、特性以及制作工艺等条件，对半导体材料的电学性能有一定的要求。通常，半导体材料的电学性能主要包括电阻率、导电类型、载流子浓度及其分布、迁移率和少子寿命等，其中电阻率是最直接、最重要的参数。在测试半导体材料电阻率时，一般利用探针法，尤其是四探针法，该方法原理简单，数据处理简便。另外，扩展电阻法实际上也是一种特殊的探针法，具有独特的原理和测试技术。近年来，随着半导体测试技术的不断发展，为满足半导体材料的自动化生产流水线在线检测的需求，涡流法无损检测电阻率的技术也已逐渐应用，成为微电子工业中测试半导体材料电阻率的另一种主要手段。本节在介绍半导体材料的电阻率和载流子浓度的关系的基础上，阐述了探针法和无接触涡流法测试电阻率的基本原理，重点介绍直流四探针法。四探针法能分辨毫米级材料的均匀性，适用于体材料、异质层、外延材料以及扩散层、离子注入层的电阻率的测量，方法简便、迅速和准确，是目前应用最为广泛的一种测试电阻率的技术。探针法测试半导体材料电阻率可以分为两探针、三探针和四探针法三种，其中两探针测试技术现在已经很少应用。

5.2.1.1 四探针法

半导体材料的电阻率和载流子浓度：半导体材料的电阻率是电导率的倒数，为半导体材料的重要电学参数之一。它反映了补偿后的杂质浓度，与半导体中的载流子浓度有直接的关系，是判断半导体材料掺杂浓度的主要参数之一。以没有掺杂的高纯硅材料为例，其载流子是由于晶格热振动引起硅原子共价键的偶然断裂而产生的，数量很少。因此，电阻率很高，在室温（20℃）下约为 $10^5 \, \Omega \cdot cm$，称之为本征硅材料。但是，要制备各种性能的器件，具有这样电阻率的本征半导体是不行的，必须进行各种不同浓度的 n 型或 p 型掺杂，使得硅材料表现为具有不同电阻率的 n 型或 p 型半导体。通常，根据测量的电阻率，可得到掺杂杂质或载流子的浓度。

一般而言，半导体材料的电阻率是 n 型和 p 型杂质浓度差的函数。以 p 型半导体材料为例，其室温电阻率可以表示为：

$$\rho = \frac{1}{(N_A - N_D)\mu_p q} \tag{5-1}$$

式中，N_A 为受主杂质浓度；N_D 为施主杂质浓度；μ_p 为空穴迁移率；q 为电子电荷量。由式（5-1）可知，通过对材料电阻率的测量，可以得到半导体中的载流子浓度。对于 p 型半导体材料而言，其空穴载流子净浓度 p 可以表示为：

$$p = N_A - N_D \tag{5-2}$$

在大多数情况下，p 型半导体材料的 p 型掺杂原子的浓度将比 n 型掺杂原子的浓度大几个数量级，因此式（5-2）可以近似地写成：

$$p \approx N_A \tag{5-3}$$

而原有精度几乎不变。式（5-1）可以简写为：

$$\rho = \frac{1}{N_A \mu_p q} \tag{5-4}$$

同样的，对 n 型半导体材料，其室温电阻率和载流子浓度的关系为：

$$\rho = \frac{1}{N_D \mu_n q} \tag{5-5}$$

式中，N_D 为施主杂质浓度；μ_n 为电子迁移率；q 为电子电荷量。

显然，从式（5-5）可知，杂质浓度对半导体材料电阻率具有很大的影响。以掺硼的 p 型硅晶体为例，如果在 10^5 个硅原子中掺入一个硼原子，就可以使纯硅的导电性能增加 10^3 倍。除了杂质浓度以外，半导体材料的电阻率还与测试温度、晶体缺陷等因素密切相关。就温度影响而言，掺杂半导体材料在不同的温度区间内具有不同温度系数，如图 5-1 所示。由图中可以看出，在高温本征区（a 区域）和低温杂质区（c 区域）中，半导体材料的电阻率具有负温度系数，而在中温饱和区（b 区域）中其电阻率则具有正的温度系数。因此，在测量半导体材料电阻率时，应尽量避免温度引起的误差。因此，除了可以在室温测量电阻率外，还可以在低温条件下进行测量，

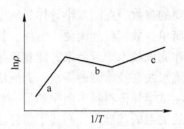

图 5-1 掺杂半导体电阻率
与温度的关系

以减少或消除电流热效应和热电效应引起的误差。此外，还可以利用改变加到样品的电流极性、取电位差的代数平均值、用交流电或小电流进行测量等措施，尽量减少测量中产生的焦耳热，以增加测试的精确度。

5.2.1.2 探针法测试电阻率的基本原理

虽然两探针法可以利用欧姆电极消除金属和半导体材料之间产生的接触电阻，但是制作电极费时费事，一般较少采用，人们主要应用的是四探针法。所谓"四探针测试法"，就是利用点电流源向样品中注入小电流，形成等电位面，通过检测样品不同部位的电位差，并根据理论计算公式，可以得出半导体材料的电阻率。由于该方法测试简便，数据处理简单，应用非常广泛。1954 年，L. B. Valdes 首先利用直流四探针法解决了测量任意形状半导体材料电阻率的问题，他给出了半无限材料及不同类型边界条件（导电边界及绝缘边界）的解，其中包括探针与样品边界平行或垂直时的有限边界以及样品有限厚度的修正系数与曲线。此后，A. Uhlir 全面考虑并计算了有限尺寸样品边界条件的修正。1958 年，F. M. Smits 又将此法用来测量二维圆形及矩形的薄层材料的方块电阻。尽管后来许多研究者在探针结构方面又做了大量的工作，如正方型、矩型、三角型、上下型等探针，最近也有研究者发展出电子成像四探针法以及交流四探针法，但基本原理还是采用电位叠加，边界修正仍采用电像原理。利用四探针法不仅可测量半导体材料的体电阻率，而且可测量薄膜半导体材料的电阻。下面以直流四探针为例，分别介绍体材料和薄膜材料的电阻率测试原理。

A 体电阻率测量

假定一块电阻率 ρ 均匀的半导体材料，其几何尺寸与测量探针的间距相比较可以看作

半无穷大，探针引入的点电流源的电流强度为 I。那么，对于半无穷大样品上的这个点电流源而言，样品中的等电位面是一个球面，如图 5-2 所示。对于离开点电流源（坐标原点）半径为 r 的 P 点，其电流密度为：

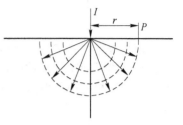

图 5-2 点电流源的等电位面示意图

$$j = \frac{I}{2\pi r^2} \qquad (5-6)$$

式中，I 为点电流源的强度；$2\pi r^2$ 是半径为 r 的半球等位面的面积。

由于 P 点的电流密度与该点处的电场强度 E 存在以下关系：

$$j = \frac{E(r)}{\rho} \qquad (5-7)$$

因此，由式（5-6）和式（5-7）可得：

$$E(r) = \frac{I\rho}{2\pi r^2} = -\frac{\mathrm{d}V(r)}{\mathrm{d}r} \qquad (5-8)$$

设无限远处电位为零，即 $V(r)\big|_{r\to\infty} = 0$，则 P 点处的电位可以表示为：

$$V(r) = \int_{\infty}^{r} - E(r)\mathrm{d}r = \frac{I\rho}{2\pi} \cdot \frac{1}{r} \qquad (5-9)$$

如果存在另外一个点电流源对 P 点产生电场作用，则 P 点的电位为两个电场作用的矢量叠加，这就是电源叠加原理。

将 4 个金属探针以一定间距排成一直线，并以一定的压力压在一块平坦的半导体材料样品（其尺寸相对于四探针间距，可以被视为无穷大，样品形状可以任意）上，如图 5-3 所示。如果探针接触处的材料均匀，并可以忽略电流在探针处的少子注入，那么当直流电流由探针 1、4 流入半导体样品时，根据电源叠加原理，某一点的电位应是不同点电流源产生的电位的和，因此探针 2、3 的电位 V_2、V_3 应分别为：

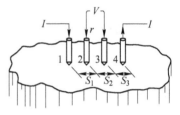

图 5-3 四探针测试半导体材料体电阻率的示意图

$$V_2 = \frac{q}{S_1} - \frac{q}{S_2 + S_3} \qquad (5-10)$$

$$V_3 = \frac{q}{S_1 + S_2} - \frac{q}{S_3} \qquad (5-11)$$

式中，S_1、S_2、S_3 分别是探针 1、2，探针 2、3，探针 3、4 之间的间距；q 是相应的电流源 I 的强度，可以表示为：

$$q = \frac{I\rho}{2\pi} \qquad (5-12)$$

式中，ρ 为材料的电阻率，所以探针 2、3 之间的电位差为：

$$\Delta V = V_2 - V_3 = \frac{I\rho}{2\pi}\left(\frac{1}{S_1} + \frac{1}{S_2} - \frac{1}{S_2 + S_3} - \frac{1}{S_1 + S_2}\right) \qquad (5-13)$$

当 $S_1 = S_2 = S_3 = S$ 时，由式（5-13）可得：

$$\rho = 2\pi S \left(\frac{\Delta V}{I} \right) \tag{5-14}$$

这就是常见的直流四探针法等间距测试电阻率的公式。式（5-14）中，$2\pi S$ 称为探针系数，对于固定间距的探针而言，探针系数为常数。实际上，只要半导体试样厚度以及样品的边缘与四探针中任意探针的距离大于四倍探针间距 S，应用这个公式即可获得足够的精度。

对于不满足无穷大条件的样品，即有限厚度的导电薄膜或半导体薄层的尺寸对于垂直压在试样表面的四探针的探针间距而言不满足半无穷大平面条件，由探针流入导体的电流为边界表面发射（非导电边界）或吸收（导电边界），结果将分别使电压探针 2、3 处的电位升高或者降低。相对应的，此时电阻率的测量值将高于或者低于材料的真实值，称为表观电阻率 ρ_0，它与材料的真实电阻率 ρ 的关系为：

$$\rho = \frac{\rho_0}{C} \tag{5-15}$$

式中，C 为修正因子或修正系数。

在非导电边界情况下，修正因子 C 为

$$C = 1 + \frac{S}{W} \left[M \left(\frac{S}{W} \right) - M \left(\frac{S}{2W} \right) \right] \tag{5-16}$$

式中，W 为样品厚度；函数 M 为：

$$M(\lambda) = 2 \sum_{n=1}^{\infty} \left(\frac{1}{n} - \frac{1}{\sqrt{n^2 + \lambda^2}} \right) \tag{5-17}$$

当样品厚度 W 与探针间距 S 可以相比时，修正因子 C 可以用函数 N 来表示：

$$C = \frac{S}{W} \left[2 \ln 2 + N \left(\frac{S}{2W} \right) - N \left(\frac{S}{W} \right) \right] \tag{5-18}$$

式中，函数 N 为：

$$N(\lambda) = 2\pi \sum_{n=1}^{\infty} i H_0^{(1)} (i 2\pi n \lambda) \tag{5-19}$$

式中，函数 $i H_0^{(1)}(ix)$ 是 Hankel 函数。

对于导电边界的情况，修正因子 C 可以表示为：

$$C = 1 + \frac{S}{W} \left[2M \left(\frac{S}{2W} \right) - M \left(\frac{S}{W} \right) - M \left(\frac{S}{4W} \right) \right] \tag{5-20}$$

或

$$C = \frac{S}{W} \left[N \left(\frac{S}{4W} \right) + N \left(\frac{S}{W} \right) - 2N \left(\frac{S}{2W} \right) \right] \tag{5-21}$$

实际测量中，如果样品为有限厚度，一般只要引入一个厚度修正因子 F_1 进行修正就可以了。如果探针与边界的距离 L 与探针间距 S 可相比拟时，边缘效应便需要同时考虑了，此时，需要同样引入一个样品边缘与测试位置修正因子 F_2 进行修正，那么，式（5-14）则表达为：

$$\rho = \frac{1}{F_1 F_2} 2\pi S \left(\frac{\Delta V}{I} \right) \tag{5-22}$$

对于 F_1 和 F_2 的具体数值可通过查询四探针使用手册或者其他工具书获得。如果四探

针仪器的探针与有限大小的样品的边界平行或垂直，修正因子还需在式（5-15）和式（5-16）的基础上再进行修正，而在实际测试中表现为需要对样品边缘与测试位置修正因子 F_2 进行再次修正。

B　薄层电阻测量

利用直流四探针法也可测定导电薄膜和半导体薄膜的电阻。薄层电阻或称为薄膜电阻、方块电阻的概念是为了表征半导体薄膜样品或者是薄的掺杂层的电阻率而引入的，一般情况下，试样的薄层电阻比其电阻率更容易测得。

首先，认识一下材料的薄层电阻和体电阻的区别与联系。当金属薄膜等导电薄膜的膜厚小于某一个临界值时，薄膜的厚度将对自由电子的平均自由程产生影响，从而影响薄膜材料的电阻率，这就是薄膜的尺寸效应。

图 5-4 给出了薄膜尺寸效应的示意图。图中金属薄膜的膜厚为 d，电场 E 沿着 $-x$ 方向。假定自由电子从 O 点出发，直线运动到达薄膜表面的 H 点的距离等于金属块体材料中自由电了的平均自由程 λ，自由电了的运动方向与薄膜膜厚方向夹角为 φ_0。在 φ_0 所对应的立体角范围内（B 区）内，由 O 点出发的自由电子运动到薄膜表面并同其发生碰

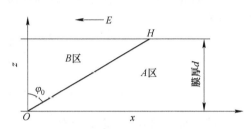

图 5-4　金属薄膜电阻率的尺寸效应示意图

撞时所走过的距离小于体材料的自由电子的平均自由程 λ；但在大于 φ_0 所对应的立体角范围（A 区）内，由 O 点出发的自由电子运动到薄膜表面并同其发生碰撞时所走过的距离大于自由电子的平均自由程 λ，即自由电子的平均自由程没有受到薄膜表面的影响。综上所述，金属薄膜材料中有效自由电子平均自由程是由 A 区和 B 区两部分组成，所以金属薄膜材料中有效自由电子平均自由程小于体材料中自由电子的平均自由程，从而使薄膜材料的电阻率高于体材料的电阻率。这就是薄膜材料的电阻率不同于体材料的原因。进一步说，当薄膜的膜厚远远大于体材料的自由电子的平均自由程时，薄膜表面对在电场作用下自由电子的定向运动没有影响，薄膜材料也就变成了体材料。此时，薄膜材料和体材料的电阻率是相同的。

当待测样品很薄，即样品厚度 W 和探针间距 S 满足 $W<S$ 关系时，对于点电流源注入样品后形成的等电位面将变成等电位环，因此在式（5-6）中面积 A 将可以改写成：

$$A = 2\pi x W \tag{5-23}$$

因此，试样的电阻 R 可以表示为：

$$R = \int_{X_1}^{X_2} \rho \frac{\mathrm{d}x}{2\pi x W} = \int_{S}^{2S} \frac{\rho}{2\pi W} \frac{\mathrm{d}x}{x} = \frac{\rho}{2\pi W} \ln(x) \mid_{s}^{2s} = \frac{\rho}{2\pi W} \ln 2 \tag{5-24}$$

式中，ρ 为薄膜材料的电阻率。又因为：

$$R = \frac{\Delta V}{2I} \tag{5-25}$$

所以，薄层材料的电阻率可以表示为：

$$\rho = \frac{\pi W}{\ln 2}\left(\frac{\Delta V}{I}\right) \tag{5-26}$$

值得注意的是，从式（5-26）可以看出，薄层材料的电阻率测试与探针间距 S 没有关系。

对于厚度为 W 的薄层材料而言，薄层电阻 ρ_S 和薄层材料的电阻率 ρ 之间的关系可以表示为：

$$\rho = \rho_S W \tag{5-27}$$

因此，由式（5-26）和式（5-27）可得：

$$\rho_S = k\left(\frac{\Delta V}{I}\right) \tag{5-28}$$

式中，系数 k 为几何因子。

在样品无限薄的情况下，可以近似认为样品对于四探针仪满足二维半无限大平面的条件，可得：

$$k = \frac{\pi}{\ln 2} = 4.532 \tag{5-29}$$

$$\rho_S = 4.532\left(\frac{\Delta V}{I}\right) \tag{5-30}$$

这就是常用的方块电阻计算公式，ρ_S 的单位为欧姆，通常用符号 $\Omega/\square$ 表示。进一步地，从式 $\rho = \rho_S W$ 可知，通过方块电阻与薄膜厚度的关系，可以计算得到导电薄膜或者半导体薄膜的电阻率。如果样品不满足二维半无限大平面的条件，即样品的厚度或者直径对于探针间距而言不可忽略时，需要对几何因子 k 进行修正。

一般，利用四探针法只能测试异型外延层和外延层电阻率小于衬底电阻率的同型外延层的薄层电阻。如果采用四探针法测量相同导电类型、低阻衬底的外延层材料的电阻率，由于流经材料的电流会在低阻衬底中短路，因此得到的是衬底与外延层电阻率并联的综合结果。在这种情况下，薄层电阻需要采用三探针法、扩展电阻法或者微分 C-V 法来进行测量。

5.2.2　扩展电阻法

扩展电阻法是利用特殊的点接触金属探针，沿着样品的表面以微小的步进，测出半导体材料或器件表面的每一点的扩展电阻值，由此得到电阻、电阻率和载流子浓度（掺杂杂质浓度）及其分布的一种测试技术。由于探针的有效接触半径仅为微米量级，所以它可反映 $10^{-10}\,cm^3$ 体积内电阻率、载流子浓度的变化，纵向最小分辨距离可达 20nm，比常规四探针法的毫米量级的测量范围小 5 个数量级。扩展电阻测试可覆盖通常的硅材料和器件的杂质浓度范围，有较高的重复精度，因此，它可以对所有硅材料和器件进行电学测量。它不仅适合测量半导体外延薄膜材料的电阻率，比三探针、四探针和 C-V 技术的测量精度高，还可以测量外延层的载流子分布和外延层厚度；而且适合测量体材料的微区电阻率均匀性、pn 结的结深和扩散层的电阻率或电阻率分布等；特别适合分析和测定不同导电类型的多层结构的电阻率及其分布，对多层结构的层数、深度和电阻率几乎没有限制，因此，它也是研究半导体多层器件结构电学性能的主要测试分析技术。

若排除探针压力、探针曲率半径等因素对测试结果的影响，扩展电阻测量的测试误差一般小于2%，并能在测量电阻率纵向分布的同时获得外延层厚度值，因此，特别在硅材料和器件的制备和研究中，扩展电阻法被广泛应用。它可应用在原生硅晶体、离子注入晶体、外延晶体、杂质扩散晶体、电源器件、太阳电池、双极和MOS集成电路等硅材料和器件结构上，进行各种材料和器件的纵向电阻率分布的测试、最佳工艺条件的确定和器件的失效分析等。下面阐述扩展电阻测试技术的基本原理，包括单探针、二探针和三探针技术测试原理。

扩展电阻测试的基本原理：扩展电阻法测量微区电阻率是利用专用的点接触探针，沿着样品的表面，以很小的距离步进，用金属探针与被测半导体材料点接触处电压与电流曲线，测出样品表面每一点的扩展电阻值，最后转换成电阻、电阻率或载流子浓度的数值。扩展电阻法采用的探针结构有单探针、二探针及三探针三种形式，如图5-5所示。为了能与硅基材料形成欧姆接触，通常用锇钨合金、铑钨合金作为探针材料。

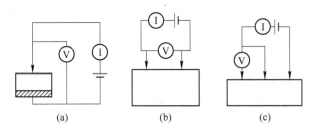

图5-5 扩展电阻测试技术的探针结构
(a) 单探针；(b) 二探针；(c) 三探针

除了上述常规的扩展电阻测试方法外，点接触电压电流法也可以用来测试微小距离的电阻率和分布，特别适用于Ⅲ-Ⅴ族化合物半导体材料的测试。它是由一个加正向偏置电压和一个加反向偏置电压的点接触探针组成，通过测试点接触处的Ⅰ-Ⅴ曲线，利用标准曲线校正系统，获得电阻率或载流子浓度分布。

单探针结构扩展电阻的测试原理：若将一个完全导电的半球（即金属探针）嵌入一个半无限均匀固体（半导体材料）中（见图5-6），当有电流 I 从探针流入半导体时，由于半导体图 5-6 金属探针与半导体材料的电阻率比金属大几个量级，所以在接触处电流向半导体材料呈辐射状扩展，总接触电阻为：

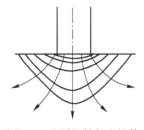

图5-6 金属探针与半导体材料接触处的电流线分布

$$R = dR_1 + dR_2 + \cdots + dR_\infty = \int_0^\infty dR \qquad (5-31)$$

式中，$dR = \dfrac{\rho}{2\pi r^2}dr$，其中 r 为电流扩展方向的距离；ρ 为半导体材料的电阻率，积分式（5-31）得：

$$R_S = \frac{\rho}{2\pi r_0} \qquad (5-32)$$

式中，r_0 是嵌入半球的半径。从式（5-31）或图5-6可知，$dR_1 > dR_2 > \cdots > dR_\infty$ 即电阻主要集中在接触点的附近，距探针越远的区域电阻越小，所以称为扩展电阻。

当金属探针与半导体材料呈圆盘状接触，接触半径为 a 时，利用上述原理，通过 Laplace 方程可得总接触电阻为：

$$R_S = \frac{\rho}{4a} \tag{5-33}$$

式中，a 是有效接触半径，可按式（5-34）求得：

$$a = 1.1 \times \left[\frac{F_r}{2}\left(\frac{1}{E_1} + \frac{1}{E_2}\right)^{\frac{1}{3}}\right] \tag{5-34}$$

式中，E_1、E_2 分别是金属探针与半导体材料的杨氏模量；F_r 是加在探针尖的压力。

　　式（5-32）和式（5-33）中的 R_S 是总接触电阻，除扩展电阻外，还包括了材料的体电阻、表面绝缘层电阻及零偏电阻。零偏电阻是由于金属与半导体材料功函数存在差别，二者在接触时形成了接触势垒，该势垒高度与温度、探针材料、探针压力、半导体材料的表面状态等有关。在实际测量中，通过选择适当的探针材料和探针压力，并将半导体表面进行一定的处理，可以使零偏电阻、表面绝缘层电阻远小于扩展电阻，从而使式（5-32）和式（5-33）中的 R_S 近似等于扩展电阻。严格来说，由于探针与半导体材料的接触状态是一个应力场的问题，此场与材料电阻率、导电类型及晶向等因素有关，所以零偏电阻很难从理论上计算，迄今尚无合适的理论对它进行描述。因此，一般需要在式（5-33）中引入一个经验修正因子 K，从而得到总接触电阻：

$$R_S = K\frac{\rho}{4a} \tag{5-35}$$

　　习惯上把金属探针与半导体材料间测量出的总接触电阻 R_S 称为扩展电阻。由于难于确定式（5-35）中的 a、K 值，所以先设法建立一条已知电阻率的单晶材料与扩展电阻的校正曲线，再通过校正曲线来实现扩展电阻与电阻率的转换。

　　二探针和三探针结构的测试原理：对于二探针或三探针结构情形，其测量原理与单探针情形是类似的。这里以二探针结构为例，简要说明其测量原理。两个探针之间加上一定电压，测出通过探针的电流，由此求得其局部的电阻值，即扩展电阻 R_S。和单探针相比（见式（5-35）），此时测试的扩展电阻值是单探针的两倍，因此，R_S 与局部电阻率 ρ_S 的关系为：

$$R_S = \frac{\rho_S}{2a} = \frac{K(\rho)\rho}{2a} \tag{5-36}$$

式中，a 为探针的有效接触半径，理论上可按式（5-34）计算，一般在 $5 \sim 7.5\mu m$；$K(\rho)$ 是与 ρ 有关的修正因子，与探针和半导体材料的接触状态、材料的电阻率、导电类型和晶向等因素相关。在实际应用中，一般是在已知电阻率的试样上，测出 R 值，然后计算出 a 值。然后，再根据 a 值，测量出未知电阻率的样品上的局部电阻率 ρ，并由 $\rho_S = (ne\mu)^{-1}$ 获得掺杂（载流子）浓度值。

　　由以上关于单探针或二探针结构的测量原理可知，扩展电阻实际上就是金属探针与半导体上某一参考点附近的电阻率同流过探针的电流之比值。

　　需要指出的是，以上理论计算都是基于多层突变结的假设，并且仅考虑了半无限均匀半导体的情形。在材料厚度 t 与探针有效接触半径可以比拟时，例如薄外延层、扩散层、离子注入层及结区附近电阻率测量时，则需进行边界条件修正。此时，真实电阻率值 ρ 与单探针技术的测量值 ρ_0、单探针扩展电阻技术的测量值 R_S 之间满足关系：

$$\rho = \frac{\rho_0}{C} = 4a\frac{R_S}{C} \tag{5-37}$$

式中，C 是修正因子。

现以二探针测量双层结构的情况为例。此时测试的扩展电阻值 R_S 是式（5-37）中单探针测试的电阻值 R_S 的二倍，因此，在二探针测试情况下，真实电阻率公式为：

$$\rho = 2a\frac{R_S}{C} \tag{5-38}$$

如果设双层结构的上层材料电阻率为 ρ_1、厚度 t，衬底电阻率 ρ_2、厚度无限，则扩展电阻可表示为：

$$R_S = \frac{V}{I} = \frac{\rho_1}{2a}\left[\frac{4}{\pi}\int_0^{\infty}\left(\frac{1+Ke^{-2Hx}}{1-Ke^{-2Hx}}\right)\sin x\left(\frac{J_1(x)}{x^2} - \frac{J_0(Sx)}{2x}\right)dx\right] \tag{5-39}$$

式中，$H=t/a$，$K=(\rho_2-\rho_1)/(\rho_2+\rho_1)$，$S=2s/a$，$s$ 是二探针的探针间距，x 是积分参数，J_0，J_1 分别是零级和一级 Bessel 函数。方括号中的表示式即是修正因子 C。

对于导电边界（如 n/n+ 结材料的边界），电流进入衬底。由于 $\rho_1>\rho_2$，则 $\rho_0<\rho$，$C<1$，因而：

$$C = 2 - \exp\left(\frac{nK}{t/a}\right) \tag{5-40}$$

对于非导电边界，电流不能进入衬底。由于 $\rho_1/\rho_2\approx 0$，则 $\rho_0>\rho_1$，$C>1$，因而：

$$C = 1 + 1.4\exp\left[m(t/a)K^{0.2}\right] \tag{5-41}$$

式（5-40）和式（5-41）中的 n 和 m 是 t/a 的函数，可由计算获得。

三种探针结构形式的比较：（1）单探针法它只有一根提供接触的、可移动的探针，其欧姆电极制备在样品的背面。该方法分辨率高，将样品进行磨角后，能测量材料电阻率的纵向分布。缺点是不能测定异型层的电阻率及其分布。（2）二探针法要求两根探针的材料及结构相同并与样品有相同的接触状态。该方法得到的扩展电阻值是单探针法的二倍。优点是克服了单探针法的缺点，能检测多层结构；缺点是要保证两根探针的性质 与接触状态完全相同是困难的。(3）三探针法引入第三根探针作为电流与电压的共用探针，这样就克服了二探针法的缺点，测量结果与三根探针的间距无明显的关系。该方法可用于多层结构的测量，无须制备欧姆电极，因此是扩展电阻法中较有效和常用的一种。

5.2.3　少数载流子寿命测试的基本原理和技术

5.2.3.1　少数载流子寿命的测试

通常，少数载流子寿命测量包括非平衡载流子的注入和检测两个基本方面。最常用的注入方法是光注入和电注入，而检测非平衡载流子的方法很多，如探测电导率的变化、探测微波反射或透射信号的变化等，不同的组合也就形成了多种少子寿命测试的方法，表 5-5 显示了几种主要的少子寿命测试技术。下面介绍几种常用的基本测试方法。

5.2.3.2　直流光电导衰退法

直流光电导衰退方法是利用直流电压衰减曲线来探测半导体材料的少子寿命。通常，半导体材料在光注入下，会导致电导率增大，即引起附加电导率：

$$\Delta\sigma = \Delta nq\mu_{n} + \Delta nq\mu_{p} = \Delta nq(\mu_{n} + \mu_{p}) \tag{5-42}$$

表 5-5 非平衡载流子寿命测试的主要技术

少子注入方式	测试方法	测定量	测量范围	特 性
光注入	直流光电导衰退	τ	$\tau < 10^{-7}$ s	τ 的标准测试方法
	表面光电压法	L (τ_B)	$1\mu m < L < 500\mu m$	吸收系数 α 值要精确
	交流光电流的相位	τ	$\tau_B < 10^{-8}$ s	调制光的正弦波
	微波光电导率的衰减特性	τ	$\tau < 10^{-7}$ s	非接触发
	红外吸收法	$\tau_{B,s}$	$\tau < 10^{-5}$ s	非接触发光的矩形波调制
电子束	电子束激励电流	τ	$\tau < 10^{-9}$ s	适于低阻
PN 结	二极管反向恢复法	$\tau_{B,s}$	$\tau < 10^{-9}$ s	适于低阻，测量精度高
MOS 器件	MOS 电容的阶梯电压响应	τ_B	$\tau_B < 10^{-11}$ s	τ_B 和 τ_S 分离
	MOS 沟道电流	τ_B	$10^{-14} s < \tau < 10^{-3}$ s	氧化膜厚度约 5nm
	自反型层流出的电荷	τ_B	$\tau < 10^{-7}$ s	测耗尽层层外的区域

其基本测试原理如图 5-7 所示，图中电阻 R 比半导体的电阻 r 大很多，因此无论光照与否，通过半导体的电流 I 几乎是恒定的。因此，半导体上的电压降 $\Delta V = I\Delta r$。设平衡时半导体的电导率为 σ_0，光照引起附加电导率 $\Delta\sigma$，小注入时 $\Delta\sigma + \sigma_0 \approx \sigma_0$，因而电阻率的改变：$\Delta\rho = 1/\sigma - 1/\sigma_0 = -\Delta\sigma/(\sigma\sigma_0) \approx -\Delta\sigma/\sigma_0^2$，则电阻的改变 $\Delta r = \Delta\rho l/s \approx \left[-l/(s\sigma_0^2) \right] \Delta\sigma$，其中 l，s 分别为半导体材料的长度和横截面积。由上面的推导可知 $\Delta r \propto \Delta\sigma$，而 $\Delta V = I\Delta r$，故 $\Delta V \propto \Delta\sigma$，因此 $\Delta V \propto \Delta p$。

所以从示波器上观测到的半导体电压降的变化直接反映了附加电导率的变化，也间接检测了非平衡少数载流子的注入和消失。实验表明，光照停止后，Δp 随时间按指数规律减少。τ 是非平衡载流子的平均生存时间，即非平衡载流子的寿命，显然 $1/\tau$ 就表示单位时间内非平衡载流子的复合概率。通常把单位时间单位体积内净复合消失的电子-空穴对数称为非平衡载流子的复合率，$\Delta p/\tau$ 就代表复合率。

假定一束光在一块 n 型半导体内部均匀地产生非平衡载流子 Δn 和 Δp，在 $t = 0$ 时刻，光照突然停止，Δp 将随时间变化，单位时间内非平衡载流子浓度的减少应为 $-d\Delta p(t)/dt$，它是由复合引起的，应当等于非平衡载流子的复合率，即：

$$- d\Delta p(t)/dt = \Delta p/\tau \tag{5-43}$$

小注入时，τ 是一恒量，与 $\Delta p(t)$ 无关。上式的通解为：

$$\Delta p(t) = Ce^{-\frac{t}{\tau}} \tag{5-44}$$

设 $t = 0$ 时，$\Delta p(t) = \Delta p(0)$，代入上式得 $C = \Delta p(0)$，则：

$$\Delta p(t) = \Delta p(0)e^{-\frac{t}{\tau}} \tag{5-45}$$

这就是非平衡载流子浓度随时间按指数衰减的规律，如图 5-8 所示。少子寿命标志着非平衡载流子浓度减小到原值的 $1/e$ 所经历的时间。

图 5-9 为直流光电导衰退法测试少子寿命的结构框图，主要包括光学和电学两大部分。光学系统包括光源、光阑、透镜和滤光片，它要求能给出一个具有很短切断时间的光脉冲，并需要合适的光强度和波长。

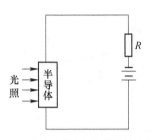

图 5-7 直流光电导测试原理示意图

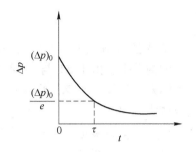

图 5-8 非平衡载流子随时间衰减示意图

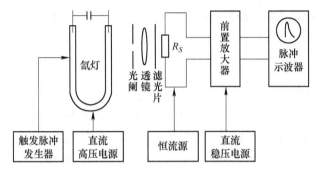

图 5-9 直流光电导衰退法测试的结构框图

直流光电导衰退法测试对样品的放置和制备也有要求。通常，样品必须放在具有电屏蔽作用的金属样品盒内，使样品的中间部分受到均匀的光照，样品两端的电极及其附近部分要避光。而且，被测样品必须先加工成一定形状，再用 302 号、303 号金刚砂或者用吹砂办法使表面粗糙，这样不但可以进行表面复合的修正，而且也降低了表面沾污和周围气氛的影响。磨好后，在样品两端做上电极，一般涂以金镓合金、镓钢合金或镀镍，形成欧姆接触，其整流效应应控制在 2%以内。而且，样品横截面的电阻率要比较均匀，最高电阻率与最低电阻率之值应不大于 10%。

另外，用直流光电导衰退法测试时，还需考虑以下影响因素。

A 电场强度

样品内的电场强度对直流光电导衰退法测量少子寿命有很大影响。只要半导体内的电场强度在临界电场以下，就不会影响到测量的准确性。若样品内的电场强度太大，直流电场也会对非平衡载流子产生作用，使它以很高的速度漂移，使得部分少数载流子尚未来得及复合就被电场牵引出半导体外，而使样品少子寿命值变小。临界电场就是非平衡载流子的扩散运动和漂移运动速度一致的电场强度，临界电场为 $E_{int} = 300/\sqrt{\mu\tau}$ 。

B 注入比

测试一般采用小注入，即取 $\Delta V/V_S < 1\%$，其中 ΔV 是所测量的光电导信号的电压，V_S 是加载样品两端的电压。对于信号较大的样品，注入还可取得更小些；同时，视其测试寿命值有无变化，若有变化，应以注入数值较小的测试值为准。

若在大注入情况下，由电压衰减曲线得到的衰减时间常数 τ_v 与非平衡载流子寿命 t 并不相同，两者有关系如下：

$$\tau = \tau_{\mathrm{v}}\left(1 - \frac{\Delta V}{V_0}\right) \tag{5-46}$$

式中，τ_{v} 为大注入情况下由电压衰减曲线得到的测试寿命值。由式（5-46）可以看出，在大注入的情况下，由于 ΔV 与 Δp 不成正比，因此电压衰减曲线得到的寿命值与非平衡载流子实际寿命不同，两者相差一个与注入有关的系数，需要利用式（5-46）进行修正，以免造成较大的误差。

C　表面复合的修正

当半导体内注入非平衡载流子后，一方面体内的杂质、缺陷可以作为复合中心，另一方面表面能级也可以作为复合中心，使非平衡载流子逐渐衰减。当表面复合作用影响较大时，非平衡载流子的衰减偏离指数曲线，衰减得更快，这样测量得到的寿命值比实际体寿命要短。它们之间的关系为：

$$\frac{1}{\tau_{\mathrm{eff}}} = \frac{1}{\tau_{\mathrm{v}}} + \frac{1}{\tau_{\mathrm{s}} + \tau_{\mathrm{diff}}} \tag{5-47}$$

式中，τ_{eff} 是测量得到的有效寿命；τ_{s} 是由于表面复合而产生的表面寿命；τ_{v} 是由于体内复合而产生的体寿命；τ_{diff} 是载流子从体内扩散到表面的扩散寿命。

表面复合一方面与样品表面的状况有很大关系，另一方面与样品的尺寸和形状有关。经喷砂或粗磨样品表面，其表面复合率一般比较稳定，能保持相对恒定。因此，样品尺寸和形状往往更有重要影响。

对于边长为 a，b，c 的矩形样品（表面粗磨），表面复合率为：

$$R_{\mathrm{S}} = \pi^2 D\left(\frac{1}{a^2} + \frac{1}{b^2} + \frac{1}{c^2}\right) \tag{5-48}$$

对于高为 l、直径为 d 的圆柱形样品（表面粗磨），表面复合率为：

$$R_{\mathrm{S}} = \pi^2 D\left(\frac{1}{l^2} + \frac{1}{4d^2}\right) \tag{5-49}$$

上两式中，D 为双极扩散系数，即：

$$D = \frac{n + p}{n/D_{\mathrm{p}} + p/D_{\mathrm{n}}} \tag{5-50}$$

式中，D_{p} 和 D_{n} 分别为空穴和电子的扩散系数。

此外，样品尺寸越小，即其比表面积越大，表面复合作用的影响也越大。因此对尺寸比较大的样品，往往不需要考虑表面复合的影响，近似地直接将测定的寿命作为样品的体寿命。

D　光源的选择

选择合适的光源波长能减少表面复合影响，一般光源应该使用能贯穿样品的光。对于硅来说，波长约为 1.1μm 的光的光子能量能保证在体内激发出非平衡载流子，波长短的光波往往不易透入半导体内部，只在样品表面激发出非平衡载流子，这时表面复合作用影响就大一点。为了防止短波长的光照射半导体样品，可以在光路上添置一块高阻硅滤光片滤除波长较短的光。使用激光作为光电导衰减法的光源也有其优越之处，由于它的波长是单色的，避免了滤光这个步骤。此时只要选择波长在 1.1μm 左右的贯穿光就可以了，同时能够增加有用贯穿光的强度。

E 光照面积

测量时，光一般应照射在样品中央，此时输出信号强度最大。若光照在样品边缘，电极附近的非平衡载流子容易被电场牵引到电极，从而加快非平衡载流子的衰减，导致少子寿命偏低。

F 高次模的抑制

为了避免高次模的影响，需将信号的初始衰退，大约整个幅度的前 1/3 部分抛弃不用，测量后 2/3 部分的衰退行为。对于电阻率较大的样品，还要加滤光片。

直流光电导衰退法测试只适用于硅和锗等间接带隙的半导体材料，所测寿命的范围大约在十到几千微秒，上下限决定于光源的切断时间和放大器的频率响应特性，当然示波器的频率响应也应该满足。与其他方法相比，其长处在于读数迅速准确，设备使用方便，缺点是样品必须切割成一定形状。

5.2.3.3 高频光电导衰退法

高频光电导衰退法是在直流光电导衰退法的基础上发展起来的一种方法，它不需要切割样品，测量起来简便迅速。但是此法是用电容耦合的方式，所以它对所测样品的直径和电阻率都有一定的要求。

高频光电导测试的装置和原理基本与直流光电导相同，只是用高频电源代替了直流电源，红外 LED 高频光电导寿命仪的示意图如图 5-10 所示。因此，可以通过样品与电极间的电容耦合，将所得到的光电导信号调制在高频载波上，通过检波将信号取出。一般情况下，光电导信号可以从取样电阻取出，也可以直接从样品两端取出调制，后者的噪声更小。测量时，一般利用 30MHz 左右高频电源，加载在样品的两端。然后，光照射到样品上，样品中产生非平衡少数载流子，其电导率增加，同时样品的电阻减小，因此样品两端的高频电压值下降，使得样品两端的高频信号得到调制。为了改善测试效果，样品与电极之间可抹上水以增加两者间的耦合，还可在回路中串入一个可变电容改善线路的匹配情况，增大光电导信号。

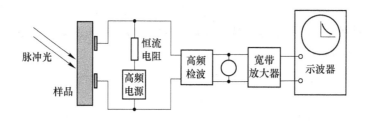

图 5-10 高频光电导衰退法测试的结构框图

当停止光照后，样品中的非平衡载流子就按指数规律衰减，逐渐复合而消失，因此样品两端的高频电压幅值就逐渐回到无光照时的水平。由此可见，高频光电导衰减的工作原理就像调幅广播，只不过调幅广播中的音频信号被光电导衰减信号取代。所以，可以采用与调幅收音机相同的原理对高频光电导信号进行解调，最简单的就是用二极管检波加上电容滤波。

从高频调幅波解调下来的光电导衰减信号很小，必须经过宽频带放大器放大。测量时，一般将放大后的信号加到脉冲示波器的 Y 轴，接上同步信号后即可在荧光屏上显示出一条按指数衰减的曲线，这样便可以通过这条衰减曲线测得样品的少子寿命。

在光学系统方面，它和直流光电导衰退法的光学系统基本相同，也是使用氙灯作为光源，但使用了一个冷阴闸流管作为闸门控制。在触发脉冲产生后，经一脉冲变压器升高电压，然后送到氙灯的控制极。除此之外，高频光电导衰退法测试少子寿命时还应注意以下几个问题：

（1）严格控制在注入比不大于 1% 的范围内。特别对于那些对注入大小很敏感的样品，要注意其寿命值随注入大小的变化，应取减小注入时寿命值已基本不变时的值。一般可近似地按式（5-51）计算注入比：

$$注入比 = \Delta V/kV \tag{5-51}$$

式中，ΔV 为示波器上测出的信号电压值；k 是前置放大器的放大倍数；V 是检波器后面的电压表指示值。

（2）衰退曲线的初始部分为快衰退，在测量过程中要剔除。快衰退常常是由表面复合所引起的，用硅滤光片把非贯穿光去掉，往往可使之消除。另外，读数时要将信号幅度的头部（约幅度的前 1/3）去掉，再开始读数比较好。表面复合引起的衰减曲线变化如图 5-11（a）所示。

（3）陷阱效应。在有非平衡载流子出现的情况下，半导体中的某些杂质能级中所具有的电子数，也会发生变化，导致载流子的积累，这种积累非平衡载流子的效应称为陷阱效应。通常，电子数的增加可看作积累了电子，电子数的减少可看作积累了空穴。一般情况下，落入陷阱的非平衡载流子常常要经过较长时间才能逐渐释放出来，因而造成了衰退曲线的后半部分的衰退速率变慢，即所谓"拖尾巴"，如图 5-11（b）所示，这也会影响少子寿命的准确测量。

（4）衰减曲线"平顶"现象如图 5-11（c）所示。造成这种现象的原因有：一是高频振荡电压过大，此时减小高频振荡器的输出功率即可好转；二是闪光灯的光强比较强，减小闪光灯的放电电压，或者加放硅滤光片，减小光栏的孔径灯皆能把波形矫正过来。

高频光电导衰退法测试少子寿命值的下限是十微秒左右，上限是几千微秒。由于受到脉冲光强度的限制，一般要求单晶棒的电阻率大于 $10\Omega \cdot cm$，太低的电阻率将使光电导信号微弱到无法观测。

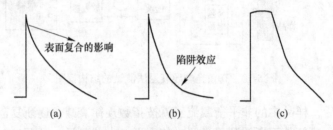

图 5-11　高频光电导衰减曲线的影响因素
(a) 表面复合；(b) 陷阱效应；(c) 信号过强

5.2.3.4　表面光电压法

当光照射在没有 pn 结的半导体材料上时，表面会产生类似于在 pn 结上建立的光电压。用电容耦合表面，可以不直接接触样品而检测这一电压，并用于测量非平衡少数载流子的扩散长度，然后通过公式 $L = \sqrt{D\tau}$ 计算得到少子寿命。

在采用表面光电压法测量少子寿命时，载流子平衡数目的表示式与光电导法类似，但是只有在离表面距离小于一个扩散长度范围内产生的载流子才对光电压有贡献。理论推导可得扩散长度内产生的载流子浓度为：

$$\Delta p = \frac{\beta \Phi (1 - R)}{D/L + S} \cdot \frac{\alpha L}{1 + \alpha L} \tag{5-52}$$

式中，R 为反射系数；Φ 为光强；S 为表面复合速度；β 为光子转化为电子空穴对的效率；α 为表面光电压的函数。表面光电压 V_S 是作为 Δp 的函数测量的，即 $V_S = f(\Delta p)$。由此，光强 ϕ 可用 V_S 表示，即：

$$\phi = f(V_S) M \left(1 + \frac{1}{\alpha L}\right) \tag{5-53}$$

式中，$M = \dfrac{S + D/L}{\beta (1 - R)}$。

对于给定的样品，只要波长的改变不至于显著地影响 β 和 R 的数值，M 可以看成是常数。α 是通过波长改变而变化的，可调节 Φ 到给出相同的 V_S 值，即 $f(V_S)$ 也保持为常数。在这种情况下，只要在测量中改变波长，作出 Φ 对于 $1/\alpha$ 的图（如图 5-12 所示），并外推到 $\Phi = 0$，就能得到 L，即 $1 + 1/\alpha L = 0$。

图 5-13 是表面光电压法测试的结构框图。在测量时可以用单色仪，也可以用一系列的干涉滤波片来改变光的波长，后者的优点是能够低成本地提供大面积光照。另外，也可以使用波长可调的激光器作为光源。

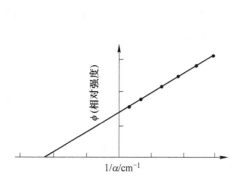

图 5-12 表面光电压法测试曲线示意图

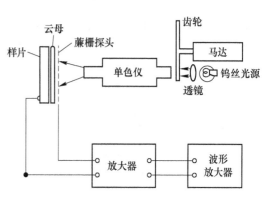

图 5-13 表面光电压法测试的结构框图

表面光电导测试需注意以下几个问题：

（1）为了使图 5-12 中测得的截距值能代表体扩散长度，外延层或单晶样品的厚度必须大于扩散长度的四倍。（2）在图 5-12 中，由于作图时要用到 α 值，所以以吸收系数 α 作为波长的函数要已知，而且这个函数值的精确度直接影响着扩散长度测量的质量。（3）样品背面要做成欧姆接触，并且要避免光照，否则有可能产生丹倍电势差叠加在表面光电压信号上。但是由于丹倍电势差与光强、吸收系数的关系与表面光电压相同，所以不会影响测量结果。另外，这个电势差也可通过样品背面研磨或吹砂在某种程度上消除。

（4）另外，样品-屏栅组合必须是无振动的，否则将在载波频率处发生电容调制。而且，检波电容器板需要用很细的金属网或者用蒸发法沉积的半透明的金属膜，以便能让光通过。

表面光电压法是一种少有的表面复合不影响所测量少子寿命值的方法，这一方法也适用于有大量多数载流子和中等程度少子陷阱的情况。虽然这一方法对于 Δp，Δn 和 n，p 的比例也有一定限制，但不像其他几种方法那么严格。最重要的是这种测量技术要求样品的厚度必须约大于 4 倍的扩散长度。

5.2.3.5 少子脉冲漂移法

少子脉冲漂移法测试少子寿命的基本原理是基于肖克莱-海恩斯实验，如图 5-14 所示。

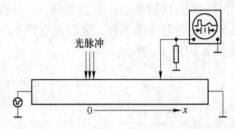

在一块均匀的 n 型半导体材料中，用局部的光脉冲照射会产生非平衡载流子，如果没有外加电场，当脉冲停止后，空穴随时间的变化可由下式表示：

图 5-14 肖克莱-海恩斯实验的结构示意图

$$\Delta p = \frac{B}{\sqrt{t}}\exp\left[-\left(\frac{x^2}{4D_\mathrm{p}t} + \frac{t}{\tau_\mathrm{p}}\right)\right] \quad (5\text{-}54)$$

式中，D_p 为空穴的扩散系数；t 为脉冲停止后经过的时间；x 为相对脉冲注入点的坐标，向右为正。上式对 x 从 $-\infty$ 到 ∞ 积分后，再令 $t=0$ 时，就得到单位面积上产生的空穴数 N_p，即 $B\sqrt{(4\pi D_\mathrm{p})} = N_\mathrm{p}$。代入式（5-14），从而得到：

$$\Delta p = \frac{N_\mathrm{p}}{\sqrt{4\pi D_\mathrm{p}t}}\exp\left[-\left(\frac{x^2}{4D_\mathrm{p}t} + \frac{t}{\tau_\mathrm{p}}\right)\right] \quad (5\text{-}55)$$

式（5-55）表明，在没有外加电场时，光脉冲停止以后，注入的空穴由注入点向两边扩散，同时不断发生复合，其峰值随时间下降，如图 5-15（a）所示。

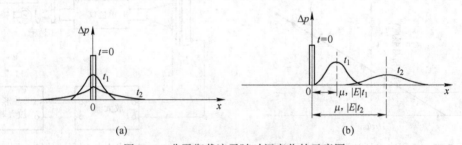

(a)   (b)

图 5-15 非平衡载流子随时间变化的示意图

(a) 无外加电场；(b) 有外加电场

如果样品加上一个均匀的电场，则：

$$\Delta p = \frac{N_\mathrm{p}}{\sqrt{4\pi D_\mathrm{p}t}}\exp\left[-\frac{(x - \mu_\mathrm{p}|E|t)^2}{4D_\mathrm{p}t} - \frac{t}{\tau}\right] \quad (5\text{-}56)$$

式（5-56）表明，加上外电场时，光脉冲停止后，整个非平衡载流子包以漂移速度 $\mu_\mathrm{p}|E|$ 向样品的负端运动，同时也像不加电场一样，非平衡载流子要向外扩散并进行复合，如图 5-15（b）所示。而且，由式（5-16）可知，脉冲高度与 $1/\sqrt{D_\mathrm{p}t}\,\mathrm{e}^{-\frac{t}{\tau}}$ 成正比，脉

冲宽度与 $\sqrt{D_p t}$ 成正比,脉冲的最大值发生在时刻 $t = x/\mu$。因此,原则上只要测出以上峰型的参数,就可以同时确定扩散系数、漂移迁移率和寿命。

5.2.4　少数载流子扩散长度测试

半导体材料的少子扩散长度 L 是从少子寿命 (τ) 延伸出的概念,它与少子寿命存在着 $L = \sqrt{D\tau}$ 的关系,其中 D 是少数载流子的扩散系数,与半导体材料的性质有关。对于同一块半导体材料,其载流子的扩散系数一般不变。因此,通常情况下,影响半导体少子扩散长度的物理机制与少子寿命的完全相同。根据扩散长度与寿命的关系,原则上前面介绍了测量半导体少子寿命的各种方法都可用来间接测试少子扩散长度。但是,人们最常用的测试少子扩散长度的方法是表面光电压 SPV 方法,它可以直接测量少子扩散长度。

利用表面光电压技术测量少子扩散长度有两大优点:首先,这是一种稳态方法,与时间过程无关,从而避免了非稳态测试中体内和表面复合对结果的影响,其他方法通常受此限制,如光电导衰减技术 PCD。其次,一般情况下表面复合过程不会影响少子扩散长度的测试结果,表面复合速率 SRV 只对表面光电压的信号强度产生影响。另外,表面光电压测试技术很早就发展成为一种无接触的测量方法,其测试成本低廉,易于操作,不容易受到干扰,而且可以面扫描,因而得到了广泛的应用。

需要指出的是,实际应用的表面光电压与 PCD 方法在表征半导体少子扩散长度或少子寿命时,对应的测试条件和测试的结果是有所区别的,突出体现在:(1)表面光电压方法在表征电阻率较低的半导体材料上更具优势,而此时 PCD 方法通常得到的信号强度很弱难以满足测试要求。(2)表面光电压与 PCD 测试在光注入强度上差别巨大。表面光电压法是小注入量,而 PCD 法通常注入的光子密度比 SPV 高 5 到 6 个数量级。近期的研究表明,这样的注入强度差异将导致深能级缺陷的复合特性产生变化,使得通过 PCD 测得的少子寿命和 SPV 测得的扩散长度值不再满足 $L = \sqrt{D\tau}$ 关系。本节介绍表面光电压技术测量少子扩散长度的基本原理。

半导体材料的表面光电压 (SPV) 与表面载流子浓度存在着一定的函数关系,但是非常复杂,古德曼推导出可用来直接获取少子扩散长度的简单关系式。

以 p 型半导体为例,少子为电子。样品受激后少子的分布如图 5-16 所示。图中半导体材料样品的厚度为 d,反射率为 R,少子载流子扩散系数为 D,少数载流子扩散长度为 L,前、后表面的复合速率 (SRV) 分别表示为 S_F 和 S_B。从正面照射到半导体材料表面的单色光的光子流密度为 Φ,对应波长为 λ,吸收系数为 α。假设半导体材料在吸收光子后透射光

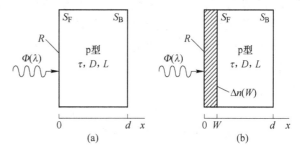

图 5-16　p 型半导体的受光激发示意图
(a) 中性条件;(b) 表面引入空间电荷区 SCR

只沿 x 方向衰减,y、z 平面无限大,边缘效应可以忽略,此时满足一维近似。

因此,在入射光激发的非平衡载流子浓度 ($\Delta n(x)$) 远远小于多数载流子浓度时,

$\Delta n(x)$ 的一维稳态连续方程可写为：

$$D \frac{\mathrm{d}^2 \Delta n(x)}{\mathrm{d}x^2} - \frac{\Delta n(x)}{\tau} + G(x) = 0 \tag{5-57}$$

其边界条件为：

$$\frac{\mathrm{d}\Delta n(x)}{\mathrm{d}x}\bigg|_{x=0} = S_F \frac{\Delta n(0)}{D} \tag{5-58}$$

和

$$\frac{\mathrm{d}\Delta n(x)}{\mathrm{d}x}\bigg|_{x=d} = -S_B \frac{\Delta n(d)}{D} \tag{5-59}$$

式中，τ 为少子寿命，$G(x)$ 为少数载流子的产生速率，由式 (5-60) 给出：

$$G(x, \lambda) = \Phi(\lambda)\alpha(\lambda)[1 - R(\lambda)]\exp(-\alpha(\lambda)x) \tag{5-60}$$

假设一个光子会相应产生一对电子空穴，将边界条件式 (5-58) 和式 (5-59) 代入式 (5-57)，解得：

$$\Delta n(x) = \frac{(1-R)\Phi\alpha\tau}{\alpha^2 L^2 - 1}\left\{\left[K_1\sinh\left(\frac{d-x}{L}\right) + K_2\cosh\left(\frac{d-x}{L}\right) + \mathrm{e}^{-\alpha d}\left[K_3\sinh\left(\frac{x}{L}\right) + K_4\cosh\left(\frac{x}{L}\right)\right]\right] \times\right.$$

$$\left.\left[\left(\frac{S_F S_B L}{D} + \frac{D}{L}\right)\sinh\left(\frac{d}{L}\right) + (S_F + S_B)\cosh\left(\frac{d}{L}\right)\right]^{-1} - \mathrm{e}^{-\alpha x}\right\}$$

$$\tag{5-61}$$

这里有：

$$K_1 = \frac{S_F S_B L}{D} + S_B \alpha L \quad K_2 = S_F + \alpha D$$

$$K_3 = \frac{S_F S_B L}{D} - S_F \alpha L \quad K_4 = S_B - \alpha D \tag{5-62}$$

对于存在表面势垒的半导体而言，在样品表面存在着空间电荷区，类似于 pn 结的空间电荷区。当大于禁带宽度的光照射半导体时，产生的非平衡载流子会受到表面空间电场的影响重新分布，电场会对电子和空穴进行吸引和排斥，使其分离并积累在空间电荷区边缘，而非平衡载流子的积累会产生附加电压，即表面光电压 (SPV)，如图 5-15 (b) 所示。假设空间电荷区的宽度为 w，当产生的 $SPV \ll kT/q$（其中 k 为玻耳兹曼常数，T 为绝对温度，q 为基元电荷）时，在空间电荷区边缘的非平衡载流子的浓度 $\Delta n(W)$ 和 SPV 的关系为：

$$\Delta n(W) = n_0[\exp(qSPV/kT) - 1] \approx n_0 qSPV/kT \tag{5-63}$$

这里的 n_0 是热平衡条件下的少子浓度。为了确定表面光电压的值，我们还需要一个 $\Delta n(W)$ 的表达式。当 $x = W$ 时，表达式 (5-61) 变成：

$$\Delta n(W) = A\left\{\left[K_1\sinh\left(\frac{d-W}{L}\right) + K_2\cosh\left(\frac{d-W}{L}\right) + \mathrm{e}^{-\alpha d}\left[K_3\sinh\left(\frac{W}{L}\right) + K_4\cosh\left(\frac{W}{L}\right)\right]\right] \times\right.$$

$$\left.\left[\left(\frac{S_F S_B L}{D} + \frac{D}{L}\right)\sinh\left(\frac{d}{L}\right) + (S_F + S_B)\cosh\left(\frac{d}{L}\right)\right]^{-1} - \mathrm{e}^{-\alpha W}\right\} \tag{5-64}$$

式中，$A = \dfrac{(1-R)\varPhi\alpha\tau}{\alpha^2 L^2 - 1}$。

通常，空间电荷区宽度 w 远远小于样品厚度 d，因此 $d-W \approx d$；同时，样品厚度一般又远远大于少子的扩散长度，即 $d-W \gg L$；因此，式（5-64）可以简化为：

$$\Delta n(W) = A\left\{\left[(K_1+K_2)\left[\cosh\left(\frac{W}{L}\right) - \sinh\left(\frac{W}{L}\right)\right] + \mathrm{e}^{-\alpha d}\left[K_3\sinh\left(\frac{W}{L}\right) + K_4\cosh\left(\frac{W}{L}\right)\right]\right]\bigg/\cos(d/L)\right\} \times$$
$$\left(\frac{S_F S_B L}{D} + \frac{D}{L} + S_F + S_B\right)^{-1} - \mathrm{e}^{-\alpha W}\right\} \tag{5-65}$$

对于 $W \ll L$ 以及 $\alpha(d-W) \approx \alpha d \gg 1$ 的情况，式（5-65）可进一步简化得到：

$$\Delta n(W) = \frac{(1-R)\varPhi\alpha\tau}{\alpha^2 L^2 - 1}\left\{\left[(K_1+K_2)\left(1-\frac{W}{L}\right)\right] \times \left(\frac{S_F S_B L}{D} + \frac{D}{L} + S_F + S_B\right)^{-1} - \mathrm{e}^{-\alpha W}\right\} \tag{5-66}$$

假设 $\alpha W \ll 1$，会导致：

$$\Delta n(W) = \frac{(1-R)\varPhi\alpha L}{\alpha^2 L^2 - 1}\left\{\left[\left(S_F + \frac{D}{L}\right)(\alpha L - 1)\left(1 + \frac{S_F W}{D}\right)\right] \times \left[S_F S_B + \frac{D}{L}\left(\frac{D}{L} + S_F + S_B\right)\right]^{-1}\right\}$$
$$= \frac{(1-R)\varPhi\alpha L}{\alpha L + 1}\left\{\left[\left(1 + \frac{D}{S_B L}\right)\left(1 + \frac{S_F W}{D}\right)\right] \times \left[S_F + \frac{D}{L}\left(1 + \frac{D}{S_B L} + \frac{S_F}{S_B}\right)\right]^{-1}\right\} \tag{5-67}$$

如果背表面对应很高的复合速率，如 $S_B \to \infty$，等式（5-67）变为：

$$\Delta n(W) = \frac{(1-R)\varPhi\alpha L}{\alpha L + 1} \cdot \frac{1 + S_F W/D}{S_F + D/L} \tag{5-68}$$

通常 $S_F W/D \ll 1$，将 $L = \sqrt{D\tau}$ 关系代入式（5-68）整理后得到：

$$\Delta n(W) = \frac{(1-R)\varPhi}{S_F + D/L} \cdot \frac{L}{\alpha^{-1} + L} \tag{5-69}$$

将式（5-69）代入式（5-63），得到：

$$SPV = C_1 \frac{(1-R)\varPhi}{S_F + D/L} \cdot \frac{L}{\alpha^{-1} + L} \tag{5-70}$$

这里 $C_1 = kT/n_0 q$，同时 $1/\alpha$ 也被称为透射深度，单位为 μm。

当然，如上所述，要使等式（5-70）成立，至少需要满足 5 个基本边界条件，分别是：

$$1/\alpha \gg W;\ L \gg W;\ 1/\alpha \ll d;\ L \ll d;\ \Delta n(W) \ll P_0 \tag{5-71}$$

这里，P_0 为多数载流子浓度，上述 5 个关系式都有其物理意义。最初的两个条件是指穿透深度 $1/\alpha$ 和扩散长度 L 必须远远大于空间电荷区宽度 W，这样才能忽略空间电荷区相关过程的影响。其后的两个条件是指穿透深度 $1/\alpha$ 和扩散长度 L 要远远小于样品厚度，这样就使得光子和非平衡载流子都不会到达样品的背面，因此背面接触的影响可以忽略。最后，第五个条件是指测试过程需满足小注入条件。

5.2.5　霍尔效应测试

霍尔于 1879 年发现通电的导体在磁场中出现横向电势差，这就是所谓的霍尔效应。

之后人们又发现半导体的霍尔效应比导体大几个数量级。霍尔系数和电导率的测量已经成为研究半导体材料的主要方法之一。通过测量半导体材料的霍尔系数和电导率，可以得到材料的导电类型、载流子浓度和载流子迁移率等主要参数。若能测得霍尔系数和电导率随温度变化的关系，还可以得出半导体材料的杂质电离能、禁带宽度和杂质补偿度。

　　霍尔效应测试有三个突出的优点：设备相对简单、测试结果容易解读、动态范围宽。如果只是为了满足最低的要求，只需要一个电流源、一个电压表和一个尺寸合适的磁体，就可以进行基本的霍尔效应测试了。通过霍尔效应测试计算得到的载流子浓度，精度在20%以内，测试范围是 $10^{14} \sim 10^{20}$ cm^{-3}。同时，通过霍尔电压的极性可以明确地确定半导体的导电类型（n型或p型）。与霍尔效应用途相近的测试方法有：电容-电压（C-V测试）决定载流子浓度，热电探针（TEP）测试决定载流子类型，磁阻（MR）测试决定迁移率。这几种方法相比较，C-V测试的优点是可以提供样品深度分布信息，缺点是需要形成肖特基势垒；TEP测试需要形成温度梯度，并且其最终结论有时是不确定的；MR测试的信号随 $\mu^2 B^2$ 变化。而霍尔效应测试的信号是随着 μB 变化，因此MR测试只能用于在高迁移率 μ 或者强磁场强度 B 的情况下的测量。本节主要介绍了霍尔效应的原理和实际测试技术。

　　霍尔效应的基本理论如下：

　　某一导体或者半导体材料处在互相垂直的磁场和电场中时，会在样品中产生一个横向的电势差，这个电势差的方向与电流和磁场方向垂直，这种现象称为霍尔效应。显然，霍尔效应的产生与带电粒子在电场和磁场作用下的运动密切相关。

　　如图5-17所示，互相垂直的电场（$E_{ex} = E_x$）和磁场（$B = B_z$）同时施加在一个矩形半导体样品上。为讨论问题方便，仅考虑杂质完全电离的情况，此时样品中参与导电的主要是多数载流子，对于n型半导体来说是电子，而对p型半导体来说是空穴。在外加电场的作用下，半导体中的载流子做定向漂移运动，并且假设所有载流子的漂移速度相等。因此，当载流子在互相垂直的电场和磁场中运动并形成电流时，将受到沿着 y 或者 $-y$ 方向的洛仑兹力的作用，载流子会在与 y 方向垂直的两个面上积累，从而在 y 方向上建立起霍尔电场。显然，该霍尔电场对载流子产生的电场力与洛仑兹力的方向是相反的，最终，这两种力会达到平衡状态，意味着已经建立起稳定的霍尔电场，并且在 y 方向上不再有电流。需要注意的是，此时半导体中的电场已不再沿着 x 方向，而是向 y 方向偏离一定的角度，这个电流和电场之间的夹角称为霍尔角。霍尔电场强度 E_H 与电流密度 J 和磁感应强

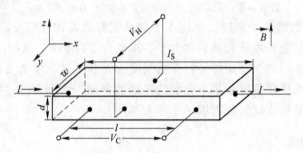

图5-17　霍尔条样品的电阻和霍尔效应测试示意图

度 B 的乘积成正比，即：

$$E_H = R_H JB \qquad (5-72)$$

式中，R_H 称为霍尔系数。在定义了霍尔电场的正负方向后，霍尔系数将有正负之分。

在图5-16中，若电流沿着 x 轴的正方向，磁场沿着 z 轴的正方向，则对于 p 型半导体来说，霍尔电场沿着 y 方向（定义为正方向），此时的 $E_H > 0$，与此对应的 $R_H > 0$；与之相反，对于 n 型半导体来说，此时的 $E_H < 0$，$R_H < 0$。因此，从霍尔系数的正负可以判断半导体材料的导电类型。

以 p 型半导体为例，设空穴浓度为 p，运动速度为 v，则在稳态情况下，有 $qE_B = qvB$，而 $v = J/qp$（其中，J 是电流密度，q 是电子电量），因此：

$$E_H = JB/qp \qquad (5-73)$$

将式（5-73）与式（5-72）比较，可得：

$$R_H = 1/qp \qquad (5-74)$$

同样的，对于 n 型半导体来说，有：

$$R_H = -1/qp \qquad (5-75)$$

上面得到的关于 n 型和 p 型半导体的霍尔系数，是在基于半导体材料中的载流子都具有相同速度的假设上推导出的。如果考虑了载流子速度的统计分布，则需要在式（5-74）和式（5-75）中引入霍尔因子 γ_H，因此 p 型和 n 型半导体材料的实际霍尔系数应为：

$$R_H = \gamma_H/qp \quad （\text{p 型}） \qquad (5-76)$$

$$R_H = -\gamma_H/qp \quad （\text{n 型}） \qquad (5-77)$$

需要指出的是，霍尔因子与载流子散射机理及半导体的能带结构有关。在弱磁场条件下，对球形等能面的非简并半导体材料有如下结果：长声学波散射时，$\gamma = 1.17$；电离杂质散射时，$\gamma = 1.93$；混合散射的情况比较复杂，一般取实验值。而对于简并半导体和强磁场条件下，$\gamma = 1$。

因此，有了霍尔因子值，并测定了霍尔系数后，就可以得到载流子浓度值。进一步地，结合无磁场下测到的电导率 σ，根据下式可以算出霍尔迁移率 μ_H：

$$\mu_H = |R_H|\sigma \qquad (5-78)$$

5.2.6　紫外-可见光分光光度测试原理

紫外-可见光分光光度计：紫外-可见光分光光度计是在紫外和可见光范围内，改变通过样品的入射光波长，并测得不同入射光波长下样品的吸光度，从而获得样品信息的分析仪器。目前，紫外-可见光分光光度计型号繁多，从分光光度计本身来看，它可分为单波长分光光度计和双波长分光光度计。单波长分光光度计又可分为单光束和双光束两类，其中单光束分光光度计中只有一束光线，而双光束分光光度计是把入射单色光分裂为两束，一束通过样品吸收池，另一束通过参比样品吸收池。目前，单波长的双光束分光光度计是国际上应用最广的一种紫外-可见光分光光度计。双波长分光光度计是让两束不同波长的单色光分别交替通过同一样品吸收池，而直接读出这两个波长的吸光度差的仪器，它可以方便地由吸光度差值求出样品中被测组分的含量。如果选择适当的波长，还可以在干扰组分的存在下，不经分离而直接得到被测组分的含量。根据半导体中带间跃迁的吸收规律，紫外可见光分光光度计还可以研究半导体的带隙以及半导体纳米颗粒尺寸的大小。

紫外-可见光分光光度计测试原理如下：

图 5-18 是单波长单光束分光光度计测试系统
的结构示意图。由光源产生的光束经过单色器后
分离出单色光，该单色光经过样品吸收后，照射
到探测器上，经探测器将光信号转化为电信号，
最后进入数据处理系统，获得样品在此波长处的
吸光度。

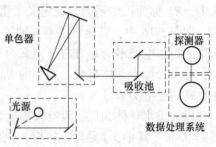

图 5-18　单波长单光束紫外可见
光分光光度计结构示意图

根据朗伯-比耳定律 $\left(A = \ln \dfrac{I_0}{I} = \alpha d \right)$，可以
得到：

$$A_\lambda = \lg \frac{I_0}{I_\lambda} = \varepsilon_\lambda bC \tag{5-79}$$

式中，A_λ 为入射光波长 λ 时样品的吸收度；C 为样品的浓度；b 为吸收池的光程长度；ε_λ
为待测样品在波长为 λ 时样品的吸光系数。从上式可以知道，当入射波长固定时，ε_λ 和
吸收池的光程 b 都为常数，因此只要获得样品的吸光度，就可以获得样品的浓度，这是分
光光度法进行定量分析的依据。在实际应用中，通过改变入射光的波长，就可以获得波长
和吸光度的相互关系，也就是紫外-可见吸收光谱。

5.2.7　*I-V* 和 *C-V* 测试

5.2.7.1　*I-V* 测试的基本原理

I-V 测试的基本原理是在半导体 pn 结的两端加电压，通过不断增加电压，测量电流的
大小，得到电流-电压（*I-V*）曲线，从而获得半导体材料电阻率等电学性能。一般情况
下，根据载流子类型和导电机理的不同，半导体材料可分为 p 型和 n 型两种。当两种不同
类型的半导体材料结合在一起形成 pn 结时，*I-V* 曲线则会表现独特的单向导通特性。当
pn 结加正向电压时，呈现低电阻，具有较大的正向扩散电流；当 pn 结加反向电压时，呈
现高电阻，具有很小的反向漂移电流。而当加在 pn 结上的反向电压增加到一定数值时，
反向电流突然急剧增大，pn 结产生电击穿——这就是 pn 结的击穿特性。另外，金属与半
导体接触形成的肖特基结也具有类似的 *I-V* 曲线特性。pn 结的这种单向导通特性是由于内
建电场造成的。

以硅为例，它的 p 型和 n 型主要由掺杂不同种类的杂质元素造成的。通常，n 型硅中
电子的浓度远远大于空穴的浓度，费米能级在带隙的上半部，接近导带；而 p 型硅中则恰
恰相反，空穴的浓度远远大于电子的浓度，费米能级在带隙的下半部，接近价带。当 p 型
和 n 型硅连接在一起时，由于原有二者费米能级位置不同，在连接处就会形成电荷积累，
形成势垒。图 5-19 表示的是 pn 结的能带结构图。

当 pn 结通过的载流子达到平衡状态时，在 n、p 型半导体内费米能级处处相等，这时
载流子的扩散电流和漂移电流互相抵消，无净电流通过 pn 结。因此，势垒高度 qV_D 可由 p
区和 n 区的初始费米能级差求得：

$$qV_D = (E_F)_n - (E_F)_p \tag{5-80}$$

式中，q 是单位电量电荷，V_D 是 pn 结上的电势差，$(E_F)_n$ 是 n 型半导体的初始费米能级，$(E_F)_p$ 是 p 型半导体的初始费米能级。由于势垒区存在能级的变化，也就是存在着电场，这被称为内建电场，内建电场的方向和多数载流子扩散的方向相反。因此，在内电场存在的区域，载流子同时受到扩散与漂移两种作用，达到平衡时，势垒区没有电子或空穴流动，所以该区域又称为耗尽区。

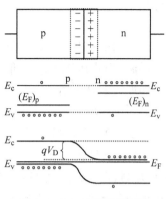

图 5-19　pn 结能带示意图

当 pn 结两端加上外加偏压 V 时，pn 结处于非平衡态。如果加正向偏压（p 型半导体接正，n 型半导体接负），其外加电场方向与内建电场方向相反，就减弱了内建电场强度，使得势垒的宽度和高度都会减小。此时，载流子的漂移电流减弱，扩散电流大于漂移电流，产生电子从 n 型半导体向 p 型半导体以及空穴从 p 型半导体向 n 型半导体的净电流，这个载流子的流动又被称为非平衡少数载流子注入。当 pn 结加反向电压时，其方向与内建电场方向一致，使得势垒高度和宽度都增强，破坏了载流子原有的平衡，导致漂移电流大于扩散电流，此时空穴被驱向 p 型半导体区而电子被驱向 n 型半导体区，称为少数载流子的抽取或吸出。此时，pn 结中总的反向电流等于势垒区附近少数载流子扩散电流之和。因为少子浓度很低，而扩散长度基本不变，所以少子的浓度梯度也较小；当反向偏压很大时，边界处少子可以认为是零，此时少子浓度梯度不再随电压变化，扩散电流也不再变化，因此表现为反向偏压下，pn 结的电流较小且趋于不变。

对于理想的 pn 结，电流电压关系符合肖克莱方程。

$$J = J_S \left[\exp\left(\frac{qV}{k_0 T}\right) - 1 \right] \tag{5-81}$$

$$J_S = \frac{qD_n n_{p0}}{L_n} + \frac{qD_p p_{n0}}{L_p} \tag{5-82}$$

式中，n_{p0} 表示 p 区中平衡少数载流子电子的浓度；p_{n0} 表示 n 区中平衡少数载流子空穴的浓度；D_n 和 D_p 为电子、空穴的扩散系数。

从上式可知，正向偏压下，电流密度随偏压呈指数增大关系。室温下，因为 $\exp\left(\frac{qV}{k_0 T}\right) \gg 1$，故式（5-81）可表示为：

$$J = J_S \exp\left(\frac{qV}{k_0 T}\right) \tag{5-83}$$

在反向偏压下，$V<0$，$\exp\left(\frac{qV}{k_0 T}\right)$ 趋于 0，式（5-81）则可表示为：

$$J = - J_S = -\left(\frac{qD_n n_{p0}}{L_n} + \frac{qD_p p_{n0}}{L_p}\right) \tag{5-84}$$

因此，反向电流密度为常数，与外加偏压无关，J 称为反向饱和电流密度。这种在正向和反向偏压下表现出来的不对称的 I-V 特性，被称为单向导电性或整流效应。通过测量 I-V 曲线，就可以获得关于 pn 结极性、结性能等方面的信息。典型的 pn 结 I-V 曲线如图

5-20 所示。

由于式（5-81）和式（5-82）中各参数（如 D，L，n，p）均与温度有关，所以测量得到的 I-V 曲线也会随温度不同而变化。一般来说，不仅正向电流密度随温度的上升而增加，反向饱和电流密度也随温变的升高而迅速增加。

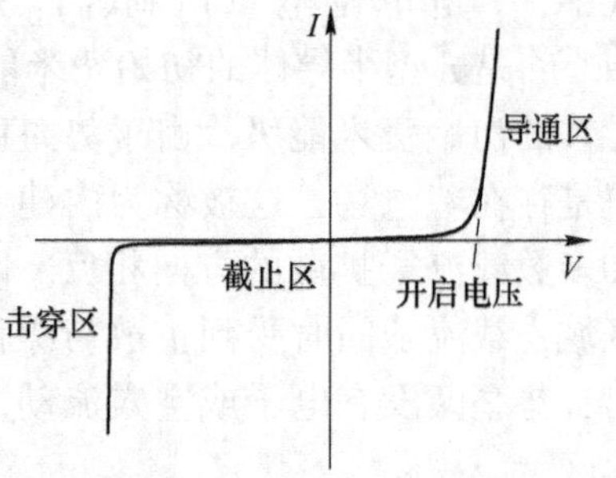

5.2.7.2　*C-V* 测试原理

C-V 测试是利用半导体中形成的各种结的电容效应作为测试基础，这些结包括 pn 结、肖特基结（MS）和金属-绝缘体-半导体（MIS）结，它们 C-V 测量的基本原理是相同的，但又各有不同特性。

图 5-20　pn 结的典型电流-电压曲线

A　pn 结的特性

pn 结最基本的特征就是单向导电性。同时，pn 结存在能级的变化，形成了内建电场，电压即为势垒高度 V_D，内建电场的方向和多数载流子扩散的方向相反。因此，在内电场存在的区域，载流子同时受到扩散与漂移两种作用，达到平衡时势垒区没有电子或空穴流动，所以该区域又称为耗尽区。考虑在一维情况下，在耗尽区内电荷分布和电场的关系满足泊松方程：

$$-\frac{d^2 V}{dx^2} = \frac{dE}{dx} = \frac{\rho(x)}{\varepsilon} \tag{5-85}$$

式中，ε 为半导体的介电常数；$\rho(x)$ 为电荷分布密度。而 $\rho(x)$ 可写为：

$$\rho(x) = q[p(x) - n(x) + N_D(x) - N_A(x)] \tag{5-86}$$

式中，q 为单位电量电荷；$p(x)$ 为空穴载流子密度；$n(x)$ 为电子载流子密度；$N_D(x)$ 和 $N_A(x)$ 分别为固定正、负电荷的密度，它们的物理意义就是掺杂原子贡献一个移动的载流子后残余下来的固定电荷。因此，实际上这就是施主离子浓度和受主离子浓度。这样，由于在势垒区存在内建电场，平衡状态时不存在可移动的载流子，因此式（5-85）可简写为：

$$-\frac{d^2 V}{dx^2} = q\frac{N_D(x)}{\varepsilon} \quad （\text{n 型掺杂区}） \tag{5-87 (a)}$$

$$-\frac{d^2 V}{dx^2} = q\frac{N_A(x)}{\varepsilon} \quad （\text{p 型掺杂区}） \tag{5-87 (b)}$$

解上述二次微分方程，可得到电势与位置（x）的关系如下：

$$V_n(x) = V_D - qN_D\left(\frac{x^2 + x_n^2}{2\varepsilon} - \frac{xx_n}{\varepsilon}\right) \quad （\text{n 型掺杂区}） \tag{5-88 (a)}$$

$$V_p(x) = qN_A\left(\frac{x^2 + x_p^2}{2\varepsilon} + \frac{xx_n}{\varepsilon}\right) \quad （\text{p 型掺杂区}） \tag{5-88 (b)}$$

由以上两式可以看出，电势分布为抛物线形式。

根据边界条件，在 n，p 结合点（$x=0$）电势连续，因此，利用公式（5-88）可以求得势垒高度 V_D：

$$V_D = q \frac{N_A x_p^2 + N_D x_n^2}{2\varepsilon} \tag{5-89}$$

又因为 $L = X_n + X_p$，$N_A X_p = N_D X_n$ 可得：

$$X_n = \frac{N_A L}{N_D + N_A} \tag{5-90（a）}$$

$$X_p = \frac{N_D L}{N_D + N_A} \tag{5-90（b）}$$

将上式代入式（5-89），可得：

$$V_D = q \frac{N_A N_D}{2\varepsilon (N_A + N_D)} L^2 \tag{5-91}$$

因此，可求得耗尽区宽度 L：

$$L = \left[V_D \frac{2\varepsilon (N_A + N_D)}{q (N_A N_D)} \right]^{1/2} \tag{5-92}$$

上式说明了耗尽区宽度和掺杂浓度以及势垒高度之间的关系，可以看出，耗尽区宽度随势垒高度增加而增大，随掺杂浓度增加而减小。

B 单边突变 pn 结特性

如果 pn 结是单边突变结，即 pn 结的某一边的掺杂浓度远高于另一边，如对于 p^+n 结，则有：$N_A \gg N_D$，$X_p \ll X_n$，可以认为 $L \approx X_n$，式（5-89）和式（5-92）变为：

$$V_D = q \frac{N_D}{2\varepsilon} L^2 \tag{5-93}$$

$$L = \left(V_D \frac{2\varepsilon}{q N_D} \right)^{1/2} \tag{5-94}$$

而对于 pn^+ 结，则有：$N_A \ll N_D$，$X_p \gg X_n$，可以认为 $L \approx X_p$，可得：

$$V_D = q \frac{N_A}{2\varepsilon} L^2 \tag{5-95}$$

$$L = \left(V_D \frac{2\varepsilon}{q N_A} \right)^{1/2} \tag{5-96}$$

C pn 结的 *C-V* 特性和载流子浓度测量原理

在外加电场存在的情况下，pn 结上的外加电压 V_{bia} 主要落在耗尽区，此时耗尽区的区宽度 L 将变为：

$$L = \left[(V_D - V_{bia}) \frac{2\varepsilon (N_A + N_D)}{q (N_A N_D)} \right]^{1/2} \tag{5-97}$$

由电中性条件 $N_A X_p = N_D X_n$ 可知，耗尽区电荷 Q 为：

$$Q = q N_A x_p = q N_D x_n = \frac{q N_A N_D L}{N_A + N_D} \tag{5-98}$$

将式（5-97）代入上式，可得：

$$Q = q N_A x_p = q N_D x_n = (V_D - V_{bia}) \frac{2q\varepsilon N_A N_D}{N_A + N_D} \tag{5-99}$$

根据微分电容的定义，将上式对电势求微分，得到电容：

$$C = \left| \frac{dQ}{dV} \right| = \frac{q\varepsilon(N_A N_D)}{2(N_A + N_D)(V_D - V_{bia})} \tag{5-100}$$

上式为 pn 结单位面积上的等效电容表达式，也就是 $C\text{-}V$ 曲线关系式。

进一步地，根据式（5-97）还可以得到电容与势垒宽度的关系式：

$$C = \left| \frac{dQ}{dV} \right| = \frac{\varepsilon}{L} \tag{5-101}$$

如果 pn 结的平面面积为 A，则整个 pn 结的电容可表示为：

$$C = A \frac{\varepsilon}{L} \tag{5-102}$$

这就是 pn 结的等效的平板电容的公式。pn 结势垒区可以看做是两平行极板组成的一个电容器，势垒区宽度就是平板间距。根据式（5-97）和式（5-102）可知，势垒宽度 L 随外加反向偏压的增加而增宽，因此等效电容则随外加反向偏压增加而减小。

在单边突变结的情况下，式（5-98）的 $C\text{-}V$ 曲线可成为：

$$C = A \left| \frac{dQ}{dV} \right| = A \left[\frac{q\varepsilon N_L}{2(V_D - V_{bia})} \right]^{1/2} \tag{5-103}$$

式中，N_L 为轻掺一边的掺杂浓度。从式（5-103）可以看出，电容与轻掺一边的掺杂浓度的平方根成正比，和势垒电压加反向偏压的和的平方根成反比。

式（5-103）显示了单边突变结情况下的 pn 结势垒电容与外加偏压、掺杂浓度之间的关系。显然，可以利用此公式可以测量 pn 结的轻掺区域的掺杂浓度。由于 pn 结的两边的掺杂情况不同，所以势垒电容和这两边的掺杂浓度都有依赖关系，为了测量的方便，一般都将待测样品做成单边结，以测量其中一边的掺杂浓度及其分布。在单边结中，考虑到掺杂可能不是均匀的，而是有一定的梯度分布。这时式（5-103）中的 N 不是常数，而是位置的函数 $N(x)$，此时将式（5-103）微分求解，可得 pn 结单边的载流子浓度为：

$$N(x) = \frac{2}{A^2 \varepsilon q} \cdot \frac{dV}{d\frac{1}{C^2}} = -\frac{C^3}{A^2 \varepsilon q} \cdot \frac{dV}{dC} \tag{5-104}$$

式（5-104）就是 $C\text{-}V$ 测试法测量半导体材料截流子浓度的原理公式。但是，在此公式中隐含着一个近似条件——耗尽层近似，也就是认为在整个势垒区中不存在载流子，而在势垒区外是电中性的（整个半导体材料应该保持电中性）。在实际情况中，势垒区与电中性区之间常常会有层过渡层，这对测量会造成一定影响。

D　肖特基结的 $C\text{-}V$ 特性

金属和半导体接触形成的肖特基结的 $C\text{-}V$ 特性和 pn 结的 $C\text{-}V$ 特性有所不同。在金属中，电子可以自由流动，但只有费米能级附近的少数电子可以在热激发的作用下跃迁到更高的能级，而不能逸出金属。这说明金属的费米能级低于体外真空能级，而金属的功函数就表示了真空能级和费米能级之间的差，用 W 表示为：

$$W = E_o - E_p \tag{5-105}$$

式中，E_o 是真空能级；E_p 是费米能级。

如果金属和半导体（n 型）相连，且半导体费米能级高于金属费米能级，则半导体中电子将流入金属，使金属表面带负电，半导体表面带正电。达到平衡态后，二者的费米能级相等，这时金属和半导体之间的电势差为：

$$V_D = (W_s - W_m)/q \tag{5-106}$$

式中，W_s、W_m 分别是金属和半导体的功函数；q 是单位电荷电量。

上式又被称为肖特基-莫特规则。由于金属内部不能存在电场，因此，该电势差一般落在金属和半导体的界面间以及半导体内部的空间电荷区。如果界面很窄，电子就可以遂穿，则电势差只存在于半导体的空间电荷区。而空间电荷区的载流子浓度很低，只存在固定的离子电荷，电阻很大，类似于 pn 结中的耗尽区，被称为电子阻挡层。其原理如图 5-21 所示。

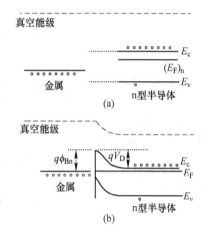

图 5-21　金属与 n 型半导体
接触前后的平衡能带图
(a) 接触前；(b) 接触后

对于 p 型半导体，则要求 $W_s > W_m$，此时的电势差形成了空穴阻挡层。由金属和半导体接触形成的势垒破称为肖特基势垒，该势垒与 pn 结一样存在着整流特性，但与 pn 结不同的是测量时需要考虑表面态的影响。按照式（5-106），肖特基结的势垒高度应该和半导体以及金属的功函数都有关。但实际情况却不然，很多实验发现，对于固定的半导体材料的肖特基势垒，其大小与金属种类无关或者影响很小。对此，Bardeen 认为半导体的表面态起到了钉扎表面能级的作用，读者可参考半导体物理方面的文献。

以 n 型半导体为例，由于势垒区中存在电场，当势垒较大时，可以认为势垒区内没有载流子，近似看作耗尽区，类似于 pn 结情形，在阻挡层内解泊松方程，可以得到：

$$-\frac{d^2 V}{dx^2} = \frac{dE}{dx} = \frac{\rho(x)}{\varepsilon} = q\frac{N_D(x)}{\varepsilon} \tag{5-107}$$

此时的边界条件和 pn 结不同，在金属半导体界面处电势等于金属侧势垒高度，$V(0) = -\phi_{Bn}$；而在势垒区与半导体体内交界处的电场为零，$E(L = x_n) = -\dfrac{dV}{dx} = 0$ 这样解泊松方程可以得到：

$$V(0) = -\phi_{Bn} - qN_D\left(\frac{x^2}{2\varepsilon} - \frac{xx_n}{\varepsilon}\right) \tag{5-108}$$

则阻挡层宽度：

$$x_n = \left(V_D\frac{2\varepsilon}{qN_D}\right)^{1/2} \tag{5-109}$$

式中，V 为半导体势垒高度，如图 5-21 所示。

当对肖特基势垒外加偏压 V_{bia} 时，只需将上式中的 V 加上偏压项即可，即变成（$V_D - V_{bia}$）。通过对比，可以发现式（5-109）与单边突变结的耗尽区宽度表达式（5-94）和式（5-96）是类似的，因此势垒电容与外加偏压 V_{bia} 以及掺杂浓度之间的关系也是类似的，具体表达为：

$$C = A \left| \frac{\mathrm{d}Q}{\mathrm{d}V} \right| = A \left[\frac{q\varepsilon N_\mathrm{D}}{2(V_\mathrm{D} - V_\mathrm{bia})} \right]^{1/2} \tag{5-110}$$

E　MIS 结构的 *C-V* 特性

a　MIS 结构 *C-V* 测试的基本原理

MIS 金属-绝缘体-半导体场效应晶体管器件是半导体器件中重要的一类，它利用了半导体的表面效应，使得晶体管在硅表面得以实现，从而广泛地应用于大规模集成电路中。在硅片上生长一层 SiO₂ 层，再生长一层金属层，硅片下面做成欧姆接触，就形成了一个最典型的 MOS 元件。

讨论 MIS 结构的 *C-V* 关系时，为简单起见，对 MOS 结构做近似：（1）在绝缘层（SiO₂ 层）内不存在电荷，金属和绝缘层界面以及绝缘层和半导体界面不存在界面态；（2）金属电极和半导体硅之间不存在功函数的差异，这样消除了肖特基势垒的作用。本节以 p 型半导体硅的MOS 结构为例，研究其 *C-V* 关系。图 5-22 显示的是一个典型的 p 型半导体硅的 MOS 结构的示意图。如果在上电极加偏压 *V*，整个 MOS 结构

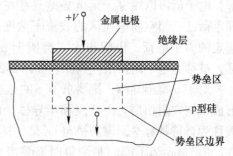

图 5-22　p 型半导体硅的 MOS 结构示意图

就相当于一个电容器。此时，在半导体硅的两端有电势差，在 SiO₂ 层靠近硅的一侧有感生电荷存在，半导体靠近绝缘层的一侧会感生等量电荷，形成空间电荷层。在空间电荷层中存在电场，具有一定的宽度，引起能带的弯曲，形成势垒。

分析空间电荷层的电场分布与电容的关系，用上面的办法同样可以在此区域内解泊松方程。此时由于外加偏压的不同，此区域内可能存在载流子，因此不能用耗尽区来表示它，必须考虑其中的空穴浓度 $p(x)$ 和电子浓度 $n(x)$，泊松方程如式（5-111）所示为：

$$-\frac{\mathrm{d}^2 V}{\mathrm{d}x^2} = \frac{\mathrm{d}E}{\mathrm{d}x} = \frac{\rho(x)}{\varepsilon} = q \frac{p(x) - n(x) + N_\mathrm{D}(x) - N_\mathrm{A}(x)}{\varepsilon} \tag{5-111}$$

根据半导体能带理论，在平衡态下，x 点的空穴浓度 $p(x)$ 和电子浓度 $n(x)$ 可分别表示为：

$$n = n_0 \exp\left(\frac{qV}{kT}\right) \tag{5-112}$$

$$p = p_0 \exp\left(-\frac{qV}{kT}\right) \tag{5-113}$$

因为整个半导体是电中性的，因此有：

$$N_\mathrm{D}(x) - N_\mathrm{A}(x) = n_0 - p_0 \tag{5-114}$$

由此得到：

$$-\frac{\mathrm{d}^2 V}{\mathrm{d}x^2} = \frac{q}{\varepsilon} p_0 \left[\exp\left(-\frac{qV}{kT}\right) - 1 \right] - \left\{ -n_0 \left[\exp\left(\frac{qV}{kT}\right) - 1 \right] \right\} \tag{5-115}$$

解此微分方程，可得到电场强度 *E* 的表达式：

$$E = \frac{\mathrm{d}V}{\mathrm{d}x} = \pm \frac{2kT}{qL_\mathrm{D}} \left\{ \left[\exp\left(-\frac{qV}{kT}\right) + \frac{qV}{kT} - 1 \right] + \frac{n_0}{p_0}\left[\exp\left(\frac{qV}{kT}\right) - \frac{qV}{kT} - 1 \right] \right\}^{1/2} \tag{5-116}$$

此时 $V>0$ 取 "+"，$V<0$ 取 "−"。而其中 $L_D = \left(\dfrac{2\varepsilon kT}{q^2 p_0}\right)^{1/2}$ 定义为德拜长度，它表示外加电场存在时感生的空间电荷层的厚度。显然，载流子浓度越大，L_D 越小，则需要的空间电荷层越薄。

由式（5-116）可以得到绝缘层和半导体界面的电场强度和电荷密度，假设界面处的表面电势为 V_S，则

$$E_0 = \pm \frac{2kT}{qL_D}\left\{\left[\exp\left(-\frac{qV_S}{kT}\right) + \frac{qV_S}{kT} - 1\right] + \frac{n_0}{p_0}\left[\exp\left(\frac{qV_S}{kT}\right) - \frac{qV_S}{kT} - 1\right]\right\}^{1/2} \qquad (5\text{-}117)$$

$$Q_0 = -E_0\varepsilon = \pm\frac{2\varepsilon kT}{qL_D}\left\{\left[\exp\left(-\frac{qV_S}{kT}\right) + \frac{qV_S}{kT} - 1\right] + \frac{n_0}{p_0}\left[\exp\left(\frac{qV_S}{kT}\right) - \frac{qV_S}{kT} - 1\right]\right\}^{1/2}$$

$$(5\text{-}118)$$

式（5-118）表示 MOS 结构的金属层上加正电压时，即电场方向为正时，半导体表面将感应负电荷。电压的变化引起表面电荷的变化，这实际就是一个等效电容。此时，微分电容 C 的表达式为：

$$C = \left|\frac{\partial Q_S}{\partial V_S}\right| = \frac{\varepsilon}{L_D}\frac{\left[\exp\left(-\frac{qV_S}{kT}\right) + 1\right] + \frac{n_0}{p_0}\left[\exp\left(\frac{qV_S}{kT}\right) - 1\right]}{\left\{\left[\exp\left(-\frac{qV_S}{kT}\right) + \frac{qV_S}{kT} - 1\right] + \frac{n_0}{p_0}\left[\exp\left(\frac{qV_S}{kT}\right) - \frac{qV_S}{kT} - 1\right]\right\}^{1/2}} \qquad (5\text{-}119)$$

上式就是 MOS 结构的 C-V 关系式。

b 外加电压对 MOS 结构 C-V 曲线的影响

在 MOS 结构中，如果外加电压不同，表面的空间电荷也会有：（1）多数载流子堆积状态；（2）平坦能带状态；（3）空穴耗尽状态；（4）表面本征状态；（5）强反型状态；（6）深耗尽状态 6 种不同状态，影响 C-V 关系式。

5.2.7.3 I-V 和 C-V 测试样品和影响因素

（1）I-V 和 C-V 的样品制备。无论何种半导体材料，要进行 I-V 和 C-V 测试，需要将它们制备成简单的器件，这些简单的器件结构包括 pn 结、肖特基结和 MOS 结构等。

（2）pn 结的制备。制作 pn 结有多种方法。对硅而言，主要有杂质扩散、离子注入两种工艺。而杂质扩散又分为气态扩散和固态扩散两种，所谓气态扩散就是以 n 或 p 型硅片为基底，采用高温石英管式炉为扩散设备，在一定的扩散温度下（一般在 800~1200℃），通入含有相反的掺杂剂的气体。此时，扩散进入硅片的杂质浓度与气体中杂质的浓度有关，气体浓度越高则掺杂量越高。而固态扩散，是利用在 n 或 p 型硅片表面上具有不同掺杂类型固态源（BN，As_2O_3 和 P_2O_5 等）或液态源（BBr_3，$AsCl_3$ 和 $POCl_3$ 等），通过高温热处理，使得掺杂剂扩散到硅片内，形成 pn 结。离子注入法是将带电离子通过加速，使其具有一定的能量（一般在 1keV~1MeV），高速带电离子可穿透 n 或 p 型硅片，到达硅片表面下某一深度的位置（深度一般可达 10nm~10μm），注入剂量可从 10^{12}~10^{18}/cm^2。离子注入工艺的优势在于可精确控制杂质浓度，其重复性好以及工艺温度较低。但是，离子注入一般会造成硅片晶格结构损伤和畸变，因此注入后一般要经过适当的退火工艺（传统的长时间高温退火或快速热退火工艺），以恢复晶体结构及激活掺杂剂的活性。

为了方便地用 C-V 法，样品的 pn 结一般要制备成单边结，如 p⁺n 或 pn⁺ 结形式，这样就可以在测试时只关注轻掺一边的情况。

（3）肖特基结的制备。肖特基结是在半导体材料的表面沉积一层金属薄膜而形成的。常用金属材料有金、银、铝、钛、镍等或者其合金，一般根据半导体材料的不同来选择不同的金属薄膜。按照肖特基势垒的形成原理，和 n 型半导体材料结合，应该选择功函数大于半导体材料功函数的金属；而对于 p 型半导体材料，则应选择功函数小于半导体材料的金属。常用的沉积金属的方法有物理气相沉积法如热蒸发、电子束蒸发、溅射和化学气相沉积法等。但是，无论选择哪种金属材料，消除半导体表面态的影响是至关重要的，如果半导体材料的表面态较大，则形成的肖特基势垒与金属种类无关。因此，样品表面需要经过清洁处理，消除杂质、氧化层等产生表面态的因素。

（4）MOS 结构的制备。制作 MOS 结构器件的关键工艺是硅片上氧化层的制备，一般采用热氧化法或者化学气相沉积（CVD）法，如 APCVD、LPCVD 和 PECVD 等。热氧化法制备的二氧化硅膜一般采用石英管式炉，通入干氧或水汽的气体源，氧化温度一般在900~1200℃。为了精确控制二氧化硅膜的厚度，可采用常压干氧条件下较低的氧化温度（800~900℃）进行氧化，或者采用低氧压氧化，也可利用惰性气体混合氧气，减小氧分压。热氧化制备的二氧化硅薄膜质量好，具有最佳的电学特性。

（5）欧姆接触的制备。需要在器件和测试电路之间制备欧姆接触，以便测量器件的参数。在 I-V 和 C-V 测量时，为了消除金属电极和半导体的接触势垒对测试造成的影响，需要选择金属电极，其要求正好和制备肖特基势垒的条件相反。当然，此时接触点或面也要经过清洁处理，以消除表面态。对于一些常用半导体材料（如 Si，GaAs 等），其表面态密度很高，难以完全去除，此时制备欧姆接触可利用隧道效应，即将金属电极接触的半导体部位进行重掺处理，掺杂浓度越高，则接触产生的电阻越小。

（6）C-V 测量的影响因素。在实际测试过程中，MOS 结构 C-V 特性具体的影响因素主要有以下几个方面：

1）半导体材料与金属材料之间功函数差别的影响。如果金属功函数（W_M）小于半导体功函数（W_S），则在组成 MOS 结构时，会有电子通过绝缘层注入半导体表面，使表面能带向下弯曲。若要消除此影响，需在金属层上加一个负偏压 $V = (W_S - W_M)/q$，因此 C-V 曲线将向负方向移动 $V = (W_S - W_M)/q$ 的距离，反之，如果 $W_S < W_M$，则 C-V 曲线将向正方向移动 $V = (W_S - W_M)/q$ 的距离。

2）半导体材料与氧化层之间界面态的影响。界面态是半导体硅与氧化层之间由于晶体周期性的破坏而导致的局域能态，一般处于禁带之中，又分为快态和慢态。快态很容易充放电，相当于一个电容效应（C_{qick}），由于此电容存在于半导体表面，与空间电荷层形成的等效电容共同承受表面电压降，因此它们是并联关系，由此可得总电容表达式：

$$\frac{1}{C} = \frac{1}{C_1} + \frac{1}{C_S + C_{qick}} \tag{5-120}$$

而慢态主要是指载流子填充或释放需要较长时间，这样测量 C-V 曲线时会形成迟滞回线。

3）氧化层中金属离子的影响。氧化层中经常会存在一些金属离子，如钠、钾等。特别是钠离子，在二氧化硅层中扩散系数很大，在外电场作用下容易移动，从而引起二氧化硅层中电荷分布变化，会对 C-V 曲线造成影响。

4）氧化层中固定电荷的影响。氧化层的固定电荷是指在硅-二氧化硅界面存在的、不随外电场变化而变化的正电荷，定义为 Q_{fc} 由于固定电荷的存在，将引起半导体表面能带向下弯曲，类似于前面讨论的金属和半导体功函数差异造成的影响，需要在金属层上加一个负偏压 $V_{FB} = -Q_{fc}/C_0$。如果同时考虑金属和半导体功函数的差异，则有：

$$V_{FB} = \frac{W_S - W_M}{q} - \frac{-Q_{FB}}{C_0} \tag{5-121}$$

此时固定表面电荷可以用下式求得：

$$Q_{FB} = C_0 \left(\frac{W_S - W_M}{q} - V_{FB} \right) \tag{5-122}$$

5）氧化层中载流子陷阱电荷的影响。当射线（如电子射线等）作用在二氧化硅层上时，由于辐照产生了电子-空穴对，电子在外电场作用下向电极移动，而空穴则很难移动，可能被陷阱捕获，表现为正电荷，这些也会像固定正电荷一样对 C-V 测量产生影响。值得指出的是，这种电荷可用高温退火方法消除。

5.2.7.4 I-V 和 C-V 测量的应用和实例

（1）金属-半导体接触类型的确定。由于金属与半导体功函数的差别，它们结合时会形成欧姆接触或肖特基接触，利用 I-V 测试可以加以确定。对某些金属与半导体接触而言，会形成比较好的欧姆接触；而另外一些金属与半导体接触会在接触界面处形成势垒，得到的是肖特基接触，这种接触也就形成了一个肖特基二极管。例如，n 型半导体同一个功函数比它大的金属接触，其能带图如图 5-23 所示。由于金属的功函数大于 n 型半导体的功函数，电子就会从半导体跑到金属中去。达到平衡时，金属的费米能级同半导体的费米能级相等，此时半导体表面因缺少了电子而带正电，金属表面则因多余电子而带负电，在金属和半导体之间就有了接触电势差。

利用 I-V 测量，可判断金属和半导体接触是何种类型，它们的 I-V 曲线形状是不同的。肖特基接触的 I-V 曲线是表现出整流特性，单向导通，如图 5-24（a）所示；而欧姆接触，表现出的是线性关系，无论是正向或反向电压，电流均随着电压的增加线性增加，如图 5-24（b）所示。

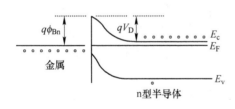

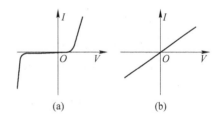

图 5-23　功函数较大的金属与 n 型半导体接触的能带图

图 5-24　金属-半导体接触的 I-V 特性曲线
（a）肖特基接触；（b）欧姆接触

（2）太阳电池参数的测量。利用 I-V 曲线，可以测量太阳电池的主要参数，如短路电流、开路电压、填充因子和光电转换效率。在光照的情况下，太阳电池的 I-V 曲线与典型的 pn 结的 I-V 特性曲线有区别，其曲线并不通过坐标零点，这是由于太阳电池的光生伏特效应引起的。

图 5-25 是太阳电池在不同温度和不同光照情况下的 I-V 伏安特性曲线，曲线在纵坐标的截距是短路电流 I_{SC}，在横坐标的截距是开路电压 V_{OC}，最大面积则为填充因子。从图中可以看出，随着电池温度的上升，短路电流保持不变，开路电压不断降低，导致电池效率降低；随着光照强度的增加，开路电压有少量增加，而短路电流快速增加，导致电池效率的增加。不仅如此，还可以从太阳电池的 I-V 曲线的形状看出太阳电池的质量以及可能存在的问题。图 5-26 是一个效率不高的太阳电池的暗环境下的 I-V 特性曲线，从曲线中就可看出，该电池具有两大问题：一是结特性不好，二是反向电流过大。

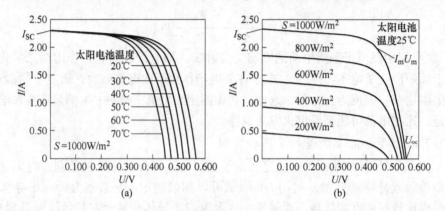

图 5-25   太阳电池 I-V 特性曲线
（a）不同温度下的 I-V 特性；（b）不同照度下的 I-V 特性

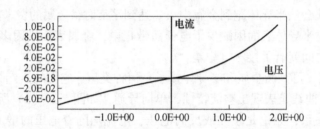

图 5-26   低质量太阳电池暗环境下的 I-V 曲线

（3）半导体材料电阻率的测量。测量半导体材料的 I-V 曲线可以得到它的电阻率信息，反映了半导体的掺杂情况及载流子输运能力。为了消除接触电阻等因素的影响，半导体电阻率测试中最常用的是四探针法，其基本原理其实就是通过测量材料的 I-V 曲线得到材料的电阻率。

这里列举一个四探针法测量石墨棒样品 I-V 曲线以确定电阻率的实例。样品石墨棒长 6cm，直径 0.0889cm。首先在室温下采用两点法测量样品的电阻，由于使用金属夹子连接样品与测试导线，实际上在 5.8cm 长的样品上测得了 1.9Ω 的电阻值，经换算得到的石墨的电阻率为 200Ω·μm，但是这个数值包含了连线电阻和接触电阻的影响。如果采用四探针法测量样品电阻，电流源取值从 1mA~1A，两个探针和石墨棒两端保持接触，另外两个探针在石墨棒的中间区域，取 L 为 2.5cm，分别接触，测量其 I-V 曲线。图 5-27 显示了石墨的 I-V 曲线以及对应的电阻率。可以看出，测得的石墨的实际电阻率的值为 100Ω·

μm 左右，这是两点法测得的数值的一半左右，可见采用四探针法确实避免了连线电阻和接触电阻的影响。从图中还可以看到，电阻率随着测试电流的增加有略微降低的趋势，这是因为测试电流的增加造成石墨样品的温度升高，从而导致电阻率的降低。

（4）半导体材料导电类型的确定。半导体的导电类型可以利用 MOS 结构的高频 C-V 特性曲线来判定。如图 5-28 所示，MOS 结构的衬底材料如果是 n 型半导体材料，在加负压时，此时状态处于耗尽态，再加高频信号，电子-空穴的产生和复合跟不上电压信号的变化，所以电容很小；而当偏压为正时，电子在表面层堆积，处于积累区，此时 $C \approx C_0$，其情况如图 5-28（b）所示。而 p 型半导体材料的情况和 n 型刚好相反，其 C-V 曲线表现不同形状，如图 5-28（a）所示。因此，通过 C-V 曲线的形状可以简单地确定半导体材料的导电类型。

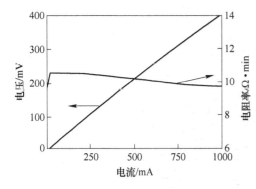

图 5-27 四探针法测量石墨棒的 I-V 曲线

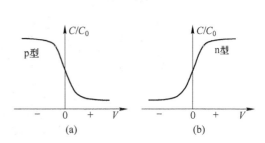

图 5-28 p 型和 n 型半导体材料的高频 C-V 曲线

（5）掺杂浓度的测量。通过 C-V 曲线，还可以测量 MOS 结构中的半导体材料的掺杂浓度和电阻率。可知强反型状态下 MOS 结构的归一化电容为 $\dfrac{C}{C_I} = \dfrac{1}{1 + \dfrac{C_I}{C_S}}$，其中绝缘层电容 C_I 可以根据电容公式 $C_I = \dfrac{\varepsilon}{L}$ 求得，而耗尽层电容 C_S 则可由半导体介电常数 ε_S 除耗尽层宽度 D_S 求得，即 $C_S = \dfrac{\varepsilon_S}{D_S}$。在强反型状态时，有：

$$V_S = 2V_B = \frac{2kT}{q}\ln\frac{N_A}{N_i} \tag{5-123}$$

因此，耗尽层宽度为：

$$D_S = \left(\frac{2V_S\varepsilon_S}{qN_A}\right)^{\frac{1}{2}} = 2\left(\frac{V_B\varepsilon_S}{qN_A}\right)^{\frac{1}{2}} = \frac{2}{q}\left(\frac{\frac{kT}{q}\varepsilon_S\ln\frac{N_A}{N_i}}{N_A}\right)^{\frac{1}{2}} \tag{5-124}$$

式（5-124）为耗尽层宽度 D_S 和掺杂浓度 N_A 之间的关系。因此，通过测量归一化电容在强反型条件下的最小值，便可对应求得式（5-124）中掺杂浓度。

通常情况下不需要进行如此复杂的计算，可以通过标定的标准曲线，只需测试一些简单参数，就可以在标准曲线中查找得出掺杂浓度。例如，在强反型状态下，归一化电容最

小值为

$$\frac{C_{\min}}{C_{\mathrm{ox}}} = \frac{1}{1 + \frac{2\varepsilon_{\mathrm{ox}}}{q\varepsilon_{\mathrm{S}} d_{\mathrm{ox}}} \left[\frac{\varepsilon_{\mathrm{S}} kT}{N_{\mathrm{A}}} \ln\left(\frac{N_{\mathrm{A}}}{n_{\mathrm{i}}}\right) \right]^{\frac{1}{2}}} \tag{5-125}$$

从式（5-125）可以看到，在温度一定的情况下，$C_{\min}/C_{\mathrm{ox}}$ 是掺杂浓度和绝缘层厚度的函数。因此如果知道绝缘层厚度，然后在强反型状态下测得 $C_{\min}/C_{\mathrm{ox}}$，再通过对照标准曲线就可以得到掺杂浓度。归一化电容最小值标准图如图 5-29 所示。

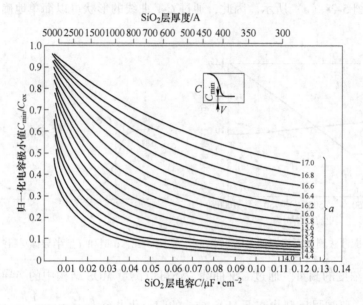

图 5-29　强反型状态下 $C_{\min}/C_{\mathrm{ox}}$ 与掺杂浓度 10^a 以及绝缘层（SiO₂）厚度关系

同样，在低频状态下，$C\text{-}V$ 特性曲线也会出现一个最低点，此时一样会存在一个归一化的极小电容 $C_{\min}/C_{\mathrm{ox}}$ 在已知绝缘层厚度的情况下，通过测得归一化极小电容，也可以得到归一化电容极小值和掺杂浓度的关系，如图 5-30 所示。

需要说明的是，以上标准曲线只适用于 300K 情况下由硅衬底材料构成的 MOS 结构。

（6）肖特基势垒高度的确定。当金属和半导体形成肖特基接触时，界面附近形成肖特基势垒。利用 $C\text{-}V$ 曲线测量，可确定其势垒高度，还可确定半导体材料的载流子浓度和电阻率。根据电容的原始定义公式：

$$C = \frac{\mathrm{d}Q}{\mathrm{d}V} \tag{5-126}$$

可以得到：

$$\frac{C}{A} = \sqrt{\frac{\pm q\varepsilon(N_{\mathrm{A}} - N_{\mathrm{D}})}{2(\pm V_{\mathrm{D}} \pm V - kT/q)}} \tag{5-127（a）}$$

$$C = A\left|\frac{\mathrm{d}Q}{\mathrm{d}A}\right| = A\left[\frac{q\varepsilon N_{\mathrm{D}}}{2(V_{\mathrm{D}} - V_{\mathrm{bia}})}\right]^{1/2} \tag{5-127（b）}$$

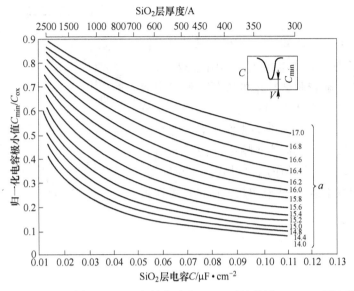

图 5-30　低频状态下 $C_{\min}/C_{\mathrm{ox}}$ 与掺杂浓度 10^a 以及绝缘层（SiO_2）厚度关系

式中，±是指在 p 型半导体材料时取正，在 n 型半导体材料时取负。其实这就是 n 型半导体电容表达式（5-127（b））的扩展，区别在于分子里 N_D 变成了（N_A-N_D），因为在 n 型半导体中 N_A 可忽略不计，在分母里多了 kT/q 项，这是考虑了空间电荷区的多数载流子带尾效应，而内建电场 V_D 与势垒高度 Φ_B 的关系：

$$\Phi_B = V_D + V_0 \tag{5-128}$$

其中，$V_0 = (kT/q)\ln(N_C/N_D)$，N_C 是导带中的有效态密度。通过 $C\text{-}V$ 测试，可以得到 $(A/C)^2$ 和电压 V 的关系直线，如图 5-31 所示。结合式（5-127），从图中可以知道，此直线在横坐标电压上的截距为：$V_i = V_D + kT/q$，则式（5-128）中的势垒高度可写为：

$$\Phi_B = -V_i + V_0 + kT/q \tag{5-129}$$

进一步地，图中直线的斜率是 $2/[q\varepsilon(N_A - N_D)]$。通过直线的斜率测量，可以得到掺杂浓度 $N_A(N_D)$，然后代入以上公式即可得到势垒高度 Φ_B。由此可知，利用肖特基结的 $C\text{-}V$ 曲线，不仅可以测试其势垒的高度，

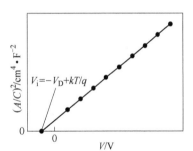

图 5-31　硅晶体 $C\text{-}V$ 测试中的 $(A/C)^2$ 和电压 V 的直线关系

还可以和 MOS 结构的 $C\text{-}V$ 测量一样，确定半导体材料的载流子浓度。

（7）pn 结串联电阻的测量。当 p 型半导体材料和 n 型半导体材料结合组成 pn 结时，有可能形成 pn 结的串联电阻。利用 $C\text{-}V$ 曲线，也可以测量这个串联电阻。根据 pn 结串联电阻对电容的影响关系，可以得到：

$$C_m = \frac{C}{(1 + r_S G)^2 + (2\pi f r_S C)^2} \tag{5-130}$$

式中，G 是电导率；f 是测试电压的频率；C_m 是测试得到的电容；C 是真实电容值；r_S 是串联电阻。一般情况下，$r_S G \ll 1$，因此有：

$$C_m \approx \frac{C}{1 + (2\pi f r_S C)^2} \qquad (5\text{-}131)$$

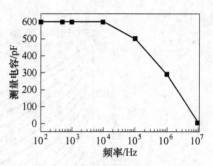

图 5-32　测试电压频率对 pn 结
电容的影响关系曲线

在 C-V 测试时，如果测试电压频率足够低，测试到的电容就近似于真实电容 C，如图 5-32 所示。从图中可以看出，随着测试频率的降低，测试电容 C_m 值不断增大；当 f 低于 10^5 Hz 时，测试电容达到最大值，并几乎保持不变，即为真实电容。在得到真实电容值以后，再升高测试频率，使公式（5-131）中分母第二项起主导作用，得到测试电容 C_m 后，式中只有串联电阻 r_S 是未知数，通过计算即可得到。

6 半导体材料设计

6.1 材料设计概念

6.1.1 材料设计的含义

材料设计是通过理论与计算和预测新材料的组成、性能，或者说是通过理论设计来"定做"特定性能的材料。具体来说，材料设计是利用现有的材料、科学知识和实践经验，通过分析和综合，创造出满足特殊要求的新材料的一种特殊过程。其目的是改进已有的材料和创造新材料。因此材料设计必须充分地考察材料的性质、组成和结构、合成和加工、使用性能以及他们之间的密切关系。并运用系统的方法来研究材料，寻求设计材料的突破口。目前材料设计已基本形成一套特殊的方法，及根据性能要求确定设计目标，有效的利用现有的资源，通过成分、结构、组织和工艺过程的合理设计制造材料，最后通过对材料行为的评价完成整个设计过程。其关键是成分结构和组织设计，而合成和加工则是保证成分与组织的主要手段，是材料设计开发的一个重要环节。这当然说的是人们所追求的长远目标，并非是目前就能充分实现的。尽管如此，由于凝聚态物理学、量子化学等相关基础学科的发展，以及计算机能力的空前提高，使得材料研制过程中理论和计算的作用越来越大，直至变得不可缺少。

6.1.2 材料设计的范围和层次

从材料制备到材料性能，再到材料使用，都属于材料设计的工作范围，其中包括组成结构和特性的微观设计。现代材料科学研究应有四个重要因素，既材料的性质、组成与结构、合成和加工及使用性能。这四者是相互联系的整体，材料设计在这四个要素中起重要作用。这里把材料的性质和使用性能分开，前者指材料的固有性质，后者则同材料的应用相联系，包括寿命、速度能量效率、安全、价格等，他们是衡量使用性能的因素。材料的设计在材料的合成与加工过程中起重要作用。尤其是以原子、分子为起始物，采用化学和物理方法进行材料合成，并要求在微观尺度上控制其结构时，离不开理论的指导。如果在配合使用时传感器和无损检测器的情况下能对微观结构进行优化与控制，还可实现理论设计指导下的智能加工。尽管材料设计贯穿在材料从设备、测试、性能直至使用的各个环节，但其核心部分仍是在物理、化学原理基础上对材料性能，结构有关进行理论计算与分析，图 6-1 给出了材料设计的范围。

从广义来说，材料设计可按研究对象的空间尺度不同而划分为三个微观设计层次。空间尺度在约 1nm 量级，是原子、电子层次的设计；连续模型层次的典型尺寸约 1μm 量级，这时材料被看成连续介质，不考虑其中单个原子、分子的行为；工程设计层次对应于宏观材料，涉及对大块材料的加工和使用性能的设计研究。微观层次又可分为几个范畴，并同连续模型层次联系起来。在不同层次、不同范畴内所使用的理论方法不同，图 6-2 给出了理论方法、空间尺度及相应的时间尺度的对应关系。在不同的时间-空间尺度范畴内所用理论方法是不同的，从量子力学到分子动力学模式，然后是缺陷动力学、结构动力学，再向连续介质力学方法过渡。

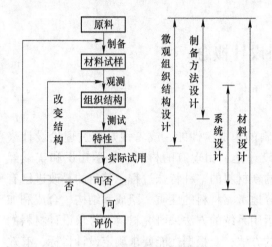

图 6-1　材料设计的范围　　　　　　图 6-2　理论方法与时间、空间尺度对应关系

6.1.3　现代材料设计的几个环节

6.1.3.1　建立材料性质数据库

建立材料性质数据库，是材料设计的前提。这就需要根据设计要求，区分材料的特征和制作方法，做成不同的文件。主要有四大文件，即原始数据文件、主资料文件、标准数据文件和材料行为数据文件。如合金的设计过程是：根据设计的目标，检索标准数据文件，确定所开发的数据系列；根据知识库进行推理，进行成分和组织结构的设计；研究主要数据文件是评价实验数据，以及对原数据文件所记载的实验方法或结论进行观察，在此基础上制定试验计划并予以实施；实验结果以实验报告的形式输入到原数据文件及主资料数据行为文件，而对材料的分析结果则输入到材料行为数据文件中；以上的材料设计实验和评价过程几经反复直到能满足性能要求后，将这些设定的特性经过数据处理记入标准数据文件，这就完成整个材料设计。

6.1.3.2　成分和组织结构设计

成分、组织结构设计是材料设计的基本出发点，因为成分影响其组织，组织、成分决定材料的性质。材料设计的目的就是控制其成分、结构来制造出一种满足特殊性能要求的材料。每个特定的材料都含有一个原子尺度、电子尺度到宏观尺度的体系，这就决定了材料设计可以通过对不同尺度的控制来实现。早期的材料设计基本上是改善材料的成分、组织。随着对物质结构的了解和实验测试手段的改善，人们已经有可能从原子、电子等深层次来指导材料设计。按发展的过程和研究的深度可分为经验法、半经验法和基本计算法三种方法。经验法是根据大量的实验数据，分析归纳出一些公式、辨别式和相分析法。半经验法是把价电子结构理论应用到材料成分设计上，即在量子力学、PanLing 理论、能带理论的基础上，通过对不同元素和上千种化合物试验资料的分析、归纳和总结后提出复杂体系的"经验电子理论"，以确定晶体内各类原子的杂化状态，并以此为基础描述晶体。它对半导体纳米材料、薄膜材料、复合材料等从电子角度作了独到的解释，为新材料设计开辟了新的途径。基本计算法是应用现代物理知识和数学知识，从第一性原理出发进行材料设计，如 AB 算法、嵌入原子法、分子动力学法、蒙特卡罗法等。这些都需要大量的计算，计算机的发展解决了大量计算问题。计算机模拟设计材料已成为材料设计的主要手段。

6.1.3.3 合成和加工工艺设计

合成和加工工艺设计是建立原子、分子团的新排列，从微观到宏观尺度对结构予以控制，并高效而有竞争力地制造材料和零件的一个演变过程。许多新材料的出现往往伴随着合成和加工工艺的突破。如非平衡组织和单晶结构的研究引起了一项新的技术革新——快速凝固技术，包含雾化法、急冷法、激光表面处理等，用这种技术生产的产品比用其他技术生产的产品具有更优、更特别的性质，已广泛用于金属直接成型、晶态合金和非晶态合金等方面。又如自蔓延高温合成（SHS）工艺充分利用了物质化合热这一特征，已成功地合成了上百种新材料。复合材料的发展促使了 CVD、PVD 等许多工艺和方法的发展。随着纳米材料的兴起和研究促使纳米半导体材料与器件的发展。可见，合成和加工是材料设计的一个重要环节，材料界应加强材料合成加工这一薄弱环节。

6.1.3.4 使用性能设计

设计材料的目的在于应用，故对使用性能的考查和实用性的考虑在材料设计中必不可少。以往，由于对市场因素和实用性考虑不够，致使许多新材料由于成本过高而得不到广泛应用。这应引起材料设计和研究者的重视。另外材料成分、组织均匀性、非平衡组织的稳定性等对使用性能的影响也是进行材料设计时必须考虑的。

6.1.4 材料设计的发展趋势及反思

材料设计发展趋势：（1）对原有的材料进行改进和发展新材料。充分利用新工艺、新手段来更新有使用价值的旧材料；新型产业的兴起需要新的材料作为依托。半导体超晶格材料、纳米材料、复合材料、薄膜材料、陶瓷和高分子的等半导体新材料的设计是目前材料研究的热点。(2)材料设计应用前景支配，注重环境保护。脱离应用背景的材料设计研究将被抛弃，危害人类未来处境的材料将被限制和被新材料所代替。（3）材料学与生物学想融合，仿生材料设计将日益受到重视，基本的研究方向是了解合成物质与生物组织之间的相互作用。(4)材料设计趋向定量化。随着各学科的相互渗透和电子计算机的发展，计算材料设计已成为可能。微观层次的材料设计是今后材料设计的主要发展方向。

材料设计的反思：（1）材料设计仍局限于经验设计。传统的设计思想阻碍新思想、新知识的输入现代科学技术未能转化成材料设计的有力工具。新的设计思想是多方面知识的融合，需要设计者有传统和现代物理、数学、化学科学等理论知识和材料设计经验，而现代材料设计思想理论过于复杂限制了它的运作。（2）现有理论研究往往与材料设计脱节。物理学已经对微观粒子做了深入研究，数学也提供了足够的处理问题的计算方法，但应用这些知识处理实际的材料设计问题往往仍令人不知所措。现代物理学和材料学对物质的性能、组织和组成已经做了很详细的研究及宏观、微观和介质的研究取得了很大进展，但对三者之间的关系缺乏系统研究，还找不到一个有微观参数得到宏观性能指标的定量的科学准则来指导材料设计。（3）物理学家和材料学家紧密结合是攻克目前材料设计领域重大问题的关键。物理学所取得的重大成就与材料设计联系起来，就可以通过控制微观粒子按照预先的要求设计和合成材料。目前在原子尺度上，利用扫描隧道显微镜和原子分辨率透射电子显微镜等仪器已能以一个原子的分辨率来显示材料的结构。人们已能够运用等离子技术、分子束技术以及相应的设备在原子层次上控制物质的形核和生长；利用第一性原理和统计物理在电子层次上对材料进行设计，如经验电子理论和改进的 TFD 模型。

6.2　材料设计的途径

目前材料设计的方法主要是在经验规律基础上进行归纳或从第一性原理出发进行计算（演绎），更多的是两者的相互结合与补充。材料设计的重要途径可分为如下几类。

6.2.1　材料知识库和数据库技术

人们在材料设计中引入了所谓模型的概念，即将比较接近所要求物性的微观结构作为模型，并通过改进模型使之满足所要求的物性，这样一种近似方法就叫做模型方法，如图 6-3 所示。模型必须建立在大量数据库积累的基础上，也就是说，为使多种实验数据变得有意义，应当建立数据库，以供模型方法使用。在材料设计中，数据库的建立是非常重要的。

材料知识库和数据库就是以存取材料知识和性能数据为主要内容的数值数据库。计算设计化的材料知识和性能数据具有一系列优点：

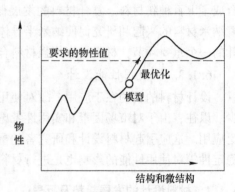

图 6-3　材料设计中的模型方法

存储信息量大、存取速度快、查询方便、使用灵活；具有多功能，如单位转换及图形表达等；以获得广泛应用，并可以与 CAD、CAM 配套使用，也可与人工智能技术相结合，构成材料性能预测或材料专家系统等。与早期数据的自由管理方式和文件管理方式相比，计算机的材料库知识和性能还具有数据优化、数据独立、数据一致、数据共享和数据保护等优点。

6.2.2　材料设计专家系统

材料设计专家系统是指具有相当数量的与材料有关的各种背景知识，并能运用这些知识解决材料设计中有关问题的计算机程序。在一定范围和一定程度上，它能为某些特定性能材料制备提供指导。专家系统包括一个知识库和一个推理系统。专家系统还可以连接或包括数据库、模式识别、人工神经网络以及各种运算模块。这些模块的综合运用可以有效地解决设计中的有关问题。理想的专家系统是从理论出发，通过计算和逻辑推理，预测未知的性能和制备方法。由于制约材料结构和性能的因素极其复杂，可遇见的未来的完全演绎式的专家系统还难以实现。目前的专家系统是以经验知识合理论知识结合（及归纳与演绎相结合）为基础。材料设计专家系统大致有以知识检索、简单计算和推理为基础的专家系统、以对材料的结构与性能关系的计算机模拟和运算为基础的材料设计专家系统、以模式识别和人工神经网络为基础的专家系统、以材料智能加工为目标的材料专家设计系统等四类。

6.2.3 材料设计中的计算机模型

随着计算机技术的发展，计算机可以模型进行现实中不可能或很难实现的实验；计算机可以模拟目前实验条件无法进行的原子及其以下尺度的研究等；计算机模拟可以验证已有理论和根据模拟结果修正或完善已有理论，也可从模拟研究出发，指导、改善实验室实验。计算机模拟已成为出实验和理论外解决材料科学中实际问题重要手段，计算材料学正成为材料研究领域的重要分支。通过计算机模型，深入研究材料的结构、组成及其在各物理、化学过程中微观变化机制，已达到材料成分、结构及制备参数的最佳组合、既以材料设计为目的已成为材料设计科学发展的前沿的热点。材料设计中的计算机模拟对象遍及从材料研制到使用的全过程、包括合成、结构、性能、制备和使用等。随着计算机技术的进步和人类对物质不同层次的结构及动态过程理解逐渐深入，可以利用计算机精确模拟的对象日益增多，实验效率得以提高。计算材料学得从纳米量级的量子力学计算到连续介质层次的有限元或有限差分模式，可划分为四个层次：电子层次、原子层次、微观层次和宏观层次，如图 6-4 所示。在进行各层次模拟的过程之间，不同的模拟方法到了长足的发展。对原子层次及其以下的空间范围，分子动力学法、蒙特卡罗法是最有利的研究工具。分子动力学法应用极为普遍，它根据粒子相互作用势，计算多粒子系统的结构和动力学过程。原则上，可用这些方法计算各种物系的结构和性质。对于微观层次的模拟计算，以连续介质概念为基础。对宏观问题，有限元法能有效处理实际问题。发展一种新型模拟方法使四种不同模拟层次相耦合，建立计算机模拟的统一模型，成为计算材料学发展的关键。

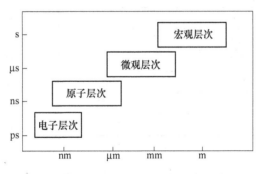

图 6-4　材料模型的层次划分

7 半导体材料的应用

一般来说，第一代半导体材料主要是指硅（Si）、锗（Ge）元素半导体，它们是半导体分立器件、集成电路和太阳能电池的最基础材料。几十年来，硅芯片在电子信息工程、计算机、手机、电视、航天航空、新能源以及各类军事设施中得到极为广泛的应用；而第二代半导体材料包括磷化镓、磷化铟、砷化铟、砷化镓、砷化铝及其合金；玻璃半导体（又称非晶态半导体）材料，如非晶硅、玻璃态氧化物半导体等；有机半导体材料，如酞菁、酞菁铜、聚丙烯腈等。第三代半导体材料主要是以碳化硅（SiC）、氮化镓（GaN）、氧化锌（ZnO）、金刚石、氮化铝（AlN）为代表的宽禁带（禁带宽度 $E_g > 2.3\text{eV}$）。从材料学的角度来看，产品应用的基础在于其物理性质（主要半导体材料比较如表 7-1 所示）。发射光的波长是由禁带宽度所决定的。禁带宽度越大发射光波长越短；禁带宽度越小发射光波长越长。其他参数数值越高，半导体性能越好。电子迁移速率决定半导体低压条件下的高频工作性能，饱和速率决定半导体高压条件下的高频工作性能。

表 7-1　主要半导体材料比较

项　目		Si	GaAs	GaN
物理性质	禁带宽度/eV	1.1	1.4	3.4
	饱和速率/$\times 10^{-7}\text{cm}\cdot\text{s}^{-1}$	1.0	2.1	2.7
	热导/$\text{W}\cdot(\text{cm}\cdot\text{K})^{-1}$	1.3	0.6	2.0
	击穿电压/$\text{MV}\cdot\text{cm}^{-1}$	0.3	0.4	5.0
	电子迁移速率/$\text{cm}^2\cdot(\text{V}\cdot\text{s})^{-1}$	1350	8500	900
应用情况	光学应用	无	红外	蓝光/紫光
	高频性能	差	好	好
	高温性能	中	差	好
	发展阶段	成熟	发展中	初期
	相对制造成本	低	高	高

7.1　半导体材料的磁学应用

稀磁半导体（DMS）是指原本不具有磁性特征的普通半导体中的一部分阳离子被掺杂的过渡金属元素或少量的磁性元素取代后，形成了具有一定程度磁性特征的新型半导体材料。参与其中的非磁性半导体可为Ⅱ-Ⅵ族半导体化合物（如 CdTe，ZnSe，CdSe 等）；Ⅲ-Ⅴ族半导体化合物（如 GaAs，InAs，InP，InSb 等）；Ⅳ-Ⅳ族半导体化合物（如 SiC 等）。由于这种新型的半导体材料中存在着非磁性离子与磁性离子之间的相互作用，因而就呈现出了不同于原材料的一些特性。由于被掺杂半导体材料中的杂质浓度不高，所呈现的磁性比较弱，因此称为稀磁半导体。

半导体材料与离子晶体是不同的，半导体原子与磁性离子在化学性质上具有很大差别，因此半导体中磁性离子的固溶度都比较小。当稀磁半导体中掺杂进去的磁性离子的含量低于其固溶度时，则不容易形成一定强度的磁性；反之，当稀磁半导体中掺杂进去的磁性离子含量高于其本身的固溶度时，会形成一些杂相。因此用普通的掺杂方法不容易实现有效的掺杂。探索新型制备稀磁半导体的方法和技术以及如何实现有效的掺杂是非常重要的。许多稀磁半导体材料因其本身固有的低居里温度会严重限制其在实际器件中的应用。这些材料只能在低温条件下表现出磁性特征，所以通过合适的方法提高稀磁半导体的居里温度，使材料在室温还能保持磁性特征，无论对于理论研究还是实际应用都是非常重要的。普通半导体材料具有光通讯和逻辑运算等功能，磁性材料具有典型的存储功能。而磁性半导体材料则可以将这些基本功能同时集于一身，会大大缩小所制造期间的体积、提高器件存储密度、提高运行速度等等。磁性半导体材料通过同时对半导体中电子的自旋自由度和电荷自由度同时操作，可被应用于研发半导体自旋场效应晶体管、非易失性存储器等。

磁性半导体兼具磁性和半导体特性，可以满足人们对电荷和自旋同时调控的期望，实现对信息的加工处理、存储乃至输运，提供了一种全新的导电方式和器件概念。这种特性可用于开发新一代电子器件，如自旋场效应管和自旋发光二极管等，将会大幅度降低能耗、增加集成密度、提高数据运算速度，在未来电子行业具有非常诱人的应用前景。《科学》杂志曾在 2005 年提出 125 个重要科学问题，其中"有没有可能创造出室温能够工作的磁性半导体材料"，就是专门针对这种新型自旋电子学材料。探索高居里温度磁性半导体，并基于此材料开发室温实用型自旋电子器件一直是自旋电子学领域的研究目标。有的学者通过在居里温度远高于室温的磁性金属玻璃中引入诱发半导体电性的元素，使磁性金属转变为半导体，并基于该 p 型磁性半导体与 n 型单晶硅集成实现了 p-n 异质结和 p-n-p 结构的制备，实现新型磁性半导体可以和现有硅基半导体工业兼容。与此同时，对于载流子调制磁性的磁性半导体而言，其电学和磁学性能相互关联；基于此新型磁性半导体制备的电控磁器件通过外加门电压调控其载流子浓度，实现了室温磁性的显著调控，证实了此 p 型磁性半导体的本征电磁耦合特性。

窄禁带半导体材料的禁带宽度 E_g，通常小于 $0.5eV$。InSb 是一种典型的窄禁带半导体材料，其能隙约为 $0.18eV$，在Ⅲ-Ⅴ族半导体中是最窄的能隙。它具有电子迁移率高、电子的有效质量小、载流子寿命长等优良属性，是红外光电信息领域的重要材料。可被用于制造红外探测器、红外发射、传输元件。InSb 具有超高的电子迁移率，可达 $78000cm^2/(V^2 \cdot s)$；具有很低的电子有效质量，它还具有很强的自旋轨道相互作用。正因具有如此多优良的属性，InSb 这种独特的Ⅲ-Ⅴ族稀磁半导体材料适用于被制造红外探测器等器件。

（Ga,Mn）As 薄膜的铁磁性是靠载流子调控的。磁性半导体通常可同时具有普通半导体的性质和磁性质，磁性半导体的磁性很大程度上与空穴的浓度有关，可通过注入或者抽出空穴载流子来间接实现对磁性半导体磁性的调控。向 GaAs 和 InAs 材料中掺杂 Mn 元素所制备的 （In,Mn）As 和 （Ga,Mn）As 是很有代表性的具有铁磁性特征的半导体材料。

（Ga,Mn）As 薄膜的铁磁性是靠载流子调控的。2000 年，Ohno.H 等人在 （In,Mn）As 中观察到电压能够调控磁性半导体中的磁性相变。通过观察到对反常霍尔效应的调控得出这一结论。随后，相继展开一系列对于电场改变（Ga，Mn）As 材料的磁化强度、居里温度、反常霍尔系数等的研究工作。2010 年，Nishitani. Y 等人利用低温分子束外延生长了（Ga，Mn）As 薄膜，研究了将铁磁性半导体（Ga，Mn）As 薄膜的居里温度作为空穴载流子浓度的函数。在一个场效应管的外加电场作用下，其空穴浓度发生变化。2013 年，Chiba. D 等人利用分子束外延法在半绝缘的 GaAs 衬底上生长了一层厚度为 4nm 的 $Ga_{0.93}Mn_{0.07}As$ 薄膜。在无外加磁场的条件下，在具有磁各向异性的（Ga，Mn）As 薄膜中观察到了电场引起的磁性转变现象。这种调控与电场对面内磁各向异性的调控有关。他们得到了在静磁场下的磁化态间的随机转变，他们将此现象解释为薄膜磁各向异性和热稳定性的电场依赖性。2017 年，H. L. Wang 等人研究了高温条件下电场效应对垂直磁化的（Ga，Mn）As 薄膜磁性的影响。利用 Al_2O_3 固体绝缘层作为栅极绝缘层，给（Ga，Mn）As薄膜加了 0.6V/nm 的高压电场。通过反常霍尔效应测量观察到材料的饱和磁化强度、矫顽磁场、磁各向异性均被电场明显改变，居里温度变化 3K。电压调控（Ga，Mn）As 薄膜中的空穴密度解释了此现象。

7.2　半导体材料的光催化应用

　　光催化技术是一项在环境和能源领域有重要应用的技术，在光的辐射下，能够将有机污染物彻底降解和矿化的同时保持光催化材料自身无损耗，因此，光催化技术成为了当前科学和技术研究的热点之一。光催化技术的核心是光催化剂。半导体吸收能量等于或大于禁带宽度（E_g）的光子，将发生电子由价带向导带的跃迁，这种光吸收称为本征吸收。本征吸收在价带生成空穴 h_{VB}^+，在导带生成电子 e_{CB}^-，这种光生电子-空穴对具有很强的还原和氧化活性，由其驱动的还原氧化反应称为光催化反应。

　　半导体光催化降解：半导体材料的性能是根据材料本身的特殊能带结构决定的，当半导体光催化材料受到大于或等于禁带宽度能量的光照辐射后电子从价带跃迁到了导带，产生了电子-空穴对。空穴具有氧化性，电子具有还原性，空穴与氧化物半导体纳米粒子表面的—OH 反应生成氧化性很高的·OH自由基，活泼的·OH自由基可以把许多难以降解的有机物氧化成为 CO_2 和 H_2O 等无机物。光催化过程以及机理如图 7-1 所示。

　　钨酸铋由于具有独特的晶体结构和较小的禁带宽度，在可见光区的照射下具有明显的吸收，有较高的光催化活性。光催化降解有机物的过程是由许

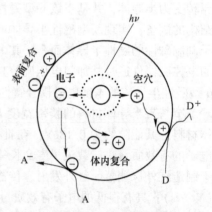

图 7-1　光催化材料光激发后电子与空穴的复合与迁移

多的物理过程与化学反应过程所构成的，最终完成光催化的是利用化学反应过程中所产生的强氧化性的自由基与被反应物质进行反应。式(7-1)~式(7-6)揭示了在 Bi_2WO_6 钨酸铋光催化降解有机污染物过程时所产生的化学反应，空穴-电子对是必不可少的，尤其是·OH，O_2^- 和 ·OOH 等具有强氧化性的活性中间体，可以不停地与有机物分子进行氧化还原反应，直至将其降解完全。钨酸铋在二氧化碳还原、重金属离子还原、光催化产氢等方

面表现出了优异的光催化性能。钨酸铋作为可见光催化剂对有机物讲解及节约能源方面展示出很大的研究价值。

$$Bi_2WO_6 + h\nu \longrightarrow e^- + h^+ \tag{7-1}$$

$$H_2O \longrightarrow H^+ + OH^- \tag{7-2}$$

$$H_2O + h^+ \longrightarrow H^+ + \cdot OH \tag{7-3}$$

$$e^- + O_2 \longrightarrow O_2^- \longrightarrow \cdot OOH \longrightarrow O_2 + H_2O_2 \tag{7-4}$$

$$H_2O_2 + \cdot O_2^- \longrightarrow \cdot OH + OH^- + O_2 \tag{7-5}$$

$$H_2O_2 + h\nu \longrightarrow 2OH^- \tag{7-6}$$

钨酸铋半导体复合材料所表现出的复合体系有非常优秀光催化效率；钨酸铋复合异质结构，为电子的跃迁提供了新路径，能够明显抑制光生电子与空穴的复合，同时生成的催化材料与芬顿体系复合系统大大加快了光催化降解的速度，从而有效地延长了电子-空穴对的寿命及可见光利用率较低的问题，提高了光催化效率。

金属/非金属掺杂的钨酸铋催化剂能够有效提高 Bi_2WO_6 纯晶体的在可见光区的响应；多种离子共掺杂能为获得稳定光催化剂提供了一个良好的方法；通过改变水热反应条件、添加表面活性剂来调节钨酸铋的形貌结构，能够提高光催化剂的比表面积。这些方法都有效地提高了钨酸铋类光催化剂降解有机污染物的能力。

半导体光催化制氢：半导体光催化制氢原理图 7-2 所示为半导体光催化制氢反应的基本过程：半导体吸收能量等于或大于禁带宽度（E_g）的光子，将发生电子由价带向导带的跃迁，这种光吸收称为本征吸收。本征吸收在价带生成空穴 h_{VB}^+，在导带生成电子 e_{CB}^-，这种光生电子-空穴对具有很强的还原和氧化活性，由其驱动的还原氧化反应称为光催化反应。如图 7-2 所示，光催化反应包括，光生电子还原电子受体 H^+ 和光生空穴氧化电子给体 D^- 的电子转移反应，这两个反应分别称为光催化还原和光催化氧化。根据激发态的电子转移反应的热力学限制，光催化还原反应要求导带电位比受体的 $E(H^+/H^2)$ 偏负，光催化氧化反应要求价带电位比给体的 $E(D/D^-)$ 偏正；换句话说，导带底能级要比受体的 $E(H^+/H^2)$ 能级高，价带顶能级要比给体的 $E(D/D^-)$ 能级低。在实际反应过程中，由于半导体能带弯曲及表面过电位等因素的影响，对禁带宽度的要求往往要比理论值大。

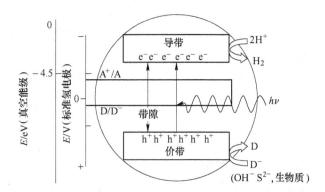

图 7-2　半导体光催化制氢反应过程示意图

如图 7-3 所示，首先，光生电子被 TiO_2 中的氧缺陷所捕获（过程 1），之后在氧缺陷位与光生空穴复合（过程 2），从而产生 505nm 的可见发光带，相应的光催化产氢活性极低；当担载金属 Pt 至 TiO$_2$ 表面，除了从 TiO$_2$ 导带向金属 Pt 的电子转移外（过程3），被氧缺陷所捕获的光生电子也可以转移至金属 Pt 上参与光催化反应（过程4），因此其光催化产氢活性大幅度提高。

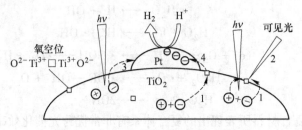

图 7-3　TiO$_2$ 光催化反应产氢示意图

温福宇等开发新型可见光响应光催化剂，拓展新型光催化产氢体系，应用超快时间分辨光谱研究光催化机理等方面的研究，相继开发出了 ZnIn$_2$S$_4$、Y$_2$Ta$_2$O$_5$N$_2$、In(OH)$_y$S$_z$：Zn 等新型稳定高效的可见光响应光催化剂，开发出了高 CO 选择性的光催化重整生物质制氢体系、非水溶液中直接分解 H$_2$S 制取 H$_2$ 和 S 的光催化体系及人工模拟光合过程光催化产氢体系，成功将异相结、异质结理念应用于光催化剂设计，得到了表面锐钛矿-金红石异相结 TiO$_2$、MoS$_2$、CdS 异质结光催化剂，结果表明"结"的存在可以有效加强光生电子、空穴在空间上的分离，从而提高光催化产氢活性。

氧化物半导体材料中，TiO$_2$ 和 SrTiO$_3$ 常作为掺杂的主体材料。掺杂虽然会降低半导体的禁带宽度，也常造成光生电子和空穴的复合中心，从而明显降低光催化活性。通过双金属离子的共掺杂补偿电荷作用，可以部分抑制复合中心的形成。形成固溶体是调变能带的一种方法。将 ZnS 与具有窄禁带宽度的半导体材料 AgInS$_2$、CuInS$_2$ 结合形成了固溶体 ZnS-AgInS$_2$、ZnS-CuInS$_2$ 和 ZnS-AgInS$_2$-CuInS$_2$，且在 S^{2-}/SO$_3^{2-}$ 水溶液中得到了较高的可见光产氢活性。固溶体最长可利用长达 700nm 的可见光产氢。利用双助催化剂发展了 Pt－PdS/CdS 三元光催化剂，即在光催化剂（CdS）表面共担载还原（Pt）和氧化（PdS）双组分助催化剂，在可见光照射下，利用 Na$_2$S-Na$_2$SO$_3$ 水溶液作为牺牲试剂，产氢量子效率达到 93%。半导体耦合是提高电荷分离效率、稳定光催化剂且扩展可见光谱响应范围的有效手段。CdS-TiO$_2$ 体系，CdS 受可见光激发产生的空穴留在 CdS 的价带中，而电子从 CdS 的导带转移到 TiO$_2$ 导带中，能有效抑制光生电子和空穴的复合。微观尺度的复合光催化剂早期主要是 CdS-TiO$_2$ 简单复合，随后 CdS 负载在 ZnO 纳米线、TiO$_2$ 纳米管、TiO$_2$ 纳米颗粒等载体上形成复合光催化剂，发挥其耦合作用来制氢。较新的复合光催化体系包括 Ni/NiO，KNbO$_3$/CdS，K$_4$Nb$_6$O$_{17}$/CdS，CdS/H$_2$La$_2$Ti$_3$O$_{10}$，LaMnO$_3$/CdS，CdS/聚合物，CdS/分子筛，所有这些复合光催化剂在可见光下都表现出了优于单一 CdS 组分时的光催化活性。当不同的半导体紧密接触时，会形成"结"，在结的两侧由于其能带等性质的不同会形成空间电势差。这种空间电势差的存在有利于电子-空穴的分离，可提高光催化的效率。TiO$_2$ 光催化剂表面锐钛矿和金红石晶相共存时，锐钛矿和金红石之间形成的异相结使光生电子非常容易在金红石和锐钛矿之间传递，参与光催化反应，提高了电子-空穴的分离效率，从而提高了异相结和异质结光催化剂的光催化产氢活性。

7.3 半导体材料在太阳能电池上的应用

太阳能电池就是利用光伏效应产生电力输出的半导体器件。以单晶硅电池为例，太阳电池的基本结构如图 7-4 所示，自上至下为玻璃盖板及透明胶粘剂层、减反射层、正面电极、n 型材料层、p 型材料层、背电极（又称基片电极）、衬底（又称基底），其中核心结构为 p-单结结构。光照射电池时，正电极与背电极之间产生光生电压，接上负载后可以对外做电功。

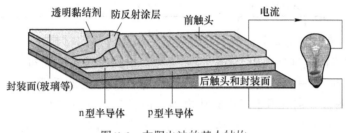

图 7-4 太阳电池的基本结构

太阳能电池的工作原理：两种不同导电类型的材料结合时，在其交界处形成 p-n 结，其中 n 型区的电子和 p 型区的空穴互相向对方扩散，直到所形成的电场阻止载流子进一步扩散，从而形成了内建电场。当入射光子的能量大于半导体的禁带宽度时，可引起跃迁产生光生载流子。当将所产生的电子空穴对（e-h）靠半导体内形成的势垒分开到两极时，两极间就会产生电势。这一现象称为光生伏特效应，简称光伏效应。在稳态下外电路呈现出开路电压。倘若外电路接上负载，光伏就会对外输出电流，对外电路做功。

第一代太阳能电池以单晶硅或砷化镓为材料，目前硅基太阳电池的能量转换效率最高可达 24.7%，基于砷化镓太阳电池效率最高的可达 32%。以多晶硅、非晶硅和无机化合物半导体硫化锡、铜钴硫、铜铟镓硒等为代表的第二代薄膜太阳能电池的成本在比第一代的低，平均光电转换效率仅为 8%。第三代太阳能电池没有明确的概念。目前主要指染料敏化太阳能电池和有机聚合物电池，同时包含其他尚处于概念和初步试验阶段的叠层太阳电池、碰撞离化太阳电池、量子点太阳电池等新型太阳电池。第三代太阳能电池是从 20 世纪 90 年代发展起来的，具有成本低、重量轻、超薄、柔性等特点，适宜大面积制备，成本较低。

无机纳米材料异质结构的太阳电池尚属于概念阶段，但量子阱和量子点纳米结构的引入使得该类电池的光电转换效率理论值有望超过传统 pn 结太阳能电池的理论极限值，达到 50% 以上。表 7-2 列出了无机纳米材料异质结太阳电池的参数。

表 7-2 无机纳米材料异质结太阳能电池参数

纳米电池材料	组装设计	短路电流密度 /mA·cm^{-2}	开路电压 /V	填充因子	光电池效率 /%
CdSeNCS，CdTeNCS	Cd/CdTe-CdSe/ITO	13.2	0.45	0.49	2.9

纳米电池 材料	组装设计	短路电流密度 /mA·cm^{-2}	开路电压 /V	填充因子	光电池效率 /%
CdSeNCS	DSSC，Co(Ⅱ)/Co(Ⅲ)redox	3.15	0.61	0.6	1
Cu$_2$SNCS， CdNCS	Al/CdS/Cu$_2$S/PEDOT：PSS/ITO	5.63	0.6	0.47	1.6
PbSeNCS	Mg/PbSe/ITO	17	0.23	null	1.1
PbSeNCS	Al/Ca/PbSe/ITO	24.5	0.24	0.41	2.1
PbSNCS	Al/PbS/ITO	12.3	0.33	0.49	1.8

　　CdSe 是一种禁带宽度适中、纳米晶合成路径最为成熟的材料之一，可以作为电池吸收层对可见光波段能量进行利用。ZnO 是另一种被研究得较多的无机化合物半导体材料，具有透光率高、电导率高、廉价无毒等优点，适合作为电池透明导电层。CdSeNCS 与 ZnONCS 两种材料被分别应用于新型光伏电池，但将二者的纳米晶溶胶溶液旋涂成薄膜，组成 pn 异质结太阳能电池尚未见报道。FeS$_2$ 组成元素丰富、环境相容性好，具有合适的半导体特性，是一种具有发展前景的太阳能电池材料 CdSe、CdS、PbS、PbSe 等Ⅱ-Ⅵ族无机化合物半导体的能带均属于直接跃迁型，由于其组成原子的电负性差异适中，故禁带宽度比较适中，吸收光谱恰好处于可见光-近红外波段，可以用于光电器件领域，也可作为太阳电池的吸收层，甚至还可以利用多种量子点材料巧妙地设计出叠层光伏器件使太阳光能量得到更有效的吸收。半导体量子点因其量子限域效应和表面效应等，使其具有不同于本体材料的光、电、热、磁、声等性质，可应用于光伏领域。CdSeNCS 与 ZnONCS 两种材料被分别应用于新型光伏电池，但将二者的纳米晶溶胶溶液旋涂成薄膜，组成 pn 异质结太阳能电池研究不多。

　　TiO$_2$、ZnO 等宽禁带半导体材料纳米晶体也在太阳电池中得到广泛应用。

　　TiO$_2$ 纳米晶薄膜作为光阳极的染料敏化电池。ZnO 纳米晶薄膜在可见光波长范围内的透过率高达 90%，是太阳能电池透明电极和窗口材料的理想选择。在高温条件下其成分化学稳定性高，不易使太阳能电池材料活性降低。ZnO 材料电子迁移率高，尤其是掺杂 Al 以后其导电性能会大幅度增强，一维纳米结构更是为定向传到电荷、减少激子复合提供了可能。

　　FeS$_2$ 视为理想的太阳能电池材料。立方晶系的 FeS$_2$ 理论禁带宽度值为 0.95eV，可以充分吸收太阳光，在入射光波长小于 700nm 时的光吸收系数 $5×10^5$cm^{-1}。这意味着当器件对光的散射性能较好时，对入射光吸收率达到 90% 时的所需薄膜厚度仅为 20nm。若用该材料制造太阳能电池，消耗量应远小于其他常用材料。另外 FeS$_2$ 具有组成元素含量丰富及环境相容性好等突出的优点。因此 FeS$_2$ 在制造太阳能电池等光电转换装置方面，具有良好的应用前景。

7.3.1　太阳能电池发展历程

　　光伏效应是 1839 年贝克雷尔（Becquerel E）发现的。约 40 年后，即 1877 年观察到 Se 的光伏效应。1914 年用 Se 和 CuO 制出了 PV 电池，转换效率仅约 1%。20 世纪 50 年代，Si 开始成为主流半导体材料。1954 年贝尔实验室首次制出转换效率达 6%的单晶 Si 电池。从此，揭开了现代 PV 工业发展的序幕。第一个薄膜光伏电池（Cu_xS/CdS）也是 1954 年制成的。1956 年首次制出（同质结）GaAs 光伏电池（转换效率为 4%）。1972 年制出多晶 Si 和 CdTe 电池，1976 年制成非晶 Si（α-Si）电池和铜铟硒（$CuInSe_2$，CIS）电池。1976 年太阳电池成本下降到 1956 年时的 1/20，1988~1998 年间，其成本又由 15 美元/（kW·h）下降到 3.0 美元/（kW·h）；此后 10 年的目标成本是 0.6 美元/（kW·h），以便于大规模应用。

鉴于光伏电池作为清洁能源的重要性，光伏工业是一个快速发展的工业，从 1992 年以来，电池组件发货量一直以较快速度增长，见表 7-3。在商品电池组件中，目前仍以结晶 Si（单晶 Si、多晶 Si、带状 Si）为主。多年来，其电池发货量一直占 80%以上（1999 年为 87.6%），预计今后相当长时间内仍将如此。据预测，到 2010 年，世界 PV 电池产量将达几千 MW（几 GW），电池面积将达几十平方公里；这样，用于生产太阳电池的 Si 片面积，将超过用于 Si 微电子工业的 Si 片面积，如图 7-5 所示。

表 7-3 1992~2002 年间全球 PV 电池组件发货量（以功率计）

年份	1992	1993	1994	1995	1996	1997	1998	1999	2000	2001	2002	2003
发货量/MW	57.9	60.1	69.4	77.7	88.6	125.7	151.7	201.5	277.9	381.3	450	>600

7.3.2 太阳电池材料作为清洁能源材料的重要性

太阳能是取之不尽、用之不竭的最清洁能源，太阳发射功率为 $3.3×10^{26}$ W，地球上每年所接受的辐射能量为 $1.8×10^{18}$ kW，这是人类每年消耗能源的 12000 倍。PV 电池是利用这一能源的重要方式之一。据估算，与使用燃煤（油）发电相比，用 PV 电池每生产 1MW 的电力，可少排放 1000t CO_2。世界各国为保证其可持续发展，对资源与能源最充分利用（maxium energy and resoures utilization，MERU）技术和环境最小负担（minimum environmental impact，MEI）工程都给予了高度重视。显然，PV 材料在这两方面都有举足轻重的作用。

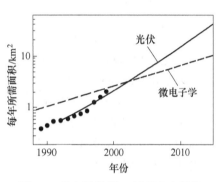

图 7-5 微电子学用 Si 材料和太阳能电池级 Si 材料生产发展及趋势

PV "发"电具有以下优点：（1）只靠阳光发电，不受地域限制（水力发电、风力发电则有此限制），可在任何地方就地生产电能；（2）太阳寿命长达 60 亿年，PV 发电可以说是无限能源；（3）发电过程是简单的物理过程，无任何废物、废气排出；（4）PV 电池组件工作时无运转部件，无任何噪声，寿命长、可靠性高；（5）发电站由 PV 电池组件装配，可按所需功率装配任意大小，既可作为独立电源使用，也可并入当地电网；（6）能量反馈时间（电池组件产生的电能用来 "偿还"制造该组件时消耗的能量所需时间）短，为 1~5 年（与生产规模和所用材料有关），而电池组件寿命在 20 年以上。

我国拥有非常丰富的太阳能资源，陆地每年接受的太阳能辐射总量相当于 24000 亿吨标煤，全国 2/3（按面积）地区，年日照时间在 2000h 以上，西北一些地区超过 3000h，具有发展 PV 工业的良好条件。

7.3.3　太阳电池材料

目前，实用化的光伏材料电池有 Si 和 GaAs、CdTe 以及 CuInSe$_2$ 等。除晶体 Si 和带 Si 外，其他均为薄膜材料，这些材料所制电池的理论转换效率与其带隙的关系如图 7-6 所示。

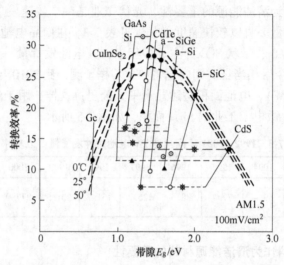

图 7-6　主要半导体光伏电池材料所制电池理论转换效率与材料带隙的关系

7.3.3.1　Si 电池材料

Si 基太阳电池材料有晶体 Si（包括单晶 Si、多晶 Si 和带状 Si）材料和薄膜 Si（包括 α-Si，多晶和微晶 Si）材料。

（1）单晶 Si 电池。单晶 Si 不仅是现代微电子工业基础材料，也是最重要的光伏电池材料，其生产工艺也最为成熟，通过不断提高晶体质量，优化器件结构等，电池转换效率不断提高。2003 年报道了转换效率达 24.7% 的单晶硅电池，是用磁场直拉（MCZ）Si 单晶制作的。现阶段有代表性单晶 Si 电池（组件）基本性能列于表 7-4。商品单晶 Si 电池的转换效率为 14%～17%。

表 7-4　有代表性单晶 Si 电池基本性能

研制单位	电池面积/cm²	开路电压/mV	短路电流/mA·cm⁻²	填充因子/%	转换效率/%
Spectrolab	15.47	595	36.7	76.9	16.8
Spire	4.02	634	36.3	81.6	18.8
Odk Ridge	4.00	657	36.0	81.6	19.3
UNSW	4.00	702/696	41.2/24.0	81.2/83.6	23.5/24.4
UNSW	45.7	694	39.4	78.1	21.6
ISE	4.02	675	39.6	77.8	20.8
斯坦福大学	8.53	702	40.7	77.7	22.2

（2）多晶 Si 电池。多晶 Si 太阳电池产量基本上与单晶 Si 电池相当，甚至更大，是光伏电池市场主要产品之一。UNSW 通过优化器件结构和加工技术，已制出转换效率达 19.8% 的多晶 Si 电池（面积 $1cm^2$，AM1.5，$100mW/cm^2$，25℃）。日本京工陶瓷公司研制成功面积 15cm×15cm、转换效率达 17% 的多晶 Si 电池组件。商品多晶 Si 电池组件转换效率一般为 12%~14%。与单晶 Si 电池相比，多晶 Si 电池成本较低。

（3）带状 Si 电池。随着生产规模扩大，自动化程度提高，材料成本将占电池总成本的 50%~70%。制备带状 Si 无需切片可使材料利用率大大提高。20 世纪 70 年代中期以来，许多国家开始了带状 Si 研制。目前，商业上较普遍采用的是蹼状法、条-带法和定边喂膜生长法。这三种方法所制材料及相应电池的基本性能见表 7-5。

表 7-5　典型带状 Si 材料及所制电池转换效率

材料生长方法	电阻率/$\Omega \cdot cm$	碳含量/cm^{-3}	氧含量/cm^{-3}	电池转换效率/%
定边喂膜法	1~2（p 型）	约 1×10^{18}	3×10^{17}	15.0
条-带法	1~3（p 型）	4×10^{17}	$<5 \times 10^{14}$	14.5
蹼状法	10~50（n 型）	—	约 10^{18}	17.3

（4）薄膜 Si 电池材料：

1）非晶 Si（α-Si）电池。α-Si 电池是首先实现商品化，也是目前产业规模最大的薄膜电池。α-Si 电池于 1976 年研制成功，1980 年批量用于袖珍计算器电源并逐步发展到工业生产。针对该种电池初始效率较低且具有光致衰退问题开展了大量深入的研究工作，通过减少材料中的 Si—H 键、减少 O_2、N_2 等杂质沾污，利用 H_2 稀释技术等制备高质量 i 层，同时优化电池结构，采用多带隙（材料）形成叠层结构等提高其初始效率和稳定性。目前最好电池的初始效率和稳定转换效率分别为 15.6% 和 13%。较大面积（约 $900cm^2$）电池组件的转换效率为 8.8%~10.2%·α-Si 电池的特点是原材料消耗少，可使用廉价衬底及柔性衬底，易于实现大规模、自动化生产。其抗辐射性能比晶体 Si 电池和 GaAs 电池高 50~100 倍，而且，经辐射后转换效率下降的 α-Si 电池在 130~175℃ 退火后其效率可恢复到原始值的 80%~97%，这是其他电池所不具备的。α-Si 电池还具有最高的功率/质量比，最高可达 2500W/kg（采用聚合物柔性衬底，转换效率为 8% 的电池组件）采用不锈钢箔的大面积组件（长 804.5m、宽 35cm、厚 0.0125~0.025mm）功率/质量比也达 600W/kg，而一般晶体 Si 和 GaAs 薄膜电池内为 40~100W/kg。α-Si 是很有发展前景的太阳电池材料。

2）多晶和微晶薄膜电池。这类电池的优点是：有源区薄，可"容忍"少子扩散长度较小（即可"略为"放松对材料质量的要求）。用 CVD（化学气相沉积）法在 Si 衬底上制备的多晶 Si 薄膜电池效率为 12.6%~17.3%。UNSW 报道了用液相外延法制备的高效漂移场薄膜 Si 电池。$4.11cm^2$ 电池的转换效率为 16.4%，经减薄衬底、加强陷光等加工，其转换效率可提高到 23.7%。可采用（非 Si 晶体）廉价衬底生长多晶 Si 膜或通过低温固相晶化 α-Si 膜制取多晶 Si 膜，已采用这两种方法制出转换效率分别为 9.8% 和 9.2% 的无退化电池。微晶 Si（μc-Si）薄膜生长与 α-Si 工艺兼容，且具有良好的光电性能和稳定性。已制出稳定效率 7.7% 的 μc-Si 电池。用多晶 Si 与 μc-Si 作内窄带隙子电池与 α-Si 电池构成叠层电池是提高 α-Si 电池转换效率和稳定性的重要途径，如 α-Si/μc-Si 电池的稳定效率已达 12%；较大面积的 α-Si/多晶 Si 电池（101cm^2）的转换效率已达 20.7%，其理论值可达 28%以上。

7.3.3.2 化合物半导体太阳电池材料

（1）CuInSe$_2$（CIS）电池。CuInSe$_2$（CIS）或 Cu(In,Ga)Se$_2$(CIGS) 是目前最重要的多元化合物半导体光伏材料，它具有良好的光电性能：1）CIS 吸收层为直接带隙半导体，带隙为 1.04eV，光吸收系数高达 10^5/cm，电池厚度仅需 2~3μm；2）掺入适量 Ga 取代 In，制成四元固溶体，其带隙在 1.04~1.70eV 范围内连续可调，易于选择作为 PV 电池应用的最佳带隙（吸收层最佳带隙约 1.5eV）；3）电池稳定性好，其组件经户外 7 年的光照实验，原有器件性能没有退化；4）转换效率较高，美国可再生能源实验室（NERL）已制出转换效率 18.8%的 CIGS 电池。电池组件转换效率可达 12.1%（3600cm^3）~ 16.8%（9cm^2）；5）CIS 电池抗辐射能力强，可用于空间飞行器的电源；6）制造成本较低。据估算，1.5MW/年的生产成本是晶体 Si 电池的 1/2~1/3，能量反馈时间不到 1 年，大大低于晶体 Si 电池。CIGS 的制备工艺可分为两类：共蒸发法和硒化法。前者是在衬底上用 Cu、In(Ga)、Se 进行蒸发、反应；后者则是先在衬底上生长 Cu、In(Ga)层，然后在 Se 气氛中进行硒化。成膜方法有溅射、喷镀热解、升华、分子束外延、电沉积等。其中，电沉积法是一种较简单、快速的低成本生产工艺，已用该工艺制出转换效率为 14.61%的电池。在这些工艺中，CIGS 固溶体半导体带隙调整的最佳范围是 1.3~1.5eV，相应组分为 Ga/(Ga+In) 为 0.4~0.75。目前，高效 CIGS 电池所达到的组分为 Ga/(Ga+In) 约 0.27；进一步提高 Ga 含量，会使电池效率下降，这可能是组分不均匀、相分离和薄膜形貌不好等原因造成的。进一步改进沉积工艺，以获得较高的 Ga/(Ga+In)组分比，可望进一步提高该种电池的转换效率。每制造 1MW CIGS 电池需 Cu、In（或 In+Ga）、Se 分别为 16.34kg、29.24kg 和 40.42kg，而 1MW 晶体 Si 电池需晶体 Si 3355kg。

（2）CdTe 电池。CdTe 也是一种良好的光伏电池材料：1）其带隙为 1.45eV，且为直接跃迁型，对可见光的吸收系数大于 10^5/cm。2）CdTe 在 500℃时还是稳定的固相，高温下制备的 CdTe 略为富 Te，Cd 空位使其成为"本征"p 型，它作为吸收层，光生载流子正好是迁移率较高的电子。3）CdTe 或 Te+Cd 均可作为制备 CdTe 薄膜的原料，且易于提纯而得到高纯 CdTe。4）CdTe 键的离子性较强，键能大（大于 5eV），其导热性好，化学稳定性好，所制电池性能不退化，作为太阳电池材料，其理论转换效率可达 30%。CdTe 薄膜的制备方法有升华（高真空蒸发）法、闭管升华法、化学喷涂法、电镀沉积法、丝网印刷法以及化学气相沉积和原子层外延法等，CdTe 电池主要性能列于表 7-6。该种电池生产中需注意对 Cd 的回收、防护。每生产 1MW 所需 Cd、Te 分别为 54.5kg 和 61.5kg。据报道，太阳电池公司（Solarcell Inc，SCI）计划与另一家公司合作在美国建设年产 50~

表 7-6　CdTe 太阳电池和组件主要性能

单　位	电池（组件）面积/cm^2	功率/W	填充因子/%	转换效率/%
山下电池公司	1.0	—	—	16
南佛罗里达大学	1.05	—	74.5	15.8
英国石油太阳公司	706/4540	7.1/38.2	—	10.1/8.4
太阳电池公司	6728	61.3	—	9.1

100MW 的 CaTe 电池组件厂，这个被称作 "first solar" 的项目建成后，将成为世界上最大的 PV 电池组件生产厂。

（3）Ⅲ-Ⅴ族半导体化合物电池。最重要的Ⅲ-Ⅴ族半导体材料 GaAs 的带隙为 1.45eV，亦为直接跃迁型，同样是理想的太阳电池材料。在 GaAs 单晶衬底上生长的单结电池效率早已超过 25%（大都采用液相外延工艺生长）。GaAs 又可与其他Ⅲ-Ⅴ族元素形成三元或四元固溶体半导体，可连续改变其带隙而易于制备多结、高效电池。如实验室中已制出面积 $4cm^2$、转换效率达 30.28% 的 InGaP/GaAs 叠层电池（最近又报道了转换效率 33.4% 的 InGaP/GaAs/GaSb 叠层电池）。在这种双结电池中，如并入带隙为 $0.95 \sim 1.1eV$ 的底电池而制成三结电池，则在 AM1.5 时的理论转换效率可达 45% 以上。目前，国外航天器上已普遍使用 GaAs/Ge、GaInP/GaAs/Ge 电池。GaAs 基电池制备成本较高，由于 GaAs 与 Ge 晶格常数较为接近，为降低成本，普遍使用 Ge 衬底。也研究了在 Si 衬底上生长 GaAs 基电池并已生长出转换效率大于 20% 的 GaAs/Si。

另外，利用热辐射（红外光照）制成 PV（TPV）电池的研究开发也受到重视；目前，以 GaSb 基材料所制 TPV 电池最成熟。

7.3.4 发展趋势和展望

高效率太阳能电池器件制备是近年学术界研究的热点。科研工作者们从不同的角度对太阳能电池进行优化，使得电池的效率得以提高。主要和核心进展包括：（1）薄膜生长工艺的优化；（2）通过异质离子的掺杂优化材料本征特性；（3）引入界面工程优化器件界面；（4）选取不同的载流子传输材料构筑器件。半导体太阳能电池的未来发展方向总结为制备工艺简单，对生产设施要求不高；电池稳定性好，寿命长；光电转换效率高；安全环保；原料成本低、来源丰富。半导体太阳能电池。表 7-7 从转换效率的角度对几种半导体材料所制太阳能电池的"过去、现在和将来"作了"总结"和预测。

表 7-7 半导体材料所制太阳能电池的转换效率

太阳能电池		现状		2017 年		2025 年		2050 年
		模块	单元	模块	单元	模块	单元	
转换效率/%	结晶硅	~16	25	20	25	25	30	40% 的超高效率太阳能电池
	薄膜硅	~11	15	14	18	18	20	
	CIS 型	~11	20	18	25	25	30	
	化合物型	~25	41	35	45	40	50	
	燃料敏化	—	11	10	15	15	18	
	有机型	—	5	10	12	15	15	

7.4 半导体材料在传感器上的应用

7.4.1 氧化硅宽禁带氧化物半导体

氧化硅是一种具有正六面体结构的宽禁带氧化物半导体材料，有优良的电压性、压阻性、气敏性和温敏性，常被用来制作传感器的敏感元件。SiO_2 薄膜传感器具有响应速度快、集成化程度高、功率低、灵敏度高、选择性好、原料低廉易得等优点。

（1）压电传感器。SiO_2 薄膜具有优良的压电性，即在一定方向上受到外力作用时，其内部就会产生极化现象，同时在某两个相对表面上产生符号相反的电荷，外力除去后，又恢复到不带电状态。且具有动态范围大、频率范围宽、坚固耐用、受外界干扰小以及受力自产生电荷信号不需要任何外界电源等特点，是被最为广泛应用于振动测量的传感器。

在制作各种 SiO_2 传感器时，通常会把 SiO_2 薄膜沉积在一层薄的单晶硅梁上，增加其压电效应，利用 SiO_2 压电薄膜为换能器制作的硅微压电薄膜传感器，性能有较大提高。薄膜的制作工艺会引起压电性能的微小差别，射频磁控溅射、直流反应磁控溅射、电子回旋加速器溅射，溶胶、凝胶和 CVD 等均能用于制备 SiO_2 压电薄膜。实际应用中过程中，要综合考虑其他因素，选用最佳的制备方法。

目前，传感器有逐渐小型化、微型化的趋势，以 IC 制造技术为基础发展起来的微机械加工工艺可使被加工的敏感结构尺寸达到微米、亚微米级，并可以批量生产，从而制造出微型化、价格便宜的传感器。将 SiO_2 压电薄膜技术与表面微机械加工技术结合起来，可以得到新型的氧化硅功能器件。

（2）气敏传感器。SiO_2 是一种典型的表面控制型气敏材料，通常颗粒越小，比表面积越大，氧吸附量则越大，材料的气体灵敏度越高。此外，掺入贵金属或者涂覆贵金属催化涂层，也能提高它的灵敏度和选择性。SnO_2 也是典型的气敏材料，把 SiO_2 和 SnO_2 两种气敏材料结合起来，得到了一种新式的 SiO_2/SnO_2 薄膜气敏传感器。以往气敏传感器的响应-恢复时间都会随着待测气体种类、浓度和工作温度的不同而发生改变，这种 SiO_2/SnO_2 薄膜气敏传感器工作温度在 450℃ 以上时，其响应恢复时间也几乎不会受气体种类和浓度的影响。

（3）压磁传感器。SiO_2 薄膜具有优良的压磁性，即受机械力作用后，在它内部产生机械应力，从而引起导磁系数发生变化。压磁传感器对外界环境施加的力有较高的灵敏性，并可以把力转化成其他可输出的电信号来表征。在高温下工作的压力传感器，其电阻率随着所受压力的变化而变化，测定电阻率的变化即可测知压力的变化。这种传感器灵敏度高，可以用来测定气流入口处的气压值。

（4）温度传感器。温敏材料是指电阻值随环境温度的升高而显著增大或降低的一些材料。其中，纳米薄膜有大的表面积，毛细微孔多，更易于吸收水蒸气，是制备温度传感器的首选材料。Al 掺杂的 SiO_2 薄膜有良好的温度灵敏度，但是有宽的迟滞曲线，La 掺杂 SiO_2 薄膜的电阻值受温度影响变化显著，但此变化是非线性的，而溶胶-凝胶法制备的纳米双层 SiO_2/TiO_2 薄膜传感器有较高的灵敏度，与单独的 SiO_2 薄膜和 TiO_2 薄膜相比，迟滞曲线变窄，相对温度与电阻值变化的关系更加线性化。测温范围为 $-40 \sim 150℃$，精度为 $1.5\% \sim 2.0\%$，响应时间约 20ms。

（5）压阻传感器。SiO_2 薄膜具有优良的压阻特性，即对它施加应力作用时，其电阻率将发生变化。可作为应变压阻式传感器的敏感芯体。现代微加工制造技术的发展使压阻形式的 SiO_2 薄膜敏感芯体的设计具有很大的灵活性以适合各种不同的测量要求。在灵敏度和量程方面，从低灵敏度高量程的冲击测量，到直流高灵敏度的低频测量都有压阻形式的传感器。同时压阻式传感器测量频率范围也可从直流信号到具有测量频率范围到几十千赫兹的高频测量。超小型化的设计也是半导体压阻式传感器的一个新亮点。SiO_2 薄膜作为敏感元件的传感器的温度特性比较差，温度漂移非常大；它特殊的加工工艺又使其非线性误差也比较大。因此较大的温漂和非线性误差，而使压阻式传感器的使用受到了限制。但它的重复性非常好，所以可通过对温度漂移误差和非线性误差进行补偿，来提高它的温度使用范围。

（6）光电传感器。SiO_2 薄膜具有优良的光电特性。新发展的光电转换元件-电荷耦合器件（CCD）在 p 型硅衬底上通过氧化形成一层 SiO_2，然后再淀积小面积的金属铝为电极。它把光学信号转变成视频信号输出，灵敏度高，具有实时传输性能，并可实现自扫描，在图像检测领域应用日益广泛。半导体材料 SiO_2 薄膜可以与多种半导体器件实现集成化，从而实现微型化，面积大可在 $1mm^2$ 以下，因此受到人们的极大关注，有广阔的发展前景，对应于不同器件的制作要求，选用不同的生长方法得到高质量的 SiO_2 薄膜，将是我们以后研究的主要问题。

7.4.2　GaN 宽带隙半导体材料应用

氮化镓（GaN）是直接宽带隙半导体材料，属于第 3 代半导体。相较于硅、砷化镓等，GaN 的禁带宽度更大、击穿电场强度更高，具有更高的电子饱和度和漂移速率、更强的抗辐照能力以及较强的化学稳定性。氮化镓材料与硅、砷化镓材料的电子性能对比如表 7-8 所示。

表 7-8　硅、砷化镓基氮化镓主要电学性质参数比较

性　　质	硅（Si）	GaAs	GaN
饱和速度/cm·s^{-1}	$1×10^7$	$0.8×10^7$	$2.5×10^7$
电子迁移率/cm^2·(V·s)$^{-1}$	1350	8000	1500
能带/eV	1.1	1.4	3.4
功率密度/W·mm^{-1}	0.2	0.5	>30
热导率/W·(cm·K)$^{-1}$	1.5	0.5	约 2.0

由于 GaN 材料的宽禁带以及优异的光电学性质，已经在紫外探测领域获得广泛的应用前景，具体包括宇宙飞船、紫外天文学、导弹尾焰探测、环境污染监视、火箭羽烟探测、火灾监测、火焰传感、臭氧监测、血液分析、水银灯消毒控制等。同时，凭借着其电学以及机械方面的良好性能，使其应用范围进一步扩展到红外探测、压力探测、生物化学探测等领域。GaN 基紫外探测器由于在可见光和红外光范围内都没有响应，其在可见光和红外光背景下的紫外光探测具有极大的优势。GaN 材料制造的传感器相较其他材料传感器也表现出更加优秀的性质，因而在紫外探测、生物化学探测方面都获得了广泛应用。目前 GaN 材料仍然需要深入研究的方向包括改善材料生长工艺，进一步减小缺陷的产生；优化后工艺条件，包括更好的 p 型掺杂工艺、欧姆接触等；创新器件结构，制备性能更高、能更好地与其他技术（如硅基）兼容的 GaN 基器件。相信随着进一步的探索，GaN 材料将会应用在更多的场合。

2008 年，上海技术物理所开始研发 GaN 基线阵列器件，并于 2009 年推出了 GaN 基

可见盲区便携式紫外 GaN 线列探测器，这是国内首次制备出 AlGaN 日盲型线列焦平面探测器。其最大电流响应为 0.16A/W，响应峰值波长在 360nm 左右，比探测率为 1×10^{11} cmHz$^{1/2}$/W，信噪比平均值大于 820，器件截至波长小于 80nm。2009 年 7 月国家海洋局第二海洋试验测试船携带该相机外景成像系统出海，对海面进行了紫外实景拍摄用于海洋溢油的监测。在雷神公司的下一代防空与导弹综合雷达（integrated air and missile defense radar，AMDR）上，也利用 GaN 元器件进行了升级。核心技术投入十多年造就了目前 AMDR 的高性能和高可靠性，新一代分布式接收激励器和自适应数字波束成形的开发，测试和生产都利用大功率 GaN 半导体。AMDR 的 GaN 元件比砷化镓（GaAs）替代品的成本要低 34%。与目前的驱逐舰 AN/SPY-1D（V）雷达相比，AMDR 提供了更大的检测范围，更高的识别精度，更高的可靠性和可持续性，并降低了总拥有成本。

（1）GaN 在紫外探测领域的应用。目前使用的许多雷达，特别是采用有源相控阵列天线的雷达，在其结构中都使用了 GaN 材料。GaN 基有源相控阵（active electronically scanned array，AESA）技术原型。该技术可与未来开放架构（如综合防空和导弹防御作战指挥系统）协同工作，并兼容目前的爱国者火控系统，还可完全与北约实现相互操作。GaN 基 AESA 技术是未来地面传感器的发展方向，这些技术除了能够在未来实现 360°感知覆盖外，还将扩展防御范围，并减少探测、辨别和消除威胁的时间，以及改善雷达的可靠性和降低全寿命周期成本。GaN 也视为未来雷达设计制造的奇迹材料。

美国国防高级研究计划局于 2009 年自助开发了基于氮化镓铝（AlGaN）材料的紫外感应技术。AlGaN 材料对火箭发动机发出的太阳射线中没有的一种窄报端紫外线非常敏感，该技术能把导弹预警系统发出的错误报警降低到最低限度，并减少传感器的复杂性和成本。美国使用的 AAR-57 和 AAR-54 等被动式导弹预警系统都应用了该技术。美国北卡罗来纳州立大学固体物理实验室研发了一种基于 AlGaN 半导体的紫外数字照相机。还制造出了一个包含 GaN/AlGaN 异质结 p-i-n 光电二极管阵列的可见光盲紫外摄像机。每一个光电二极管都对 320~365nm 的紫外光具有敏感的响应。这些传感器在军事以及医学如癌症早期探测等领域获得了应用。

（2）GaN 红外探测领域的应用。美国密歇根大学的人员利用 GaN 微机械谐振器制备出了一种红外探测器。他们在平行的高 Q 值 GaN 微机械谐振器覆盖一层吸收红外光的纳米聚合物。聚合物将红外光的能量高效的转化为热能，由于热电效应，进而造成 GaN 微机械谐振器频率偏移。与标准谐振器比较，然后通过测量谐振器的频率和振幅变化来获得红外光的信息。相比传统光学红外探测器，这种 GaN 微机械谐振红外探测器具有更高的信噪比、更宽的频率带宽，并且不需要冷却，能在室温和高温下工作。

（3）GaN 在生物化学探测领域的应用。美国佛罗里达大学的人员利用 GaN 基高电子迁移率晶体管（HEMT）制造出了在呼出气冷凝液中检测葡萄糖含量的传感器，该传感器可通过气道病理途径监测糖尿病状况。传感器结构包括：一层 $3\mu m$ 厚的非掺杂 GaN 缓冲层，3nm 厚的 $Al_{0.3}Ga_{0.7}N$ 隔离层，和 22nm 厚的硅掺杂 $Al_{0.3}Ga_{0.7}N$ 盖层。葡萄糖的探测区域通过 ZnO 纳米棒结构固化形成。通过测量氧化锌栅 AlGaN/GaN HEMT 传感器的漏源电流，在传感器暴露在 pH 值为 7.4 的呼出气冷凝液中时，能够在 5s 内得到葡萄糖的含量，范围在 0.5×10^{-9}mol/L 到 125×10^{-6}mol/L 之间。

（4）GaN 在压力传感器中的应用。美国国家航空航天局利用 GaN 的耐高温、耐腐蚀、抗辐射性质，制造出应用于宇宙飞船上的 GaN/AlGaN 基压力传感器。其工作原理是：在 AlGaN/GaN 异质结构中发生的二维电子气（2DEG）效应来设计在器件中对机械应变电敏感的传感器。这项工作集中在压力传感器的设计和微细加工。这些压力传感器在受到应变时，AlGaN/GaN 界面处的极化将会发生变化。通过测量机械变形时在 AlGaN 和 GaN 的界面处发生的二维电子气（2DEG）的高温响应来获得宇宙飞船的零器件机械形变信息。该工作将有助于研究金星行星大气剖面，或分析飞机结构在超音速飞行时的材料性质，并允许在火箭推进系统中进行感测。此外，使用 GaN 作为传感器开发的材料平台可以通过消除复杂封装来减少航天器有效载荷。

7.4.3　SiC 第三代半导体材料应用

第三代半导体材料的规模应用是以 SiC 为代表的第三代半导体技术在 LED 半导体照明上的应用。SiC 有效解决了衬底材料与 GaN 的晶格匹配度问题，减少了缺陷和位错，以更高的电光转换效率从根本上带来更多的出光和更少的散热。

第三代半导体材料的重要应用，是在各类半导体器件上的应用，主要以功率器件、微波器件为应用和发展方向。日前，很多领域都将硅二极管和 MOSFET 及 IGBT（绝缘栅双极晶体管）等晶体管用作功率元件，比如供电系统、电力机车、混合动力汽车、工厂内的生产设备、光伏发电系统的功率调节器、空调等白色家电、服务器及个人电脑等。由于 GaN 和 SiC 所具有的基本特性，使得这些领域所用的功率元件的材料逐步被 GaN 和 SiC 替代。

（1）可在高频段工作。第三代半导体材料器件最大特性是器件工作频率很高，SiC 微波及高频和短波长器件是人们最早应用的第三代半导体器件，是目前已经成熟的应用市场。同时用 SiC 制作的器件可以用于极端的环境条件，所以 SiC 器件在军用雷达和通信的应用成为各国角逐的领域。

（2）可在较高温度下工作。耐热性方面，硅功率元件在 200℃ 就达到了极限，而 GaN 和 SiC 功率元件均能在温度更高的环境下工作，这样就可以缩小或者省去电力转换器的冷却机构。

（3）实现高效率的能源传输与利用。传统硅基材料由于无法提供较低导通电阻，因而在电力传输或转换时导致大量能量损耗。SiC 元件则由于具备高导热特性，加上材料具有宽能隙特性而能耐高压和承受大电流，可以降低导通时的损失和开关损失，更符合高温作业环境与高能效利用的要求。

（4）有助于产品实现小型化。电能损失降低，发热量就会相应减少，因此可实现电力转换器的小型化。利用 GaN 和 SiC 制作的功率元件具备两个能使电力转换器实现小型化的特性，一个是可进行高速开关动作，另一个是耐热性较高。开关频率越高，电感器等构成电力转换器的部件就越容易实现小型化。

参 考 文 献

[1] 刘诺, 钟志亲, 张桂平, 等. 半导体物理导论 [M]. 北京: 科学出版社, 2014.

[2] 褚君浩, 张玉龙. 半导体材料技术 [M]. 浙江: 科学出版社, 2014.

[3] 肖奇. 纳米半导体材料与器件 [M]. 北京: 化学工业出版社, 2013.

[4] 郝跃, 张金风, 张进成. 氮化物宽禁带半导体材料与电子器件 [M]. 北京: 科学出版社, 2017.

[5] 迪特尔·K·施罗德 (Dieter K. Schroder). 半导体材料与器件表征 [M]. 西安: 西安交通大学出版社, 2017.

[6] 杨德仁, 等. 半导体材料测试与分析 [M]. 北京: 科学出版社, 2017.

[7] 尹建华, 李志伟. 半导体硅材料基础 [M]. 2 版. 北京: 化学工业出版社, 2012.

[8] 季振国. 图形化半导体材料特性手册 [M]. 北京: 科学出版社, 2013.

[9] 孙广著. 氧化物半导体气敏材料制备与性能 [M]. 北京: 化学工业出版社, 2018.

[10] 肖志国. 半导体照明发光材料及应用 [M]. 2 版. 北京: 化学工业出版社, 2014.

[11] 陆启生, 半导体材料和器件的激光辐照效应 [M]. 2 版. 北京: 国防工业出版社, 2015.

[12] [美] 布伦德尔, 埃文斯, 麦克盖尔. 化合物半导体加工中的表征/材料表征 [M]. 哈尔滨: 哈尔滨工业大学, 2014.

[13] 雍永亮, 典型半导体团簇及组装材料的结构和电子特性 [M]. 北京: 电子工业出版社, 2017.

[14] 王占国, 郑有炓. 半导体材料研究进展 (第一卷) [M]. 北京: 高等教育出版社, 2012.

[15] 高茜. ZnO 基稀磁半导体纳米材料的制备及磁性机制研究 [M]. 沈阳: 东北大学出版社, 2017.

[16] 杨树人, 王宗昌, 王兢. 半导体材料 [M]. 3 版. 北京: 科学出版社, 2015.

[17] 叶志镇, 吕建国, 吕斌, 等. 半导体薄膜技术与物理 [M]. 2 版. 北京: 浙江大学出版社, 2014.

[18] [日] Sadao Adachi, 季振国. IV族、III–V 和 II–VI 族半导体材料的特性 [M]. 北京: 科学出版社, 2009.

[19] 颜鑫, 张霞. 半导体纳米线材料与器件 [M]. 北京: 北京邮电大学出版社有限公司, 2017.

[20] 许并社. 半导体化合物研究与应用丛书——半导体化合物光电原理 [M]. 北京: 化学工业出版社, 2013.

[21] [比] C. 克莱, E. 西蒙. 半导体锗材料与器件 [M]. 屠海令, 译. 北京: 冶金工业出版社, 2010.

[22] 闫东航, 王海波, 杜宝勋. 有机半导体异质结——晶态有机半导体材料与器件 [M]. 北京: 科学出版社, 2012.

[23] 白一鸣, 等. 太阳电池物理基础 [M]. 北京: 机械工业出版社, 2014.

[24] 朱丽萍, 何海平. 宽禁带化合物半导体材料与器件 [M]. 杭州: 浙江大学出版社, 2016.

[25] 滕道祥. 硅太阳能电池光伏材料 [M]. 北京: 化学工业出版社, 2015.

[26] 尹双凤, 陈浪. 铋系半导体光催化材料 [M]. 北京: 化学工业出版社, 2016.

[27] 陈建华, 龚竹青. 二氧化钛半导体光催化材料离子掺杂 [M]. 北京: 科学出版社, 2006.

[28] Michael Quirk, Julian Serda (迈克尔·夸克, 朱利安·瑟达). 半导体制造技术 [M]. 韩郑生, 等译. 北京: 电子工业出版社, 2015.

[29] 李言荣, 林媛, 陶伯万. 电子材料 [M]. 北京: 清华大学出版社, 2013.

[30] 樊慧庆. 电子信息材料 [M]. 北京: 国防工业出版社, 2012.

[31] 吕文中, 汪小红, 范桂芬. 电子材料物理 [M]. 2 版. 北京: 科学出版社, 2017.

[32] 常永勤. 电子信息材料 [M]. 北京: 冶金工业出版社, 2014.

[33] 朱建国, 孙小松, 李卫. 电子与光电子材料 [M]. 北京: 国防工业出版社, 2007.

[34] 陈治明, 雷天民, 马建平. 半导体物理学简明教程 [M]. 2 版. 北京: 机械工业出版社, 2015.

[35] 唐群委, 段加龙, 段艳艳. 光电子材料与器件 [M]. 北京: 科学出版社, 2017.

[36] 贾德昌. 电子材料 [M]. 哈尔滨：哈尔滨工业大学出版社，2000.

[37] 曹茂盛. 材料现代设计理论与方法 [M]. 哈尔滨：哈尔滨工业大学出版社，2017.

[38] 葛昌纯，沈卫平. 现代陶瓷材料选用与设计 [M]. 北京：化学工业出版社，2017.

[39] 钟建新. 计算凝聚态物理与纳米材料设计 [M]. 湘潭：湘潭大学出版社，2010.

[40] 黄民，谢希德. 半导体物理学 [M]. 北京：科学出版社，1958.

[41] 黄纪，韩汝琦. 半导体物理基础 [M]. 北京：科学出版社，1979

[42] 叶良修. 半导体物理学 (E) [M]. 2 版. 北京：高等教育出版社，2007.

[43] 刘思科，朱秉升，罗晋生. 半导体物理学 [M]. 7 版. 北京：电子工业出版社，2008.

[44] 李名复. 半导体物理学 [M]. 北京：科学出版社，1998.

[45] 夏建白，朱邦芬. 半导体超晶格物理 [M]. 上海：上海科学技术出版社，1995.

[46] 虞丽生. 半导体异质结物理 [M]. 2 版. 北京：科学出版社，2006.

[47] 陈治明，王建农. 半导体器件的材料物理学基础 [M]. 北京：科学出版社，1999.

[48] 陈治明. 非晶半导体材料与器件 [M]. 北京：科学出版社，1991.

[49] 孔光临，廖显伯. 非晶半导体材料 [M] //师昌绪. 材料科学技术百科全书（上卷）. 北京：中国大百科全书出版社，1995.

[50] 杨红，崔容强，于化丛，等. 非晶半导体发展及应用 [J]. 半导体技术. 1995，5：57~60.

[51] 陈光华，邓金祥，等. 新型电子薄膜材料 [M]. 北京：化学工业出版社，2002.

[52] 黄波. 固体材料及其应用 [M]. 广州：华南理工大学出版社，1994：290~292.

[53] 金祥凤. 有机半导体 [M] //师昌绪. 材料科学技术百科全书（下卷）. 北京：中国大百科全书出版社，1995.

[54] 梁骏吾，王守城. 半导体 [M] //陈冠荣. 化工百科全书（第 1 卷）. 北京：化学工业出版社，1990：251~258.

[55] 陈治明，王建农. 半导体器件和材料的物理基础 [M]. 北京：科学出版社，1999：11.

[56] Seeger K. 半导体物理学 [M]. 徐乐，钱建业，译. 北京：人民教育出版社，1980：559.

[57] 陈光华，邓金祥，等. 新型电子薄膜材料 [M]. 北京：化学工业出版社，2002：402~403.

[58] 邓先宇，俞钢，曹镛. 聚合物光诱导电荷转移光电池的研究进展 [J]. 固体电子学研究进展，2002，22（3）：249~254.

[59] 王占国. 半导体微结构材料 [M] //师昌绪，李恒德，周廉. 材料科学与工程手册——半导体材料篇. 北京：化学工业出版社，2004.

[60] 孔梅影. 半导体超晶格和量子阱材料 [M] //曾汉民. 高技术新材料要览. 北京：中国科学技术出版社，1993：634~645.

[61] 孔梅影. 半导体超晶格 [M] //师昌绪. 材料科学技术百科全书（上卷）. 北京：中国大百科全书出版社，1995.

[62] 夏建白，朱邦芬. 半导体超晶格物理 [M]. 上海：上海科学技术出版社，1995.

[63] 陈治明. 非晶半导体材料与器件 [M]. 北京：科学出版社，1991：21~28.

[64] 江德生. 量子阱 [M] //师昌绪. 材料科学技术百科全书（下卷）. 北京：中国大百科全书出版社，1995.

[65] 秦国刚. 多孔硅和纳米硅材料 [M] //师昌绪，李恒德，周廉. 材料科学与工程手册——半导体材料篇. 北京：化学工业出版社，2004.

[66] 郭宝增. 多孔硅（PS）及其光电器件研究进展 [J]. 半导体技术，1999，24（3）：8~13.

[67] 钟伯强，蒋幼梅，程继健. 非晶态半导体材料及其应用 [M]. 上海：华东化工学院出版社，1991.

[68] 中国科学院半导体研究所理化分析中心研究室. 半导体的检测与分析 [M]. 北京：科学出版社，1984.

[69] 孙以材. 半导体测试技术［M］. 北京：冶金出版社，1984.

[70] 叶式中，杨树人，康昌鹤. 半导体材料及其应用［M］. 北京：机械工业出版社，1986.

[71] 邱宏，吴平，王凤平，等. 把"四探针测量金属薄膜电阻率"引入普通物理实验［J］. 大学物理，2004（5）.

[72] 苏州电讯仪器有限公司，SZ85 型数字式四探针测试仪技术说明书，1991.

[73] 刘新福，孙以材，刘东升，等. 四探针技术测量薄层电阻的原理及应用［J］. 半导体技术，2004，29（7）：48.

[74] 阙端麟，陈修治. 硅材料科学与技术［M］. 杭州：浙江大学出版社，2000.

[75] 中国科学院半导体研究所理化分析中心研究室. 半导体的检测与分析［M］. 北京：科学出版社，1984.

[76] 张安康，李文渊. 扩展电阻法测量亚微米器件的结深和杂质分布［J］. 电子器件，1998，21（3）：141.

[77] 高融，苏明哲，译，硅片加工工艺学［M］. 上海：上海科学技术文献出版社，1985.

[78] 方容川. 固体物理学［M］. 合肥：中国科技大学出版社，2001.

[79] 孙以材. 半导体测试技术［M］. 北京：冶金工业出版社，1984.

[80] 施敬. 半导体器件物理与工艺［M］. 苏州：苏州大学出版社，2002.

[81] 杨德仁. 太阳电池材料［M］. 北京：化学工业出版社，2017.

[82] 邓志杰，郑安生. 半导体材料［M］. 北京：化学工业出版社，2004.

冶金工业出版社部分图书推荐

书 名	作 者	定价(元)
中国冶金百科全书·金属材料	编委会	229.00
工程材料	朱 敏	49.00
金属压力加工概论（第3版）（本科教材）	李生智	32.00
金属学原理（第2版）（本科教材）	余永宁	160.00
金属学（第2版）（本科教材）	宋维锡	44.90
金属塑性加工概论（本科教材）	王庆娟	32.00
金属材料学（第3版）（本科教材）	强文江	66.00
金属学及热处理（本科教材）	范培耕	38.00
金属材料工程实验教程（本科教材）	仵海东	42.00
现代材料测试方法（本科教材）	李 刚	30.00
工程训练（本科教材）	孙方红	41.00
机械设计课程群教学案例	高中庸	70.00
焊接技术与工程实验教程（本科教材）	姚宗湘	26.00
材料成形实验技术（本科教材）	胡灶福	28.00
加热炉（第4版）（本科教材）	王 华	45.00
工程材料与热处理（本科教材）	何人葵	31.00
高炉炼铁设备（高职高专教材）	王宏启	36.00
钢冶金学（本科教材）	高泽平	49.00
钢铁冶金原燃料及辅助材料（本科教材）	储满生	59.00
钢铁冶金原理习题及复习思考题解答	黄希祜	45.00
钢铁冶金原理（第4版）（本科教材）	黄希祜	82.00
钢铁冶金实习教程（本科教材）	高艳宏	25.00
钢铁模拟冶炼指导教程（本科教材）	王一雍	25.00
轧制工程学（第2版）（本科教材）	康永林	46.00
冶金与材料热力学（本科教材）	李文超	65.00
冶金物理化学研究方法（第4版）（本科教材）	王常珍	69.00
冶金物理化学（本科教材）	张家芸	39.00
冶金设备课程设计（本科教材）	朱 云	19.00
冶金设备（第2版）（本科教材）	朱 云	56.00
冶金技术概论（高职高专教材）	王庆义	28.00
冶金传输原理习题集（本科教材）	刘忠锁	10.00
冶金传输原理（本科教材）	刘 坤	46.00
现代冶金工艺学——钢铁冶金卷（本科国规教材）	朱苗勇	49.00
物理化学（第4版）（本科国规教材）	王淑兰	45.00
无机非金属材料学（本科教材）	杜景红	29.00
耐火材料（第2版）（本科教材）	薛群虎	35.00
炉外精炼教程（本科教材）	高泽平	40.00
炼铁工艺学（本科教材）	那树人	45.00
连续铸钢（第2版）（本科教材）	贺道中	30.00